全国高等职业院校"互联网+"土建类规划教材

江苏高校品牌专业建设工程·建筑工程技术专业

地基与基础工程施工

主　审　张苏俊
主　编　赵乃志　朱桂春
副主编　陈礼飞　俞君宝

南京大学出版社

编　委　会

前　言

　　地基与基础工程施工是建筑工程技术专业的一门专业核心课程,主要培养学生的独立分析和解决地基与基础施工问题的能力,对实现建筑工程技术专业的培养目标起到关键的作用。

　　本书以培养学生的专业技术应用能力为主线,紧紧围绕建筑施工现场一线的职业活动和职业岗位需求,内容取材以"必须、够用"作为基本原则,融入《建筑地基处理规范》(GB 50007—2011)、《建筑桩基规范》(JGJ 79—2012)、《建筑基坑支护技术规程》(JGJ 120—2012)、《建筑地基基础工程施工质量验收规范》(GB 50202—2012)及《混凝土结构施工图平面整体表示方法制图规则和构造详图(独立基础、条形基础、筏形基础及桩基承台》(11G101—3)等新规范和新标准编写,突出实用性和可操作性。为便于学生学习,本书采用模块式知识结构,突出培养学生的能力目标、知识目标和素质目标,每章后有练习题。

　　全书共分八个模块,模块一为土的性质,模块二为岩土工程勘察,模块三为土力学基本原理,模块四为土方工程施工,模块五为基坑工程施工,模块六为浅基础施工,模块七为桩基础施工,模块八为地基处理。

　　本书由扬州工业职业技术学院赵乃志和朱桂春两位老师任主编,扬州工业职业技术学院张苏俊教授主审;扬州工业职业技术学院陈礼飞和俞君宝任副主编。全书由赵乃志老师制订编写大纲、前言、目录和参考文献并撰写模块一和模块四,朱桂春老师撰写模块二和模块五;陈礼飞老师撰写模块六和模块七,俞君宝老师撰写模块三和模块八。最后,由赵乃志老师负责全书的修改和定稿工作。

　　由于业务水平所限,书中仍然难免会有错误和不足之处,敬请读者批评指正。

编　者

目　录

模块一 土的性质

1.1 概 述

土是由岩石经过风化作用后形成的矿物颗粒堆积在一起,中间贯穿着孔隙,孔隙间存在水和空气,它是由各种大小不同的土粒、水和气体按各种比例组成的集合体。当土是由土粒、空气和水组成时,土为固相、气相和液相组成的三相体系。当土是由土粒和空气,或土粒和水组成时,土为二相体系。土的三相组成物质的性质、相对含量以及土的结构构造等各种因素,必然在土的轻重、松密、干湿、软硬等一系列物理性质上有不同的反映。土的物理性质又在一定程度上决定了它的力学性质,所以物理性质是土的最基本的工程特性。

定量地描述土粒的物理特性、土的物理状态以及三相比例关系,即构成土的各种物理指标特性。利用这些物理指标特性,可对土进行鉴别和分类,间接地推测土的其他工程性质。

1.2 土的三相组成及土的结构

单位体积中土的三相分量不是固定不变的,而是随环境(压力、温度、地下水)而变化的,如下雨时土含水率增加,黏土会变软。因此要研究土的性质首先要研究构成土三相本身的性质,以及它们的含量和相互作用对土性的影响。土性取决于颗粒的形状、大小和矿物成分。

1.2.1 土的固体颗粒(固相)

土颗粒是土的主要组成部分,是决定土的工程性质性的主要因素。土的工程性质性取决于颗粒的形状、大小和矿物成分。

1. 土粒的矿物成分和形状

土粒的矿物成分主要决定于母岩的成分及其所经受的风化作用。不同的矿物成分对土的性质有着不同的影响,其中以细粒组的矿物成分尤为重要。

土的固相物质包括无机矿物颗粒和有机质,是构成土的骨架最基本的物质。土中的无机矿物成分可以分为原生矿物和次生矿物两大类。原生矿物是岩浆在冷凝过程中形成的矿物,如石英、长石、云母等。次生矿物是由原生矿物经过风化作用后形成的新矿物,如黏土矿物及碳酸盐矿物等。次生矿物按其与水的作用可分为易溶的、难溶的和不溶的,次生矿物的水溶性对土的性质有重要的影响。

黏土矿物基本上是由两种原子层(称为晶片)构成的。一种是硅氧晶片,它的基本单元是 Si-O 四面体;另一种是铝氢氧晶片,它的基本单元是 Al-OH 八面体(见图 1-1),由于晶片结合情况的不同,便形成了具有不同性质的各种黏土矿物。其中主要有蒙脱石、伊利石和高岭石三类,由于其亲水性不同,当其含量不同时土的工程性质也就不同。此三类的构造如图 1-2 所示。

由于黏土矿物是很细小的扁平颗粒,颗粒表面具有很强的与水相互作用的能力.表面积愈大,这种能力就愈强。所以,土粒大小对土的性质所起的作用是非常大的。

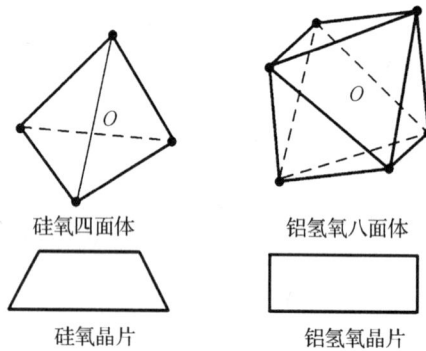

图 1-1　黏土矿物的晶片示意图

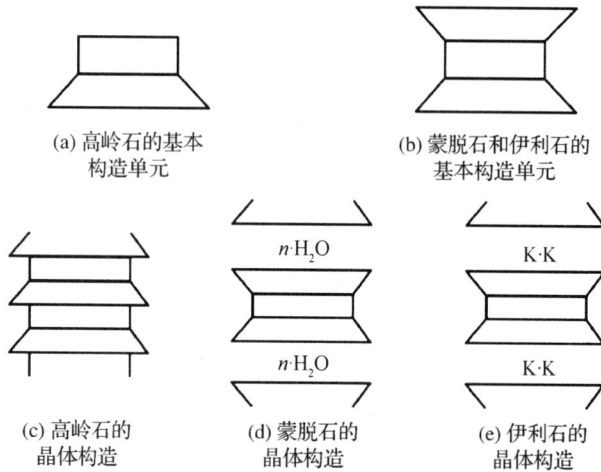

图 1-2　黏土矿物构造单元示意图

1.2.2　土中水(液相)

在自然条件下,土中总是含水的。土中水可以处于液态、固态或气态。土中细粒愈多,即土的分散度愈大,水对土的性质的影响也愈大。研究土中水,必须考虑到水的存在状态及其与土粒的相互作用。存在于土中的液态水可分为结合水和自由水两大类。

结合水是指受电分子吸引力吸附在土粒表面的土中水。这种电分子吸引力高达几千到几万个大气压,使水分子和土粒表面牢固地粘结在一起。它又可分为强结合水和弱结合水两种,强结合水紧靠土粒表面,其性质接近于固体,密度约为 1.2~2.4 g/cm³,冰点为—78℃,不能传递静水压力,具有极大的粘滞度、弹性和抗剪强度。黏土只含强结合水时,呈固体状态,磨碎后成粉末状态;砂土的强结合水很少,仅含强结合水时呈散粒状。在强结合水外围的结合水膜称为弱结合水,它仍然不能传递静水压力,其性质随离开颗粒表面的距离而变化,由近固态到近自由态,不能自由流动,但水膜较厚的弱结合水会向邻近较薄的水膜缓慢移动,因而弱结合水使黏性土具有可塑性,冻结温度—0.5~—30℃。如图 1-3 所示。

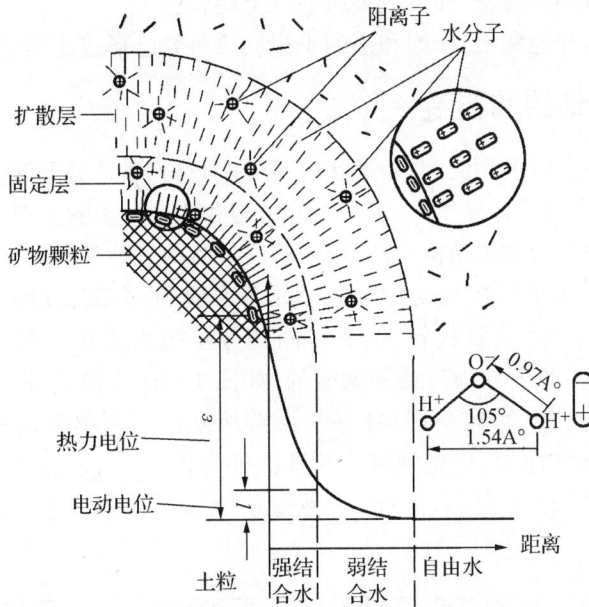

图 1-3　结合水分子定向排列及其所受电分子力变化的简图

自由水是存在于土粒表面电场影响范围以外的水。它的性质与普通水一样.能够传递静水压力,可在土的孔隙中流动,使土具有流动性,冰点为 0℃,有溶解盐类的能力。自由水按所受作用力的不同,又可分为重力水和毛细水两种。重力水是存在于地下水位以下的透水土层中的地下水。当存在水头差时,它将产生流动,对土颗粒有浮力作用,重力水对土中的应力状态和开挖基槽、基坑以及修筑地下构筑物时所应采取的排水、防水措施有重要的影响。毛细水是受到水与空气交界面处表面张力的作用、存在于地下水位以上透水层中的自由水。在工程中,毛细水的上升高度和速度对于建筑物地下部分的防潮措施和地基土的浸湿、冻胀等有重要影响。如图 1-4 所示。此外,在干旱地区,地下水中的可溶盐随毛细水上升后不断蒸发,盐分

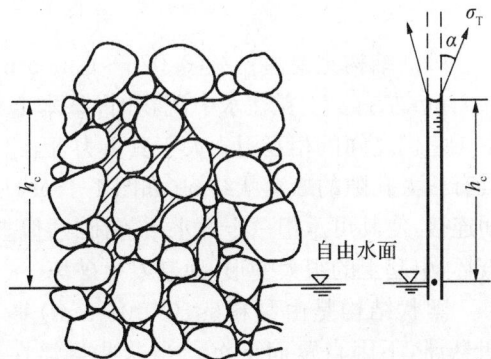

图 1-4　土中的毛细水升高

便积聚于靠近地表处而形成盐渍土。

1.2.3　土中气(气相)

土中的气体存在于土孔隙中末被水所占据的部位。在粗粒的沉积物中常见到与大气相联通的空气,它对土的力学性质影响不大。在细粒土中则常存在与大气隔绝的封闭气泡,使土在外力作用下的弹性变形增加,透水性减小。对于淤泥和泥炭等有机质土,由于微生物(厌氧细菌)的分解作用,在土中蓄积了某种可燃气体(如硫化氢、甲烷等),使土层在自重作用下长期得不到压密,而形成高压缩性土层。

含气体的土称为非饱和土,非饱和土的工程性质研究已形成土力学的一个热点。

1.2.4　土的结构和构造

土的结构是指由土粒单元的大小、形状、相互排列及其联结关系等因素形成的综合特征。土扰动前后,力学性质差异很大,可见土的结构和构造对土的物理力学性质有重要的影响。土的结构一般分为单粒结构、蜂窝结构和絮状结构三种基本类型。

单粒结构是由粗大土粒在水或空气中下沉而形成的,全部由砂粒及更粗土粒组成的土都具有单粒结构。因其颗粒较大、土粒间的分子吸引力相对很小,所以颗粒间几乎没有联结。单粒结构的土分为疏松和紧密的(如图1-5(a)和(b)所示)。紧密状单粒结构的土,强度较大,压缩性较小,是良好的天然地基。疏松单黏结构的土,其骨架是不稳定的,强度小,压缩性大,当受到震动及其他外力作用时,土粒易发生移动,土中孔隙剧烈减少,引起土的很大变形,因此,这种土层如未经处理一般不宜作为建筑物的地基。

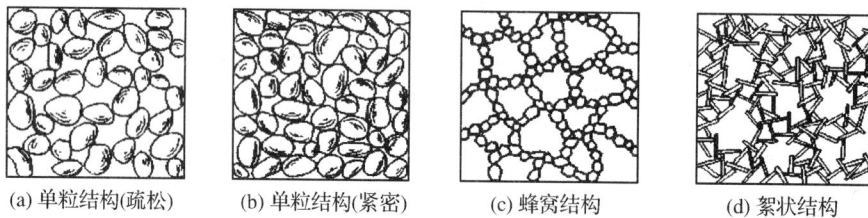

(a) 单粒结构(疏松)　　(b) 单粒结构(紧密)　　(c) 蜂窝结构　　(d) 絮状结构

图1-5　土的结构

蜂窝结构主要由粉粒(0.075～0.005 mm)组成的土的结构形式,粒径在0.075～0.005 mm左右。土粒在水中沉积时,基本上是以单个土粒下沉。当碰上已沉积的土粒时,由于它们之间的相互引力大于其重力,因此土粒就停留在最初的接触点上不再下沉,形成具有很大孔隙的蜂窝状结构(如图1-5(c)所示)。由于蜂窝结构的土具有一定程度的粒间连接,使其可承担一定的水平静荷载,但当承受较高水平荷载和动力荷载时,其结构将破坏,引起土的很大变形,地基发生破坏。

絮状结构是由黏粒(<0.005 mm)集合体组成的结构形式。黏粒能够在水中长期悬浮,不因自重而下沉。当这些悬浮在水中的黏粒被带到电解质浓度较大的环境中(如海水)黏粒凝聚成絮状的集粒(黏粒集合体)而下沉,并相继和已沉积的絮状集粒接触,而形成类似蜂窝而孔隙很大的絮状结构(如图1-5(d)所示)。黏土的性质

主要取决于集粒间的相互联系与排列,当黏粒在淡水中沉积时,因水中缺少盐类,所以黏粒或集粒间的排斥力可以充分发挥,沉积物的结构是定向(或至少半定向)排列的,即颗粒在一定程度上平行排列,形成所谓分散型结构。当黏粒在海水中沉积时、由于水中盐类的离子浓度很大,减少了颗粒间的排斥力,所以土的结构是面—边接触的絮状结构。

土的结构在形成过程中,以及形成之后,当外界条件变化时(如荷载、湿度、温度或介质条件),都会使土的结构发生变化。土体失水干缩,会使土粒间的联结增强;土体在外力作用下(压力或剪力),絮状结构会趋于平行排列的定向结构,使土的强度及压缩性都随之发生变化。具有蜂窝结构和絮状结构的黏性土,其土粒间的联结强度(结构强度),往往由于长期的压密作用和胶结作用而得到加强。

土的结构受扰动后强度降低,工程中通常以保持天然结构的原状土强度(无侧限抗压强度)与保持原含水率但天然结构被破坏的重塑土强度(无侧限抗压强度)的比值来作为土的结构性指标,称之为灵敏度 S_t。即:

$$S_t = \frac{q_u}{q_u'} \tag{1-1}$$

式中,q_u、q_u' 分别为原状土无侧限抗压强度、重塑土无侧限抗压强度。

S_t 的值越大,土的灵敏度越高,根据灵敏度可将饱和黏性土分为:低灵敏($1.0 < S_t \leqslant 2.0$)、中等灵敏($2.0 < S_t \leqslant 4$)和高灵敏($S_t > 4.0$)三类。土的灵敏度愈高,其结构性愈强,受扰动后土的强度降低就越严重。因此,工程中挖基槽或基坑和道路土方时,不能用机械一次性挖到设计标高,而应留 $20 \sim 30$ cm 的土由人工修平,以防土的结构受扰动后强度降低,压缩性增大。

黏性土与灵敏度密切相关的另一种特性是触变性。结构受破坏,强度降低以后的土,若静止不动,则土颗粒和水分子反离子会重新组合排列,形成新的结构,强度又得到一定程度的恢复。这种含水率和密度不变,土因重塑而软化,又因静置而逐渐硬化,强度有所恢复的性质,称为土的触变性。如工程中桩基施工后,不同土层要求经过不同的时间(砂土 10 天,黏土 15 天,软黏土 25 天),才能进行桩基承载力检测。

1.3 土的颗粒特征

1.3.1 土粒粒度分析方法及粒组划分

(1) 土粒大小及粒组划分。天然土是由大小不同的颗粒组成的,土粒的大小称为粒度。天然土的粒径一般是连续变化的,为了描述方便,工程上常把大小相近的土粒合并为组,称为粒组。对粒组的划分,各个国家,甚至一个国家的各个部门有不同的规定。根据《土的工程分类标准》(GB/T 50145—2007)中土粒粒组的划分如表 1-1 所示。

表 1-1　土粒粒组的划分

粒组名称	粒径范围/mm	一般特征
漂石(块石)粒	$d>200$	透水性大，无黏性，无毛细水
卵石(碎石)粒	$60<d\leqslant200$	透水性大，无黏性，无毛细水
砾粒	$2<d\leqslant60$	透水性大，无黏性，毛细水上升高度不超过粒径大小
砂粒	$0.075<d\leqslant2$	易透水，当混入云母等杂物时透水性减小，而压缩性增加；无黏性，遇水不膨胀，干燥时松散；毛细水上升高度不大，随粒径变小而增大
粉粒	$0.005<d\leqslant0.075$	透水性小；湿时稍有黏性，遇水膨胀小，干时稍有收缩；毛细水上升高度较大较快，极易出现冻胀现象
黏粒	$d\leqslant0.005$	透水性很小；湿时有黏性，可塑性，遇水膨胀大，干时收缩显著；毛细水上升高度大，且速度较慢

可见，土颗粒的大小相差悬殊，有大于 200 mm 的漂石也有小于 0.005 mm 的黏粒。同时由于土粒的形状往往是不规则的，很难直接测量土粒的大小，故只能用间接的方法来定量地描述土粒的大小及各种颗粒的相对含量(质量分数)。常用的方法有两种，对粒径大于 0.075 mm 的土粒常用筛分析的方法，而对小于 0.075 mm 的土粒则用沉降分析的方法。

(2) 粒度成分及其表示方法。工程上常用土中各种不同粒组的相对含量(以干土质量的百分比表示)来描述土的颗粒组成情况，这种指标称为土的颗粒级配或粒度成分，它可用来描述土中不同粒径土粒的分布特征。

常用的粒度成分的表示方法有表格法、累计曲线法和三角坐标法。

① 表格法。表格法是以列表形式直接表达各粒组的百分含量。它用于粒度成分的分类是十分方便的。如表 1-2 所示。

表 1-2　土的粒度成分

粒组/mm	粒度成分(以质量%计)	
	土样 A	土样 B
10～5	—	29.1
5～2	3.2	24.0
2～0.50	5.9	13.9
0.50～0.25	13.6	14.1
0.25～0.10	42.3	5.2
0.10～0.075	24.4	4.5
0.075～0.005	10.6	5.0
＜0.005		4.2

② 累计曲线法。累计曲线法是用半对数纸绘制,横坐标表示粒径,纵坐标为小于某一粒径(不是某一粒径)土粒的累计百分含量,该法是比较全面和通用的一种图解法,适用于各种土级配好坏的相对比较。如图 1-6 所示。由累计曲线的坡度可以大致判断土粒的均匀程度或级配是否良好。如曲线较陡(曲线 A),表示粒径大小相差不多,土粒较均匀,级配不良;反之,曲线平缓(曲线 B),则表示粒径大小相差悬殊,土粒不均匀,即级配良好;曲线 C 表示该土中砂粒极少,主要是由细颗粒组成的黏性土。

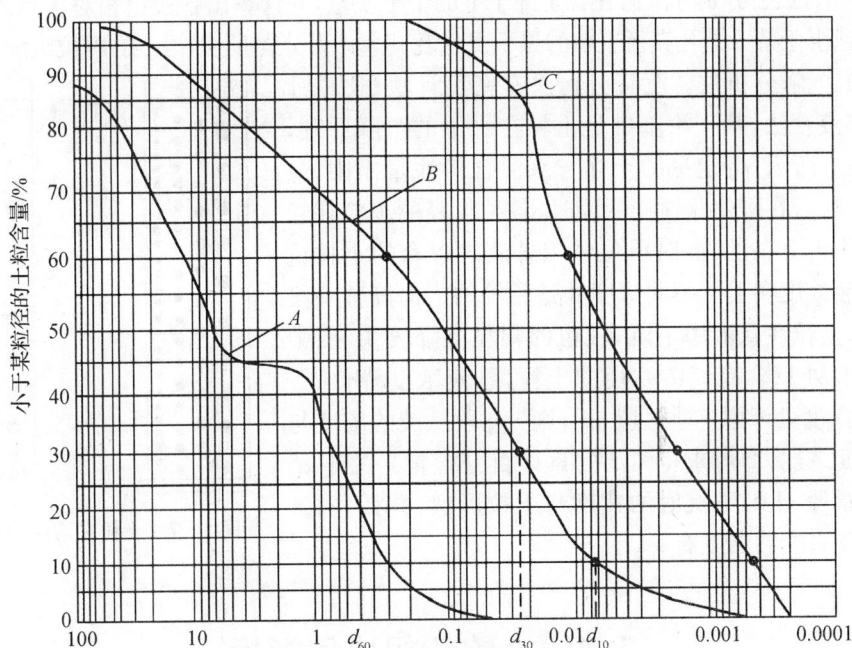

图 1-6　土的颗粒级配曲线

根据描述级配的累计曲线,可以简单地确定土粒级配的两个定量指标:

$$不均匀系数 \qquad C_u = \frac{d_{60}}{d_{10}} \qquad\qquad (1-2)$$

$$曲率系数 \qquad C_c = \frac{d_{30}^2}{d_{10}d_{30}} \qquad\qquad (1-3)$$

式中,d_{10},d_{30},d_{60} 分别相当于小于该粒径的累计百分含量为 10%、30% 和 60% 对应的粒径,分别称为有效粒径、中值粒径、限制粒径。

不均匀系数反映大小不同粒组的分布情况。C_u 越大,表示土粒大小分布范围大,土的级配良好。曲率系数 C_c 则是描述累计曲线的分布范围,反映累计曲线的整体形状,表示某粒组是否缺损的情况。

一般工程上认为不均匀系数 $C_u < 5$ 时,称为均粒土,其级配不好,$C_u > 10$ 时,称为级配良好的土。对于级配连续的土,采用指标 C_u,即可达到比较满意的判别结果。但缺乏中间 d_{10} 与 d_{60} 之间粒径某粒组的土,即级配不连续,此时,则仅用单独一指标 C_u 难以确定土的级配情况,还必须同时考察累计曲线的整体形状,故需兼顾曲率系数 C_c 值。

当砾类土或砂类土同时满足不均匀系数 $C_u > 5$ 和 C_c 率系数 $=1\sim3$ 两个条件时,则为良好级配砾或良好级配砂;如不能同时满足,则为级配不良。

1.3.2　粒度成分分析方法

（1）筛分法。筛分法是将风干、分散的代表性土样通过一套自上而下孔径由大到小的标准筛(如 60 mm、40 mm、20 mm、10 mm、5 mm、2 mm、1 mm、0.5 mm、0.25 mm、0.1 mm、0.075 mm),然后分别称出留在各个筛子上的干土质量,并计算出各粒组相对含量。通过计算可得到小于某一筛孔直径土粒的累积重量及其累计百分含量,即得土的颗粒级配。

（2）沉降分析法。沉降分析法有密度计法(比重计法)和移液管法,其理论基础是土粒在水中的沉降原理,如图 1-7 所示,将定量的土样与水混合倾注量筒中,悬液经过搅拌,在刚停止搅拌的瞬时,各种粒径的土粒在悬液中是均匀分布的,此时单位体积悬液内含有的土粒重量即悬液浓度在上下不同深度处是相等的。但静置一段时间后,土粒在悬液中下沉,较粗的颗粒沉降较快,图中在深度 L_i 处只含有 $\leqslant d_i$ 粒径的土粒,悬液浓度降低了。如在 L_i 深度处考虑一小区段 mn,则 mn 段悬液的浓度与开始浓度之比,即可求得 $\leqslant d_i$ 的累计百分含量。关于 d_i 的计算原理,土粒下沉时的速度与土粒形状、粒径、质量密度以及水的粘滞度有关。

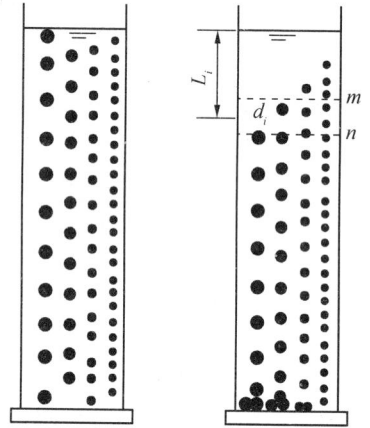

图 1-7　土粒在溶液中的沉降

1.4　土的三相比例指标

土是由土颗粒、水和气体三相所组成的集合体,显然,土中孔隙体积大土就松,土中水多土就软(松砂孔隙体积大,黏土遇水软),就是说土松密程度和软硬程度主要取决于组成土三种成分在数量上所占的比例,研究土的状态,首先就要分析三者比例关系,并用土的三相在体积和质量上的相对比值即三相比例指标,作为衡量土的物理性质的指标。

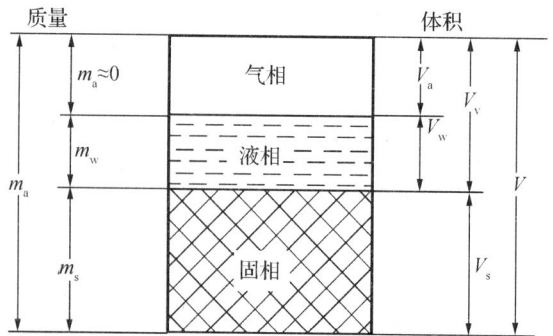

图 1-8　土的三相组成示意图

为了导得三相比例指标和说明问题方便起见,可用土的三相组成示意图(如图 1-8 所示)来表示各部分间的数量关系。

图中,V_a、V_w、V_s 分别为土中气体体积、水体积、颗粒体积(cm^3,m^3);V_v 为土中孔隙体积(cm^3,m^3),$V_v = V_a + V_w$;V 为土的体积(cm^3,m^3),$V = V_s + V_v$;m_w,m_s 分别土中水的质量、颗粒的质量(g,kg);m_a 为土中气体的质量,相对甚小,可以忽略不计(g,kg);m

为土的总质量(g,kg)，$m=m_w+m_s$。

1.4.1　反映土轻重程度的指标

1. 土的天然密度 ρ

天然土单位体积的质量称为土的天然密度（单位为 g/cm^3），即：

$$\rho=\frac{m}{V} \tag{1-4}$$

天然状态下土的密度变化范围很大，一般为 $\rho=1.6\sim2.2\ g/cm^3$。土的密度可采用"环刀法""蜡封法""灌砂法"等方法测定，"环刀法"最为常用，是用一个圆环刀（刀刃向下）放置于削平的原状土样面上，垂直向下边压边削至土样伸出环刀口为止，削去两端余土，使与环刀口面齐平，称出环刀内土质量，求得它与环刀容积之比值即为土的密度。

2. 土的干密度 ρ_d

土单位体积中固体颗粒的质量，称为土的干密度，并以 ρ_d 表示：

$$\rho_d=\frac{m_s}{V} \tag{1-5}$$

土的干密度一般为 $1.3\sim1.8\ g/cm^3$，工程上常用土的干密度来评价土的密实程度，以控制填土的施工质量。

3. 土的饱和密度 ρ_{sat}

土孔隙中全部被水充满时单位体积土体质量叫饱和密度 ρ_{sat}，即

$$\rho_{sat}=\frac{m_s+V_v\rho_\omega}{V} \tag{1-6}$$

式中，ρ_ω 为水的密度，$\rho_\omega=1\ g/cm^3$。

4. 土的浮密度 ρ'

处于水下的土单位体积土体的有效质量叫土的浮密度 ρ' 即

$$\rho'=\frac{m_s-V_s\rho_\omega}{V} \tag{1-7}$$

显然有 $\rho_{sat}>\rho>\rho_d>\rho'$，与三相比例指标中的 4 个质量密度指标对应的有土的重力密度（简称重度）指标也有 4 个，即，土的天然重度 $\gamma=\rho g$、干重度 $\gamma_d=\rho_d g$、饱和重度 $\gamma_{sat}=\rho_{sat}g$，和浮重度 $\gamma'=\rho'g$。单位是 (N/m^3) 和 (kN/m^3)。同理有 $\gamma_{sat}>\gamma>\gamma_d>\gamma'$。

5. 土粒相对密度（土粒比重）d_s

单位体积土颗粒质量与 $4℃$ 纯水单位体积的质量之比叫土粒相对密度（或土粒比重）d_s，即

$$d_s=\frac{m_s/V_s}{\rho_{w4°}}=\frac{\rho_s}{\rho_{w4°}} \tag{1-8}$$

式中，$\rho_{w4°}$ 为 $4℃$ 纯水的密度，$1\ g/cm^3$；ρ_s 为土粒密度，即土颗粒单位体积的质量(g/cm^3)。

从上式可看出，土粒比重 d_s 在数值上就等于土粒密度 ρ_s，但两者的含义不同，前者是

两种物质的质量密度之比,无量纲;而后者是土粒一种物质的质量密度,有量纲。土粒比重可在试验室内用比重瓶法测定,具体在试验中介绍。通常也可按经验数值选用,土粒比重变化幅度很小,一般土粒比重参考值如表1-3所示。

表1-3　土粒比重参考

土的名称	泥炭	有机质土	砂土	粉土	黏性土	
					粉质黏土	黏土
土粒比重	1.5～1.8	2.4～2.52	2.65～2.69	2.70～2.71	2.72～2.73	2.74～2.76

1.4.2　反映土松密程度的指标

反映土松密程的指标有:孔隙比和孔隙率。

(1)孔隙比 e。土中孔隙体积与土粒体积之比叫土的孔隙比,即:

$$e = \frac{V_v}{V_s}$$
(1-9)

孔隙比是一个重要的物理性指标,用小数表示,它可以用来评价天然土层的密实程度,孔隙比 $e < 0.6$ 的土是密实的,具有低压缩性,$e > 1.0$ 的土是疏松的高压缩性土。

(2)孔隙率 n。土的孔隙率 n 是土中孔隙体积与总体积之比,以百分数表示,即:

$$n = \frac{V_v}{V} \times 100\%$$
(1-10)

1.4.3　反映土含水程度的指标

反映土含水程度的指标有:土的含水率和土的饱和度。

(1)土的含水率 ω。土中水的质量与土颗粒质量之比,称为土的含水率 ω,以百分数计,即

$$\omega = \frac{m_w}{m_s} \times 100\%$$
(1-11)

天然土层的含水率变化范围很大,它与土的种类、埋藏条件及其所处的自然地理环境等有关。一般干的粗砂土接近于零,而饱和砂土可达 40%;坚硬的黏性土的含水率约小于 30%,而饱和状态的软黏性土(如淤泥),则可达 60% 或更大。一般说来,同一类土,当其含水率增大时,则其强度就降低。土的含水率一般用"烘干法"测定,先称小块原状土样的湿土质量,然后置于烘箱内维持 100～105℃ 烘至恒重,再称干土质量。湿、干土质量之差为含水的质量,水的质量与干土质量的比值。就是土的含水率。

(2)土的饱和度 S_r。土中被水充满的孔隙体积与孔隙总体积之比,称为土的饱和度 S_r,即:

$$S_r = \frac{V_w}{V_v} \times 100\%$$
(1-12)

$S_r=1.0$ 为完全饱和，$S_r=0$ 为完全干燥的土；按饱和度可以把砂土划分为三种状态：$0<S_r\leqslant0.5$ 为稍湿；$0.5<S_r\leqslant0.8$ 潮湿（很湿的）；$0.8<S_r<1.0$ 饱和。

以上这些指标中，土的密度 ρ、土粒的相对密度 d_s 和天然含水率 ω 是由试验测定的，称为三项基本物性试验指标，而其余指标均可以从三个试验指标计算得到。

1.4.4 指标的换算

在土力学中这些指标的运算是最基本的计算，其换算关系如表 1-4 所示。作为应用而言，不必死记这些换算公式，只要掌握每个指标的物理意义，运用三相图就能推导出这些公式。

表 1-4 三项指标的换算公式

指标名称及符号	指标表达式	常用换算公式	常见数值范围
密度 ρ	$\rho=\dfrac{m}{V}$	$\rho=\rho_d(1+\omega)=\dfrac{d_s(1+\omega)}{1+e}\rho_\omega$	$1.6\sim2.0$ g/cm³
干密度 ρ_d	$\rho_d=\dfrac{m_s}{V}$	$\rho_d=\dfrac{\rho}{1+\omega}=\dfrac{d_s}{1+e}\rho_\omega$	$1.3\sim1.8$ g/cm³
饱和密度 ρ_{sat}	$\rho_{sat}=\dfrac{m_s+V_v\rho_\omega}{V}$	$\rho_{sat}=\dfrac{d_s+e}{1+e}\rho_\omega$	$1.8\sim2.3$ g/cm³
浮密度 ρ'	$\rho'=\dfrac{m_s-V_s\rho_\omega}{V}$	$\rho'=\rho_{sat}-\rho_\omega=\dfrac{d_s-e}{1+e}\rho_\omega$	$0.8\sim1.3$ g/cm³
土粒相对密度 d_s	$d_s=\dfrac{m_s/V_s}{\rho_{w4°}}=\dfrac{\rho_s}{\rho_{w4°}}$	$d_s=\dfrac{S_r e}{\omega}$	黏性土：$2.72\sim2.75$ 砂 土：$2.65\sim2.69$
孔隙比 e	$e=\dfrac{V_v}{V_s}$	$e=\dfrac{d_s\rho_\omega}{\rho_d}-1=\dfrac{d_s(1+\omega)\rho_\omega}{\rho}-1$	淤泥质黏土：$1\sim1.5$ 黏性土和粉土：$0.4\sim1.2$ 砂 土：$0.38\sim0.9$
孔隙率 n	$n=\dfrac{V_v}{V}\times100\%$	$n=\dfrac{e}{1+e}=1-\dfrac{\rho_d}{d_s\rho_\omega}$	黏性土和粉土：$30\%\sim60\%$ 砂 土：$25\%\sim45\%$
含水率 ω	$\omega=\dfrac{m_w}{m_s}\times100\%$	$\omega=\dfrac{S_r e}{d_s}=\dfrac{\rho}{\rho_d}-1$	$10\%\sim70\%$
饱和度 S_r	$S_r=\dfrac{V_w}{V_v}\times100\%$	$S_r=\dfrac{\omega d_s}{e}=\dfrac{\omega\rho_d}{n\rho_\omega}$	

以下举例说明如何利用指标定义法计算各指标。

【例 1-1】 已知土的天然密度 ρ 为 1 700 kg/m³，含水率 $\omega=14\%$，土粒比重或土粒相对密度 $d_s=2.67$，试按三相草图由指标定义计算孔隙比 e、饱和度 S_r 及饱和密度 ρ_{sat}？

【解】 令土的体积 $V=1\ \text{m}^3$（如图 $1-9$ 所示），则土的质量 $m=\rho V=1\ 700\ \text{kg}$

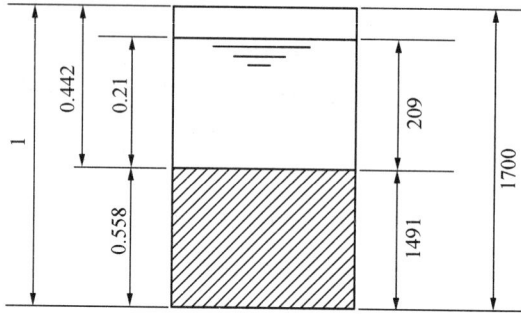

图 $1-9$ 例 $1-1$ 图

而土的质量 $m=m_\text{s}+m_\text{w}$；及含水率 $\omega=m_\text{w}/m_\text{s}=14\%$

联立求解得 $m_\text{w}=209\ \text{kg}$，$m_\text{s}=1\ 491\ \text{kg}$

土颗粒体积 $V_\text{s}=m_\text{s}/d_\text{s}=1.49/2.67\ \text{m}^3=0.558\ \text{m}^3$

孔隙体积 $V_\text{v}=V-V_\text{s}=1\ \text{m}^3-0.558\ \text{m}^3=0.442\ \text{m}^3$

水的体积 $V_\text{w}=m_\text{w}/\rho_\text{w}=0.21\ \text{m}^3$

所以可求得：孔隙比 $e=V_\text{v}/V_\text{s}=0.442/0.558=0.79$

饱和度 $S_\text{r}=V_\text{w}/V_\text{v}=0.21/0.442=47.5\%$

饱和密度 $\rho_\text{sat}=\dfrac{m_\text{s}+V_\text{v}\rho_\omega}{V}=\dfrac{1\ 490+0.442\times1\ 000}{1}\ \text{kg/m}^3=1\ 933\ \text{kg/m}^3$

【例 $1-2$】 取 $1\ 850\ \text{g}$ 湿土，制备成体积为 $1\ 000\ \text{cm}^3$ 的土样，将其烘干后称得其质量为 $1\ 650\ \text{g}$，若土粒比重 $d_\text{s}=2.68$，试按定义求孔隙比、含水率、饱和度和干密度？

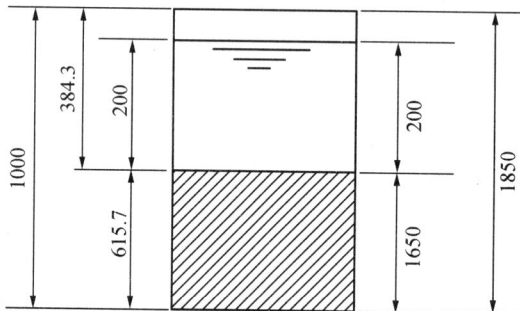

图 $1-10$ 例 $1-2$ 图

【解】 土的体积 $V=1\ 000\ \text{cm}^3$

土的质量 $m=1\ 850\ \text{g}$，土颗粒质量 $m_\text{s}=1\ 650\ \text{g}$

水的质量 $m_\text{w}=1\ 850\ \text{g}-1\ 650\ \text{g}=200\ \text{g}$

土颗粒体积 $V_\text{s}=m_\text{s}/d_\text{s}=1\ 650/2.68\ \text{cm}^3=615.7\ \text{cm}^3$

孔隙体积 $V_\text{v}=1\ 000\ \text{cm}^3-615.7\ \text{cm}^3=384.3\ \text{cm}^3$

水的体积 $V_\text{w}=m_\text{w}/\rho_\text{w}=200/1\ \text{cm}^3=200\ \text{cm}^3$

孔隙比 $e=V_\text{v}/V_\text{s}=384.3/615.7=0.624$

含水率 $\omega = \dfrac{m_{\mathrm{w}}}{m_{\mathrm{s}}} \times 100\% = \dfrac{200}{1\,650} \times 100\% = 12.1\%$

饱和度 $S_{\mathrm{r}} = \dfrac{V_{\mathrm{w}}}{V_{\mathrm{v}}} \times 100\% = \dfrac{200}{384.3} \times 100\% = 52\%$

干密度 $\rho_{\mathrm{d}} = m_{\mathrm{s}}/V = 1\,650/1\,000 \ \mathrm{g/cm^3} = 1.65 \ \mathrm{g/cm^3}$

1.5　黏性土的物理特性

1.5.1　黏性土的界限含水率

黏性土的含水率对其工程性质有重要作用,对于同一种黏土,当其含水率 ω 小于某一限度时,土就是坚硬的状态或半固态,强度很大,如晒干的黏土。可是当含水率增大,土就逐渐成为可塑成任何形状而不发生裂纹的可塑状态,如雨后黏土地。若继续增大含水率,土开始成流动状态,这时土不再具有塑性而能流动,力学强度急剧下降,以上说明随土中水的增加,土的状态发生了变化,我们把黏性土从一种状态变化到另一种状态的含水率称为界限含水率,界限含水率首先由瑞典科学家阿太堡(Atterberg)提出,故又称为阿太堡界限含水率。界限含水率分为液限、塑限和缩限。

如图 1-11 所示,土由可塑状态变到流态的分界含水率称为液限 ω_{L};土由半固态变到可塑状态的分界含水率称为塑限 ω_{P};由固态变到半固态的分界含水率称为缩限 ω_{S};土的 ω_{L}、ω_{P}、ω_{S} 常以百分数表示(省去%号),如 $\omega_{\mathrm{L}} = 28$,表示土的液限含水率为 28%,$\omega_{\mathrm{P}} = 12$,表示土的塑限含水率为 12%。

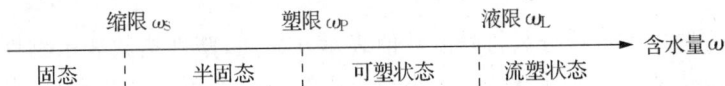

缩限 ω_{S}		塑限 ω_{P}		液限 ω_{L}	
固态		半固态		可塑状态		流塑状态

含水量 ω

图 1-11　黏性土的四种状态

目前采用锥式液限仪(见图 1-12)来测定黏性土的液限。《土工试验方法标准》(GB/T 50123—1999)是将调成浓糊状的试样装满盛土杯,刮平杯口面,使 76 g 重圆锥体在自重作用下徐徐沉入试样,如经过 5 s 深度恰好为 10 mm 时,该试样的含水率即为 10 mm 液限值。

图 1-13 是采用蝶式液限仪测定液限,在欧美等国家常用。它是将浓糊状土样装入碟内,刮平表面,用切槽器在田中划一条槽,槽底宽 2 mm,然后将碟抬高 10 mm,自由下落撞击在硬橡皮垫板上。连续下落 25 次后。如土槽合拢长度正好为 13 mm,该土样的含水率即为液限。

塑限可用搓条法测定,施工现场常用。把塑性状态的土重塑均匀后,用手掌在毛玻璃板上把土团搓成圆条土,当搓到土条直径恰好为 3 mm 左右时,土条自动断裂为若干段,此时土条的含水率即为塑限。搓条法受人为因素的影响较大,因而成果不稳定。人们通过实践证明,利用锥式液限仪联合测定液、塑限可以取代搓条法。

联合测定法是采用锥式液限仪以电磁放锥,利用光电方式测定锥入土中的深度,以不同的含水率土样进行 3 组以上试验,并将测定结果在双对数坐标纸上作出 76 g 圆锥体的入土深度与含水率的关系曲线,它接近于一条直线。坐标上对应于圆锥体入土深度为 10 mm 和 2 mm 时土样的含水率分别为该土的液限和塑限,对应于圆锥体入土深度为 17 mm 所对应的含水率为 17 mm 液限。我国 20 世纪 50 年代以来一直以下沉深度为 10 mm 时为液限标准,但国内外研究成果表明,取下沉 12 mm 时的含水率与碟式仪测出的液限值相当。

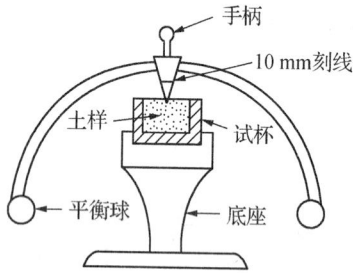

图 1-12 锥式液限仪

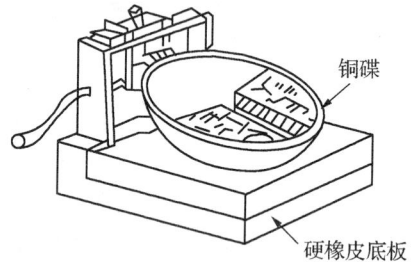

图 1-13 碟式液限仪

目前,我国锥式液限仪圆锥体有 76 g 和 100 g 两种,两者与碟式仪测得的液限值均不一致,《公路土工试验规程》(JTG E40—2007)中规定采用 100 g 或 76 g 圆锥仪,而国标《土工试验规程》(GBJ 123—2002)用 76 g 圆锥仪。

1.5.2 黏性土的塑性指数和液性指数

黏性土的塑性大小,可用土处于塑性状态的含水率变化范围来衡量。这一范围即液限与塑限之差值,称之为塑性指数,用 I_P 表示。

$$I_P = \omega_L - \omega_P \tag{1-13}$$

塑性指数一般用不带百分数符号的数值表示。显然,塑性指数表示黏性土处于可塑状态的含水率变化范围。塑性指数的大小与土中结合水的可能含量有关,具体表现在土粒粗细、矿物成分、水中离子成分和浓度。土粒愈细,则其比表面积愈大,结合水含量愈高,因而 I_P 也随之增大;蒙脱石类含量多,结合水含量愈高,I_P 大;水中高价阳离子的浓度增加,土粒表面吸附的反离子层中阳离子数量减少,结合水含量相应减少,I_P 也小;在一定程度上,塑性指数综合反映了黏性土及其组成的基本特性。因此,在工程上常按塑性指数对黏性土进行分类。

土的天然含水率在一定程度上反映土中水量的多少。但仅仅天然含水率并不能表明土处于什么物理状态,因此还需要一个能够表示天然含水率与界限含水率关系的指标即液性指数,液性指数用 I_L 表示,是指黏性土的天然含水率和塑限的差值与塑性指数之比,即

$$I_L = \frac{\omega - \omega_P}{\omega_L - \omega_P} = \frac{\omega - \omega_P}{I_P} \tag{1-14}$$

可见,I_L 值愈大,土质愈软;反之,土质愈硬。$I_L < 0$ 时 $\omega < \omega_P$,天然土处于坚硬状态;$I_L > 1$ 时 $\omega > \omega_L$,天然土处于流动状态;$0 < I_L < 1$,时 $\omega_P < \omega < \omega_L$,则天然土处于可塑状态。因此,可以利用液性指数来划分黏性土的状态,如表 1-5 所示。

表 1-5 黏性土的稠度状态

液性指数 I_L	$I_L \leqslant 0$	$0 < I_L \leqslant 0.25$	$0.25 < I_L \leqslant 0.75$	$0.75 < I_L \leqslant 1$	$I_L > 1$
状态	坚硬	硬塑	可塑	软塑	流塑

应当注意的是,黏性土界限含水率指标都是采用重塑土测定的,没有考虑土的结构影响,在含水率相同时,原状土比重塑土硬,故用 I_L 判断重塑土状态是合适的,但对原状土偏于保守。

1.6 无黏性土的密实度

无黏性土主要包括砂类土和碎石土,而影响无黏性土工程性质的主要因素是密实度。若土颗粒排列紧密,其结构就稳定,强度大,压缩变形小,是良好的天然地基。反之,密实度小,呈松散状态时,为软弱地基,特别是饱和的粉细砂,其结构常处于不稳定状态. 对工程不利。

判断无黏性土密实度的方法有:据孔隙比 e 判断,据相对密实度 D_r 判断,据标准贯入击数判断,碎石土密实度野外鉴别等。

1.6.1 据孔隙比 e 判断

在建筑工程老规范(JTJ 7—1974)中曾直接用 e 判断砂土密实度,e 较小时($e < 0.6$),表示土中孔隙少,一般认为强度大,压缩变形小,是良好的天然地基,反之($e > 0.85$),表示土中孔隙多,土疏松。但由于颗粒的形状和级配对孔隙比有着极大的影响,而孔隙比又未能考虑级配的因素,有时可能会出现级配良好的松砂 e 小于级配均匀的密砂,因此在工程中常引入相对密实度的概念。

1.6.2 相对密实度 D_r 判断

相对密实度
$$D_r = \frac{e_{max} - e}{e_{max} - e_{min}} \qquad (1-15)$$

式中,e_{max} 为最大孔隙比,即处于最松散状态砂土的孔隙比;e_{min} 为最小孔隙比,处于最紧密状态砂土的孔隙比;e 为处于天然状态砂土的孔隙比。

显然,当 $D_r = 0$,即 $e = e_{max}$,表示砂土处于最疏松状态;$D_r = 1$,即 $e = e_{min}$ 时,表示砂土处于最紧密状态。因此,根据现行《公路桥涵地基与基础设计规范》(JTJ 024—1985)砂土的密实度状态划分为以下几种。如表 1-6 所示。

表 1-6 相对密度与砂土状态

相对密实数	砂土状态	相对密实度	砂土状态
$1 \geqslant D_r > 0.67$	密实的	$0.33 \geqslant D_r > 0.20 > 0.33$	稍松的
$0.67 \geqslant D_r$	中密的	$0.20 \geqslant D_r > 0$	极松的

相对密实度试验一般可采用"松散器法"测定最大孔隙比,采用"振击法"测定最小孔隙比。相对密实度对于土作为土工构筑物和地基的稳定性,特别是在抗震稳定性方面具有重要的意义。相对密实度能反映颗粒级配及形状,理论上是一较好的方法,但由于天然状态砂土的孔隙比值难以测定,尤其是位于地表下一定深度的砂层测定更为困难,此外按规程方法室内测定 e_{max} 和 e_{min} 时,人为误差较大,因此,我国现行的《建筑地基基础设计规范》(GB 50007—2011)采用标准贯入试验的锤击数来评价砂类土的密实度。

1.6.3 据标准贯入击数判断

标准贯入试验是用标准的锤重(63.5 kg),以一定的落距(76 cm)自由下落所提供的锤击能,把一标准贯入器打入土中,记录贯入器贯入土中 30 cm 的锤击数 N,贯入击数 N 反映了天然土层的密实程度。表 1-7 列出了国标《建筑地基基础设计规范》(GB 50007—2011)和《公路桥涵地基及基础设计规范》(JTG D63—2007)中,按原位标准贯入试验锤击数 N 划分砂土密实度的界限值。

表 1-7 按原位标准贯入试验锤击数 N 划分砂土密实度

密实度<	密 实	中 密	稍 松(稍松)	松 散(极松)
(GB 50007—2011)标贯击数 N	$N>30$	$30 \geqslant N>15$	$15>10$	$N \leqslant 10$
(JTG D63—2007)标贯击数 N	$50 \sim 30$	$29 \sim 10$	$9 \sim 5$	$N<5$

1.6.4 碎石土密实度野外鉴别

对于很难做室内试验或原位触探试验的大颗粒含量较多的碎石土,国标《建筑地基基础设计规范》(GB 50007—2011)列出了野外鉴别方法,通过野外鉴别可将碎石土分为密实、中密、稍松和松散。

1.7 地基土(岩)的工程分类

自然界的土类众多,工程性质各异。土的分类体系就是根据土的工程性质差异将土划分成一定的类别,其目的在于通过一种通用的鉴别标准,将自然界错综复杂的情况予以系统地归纳,以便于在不同土类间做有价值的比较、评价、积累以及学术与经验的交流。不同部门,研究问题的出发点不同,使用分类方法各异,目前国内各部门根据各自的用途特点和实践经验,制定了各自的分类方法。在我国,为了统一工程用土的鉴别、定名和描述,同时也便于对土性状做出一般定性的评价,制定了国标《土的工程分类标准》(GB/T 50145—2007)。

目前,国内外有两大类土的工程分类体系,一是建筑工程系统的分类体系,它侧重于把土作为建筑地基和环境,故以原状土为基本对象,因此,对土的分类除考虑土的组成外,更注重土的天然结构性,即土粒联结与空间排列特征。例如《建筑地基基础设计规范》(GB 50007—2011)地基土的分类。二是工程材料系统的分类体系,它侧重于把土作为建筑材料,用于路堤、土坝和填土地基等工程。故以扰动土为基本对象,注重土的组成,不考虑土的天然结构性,如《土的工程分类标准》(GBJ 145—2007)工程用土的分类和《公路土工试验规程》(JTJ 051—2007)的工程分类。

《岩土工程勘察规范》(GB 50021—2009)和《建筑地基基础设计规范》(GB 50007—2011)分类体系的主要特点是:在考虑划分标准时,注重土的天然结构特性和强度,并始终与土的主要工程特性即变形和强度特征紧密联系。因此,首先考虑了按沉积年代和地质成因的划分,同时将某些特殊形成条件和特殊工程性质的区域性将特殊土与普通土区别开来。

地基土按沉积年代可划分为:(1) 老沉积土:第四纪晚更新世 Q_3 及其以前沉积的土,一般呈超固结状态,具有较高的结构强度;(2) 新近沉积土:第四纪全新世 Q_4 近期沉积的土,一般呈欠固结状态,结构强度较低。

作为建筑地基的岩土可分为岩石、碎石土、砂土、粉土、黏性土、人工填土和特殊土。

1. 岩石

岩石为颗粒间牢固联结呈整体或具有节理裂隙的岩体。作为建筑物地基,岩石应划分其坚硬程度和完整程度。岩石的坚硬程度根据岩块的饱和单轴抗压强度分为坚硬岩、较硬岩、较软岩、软岩和极软岩。岩石的风化程度可分为未风化、微风化、中风化、强风化和全风化。关于岩石的物理力学行为是"岩石力学"研究的范畴。

2. 碎石土

粒径大于 2 mm 的颗粒含量超过全重 50% 的土称为碎石土。根据颗粒级配和颗粒形状按表 1-8 分为漂石、块石、卵石、碎石、圆砾和角砾。

表 1-8 碎石土分类

土的名称	颗粒形状	颗粒级配
漂 石	圆形及亚圆形为主	粒径大于 200 mm 的颗粒含量超过全重 50%
块 石	棱角形为主	
卵 石	圆形及亚圆形为主	粒径大于 20 mm 的颗粒含量超过全重 50%
碎 石	棱角形为主	
圆 砾	圆形及亚圆形为主	粒径大于 2 mm 的颗粒含量超过全重 50%
角 砾	棱角形为主	

注:定名时应根据颗粒级配由大到小以最先符合者确定.

3. 砂土

粒径大于 2 mm 的颗粒含量不超过全重 50%,且粒径大于 0.075 mm 的颗粒含量超过全重 50% 的土称为砂土。根据颗粒级配按表 1-9 分为砾砂、粗砂、中砂、细砂和粉砂。

表 1-9 砂土分类

土的名称	颗粒级配
砾 砂	粒径大于 2 mm 的颗粒含量占全重 25%～50%
粗 砂	粒径大于 0.5 mm 的颗粒含量超过全重 50%
中 砂	粒径大于 0.25 mm 的颗粒含量超过全重 50%

土的名称	颗粒级配
细　砂	粒径大于 0.075 mm 的颗粒含量超过全重 85%
粉　砂	粒径大于 0.075 mm 的颗粒含量超过全重 50%

4. 粉土

粉土是介于砂土与黏性土之间，塑性指数 $I_p \leqslant 10$，粒径大于 0.075 mm 的颗粒含量不超过全重 50% 的土。

有资料表明，粉土的密实度与天然孔隙比 e 有关，一般 $e > 0.9$ 时，为稍密，强度较低，属软弱地基；$0.75 < e < 0.9$ 为中密；$e < 0.75$，为密实，其强度高，属良好的天然地基。粉土的湿度状态可按天然含水率 $\omega(\%)$ 划分，当 $\omega < 20\%$，为稍湿；$20\% < \omega < 30\%$，为湿削；$\omega > 30\%$，为很湿。粉土在饱水状态下易于散化与结构软化，以致强度降低，压缩性增大。野外鉴别粉土可将其浸水饱和，团成小球，置于手掌上左右反复摇晃，并以另一手振击，则土中水迅速渗出土面，并呈现光泽。

5. 黏性土

塑性指数大于 10 的土称为黏性土。据 I_p 黏性土又可分为粉质黏土（$10 < I_p \leqslant 17$）和黏土（$I_p > 17$）。

6. 人工填土

人工填土是指由于人类活动而堆积的土，其物质成分杂乱，均匀性较差。人工填土可按堆填时间分为老填土和新填土，通常把堆填时间超过 10 年的黏性填土或超过 5 年的粉性填土称为老填土，否则称为新填土。根据其物质组成和成因又可分为素填土、压实填土、杂填土和冲填土几类。

（1）素填土。由碎石、砂土、粉土和黏性土等组成的填土。其不含杂质或含杂质很少，按主要组成物质分为碎石素填土、砂性素填土、粉性素填土及黏性素填土。

（2）压实填土。经分层压实或夯实的素填土称为压实填土，道路等工程中常用。

（3）杂填土。含有大量建筑垃圾、工业废料或生活垃圾等杂物的填土。按组成物质分为建筑垃圾土、工业垃圾土及生活垃圾土。

（4）冲填土。由水力冲填泥砂形成的填土。

7. 特殊土

特殊土是指具有一定分布区域或工程意义上具有特殊成分、状态和结构特征的土。从目前工程实践来看，大体可分为：软土、红黏上、黄土、膨胀土、多年冻土、盐渍土等。

（1）软土。是指沿海的滨海相、三角洲相、溺谷相、内陆的河流相、湖泊相、沼泽相等主要由细粒土组成的孔隙比大（$e \geqslant 1$）、天然含水率高（$\omega \geqslant \omega_L$）、压缩性高、强度低和具有灵敏性、结构性的土层. 其包括淤泥、淤泥质黏性土、淤泥质粉土等。

淤泥和淤泥质土是工程建设中经常遇到的软土。在静水或缓慢的流水环境中沉积，并经生物化学作用形成。当黏性土的 $\omega > \omega_L$，$e > 1.5$ 时称为淤泥；而当 $\omega > \omega_L$，$1.5 > e \geqslant 1.0$ 时称为淤泥质土。当土的有机质含量大于 5% 时称为有机质土，大于 60% 称为泥炭。

　　(2) 红黏土。红黏土是指碳酸盐系的岩石经第四纪以来的红土化作用,形成并覆盖于基岩上,里棕红、褐黄等色的高塑性黏土。其特征是:$\omega_L > 50$,土质上硬下软,具有明显胀缩性;裂隙发育。已形成的黏性土经坡积、洪积再搬运后仍保留着黏土的基本特征,且$\omega_L > 45$ 的称为次生红黏土。我国红黏土主要分布于云贵高原、南岭山脉南北两侧及湘西、鄂西丘陵山地等。

　　(3) 黄土。黄土是一种含大量碳酸盐类、且常能以肉眼观察到大孔隙的黄色粉状土。天然黄土在未受水浸湿时,一般强度较高,压缩性较低。但当其受水浸湿后,因黄土自身大孔隙结构的特征,压缩性剧增使结构受到破坏。上层突然显著下沉,同时强度也随之迅速下降,这类黄土统称为湿陷性黄土。湿陷性黄土根据上覆土自重压力下是否发生湿陷变形,又可分为自重湿陷性黄土和非自重湿陷性黄土。

　　(4) 膨胀土。膨胀土是指土体中含有大量的亲水性黏土矿物成分(如蒙脱石、伊利石等),在环境温度及湿度变化影响下,可产生强烈的胀缩变形的土。由于膨胀土通常强度较高,压缩性较低,而一旦遇水,就呈现出较大的吸水膨胀和失水收缩的能力,其自由膨胀率≥40%。往往导致建筑物和地基开裂、变形而破坏。膨胀土大多分布于当地排水基准面以上的二级阶地及其以上的台地、丘陵、山前缓坡、垅岗地段,其分布多呈零星分布且厚度不均,不具绵延性和区域性,在我国十几个省均分布有膨胀土。

　　(5) 多年冻土。多年冻土是指土的温度等于或低于摄氏零度、含有固态水,且这种状态在自然界连续保持 3 年或 3 年以上的土。当自然条件改变时,它将产生冻胀、融陷、热融滑塌等特殊不良地质现象,并发生物理力学性质的改变。主要分布于我国西北和东北部分地区,青藏公路和青藏铁路沿线即遇大量多年冻土。

　　(6) 盐渍土。盐渍土是指易溶盐含量大于 0.5%,且具有吸湿、松胀等特性的土。由于可溶盐遇水溶解,可能导致土体产生湿陷、膨胀以及有害的毛细水上升,使建筑物遭受破坏。

复习及思考题

　　1. 试从双电层的概念,说明土粒表面结合水的性质与一般自由水不同的原因。

　　2. 土的不均匀系数 C_u 及曲率系数 C_c 的定义是什么? 如何从土的颗粒级配曲线形态上、C_u 及 C_c 数值上评价土的工程性质?

　　3. 土的三相比例指标有哪些? 哪些可以直接测定? 其中,反映土松密程度、软硬程度和轻重程度的指标分别是哪些?

　　4. 已知甲、乙两个土样的物理性试验结果如下:

土样	$\omega/\%$	$\omega_p/\%$	$\omega_L/\%$	d_s	S_r
甲	15	12	30	2.7	100
乙	6	6	9	2.68	100

问下列结论中哪几个是正确的? 为什么?

（1）甲比乙含有更多的黏粒；（2）甲的天然密度大于乙；

（3）甲的干密度大于乙；　（4）甲的天然孔隙比大于乙。

5. 何为击实曲线、最优含水率？影响压实效果的主要因素有哪些？分别是如何影响的？

6. 塑性指数和液性指数的概念、物理意义是什么？已知一黏性土液性指数 $I_L=-0.18$，液限 $\omega_L=37.5$，塑性指数 $I_P=13$，求该黏性土的天然含水率。

7. 用体积为 $100~cm^3$ 的环刀取得某原状土样重 $195.3~g$，烘干后土重 $175.3~g$，土颗粒比重为 2.7，试用三相比例草图定义法计算该土样的含水率 ω、孔隙比 e、饱和度 S_r、天然密度 ρ、饱和密度 ρ_{sat}、浮密度 ρ'、干密度度 ρ_d？并比较各密度的数值大小。

8. 某砂土样的密度为 $1.8~g/cm^3$，含水率为 9.8%，土粒比重为 2.68，烘干后测定最小孔隙比为 0.41，最大孔隙 0.94，试求孔隙比 e 和相对密实度 D_r，并评定该土的密实度。

9. 已知某地基土试样有关数据如下。（1）天然密度 $\rho=1.84~g/cm^3$，干密度 $\rho_d=13.2~g/cm^3$。（2）液限试验，取湿土 $14.5~g$，烘干后 $10.3~g$。（3）搓条试验：取湿土条 $5.2~g$，烘干后 $4.1~g$，求：（1）天然含水率，塑性指数和液性指数；（2）确定土的名称和状态。

10. 将土以不同含水率配制成试样，用标准的夯击能使土样击实，测定其密度数据如表 1-10 所示：

表 1-10　不同含水率下土样的密度测定值

含水率 $\omega/\%$	17.2	15.3	12.2	10	8.07	7.4
密度 ρ/gcm^{-3}	2.06	2.10	2.16	2.13	2.03	1.89

已知土的比重 $d_s=2.65$，试求最优含水率和最大干密度。

11. 有一无黏性土试样，经筛分后各粒组含量如下表，试确定土的名称。

粒组/mm	<0.1	0.1~0.25	0.25~0.5	0.5~1.0	>1.0
含量/%	6.0	34.0	45.0	12.0	3.0

模块二　岩土工程勘察

2.1　概　述

　　岩土工程勘察是岩土工程技术体制中的一个首要环节。各项工程建设在设计和施工之前，必须按基本建设程序进行岩土工程勘察。它的基本任务，就是按照工程建设所处的不同勘察阶段的要求，正确反映工程地质条件，查明不良地质作用和地质灾害，精心勘察、进行分析，提出资料完整、评价正确的勘察报告。为工程的设计、施工以及岩土体治理加固、开挖支护和降水等工程提供工程地质资料和必要的技术参数，同时对工程存在的有关岩土工程问题做出论证和评价。其具体任务有：

　　（1）查明建筑场地的工程地质条件，对场地的适宜性和稳定性做出评价，选择最优的建筑场地。

　　（2）查明工程范围内岩土体的分布、性状和地下水活动条件，提供设计、施工、整治所需要的地质资料和岩土工程参数。

　　（3）分析、研究工程中存在的岩土工程问题，并做出评价结论。

　　（4）对场地内建筑总平面布置、各类岩土工程设计、岩土体加固处理、不良地质现象整治等具体方案做出论证和意见。

　　（5）预测工程施工和运营过程中可能出现的问题，提出防治措施和整治建议。

　　按《岩土工程勘察规范》（GB 50021—2001）的规定（以下简称《规范》）：各项工程建设在设计和施工之前，必须按基本建设程序进行岩土工程勘察。岩土工程勘察应按工程建设各勘察阶段的要求，正确反映工程地质条件，查明不良地质作用和地质灾害，精心勘察、精心分析，提出资料完整、评价正确的勘察报告。因而，岩土工程勘察是国家基本经济建设中的一个重要的环节，对勘察的建筑工程来说，直接影响到建筑物的质量，决定了建筑物的安全、稳定、正常使用及建筑造价。

2.2　岩土工程勘察分级

　　岩土工程勘察等级划分的主要目的，是为了勘察工作的布置及勘察工作量的确定。显然，工程规模较大或较重要、场地地质条件以及岩土体分布和性状较复杂者，所投入的勘察工作量就较大，反之则较小。按《规范》规定，岩土工程勘察的等级，是由工程安全等级、场地和地基的复杂程度三项因素决定的。首先应分别对三项因素进行分级，在此基础上进行综合分析，以确定岩土工程勘察的等级划分。下面先分别论述三项因素等级划分的依据及具体规定,随后综合划分岩土工程勘察的等级。

2.2.1 工程重要性等级

工程重要性等级,是根据工程的规模和特征,以及由于岩土工程问题造成工程破坏或影响正常使用的后果,可分为三个工程重要性等级,如表2-1所示。

表2-1 工程安全等级

工程重要性等级	工程的规模和特征	破坏后果
一级	重要工程	很严重
二级	一般工程	严重
三级	次要工程	不严重

对于不同类型的工程来说,应根据工程的规模和特征具体划分。目前房屋建筑与构筑物的设计等级,已在国家标准《建筑地基基础设计规范》(GB 50007—2011)中明确规定根据地基复杂程度,建筑物规模和功能特征以及由于地基问题可能造成建筑物破坏或影响正常使作的程度,将地基基础设计分为三个设计等级,设计时应根据具体情况,按表2-2选用。

表2-2 地基基础设计等级

设计等级	工程的规模	建筑和地基类型
甲级	重要工程	重要的工业与民用建筑物;30层以上的高层建筑;体型复杂,层数相差超过10层的高低层连成一体建筑物;大面积的多层地下建筑物(如地下车库、商场、运动场等);对地基变形有特殊要求的建筑物;复杂地质条件下的坡上建筑物(包括高边坡);对原有工程影响较大的新建建筑物;场地和地基条件复杂的一般建筑物;位于复杂地质条件及软土地区的二层及二层以上地下室的基坑工程
乙级	一般工程	除甲级、丙级以外的工业与民用建筑物
丙级	次要工程	场地和地基条件简单,荷载分布均匀的七层及七层以下民用建筑及一般工业建筑物;次要的轻型建筑物

目前,地下洞室、深基坑开挖、大面积岩土处理等尚无工程安全等级的具体规定,可根据实际情况划分。大型沉井和沉箱、超长桩基和墩基、有特殊要求的精密设备和超高压设备、有特殊要求的深基坑开挖和支护工程、大型竖井和平洞、大型基础托换和补强工程,以及其他难度大、破坏后果严重的工程,以列为一级安全等级为宜。

2.2.2 场地复杂程度等级

场地复杂程度等级是由建筑抗震稳定性、不良地质现象发育情况、地质环境破坏程度、地形地貌条件和地下水等五个条件衡量的。根据场地的复杂程度,可按下列规定分为三个场地等级:

（1）符合下列条件之一者为一级场地（复杂场地）：

① 对建筑抗震危险的地段；

② 不良地质作用强烈发育；

③ 地质环境已经或可能受到强烈破坏；

④ 地形地貌复杂；

⑤ 有影响工程的多层地下水，岩溶裂隙水或其他水文地质条件复杂，需专门研究的场地。

（2）符合下列条件之一者为二级场地（中等复杂场地）：

① 对建筑抗震不利的地段；

② 不良地质作用一般发育；

③ 地质环境已经或可能受到一般破坏；

④ 地形地貌较复杂；

⑤ 基础位于地下水位以下的场地。

（3）符合下列条件者为三级场地（简单场地）：

① 抗震设防烈度等于或小于6度，或对建筑抗震有利的地段；

② 不良地质作用不发育；

③ 地质环境基本未受破坏；

④ 地形地貌简单；

⑤ 地下水对工程无影响。

以上划分从一级开始，向二级、三级推定，以最先满足的为准。参见表2-3所示。

表2-3　场地复杂程度等级

等级	一级	二级	三级
建筑抗震稳定性	危险	不利	有利（或地震设防烈度≤6度）
不良地质现象发育情况	强烈发育	一般发育	不发育
地质环境破坏程度	已经或可能强烈破坏	已经或可能受到一般破坏	基本未受破坏
地形地貌条件	复杂	较复杂	简单
地下水条件	多层水、水文地质条件复杂	基础位于地下水位以下	无影响

注：一级、二级场地各条件中只要符合其中任一条件者即可。

2.2.3　地基复杂程度等级

地基复杂程度依据岩土种类、地下水的影响、特殊土的影响也划分为三级：

1. 一级地基

符合下列条件之一者即为一级地基：

（1）岩土种类多，性质变化大，地下水对工程影响大，且需特殊处理；

（2）多年冻土及湿陷、膨胀、盐渍、污染严重的特殊性岩土，对工程影响大，需做专门处理的;变化复杂,同一场地上存在多种的或强烈程度不同的特殊性岩土也属之。

2. 二级地基

符合下列条件之一者即为二级地基:

(1) 岩土种类较多,性质变化较大,地下水对工程有不利影响;

(2) 除上述规定之外的特殊性岩土。

3. 三级地基

(1) 岩土种类单一,性质变化不大,地下水对工程无影响;

(2) 无特殊性岩土。

2.2.4 岩土工程勘察等级

综合上述三项因素的分级,即可划分岩土工程勘察的等级,根据工程重要性等级、场地复杂程度等级和地基复杂程度等级、可按下列条件划分岩土工程勘察等级。

(1) 甲级:在工程重要性、场地复杂程度和地基复杂程度等级中,有一项或多项为一级;

(2) 乙级:除勘察等级为甲级和丙级以外的勘察项目;

(3) 丙级:工程重要性、场地复杂程度和地基复杂程度等级均为三级。

注:建筑在岩质地基上的一级工程,当场地复杂程度等级和地基复杂程度等级均为三级时,岩土工程勘察等级可定为乙级。

2.3 岩土工程勘察阶段的划分

为保证工程建筑物自规划设计到施工和使用全过程达到安全、经济、合用的标准,使建筑物场地、结构、规模、类型与地质环境、场地工程地质条件相互适应。任何工程的规划设计过程必须遵照循序渐进的原则,即科学地划分为若干阶段进行。

建筑物的岩土工程勘察宜分阶段进行,可行性研究勘察应符合选择场址方案的要求;初步勘察应符合初步设计的要求;详细勘察应符合施工图设计的要求;场地条件复杂或有特殊要求的工程,宜进行施工勘察。场地较小且无特殊要求的工程可合并勘察阶段。当建筑物平面布置已经确定,且场地或其附近已有岩土工程资料时,可根据实际情况,直接进行详细勘察。

按照《规范》要求,岩土工程勘察的工作可划分为以下几个阶段:

2.3.1 可行性研究勘察

可行性研究勘察也称为选址勘察,其目的是根据建设条件进行经济技术论证,提出设计比较方案。勘察的主要任务是对拟选场址的稳定性和适宜性做出岩土工程评价;进行技术、经济论证和方案比较,满足确定场地方案的要求。这一阶段的勘察范围是在可能进行建筑的建筑地段,一般有若干个可供选择的场址方案,都要进行勘察;各方案对场地工程地质条件的了解程度应该是相近的,并对主要的岩土工程问题做初步分析评价,以此比较说明各方案的优劣,选取最优的建筑场地。本阶段的勘察方法主要是在搜集、分析已有资料的基础上,进行现场踏勘、了解场地的工程地质条件。如果场地工程地质条件比较复杂,已有资料不足以说明问题时,应进行工程地质测绘,或必要的勘探工作。工程结束时,应对场址稳定性和适宜性做出岩土工程评价,进行技术经济论证和方案比较。并应符合下列要求:

(1) 搜集区域地质、地形地貌、地震、矿产、当地的工程地质、岩土工程和建筑经验等资料;

(2) 在充分搜集和分析已有资料的基础上,通过踏勘了解场地的地层、构造、岩性、不良地质作用和地下水等工程地质条件;

(3) 当拟建场地工程地质条件复杂,已有资料不能满足要求时,应根据具体情况进行工程地质测绘和必要的勘探工作;

(4) 当有两个或两个以上拟选场地时应进行比选分析。

2.3.2 初步勘察

初步勘察的目的,是密切结合工程初步设计的要求,提出岩土工程方案设计和论证。其主要任务是在可行性勘察的基础上,对场地内拟建建筑地段的稳定性做出岩土工程评价,为确定建筑物总平面布置、主要建筑物地基基础方案、对不良地质现象的防治工程方案进行论证。勘察阶段的工作范围一般限定于建筑地段内,相对比较集中。本阶段的勘察方法,在分析已有资料的基础上,根据需要进行工程地质测绘,并以勘探、物探或原位测试为主。应根据具体的地形地貌、地层和地质结构条件,布置勘探点、线、网,其密度和孔(坑)按不同的工程类型和岩土工程勘察等级确定。原则上每一岩土层应取样和进行原位测试,取样和原位测试的坑孔的数量应占相当大的比重。此阶段进行下列主要工作:

(1) 搜集拟建工程的有关文件、工程地质和岩土工程资料以及工程场地范围的地形图;

(2) 初步查明地质构造、地层结构、岩土工程特性、地下水埋藏条件;

(3) 查明场地不良地质作用的成因、分布、规模、发展趋势,并对场地的稳定性做出评价;

(4) 对抗震设防烈度等于或大于 6 度的场地,应对场地和地基的地震效应做出初步评价;

(5) 季节性冻土地区,应调查场地土的标准冻结深度;

(6) 初步判定水和土对建筑材料的腐蚀性;

(7) 高层建筑初步勘察时,应对可能采取的地基基础类型、基坑开挖与支护、工程降水方案进行初步分析评价。

2.3.3 详细勘察

详细勘察的目的是对岩土工程设计、岩土提出利于加固、不良地质现象的防治工程进行计算与评价,以满足施工图设计的要求。此阶段的任务应按单体建筑物或建筑群提出详细的岩土工程资料和设计、施工所需的岩土参数;对建筑地基做出岩土工程评价,并对地基类型、基础形式、地基处理、基坑支护、工程降水和不良地质作用的防治等提出建议。勘察的范围主要于建筑地基内。本阶段的勘察方法以勘探和原位测试为主。勘探点一般应按建筑物轮廓线布置,其间距根据岩土工程勘察等级确定,较之初勘阶段密度更大、深度更深。勘探坑孔的深度一般以建筑工程基础底面为准算起。采取岩土试样和进行原位测试的坑孔数量,也较初勘阶段要大。为了与后续的施工监理衔接,此阶段应适当布置监测工作。在此阶段主要应进行下列工作:

(1) 搜集附有坐标和地形的建筑总平面图,场区的地面整平标高,建筑物的性质、规模、荷载、结构特点、基础形式、埋置深度、地基允许变形等资料;

(2) 查明不良地质作用的类型、成因、分布范围、发展趋势和危害程度,提出整治方案的建议;

(3) 查明建筑范围内岩土层的类型、深度、分布、工程特性、分析和评价地基的稳定性、均匀性和承载力;

(4) 对需进行沉降计算的建筑物,提供地基变形计算参数,预测建筑物的变形特征;

(5) 查明埋藏的河道、沟浜、墓穴、防空洞、孤石等对工程不利的埋藏物;

(6) 查明地下水的埋藏条件,提供地下水位及其变化幅度;

(7) 在季节性冻土地区,提供场地土的标准冻结深度;

(8) 判定水和土对建筑材料的腐蚀性。

2.3.4 施工勘察

施工勘察不作为一个固定阶段,视工程的实际需要而定,对条件复杂或有特殊施工要求的重大工程地基,需进行施工勘察。施工勘察包括施工阶段的勘察和竣工运营工程中的一些必要的勘察工作,主要是检验与监测工作、施工地质编录和施工超前地质预报、检验地基加固效果。它可以起到核对已取得的地质资料和所做评价结论准确性的作用。此外,对一些规模不大且工程地质条件简单的场地,或者有建筑经验的地区,可简化勘察阶段。

2.4 岩土工程勘察的方法及其相互关系

岩土工程勘察的方法或技术手段,有以下几种:

(1) 工程地质测绘。

(2) 勘探与取样。

（3）原位测试与室内试验。

（4）现场检验与监测。

工程地质测绘是岩土工程勘察的基础工作，一般在勘察的初期阶段进行。这一方法的本质是运用地质、工程地质理论，对地面的地质现象进行观察和描述，分析其性质和规律，并藉以推断地下地质情况，为勘探、测试工作等其他勘察方法提供依据。在地形地貌和地质条件较复杂的场地，必须进行工程地质测绘；但对地形平坦、地质条件简单且较狭小的场地，则可采用调查代替工程地质测绘。工程地质测绘是认识场地工程地质条件最经济、最有效的方法，高质量的测绘工作能相当准确地推断地下地质情况，起到有效地指导其他勘察方法的作用。

勘探工作包括物探、钻探和坑探等各种方法。它是被用来调查地下地质情况的；并且可利用勘探工程取样进行原位测试和监测。应根据勘察目的及岩土的特性选用上述各种勘探方法。

物探是一种间接的勘探手段，它的优点是较之钻探和坑探轻便、经济而迅速，能够及时解决工程地质测绘中难于推断而又亟待了解的地下地质情况，所以它常常与测绘工作配合使用。它又可作为钻探和坑探的先行或辅助手段。但是，物探成果判释往往具有多解性，方法的使用又受地形条件等的限制，其成果需用勘探工程来验证。

钻探和坑探也称勘探工程，均是直接勘探手段，能可靠地了解地下地质情况，在岩土工程勘察中是必不可少的。其中钻探工作使用最为广泛，可根据地层类别和勘察要求选用不同的钻探方法。当钻探方法难以查明地下地质情况时，可采用坑探方法。坑探工程的类型较多，应根据勘察要求选用。勘探工程一般都需要动用机械和动力设备，耗费人力、物力较多，有些勘探工程施工周期又较长，而且受到许多条件的限制。因此使用这种方法时应具有经济观点，布置勘探工程需要以工程地质测绘和物探成果为依据，切避盲目性和随意性。

原位测试与室内试验的主要目的，是为岩土工程问题分析评价提供所需的技术参数，包括岩土的物性指标、强度参数、固结变形特性参数、渗透性参数和应力、应变时间关系的参数等。原位测试一般都借助于勘探工程进行，是详细勘察阶段主要的一种勘察方法。

原位测试与室内试验相比，各有优缺点。原位测试的优点是：试样不脱离原来的环境，基本上在原位应力条件下进行试验；所测定的岩土体尺寸大，能反映宏观结构对岩土性质的影响，代表性好；试验周期较短，效率高；尤其对难以采样的岩土层仍能通过试验评定其工程性质。缺点是：试验时的应力路径难以控制；边界条件也较复杂；有些试验耗费人力、物力较多，不可能大量进行。室内试验的优点是：试验条件比较容易控制（边界条件明确，应力应变条件可以控制等）；可以大量取样。主要的缺点是：试样尺寸小，不能反映宏观结构和非均质性对岩土性质的影响，代表性差；试样不可能真正保持原状，而且有些岩土也很难取得原状试样。

现场检验与监测是构成岩土工程系统的一个重要环节，大量工作在施工和运营期间进行；但是这项工作一般需在高级勘察阶段开始实施，所以又被列为一种勘察方法。它的主要目的在于保证工程质量和安全,提高工程效益。

现场检验的涵义,包括施工阶段对先前岩土工程勘察成果的验证核查以及岩土工程施工监理和质量控制。现场监测则主要包含施工作用和各类荷载对岩土反应性状的监测、施工和运营中的结构物监测和对环境影响的监测等方面。

检验与监测所获取的资料,可以反求出某些工程技术参数,并以此为依据及时修正设计,使之在技术和经济方面优化。此项工作主要是在施工期间内进行,但对有特殊要求的工程以及一些对工程有重要影响的不良地质现象,应在建筑物竣工运营期间继续进行。

随着科学技术的飞速发展,在岩土工程勘察领域中不断引进高新技术。例如,工程地质综合分析、工程地质测绘制图和不良地质现象监测中遥感(RS)、地理信息系统(GIS)和全球卫星定位系统(GPS)即"3S"技术的引进;勘探工作中地质雷达和地球物理层成像技术(CT)的应用等。

2.5 岩土工程勘察报告的编写

岩土工程勘察报告是工程地质勘察的最终成果,是建筑地基基础设计和施工的重要依据。报告是否能正确反映工程地质条件和岩土工程特点,关系到工程设计和建筑施工能否安全可靠、措施得当、经济合理。不同的工程项目,不同的勘察阶段,报告反映的内容和侧重有所不同;有关规范、规程对报告的编写也有相应的要求。岩土工程勘察的成果用报告书并附有必要的图表来表示。岩土工程勘察报告书的编写应做到资料完整、真实准确、数据无误、重点突出、论据充分、图表清晰、建议合理、结论明确有据、便于使用和适宜长期保存,并应因地制宜,有明确的工程针对性。对报告依据的所有原始资料、岩土的各项性质指标数据均应进行整理、检查、统计分析、鉴定,认为无误后才能利用。报告的内容应根据任务要求、勘察阶段、地质条件、工程特点等具体情况确定。对于地质条件简单,勘察工作量小,设计、施工上无特殊要求的三级工程,报告可采用图表式并附以简要的文字分析说明。对于场地岩土工程条件复杂,工程规模大的一级工程,报告的内容则要详细。

2.5.1 岩土工程勘察报告编制的程序

要写出高质量的岩土工程勘察报告,就要了解报告编制的程序,主要有:

(1)外业和实验资料的汇集、检查和统计。此项工作应于外业结束后即进行。首先应检查各项资料是否齐全,特别是实验资料是否齐全,同时可编制测量成果表、勘察工作量统计表和勘探点(钻孔)平面位置图。

(2)对照原位测试和土工试验资料,校正现场地质编录。这是一项很重要的工作,但往往被忽视,从而出现野外定名与实验资料相矛盾,鉴定砂土的状态与原位测试和实验资料相矛盾,应找出原因,并修改校正,使野外对岩土的定名及状态鉴定与实验资料和原位测试数据相吻合。

（3）编绘钻孔工程地质综合柱状图。

（4）划分岩土地质分层，编制分层统计表，进行数理统计。地基岩土的分层恰当与否，直接关系到评价的正确性和准确性。因此，此项工作必须按地质年代、成因类型、岩性、状态、风化程度、物理力学特征来综合考虑，正确地划分每一个单元的岩土层。然后编制分层统计表，包括各岩土层的分布状态和埋藏条件统计表，以及原位测试和实验测试的物理力学统计表等。最后，进行分层试验资料的数理统计，查算分层地基承载力。

（5）编绘工程地质剖面图和其他专门图件。

（6）编写文字报告。

按以上顺序进行工作可减少重复，提高效率；避免差错，保证质量。在较大的勘察场地或地质地貌条件比较复杂的场地，应分区进行勘察评价。

2.5.2 岩土工程勘察报告编写的基本要求

（1）岩土工程勘察报告所依据的原始资料，应进行整理、检查、分析，确认无误后方可使用。

（2）岩土工程勘察报告应资料完整、真实准确、数据无误、图表清晰、结论有据、建议合理、便于使用和适宜长期保存，并应因地制宜，重点突出，有明确的工程针对性。

（3）报告应根据任务要求、勘察阶段、工程特点和地质条件等具体情况编写。

（4）岩土工程勘察报告应根据任务要求、勘察阶段、工程特点和地质条件等具体情况编写，并应包括下列内容：

① 勘察目的、任务要求和依据的技术标准；

② 拟建工程概况；

③ 勘察方法和勘察工作布置；

④ 场地地形、地貌、地层、地质构造、岩土性质及其均匀性；

⑤ 各项岩土性质指标，岩土的强度参数、变形参数、地基承载力的建议值；

⑥ 地下水埋藏情况、类型、水位及其变化；

⑦ 土和水对建筑材料的腐蚀性；

⑧ 可能影响工程稳定的不良地质作用的描述和对工程危害程度的评价；

⑨ 场地稳定性和适宜性的评价。

（5）岩土工程勘察报告应对岩土利用、整治和改造的方案进行分析论证，提出建议；对工程施工和使用期间可能发生的岩土工程问题进行预测，提出监控和预防措施的建议。

（6）成果报告应附下列图件：勘探点平面布置图；工程地质柱状图；工程地质剖面图；原位测试成果图表；室内试验成果图表。需要时可附综合工程地质图、综合地质柱状图、地下水等水位线图、素描、照片、综合分析图表以及岩土利用、整治和改造方案的有关图表、岩土工程计算简图及计算成果图表等。

（7）对岩土的利用、整治和改造的建议，宜进行不同方案的技术经济论证，并提出对设计、施工和现场监测要求的建议。

（8）任务需要时，可提交下列的专题报告：① 岩土工程测试报告；② 岩土工程检验或监测报告；③ 岩土工程事故调查与分析报告；④ 岩土利用、整治或改造方案报告；⑤ 专门岩土工程问题的技术咨询报告。

（9）勘察报告的文字、术语、代号、符号、数字、计量单位、标点，均应符合国家有关标准的规定。

（10）对丙级岩土工程勘察的成果报告内容可适当简化，采用以图表为主，辅以必要的文字说明；对甲级岩土工程勘察的成果报告除应符合本节规定外，尚可对专门的岩土工程问题提交专门的试验报告、研究报告或监测报告。

（11）岩土工程勘察报告的编制除符合现行《规范》外，特别应当严格执行《工程建设标准强制性条文》的规定。

2.5.3　岩土工程勘察报告编写的内容

岩土工程勘察报告一般由文字和图表两部分组成，文字部分主要包括以下内容：

1. 工程概况

内容包括：场地概况；拟建工程的性质、规模、结构特点、层数（地上及地下）、高度；拟采用的基础类型、尺寸、埋置深度、基底荷载、地基允许变形及其他特殊要求等；建筑抗震设防要求、勘察阶段、建筑物的周边环境条件等；场地及邻近工程地质水文地质条件的研究程度；勘察目的、任务要求和依据的主要技术标准和规范；已有的资料和勘察工作；勘察工作日期；建设单位、设计单位等。

2. 勘察方法和勘探工作量布置

内容包括：勘探孔、原位测试点布置原则，即位置、深度、数量、距离；掘探、钻探方法说明；取样器规格与取样方法说明，取样质量评估；原位测试的种类、仪器及试验方法说明，资料整理方法及成果质量评估；室内试验项目、试验方法及资料整理方法说明，试验成果质量评估；取土孔和原位测试点数占总数的比例等。

3. 场地工程地质条件

内容包括：地形地貌及气候气象条件、地质构造、地层岩性、水文地质条件、不良地质现象和人类工程活动等。

（1）地形地貌。包括勘察场地的具体地理位置：地理经纬度、地貌部位、主要形态、次一级地貌单元划分；地面标高，室内地坪标高；各种气象特征：年均气温、降水量、蒸发量、常年风向、冻深线（冻土深度）、水系发育情况。如果场地小且地貌简单，应着重论述地形的平整程度、相对高差。

（2）地质构造。主要阐述的内容是：场地区域地层岩性、分布及埋藏特征。主要大的构造形迹如断层、褶皱的性质、分布特征，断裂的活动性及最新活动年代。得出区域稳定性评价，附区域地质图。

（3）地层岩性。主要叙述地基岩土分层及其物理力学性质。这一部分是岩土工程勘察报告着重论述的内容，是进行工程地质评价的基础。下面介绍分层的原则和分层叙述的内容。

① 分层原则。土层按地质年代、成因类型、岩性、状态和物理力学性质划分;岩层按成因、岩性、风化程度、物理力学性质划分。厚度小、分布局限的可作夹层处理,厚度小而反复出现可做互层处理。

② 分层编号方法。常见三种编号法:第一,从上至下连续编号,即①、②、③……层。这种方法一目了然,但在分层太多而有的层位分布不连续时,编号太多显得冗繁;第二,土层、岩层分别连续编号,如土层Ⅰ-1、Ⅰ-2、Ⅰ-3……岩层Ⅱ-1、Ⅱ-2、Ⅱ-3……第三,按土、石大类和土层成因类型分别编号。如某工地填土1;冲积黏土2-1、冲积粉质黏土2-2,冲积细砂2-3;残积可塑状粉质黏土3-1,残积硬塑状粉质黏土3-2;强风化花岗岩4-1,中风化花岗岩4-2,微风化花岗岩4-3。第二、三种编法有了分类的概念,但由于是复合编号,故而在报告中叙述有所不便。目前,大多数分层是采用第一种方法,并已逐步地加以完善。总之,地基岩土分层编号、编排方法应根据勘察的实际情况,以简单明了,叙述方便为原则。此外,详勘和初勘,在同一场地的分层和编号应尽量一致,以便参照对比。

③ 分层叙述内容。对每一层岩土,要叙述如下的内容:

A. 分布:通常有"普遍""较普遍""广泛""较广泛""局限""仅见于"等用语。对于分布较普遍和较广泛的层位,要说明缺失的孔段;对于分布局限的层位,则要说明其分布的孔段。

B. 埋藏条件:包括层顶埋藏深度、标高、厚度。如场地较大,分层埋深和厚度变化较大,则应指出埋深和厚度最大、最小的孔段。

C. 岩性和状态:土层,要叙述颜色、成分、饱和度、稠度、密实度、分选性等;岩层,要叙述颜色、矿物成分、结构、构造、节理裂隙发育情况、风化程度、岩芯完整程度;裂隙的发育情况,要描述裂隙的产状、密度、张闭性质、充填胶结情况;关于岩芯的完整程度,除区分完整、较完整、较破碎、破碎和极破碎外,还应描述岩芯的形状,即区分出长柱状、短柱状、饼状、碎块状等。

D. 取样和实验数据:应叙述取样个数、主要物理力学性质指标。尽量列表表示土工实验结果,文中可只叙述决定土层力学强度的主要指标,例如填土的压缩模量、淤泥和淤泥质土的天然含水量、黏性土的孔隙比和液性指数、粉土的孔隙比和含水量、红黏土的含水比和液塑比。对叙述的每一物理力学指标,应有区间值、一般值、平均值,最好还有最小平均值、最大平均值,以便设计部门选用。

E. 原位测试情况:包括试验类别、次数和主要数据。也应叙述其区间值、一般值、平均值和经数理统计后的修正值。

F. 承载力:据土工试验资料和原位测试资料分别查算承载力标准值,然后综合判定,提供承载力标准值的建议值。

(4) 水文地质条件。地下水是决定场地工程地质条件的重要因素。报告中必须论及:地下水类型,含水层分布状况、埋深、岩性、厚度,静止水位、降深、涌水量、地下水流向、水力坡度;含水层间和含水层与附近地表水体的水力联系;地下水的补给和排泄条件,水位季节变化,含水层渗透系数,以及地下水对混凝土的侵蚀性等。对于较小场地或水文地质条件简单的勘察场地,论述的内容可以简化。有的内容,如水位季节变化,并非在较短的工程勘察期间能够查明,可通过调查访问和搜集区域水文资料获得。地下水对混凝土的侵蚀性,要结合场地的地质环境,根据水质分析资料判定。应列出据以判定的主要水质指标,即 pH 值、HCO^{-3}、SO_2^{-4}、CO_2 侵蚀的分析结果。

(5)不良地质现象和人类工程活动。主要指有无不良地质现象(如岩溶、滑坡、泥石流、地面沉降、断裂和砂土液化)、特殊性岩土(湿陷性土、红黏土、软土、混合土、填土、多年冻土、膨胀岩土、盐渍土、风化岩与残积土、污染土)。特别注意人类工程活动(人工洞穴、地下采空、大挖大填、抽水排水及水库诱发地震等)对场地稳定性的影响。

4. **场地的工程地质评价**

(1)区域稳定性评价根据区域地质条件、有无不良地质现象,新构造运动特征,特殊性岩土等灾害性岩体,得出场地区域稳定性评价结果。

(2)场地和地基稳定性评价。对场地地层分布情况、均匀性,有无不良地质现象与特殊性岩土进行评价。

(3)地基均匀性评价。通过对各工程地质层进行综合评述,从分布稳定情况、均匀程度、状态或密实度、压缩性、强度特征及承载力值判断出每一工程地质层的适宜情况。

(4)岩土参数建议值。建议值的取值方法,如主要物理性指标采用平均值、剪切指标采用标准值(《规范》规定的统计方法)。

(5)地基土承载力的特征值。地基承载力特征值确定:宜采用载荷试验(浅基础可采用平板、深基础可采用螺旋板试验)得出承载力特征值;可以根据土的三轴剪切指标采用《建筑地基基础设计规范》中的公式计算;也可根据原位测试如静力触探、动力触探、十字板剪切、标准贯入试验等方法确定;或者通过地方规范或经验查表得出。以上各种方法需要进行综合分析评价确定后,给出建筑场地各地层的地基承载力特征值。

5. **基础方案选择**

(1)天然地基方案。从地基土的构成与特征、埋藏情况分析该项目适用浅基础还是深基础,采用天然地基方案的可能性,建议的浅基础的埋置深度,可根据地层岩性和上部建筑物结构荷重特点分层论述,并建议天然地基持力层。如有不良地层或特殊性岩土,建议地基处理方案。

(2)桩基方案。包括桩基持力层及桩型选择。如采用桩基础,建议持力层及埋置深度。根据地层岩性特征和建筑物的上部结构、荷重和对施工环境的要求,结合地方上常采用的施工经验,建议选择适宜的桩型。

(3)桩基设计参数。桩基参数应根据所推荐的基础形式,得出场地适宜的桩型,通过按照土的类型、状态、埋深、桩的类型和桩的入土深度,安全系数取值。查表或原位测试可得出桩基侧阻力和桩端阻力特征值指标,并可根据持力层的埋置深度和桩的有关尺寸试算出单桩极限承载力值。

(4)沉桩的可能性及桩的施工条件对环境的影响。对建议的各种桩型,根据地层的岩性如上覆地层有无特别难以穿越地层;施工时是否对附近建筑物构成危害;地下有无管线;采用的基础形式对周围环境有无影响等以及应采取的技术措施。

(5)基坑支护与开挖。提供基坑开挖和支护有关参数,对边坡的稳定性进行评价、建议边坡放坡坡度值,如地下水位埋藏较浅,建议可行的降水措施(如轻型井点降水)。

6. 岩土的整治、现场监测方案

提出对岩土的利用、整治和改造的建议、宜进行不同方案的技术经济论证,并提出对设计、施工和现场监测要求的建议。

7. 结论与建议

结论是勘察报告的精华,它不是前文已论述的重复归纳,而是简明扼要的评价和建议。一般包括以下几点:

(1) 对场地条件和地基岩土条件的评价。

(2) 结合建筑物的类型及荷载要求,论述各层地基岩土作为基础持力层的可能性和适宜性。

(3) 选择持力层,建议基础形式和埋深。若采用桩基础,应建议桩型、桩径、桩长、桩周土摩擦力和桩端土承载力标准值。

(4) 地下水对基础施工的影响和防护措施。

(5) 基础施工中应注意的有关问题。

(6) 建筑是否做抗震设防。

(7) 其他需要专门说明的问题。

以上 7 个方面的内容,并非所有的勘察报告都要面面俱到,一一罗列,要根据勘察项目的实际情况,尽量做到报告内容齐全、重点突出、条理通顺、文字简练、论据充实、结论明确、简明扼要、合理适用。

当勘察任务需要时,还可提交下列专题报告:

(1) 岩土工程测试报告;

(2) 岩土工程检验或监测报告;

(3) 岩土工程事故调查与分析报告;

(4) 岩土利用、整治或改造方案报告;

(5) 专门的岩土工程问题技术咨询报告。

2.5.4　所附的图表

在绘制图表时,图例样式、图表上线条的粗细、线条的样式、字体大小、字型的选择等应符合有关的规范和标准。主要的图件有:

(1) 勘探点(钻孔)平面位置图。

表示的主要内容:① 建筑平面轮廓;② 钻孔类别、编号、深度和孔口标高,应区分出技术孔、鉴别孔、抽水试验孔、取水样孔、地下水动态观测孔、专门试验孔(如孔隙水压力测试孔);③ 剖面线和编号。剖面线应沿建筑周边、中轴线、柱列线、建筑群布设,较大的工地,应布设纵横剖面线;④ 地质界线和地貌界线;⑤ 不良地质现象、特征性地貌点;⑥ 测量用的坐标点、水准点或特征地物;⑦地理方位。如图 2-1 所示为勘探点平面位置图。

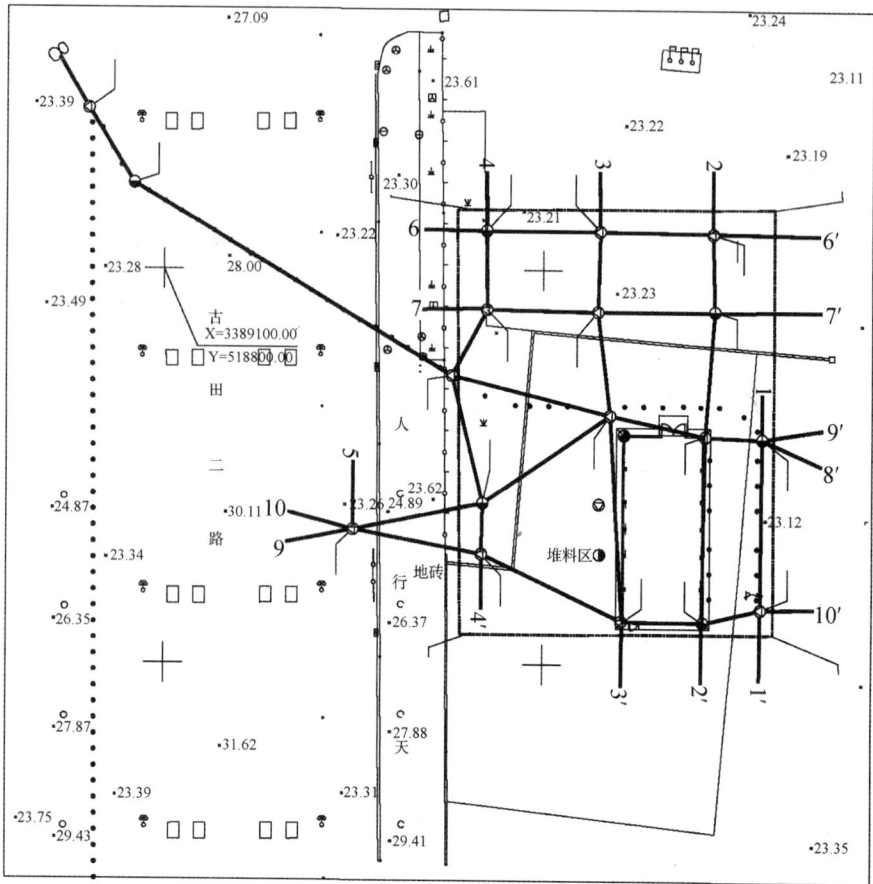

图 2-1 勘探点平面位置图

对于较小的场地，一般仅表示①、②、③、⑥、⑦五项内容。标注地理方位的最大优点在于文中叙述有关位置时方便。此图一般在甲方提供的建筑平面地形图上补充内容而成。比例尺一般采用 1∶200～1∶1 000。可行性研究阶段及初勘阶段，尚未确定拟建建筑平面位置时，也可不绘制拟建建筑物的轮廓线。

（2）钻孔工程地质综合柱状图。

钻孔柱状图的内容主要有地层代号、岩土分层序号、层顶深度、层顶标高、层厚、地质柱状图、钻孔结构、岩芯采取率、岩土性质描述、岩土取样深度和样号、原位测试深度和相关数据。在地质柱状图上，第四系与下伏基岩应表示出不整合接触关系。在柱状图的上方，应标明钻孔编号、坐标、孔口标高、地下水静止水位埋深、施工日期等。柱状图比例尺一般采用 1∶100 或 1∶200，如图 2-2 所示。

工程名称	汉口西部地区截污工程(张公堤内段)古田二路泵站								
钻孔编号	ZK14			工程编号		2009153Z			
孔口标高/m	23.35	横坐标Y	518842.11	开孔日期	2010-12-19	稳定水位/m		21.65	
钻孔深度/m	22.50	纵坐标X	3389070.46	终孔日期	2010-12-19	稳定水位日期		2010-12-20	

层序	地质年代及成因	层底深度/m	层底标高/m	分层厚度/m	岩土名称	柱状图 1:200	岩土描述	标贯试验 N=击数	试样编号 深度:样号
①	Q^{ml}	3.80	19.55	3.80	杂填土		杂色,稍密,局部松散,主要由碎石、砖块、砂及黏性土构成,硬质物含量约40%~50%,最大粒径约10cm,堆填时间少于10年。		
②-1	Q_4^{al}	5.70	17.65	1.90	黏土		褐灰色,可塑,局部软塑,饱和。		5.60:14-
②-2	Q_4^{al}	10.50	12.85	4.80	黏土		黄褐色、褐灰色,可塑,饱和。		8.90:14-
③-1	Q_4^{al}	16.50	6.85	6.00	粉质黏土夹粉土、粉砂		褐灰色,软塑,饱和,夹多层中密状粉土及松散状粉砂。		12.10:14- 15.90:14-
③-2	Q_4^{al}	17.70	5.65	1.20	粉砂		灰色,松散~稍密,饱和。		
③-3	Q_4^{al}	22.50	0.85	4.80	粉质黏土夹粉土		灰色,软塑,饱和,夹多层中密状粉土,局部夹薄层粉砂。		19.60:14-

图2-2　钻孔柱状图

（3）工程地质剖面图

工程地质剖面图是作为了解建筑场地深部地质条件和进行地基基础设计的主要图件。这种图直接用钻孔、探井等勘探资料(探井、钻孔综合柱状图)绘制而成。绘图时,先绘水平坐标,定出钻孔或探井间的距离,再绘纵坐标,定各钻孔或探井的地面标高,各标高点连线表示地面。再在钻孔(或探井)线上用符号及一定比例尺按岩层由上而下的次序表明其厚度和岩性,将同地质时代的同种岩层连线后,绘上岩层符号、图例和比例尺,即是工程地质剖面图。绘图比例尺常采用1∶100～1∶500。其质量好坏的关键在于:剖面线的布设是否恰当;地基岩土分层是否正确;分层界线,尤其是透镜体层、岩性渐变线的勾连是否合理;剖面线纵横比例尺的选择是否恰当。剖面各孔柱,应标明分层深度、钻孔孔深和岩性花纹,以及岩土取样位置及原位测试位置和相关数据(如标贯锤击数、静力触探曲线、动力触探曲线、分层承载力建议值等)。在剖面图旁侧,应用垂直线比例尺标注标高,孔口高程须与标注的标高一致。剖面上邻孔间的距离用数字写明,并附上岩性图例,如图2-3所示。

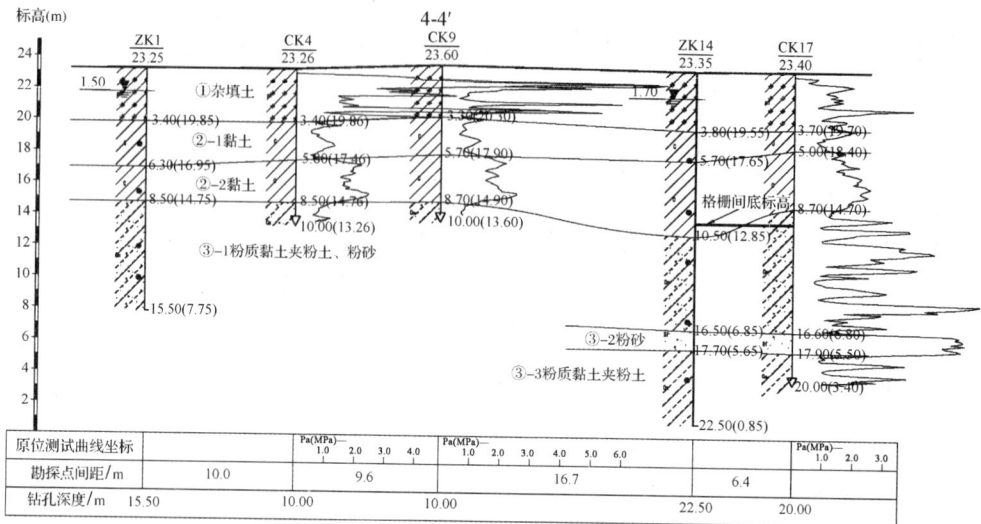

图 2-3　工程地质剖面图

（4）专门性图件。

常见的专门性图件有第四系地层分布图、水文地质图、地下水等水位线图、表层软弱土等厚线图，软弱夹层底板等深线图，基岩顶面等深线图、强风化、中风化或微风化岩顶面等深线图、硬塑或坚硬土等深线图、持力层层面等高线图等。不言而喻，这些图件对于建筑工程设计、地基基础设计、建筑工程的施工各有用途。有的图件还可以反映隐伏的地质条件，如中风化顶面等深线图，可以反映隐伏的断层；等深线上呈线状伸展的沟部，往往是断层通过地段。专门性图件并非每一勘察报告都作，视勘察要求、反映重点而定。

（5）主要的附表、插表。

① 岩土试验成果表。室内试验成果图表、原位测试成果图表等。

② 地基土物理力学指标数理统计成果表。按岩、土分别分层，按孔号、样号顺序编制。每一分层之后列出统计值，如区间值、一般值、平均值、最大平均值、最小平均值。

③ 原位测试成果表。分层按孔号、试验深度编制，要列统计值，并查算分层承载力标准值。

④ 钻孔抽水试验成果表。按孔号、试段深度编制，列出静止水位、降深、涌水量、单位涌水量、水温和水样编号。

⑤ 桩基力学参数表。如果建议采用桩基础，应按选用的桩型列出分层桩周摩擦力，并考虑桩的入土深度确定桩端土承载力。除上述附表之外，有的分层复杂时，应编制地基岩土划分及其埋藏深度。

⑥ 其他。当需要时，尚可附素描、照片、综合分析图表以及岩土利用、整治和改造方案的有关图表、岩土工程计算简图及计算成果图表等。

2.6　岩土工程勘察报告实例

为了进一步增进理解对岩土工程勘察报告的编制，现摘录某住宅项目的工程地质勘察报告(详勘)的文字部分以供参考。

2.6.1　工程概况

某住宅项目位于下沙科技开发区,15 号路以西,11 号路以东,主要建筑为 5 幢高层住宅楼及 18 幢多层住宅楼,局部设有一层地下室。其中高层采用框架—剪力墙结构,多层采用框架结构或砖混结构,基础形式未定。受建设单位委托,乙方承担了该工程的岩土工程勘察工作。

2.6.2　勘察目的和任务

通过勘察为拟建工程基础设计和施工提供工程地质依据,主要任务如下:

(1)查明场地勘探深度范围内各岩土层的埋藏条件、工程特性,提供各土层的物理力学指标。

(2)选择评价基础方案,提供桩基设计所需的岩土工程参数,包括各土层的桩侧摩阻力、桩端承载力,估算不同桩型的单桩承载力,分析桩基施工中可能出现的岩土问题及相应的处理措施。

(3)查明场地地下水的埋藏条件,提供地层的渗透系数,判定场地地下水对混凝土的腐蚀性。

(4)提供深基坑开挖所需的设计参数和基坑围护方案建议。

勘察工作执行的主要技术规范和标准有:国家标准《岩土工程勘察规范》(GB 50021—2001);国家标准《建筑地基基础设计规范》(GB 50007—2011);国家标准《建筑抗震设计规范》(GB 50011—2001);行业标准《建筑桩基技术规范》(JGJ 94—94);国家标准《土工试验方法标准》(GB/T 50123—1999);行业标准《静力触探技术标准》(CECS 04:88)。以及工程涉及的其他规范和技术标准,包括勘察所在地区的地方规范和标准。

2.6.3　勘察工作量的布置

(1)钻孔布置。依据以上规范、标准及岩土工程勘察等级,根据建设单位提供的拟建建筑物总平面图以及设计要求,本次勘察沿建筑物周边共布勘察点 65 个,其中钻探取土标贯孔 38 个,静探孔 27 个。孔位根据拟建建筑物与场地周边建筑物的相对位置测放。各勘探点孔口标高为黄海高程,高程引用建筑物场地已有施工高程点。

(2)钻探。采用 XY-100 型钻机钻孔,泥浆护壁回旋钻进取样,对取出土样进行野外鉴别、分层。

(3)静力触探试验。采用 SY-10 型双桥静力触探试验设备对静探勘探点的土层进行测试,用于地层划分及定量评价地基土的力学性质指标。

(4)室内试验。对采取的土样进行常规物理力学性质试验,水样进行水质化验分析。本次勘察累计完成的工作量及作业时间见表 2-4 所示。

表 2 - 4　勘察累计完成的工作量及作业时间表

勘察手段	野外作业					室内试验	内业资料整理	报告提交
	钻孔勘探点	钻探进尺/m	静力触探/m	取土样/件	取水样/件	常规试验/件		
完成的工作量	65	1 452	937.7	3 m	1	300	2003.11.20~12.01	2003.12.1
作业时间	2003.10.5~2003.10.18					2003.11.15~11.23		

2.6.4　场地的工程地质条件

1. 地形地貌

拟建场地大部分地势平坦,局部为小沟壑。地面高程大部分在 5.40~6.00 m 之间,局部为小丘,高程达 8.35 m。

2. 地层岩性

本次勘察最大孔深为 65.0 m,揭露的地层可以分为 5 个大层,18 个亚层及 3 个夹层,其中各土层层序及地层描述如下:

(1) ①-1 素填土:褐灰色、灰黄色,干,松散,以粉土为主,含碎石及植物根茎。层厚 0.60~6.10 m。

(2) ①-2 淤填土:灰色,湿,松散,以粉土为主,含少量腐殖质。层厚 1.00~3.20 m,层顶埋深 1.30~3.40 m,层底标高 -0.71~3.82 m。

(3) ①-3 石块:灰白色,质硬,成分为碳酸钙,估计为古钱塘江抛石,大小不一。层厚 0.70~1.30 m,层顶埋深 2.70~5.30 m,层底标高 -0.20~1.91 m。

(4) ②-1 粉土:灰黄色,中密,很湿,含云母碎屑。摇振反应中等,无光泽反应,干强度、韧性低。层厚 0.70~7.50 m,层顶埋深 0.70~6.10 m,层底标高 -7.70~2.71 m。

(5) ②-2 粉土:灰色,稍密,仅静探可见。层厚 0.50~4.65 m,层顶埋深 3.00~6.80 m,层底标高 -5.34~1.68 m。

(6) ②-3 粉土:灰黄色,中密,很湿,含云母碎屑及贝壳。摇振反应中等,无光泽,干强度、韧性低。层厚 2.00~10.40 m,层顶埋深 3.50~10.30 m,层底标高 -11.17~-1.59 m。

(7) ②-3a 粉土:灰色,稍密,很湿,为②-3 层夹层,仅静探可见。层厚 0.80~2.00 m,层顶埋深 7.50~8.70 m,层底标高 -4.33~-2.81 m。

(8) ③-1 粉砂:灰黄色,中密~密实,很湿,含云母碎屑。层厚 0.40~13.10 m,层顶埋深 9.20~19.00 m,层底标高 -16.37~-6.42 m。

(9) ③-1a 粉土:灰色,稍密,很湿,为③-1 层夹层,仅静探可见。层厚 0.50~1.00 m,层顶埋深 12.00~18.50 m,层底标高 -12.93~-7.22 m。

(10) ③-2 粉砂:灰色,稍密,很湿,仅静探可见。层厚 0.60~2.90 m,层顶埋深 14.40~19.80 m,层底标高 -15.48~-9.24 m。

(11) ③-3 粉砂:灰色,中密,很湿,含云母碎屑及贝壳。层厚 0.40~7.20 m,层顶埋深 6.40~22.10 m,层底标高 -17.48~-6.06 m。

（12）③-3a粉土：灰色，稍密，很湿，为③-3夹层，仅静探可见。层厚0.40～1.30 m，层顶埋深17.10～21.40 m，层底标高—14.10～—12.46 m。

（13）③-4粉砂：灰色，中密，很湿。层厚3.30 m，层顶埋深18.30 m，层底标高—15.88 m。

（14）③-5粉土与粉质黏土互层：灰色，稍密，很湿，含云母碎屑。略有摇振反应及光泽，干强度、韧性一般。层厚2.20～7.00 m，层顶埋深17.10～24.30 m，层底标高—22.62～—15.07 m。

余下土层描述略去。

3. 水文地质条件

场地内浅部地下水属潜水类型，地下水位受降雨影响而有所变化，勘探期间水位埋深在1.50～2.20 m左右。水质分析表明地下水对钢筋混凝土无腐蚀性。

2.6.5 场地的工程地质条件评价

1. 岩土的物理力学性质

将室内土工试验、静力触探等所得到的土层的物理力学性质指标进行了统计分析，结果列于地基土的物理力学指标（统计值）及设计参数表中。

2. 场地地震效应

根据《建筑抗震设计规范》（GB 50011—2001），本场地为抗震不利地段。根据波速测试资料，场地类别为Ⅲ类。该区抗震设防烈度为6度，设计地震分组为第一组，设计基本地震加速度为0.05g，地震动特征周期为0.45。

场地上部分布有较厚的饱和粉土、粉砂层，按国家标准《建筑抗震设计规范》（GB 50011—2001）对20 m以上饱和粉土、粉砂层采用标贯试验判别法进行液化判别，如表2-5所示。结果表明场地20 m以上饱和粉土、粉砂层在设防烈度为7度条件下为不液化～轻微液化。

表2-5 饱和粉土、粉砂液化判别表

钻孔编号	地层编号	试验深度 d_s/m	地下水位 d_w/m	黏粒含量 ρ_c/%	计算临界值 N_{cr}/击	标贯实测值 N/击	液化判定	液化指数计算 I_{lei}	I_{le}	液化等级
ZK52	2-1	3.95	1.90	6.3	4.62	7	不液化			
	2-3	5.65	1.90	3.6	7.04	7	液化	0.06		
	2-3	7.65	1.90	5.4	6.64	6	液化	1.59		
	2-3	9.65	1.90	5.4	7.54	7	液化	0.98		
	2-3	11.65	1.90	3.6	10.32	8	液化	1.35	3.97	轻微
	3-1	13.65	1.90	4.3	12.51	17	不液化			
	3-1	15.65	1.90	5.1	13.32	19	不液化			
	3-3	17.65	1.90	5.0	12.32	23	不液化			
	3-3	19.65	1.90	7.9	13.32	24	不液化			

（续表）

钻孔编号	地层编号	试验深度 d_s/m	地下水位 d_w/m	黏粒含量 $\rho_c/\%$	计算临界值 $N_{cr}/$击	标贯实测值 $N/$击	液化判定	液化指数计算 I_{lei}	液化指数计算 I_{le}	液化等级
ZK64	2-3	7.15	1.85	7.4	5.48	22	不液化			
	2-3	9.15	1.85	8.3	5.90	14	不液化			
	3-1	11.15	1.85	8.3	11.01	18	不液化			
	3-1	13.15	1.85	6.0	12.21	35	不液化		0.00	不液化
	3-1	15.75	1.85	5.3	13.32	31	不液化			
	3-1	17.15	1.85	5.3	13.32	28	不液化			
	3-1	19.15	1.85	3.7	13.32	26	不液化			

3. 岩土工程的分析与评价

（1）地基土承载力特征值。地基土承载力利用土工试验成果资料、静力触探和重型动探试验资料,根据有关规范并结合当地经验,提供了各层地基土承载力特征值。

（2）桩基承载力特征值的确定。桩基承载力参数根据土工试验成果资料、静力触探试验成果及钻孔内原位测试成果,并按国家标准《建筑地基基础设计规范》(GB 50007—2011)等有关规范,同时结合本地区经验综合确定,提供预应力管桩桩侧摩阻力特征值和桩端阻力特征值。

（3）基础形式及持力层的选择评价。经勘探表明,本场地第四系覆盖层上部主要为中密状②-1及②-3粉土,土性一般;其下为性状较好的③-1及③-3粉砂层,厚度较大,性状较好,为较理想的多层建筑桩端持力层,但其中有厚度不等的软夹层,再下为厚度较大、性状极差的④-1及④-2淤泥质土层。④号土层以下为性状较好的⑤-1及⑤-3粉质黏土层,硬可塑~硬塑,其间为中密的⑤-2砾砂层,⑤层土为较理想的高层建筑桩端持力层。

根据建筑物特征并结合地质资料,综合分析建议基础方案及持力层选择分别如下:

多层建筑:该场地②-1层粉土相变较大,不宜采用天然地基。结合该场地地区经验,建议采用桩基础,桩端持力层可选③-1粉砂层,局部地段③-1粉砂层较薄或缺失可选③-3粉砂层作桩端持力层。桩基可选用预应力管桩,要求桩端进入持力层1.0 m以上。施工中以贯入度或压桩力结合地质剖面综合配桩及控制桩长。③-1及③-2中有厚度不等的软夹层,设计时应注意其影响。也可以采用复合地基方案,采用碎石桩法加固浅层地基。

高层建筑:结合该场地地区经验,宜采用桩基础,桩端持力层可选用⑤-1或⑤-3粉质黏土层,⑤-2砾砂较厚处也可作桩端持力层。桩基可选用预应力管桩,要求桩端进入持力层1.0 m以上。施工中以贯入度或压桩力结合地质剖面综合配桩及控制桩长。

4. 单桩承载力的估算

根据国家标准《建筑地基基础设计规范》(GB 50007—2011)规定单桩竖向承载力特征值 R_s。按下列公式计算:

$$R_s = U \sum q_{sia} L_i + q_{pa} A_p \tag{2-1}$$

式中，U 为桩身周长，m；L_i 为桩身穿越第 i 层土厚度，m；A_p 为桩端截面面积，m^2。

按不同勘探孔、不同持力层估算单桩竖向承载力特征值如表 2-6 所示。

表 2-6　单桩竖向承载力特征值估算表

桩　型	桩端标高/m	桩长/m	进持力层深度/m	计算位置	持力层	R_s/kN
ϕ 400 预应力管桩	4.27	11.6	1.0	JK22 号孔	③-1 粉砂	505
	3.82	11.9	1.0	JK72 号孔	③-1 粉砂	500
ϕ 600 预应力管桩	1.0	45.4	1.2	ZK65 号孔	⑤-1 粉质黏土	2 000
	1.0	51.0	1.2	ZK40 号孔	⑤-3 粉质黏土	2 400

5. 桩基础施工

当采用桩基础时，计算和施工应遵守相关的规范，同时做好监理工作。预应力管桩施工中应以压桩力或贯入度结合地质剖面综合配桩及控制桩长。由于本工程桩端持力层埋深略有变化，配桩时须加以注意，也不可避免地导致桩长短不一。同时③-1 及③-3 层中有厚度不均的软夹层，施工中应引起注意。另预应力管桩挤土作用明显，其施工将造成对周围建筑的不利影响，建议设计与施工中要高度重视，采取有效措施防止挤土对周边建筑的不利影响。

如采用复合地基处理应先进行试验，并用静载试验确定地基承载力。另 ZK7、ZK8 及 ZK21 孔处抛石建议先挖除，再进行桩基施工。

6. 基坑围护及注意事项

拟建建筑附建地下车库，基坑底部在地表下约 4～5 m 左右，基坑侧土层主要为① 层素填土、② 层粉土。由于建筑物基坑开挖深度不大，基坑围护可选用土钉墙结合轻型井点降水支护，也可采用水泥搅拌桩重力式挡土墙支护。基坑开挖过程中应加强变形监测，防止基坑失稳或发生过大位移对周边建（构）筑物造成不利影响。

2.6.6　结论及建议

（1）经本次勘察表明多层建筑基础不宜采用天然地基，可采用预应力管桩基础或复合地基方案。预应力管桩桩端持力层宜采用③-1 或③-3 层粉砂，桩端进入持力层不小于 1.0 m。③-1 及③-3 层粉砂局部地段存在软层，在施工时须注意。

（2）高层建筑基础宜采用预应力管桩基础。预应力管桩桩端持力宜采用⑤-1 层、⑤-3 层粉质黏土或⑤-2 砾砂层。桩端进入持力层不小于 1.0 m。

（3）工程桩施工前建议先进行试桩，根据试桩压桩力等实际情况，完善设计。建议按规范做单桩静载荷试验为桩基设计提供确切的依据。

（4）预应力管桩施工过程中及基坑开挖过程中建议先进行现场监测。

复习及思考题

1. 试述岩土工程、工程地质的含义与联系。
2. 简述岩土工程勘察的任务与目的。
3. 试述《规范》中岩土工程勘察阶段的划分及研究内容。
4. 试述岩土工程勘察的主要方法或技术手段。
5. 建筑物的详细勘察主要应进行哪些工作?
6. 详细勘察采取土试样和进行原位测试应符合哪些要求?
7. 岩土工程勘察报告应包括哪些内容? 应附哪些图件?
8. 不良地质作用有哪些类型?

模块三　土力学基本原理

3.1　概　述

在地基土层上建造建筑物，建筑物的荷载将通过基础传递给地基，使地基中原有应力状态发生变化，引起地基土的变形，使建筑物发生沉降。如果土体变形引起的沉降在容许的范围内，不致影响建筑物的正常使用及安全；当外荷载引起的土中应力过大时，会使建筑物发生不可容许的沉降，甚至会使土体发生整体失稳。因此进行土中应力的计算是建筑物地基基础和土工构筑物的变形及稳定分析的重要依据。

土中的应力，就其产生的原因主要有两种：由土体自重引起的自重应力和由各种外部作用引起的附加应力。所谓外部作用主要是建筑物荷载的作用，此外像开挖基坑、地面堆载、地震等作用也会产生附加应力；地基土干湿冷热的变化引起的土中应力变化也属于附加应力，如渗透力、冻胀力和膨胀力等。

3.2　地基中的应力

3.2.1　有效应力原理

饱和土体内任一平面上受到的总应力可分为由土骨架承受的有效应力和由孔隙水承受的孔隙水压方两部分，二者间关系总是满足式：

$$\sigma = \sigma' + u \qquad (3-1)$$

式中，σ 为作用在饱和土中任意面上的总应力；σ' 为有效应力，作用于同一平面的土骨架上；u 为孔隙水压力，作用于同一平面的孔隙水上。

土的变形（压缩）与强度的变化都只取决于有效应力的变化。这意味着引起土的体积压缩和抗剪强度变化的原因，并不取决于作用在土体上的总应力，而是取决于总应力与孔隙水压力之间的差值——有效应力。孔隙水压力本身并不能使土发生变形和强度的变化。

3.2.2　地基中自重应力

由土体自身的重量而产生的应力叫自重应力。地面起伏土体的自重应力计算是相当复杂的，其中最简单和常用的是地基土的自重应力。由于我们假设地基是在水平面上无限延展的半无限体,所以地基土中的竖向自重应力计算就是一个可通过竖向的静力平衡确定的静定问题。如果地基土是均质的,则在深度 z 处的竖向自重应力为

$$\sigma_z = \gamma z \qquad (3-2)$$

实际上,天然土地基是由具有不同性质和不同重度的土层及地下水组成的,如图3-1所示。则处于深度 z 处的自重应力为

$$\sigma_z = \sum_{i=1}^{n} \gamma_i H_i \qquad (3-3)$$

式中,n 为在 z 的范围内地基中的土层数;γ_i 为第 i 层土的重度;H_i 为在 z 的范围内第 i 层土的厚度。

地基土中的水平自重应力为

$$\sigma_x = \sigma_y = K_0 \sigma_z \qquad (3-4)$$

式中,K_0 为静止土压力系数。它是在侧限应力状态下水平应力与竖向应力之比,假设土体为线弹性体,则

$$K_0 = \frac{\nu}{1-\nu} \qquad (3-5)$$

式中,ν 为泊松比。但是由于土并不是线弹性体,所以 K_0 与土的种类、状态和应力历史等因素有关。

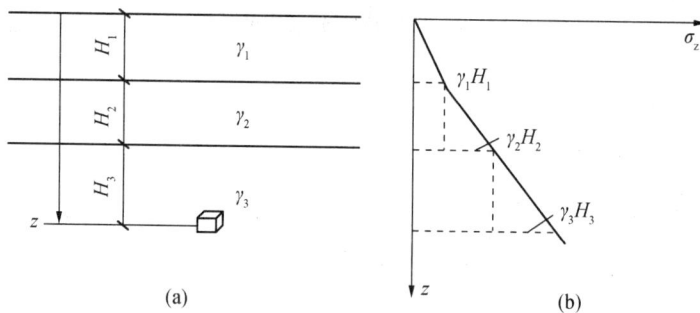

图 3-1 地基中的自重应力及其分布

在地下水位以下的土体中,土中水也应属于土体的组成部分,土体的自重应力应服从有效应力原理。这时可先计算总自重应力和孔隙水压力,然后计算有效自重应力,有时也可直接计算有效自重应力。

在图 3-2 中,不透水层以上的地下水为静水。在图 3-2(a)中,地面以上有深度为 H 的静水,点 M 的总自重应力为

$$\sigma_z = \gamma_w H_1 + \gamma_{sat} H_2 \qquad (3-6)$$

孔隙水压力为

$$u = \lambda_w (H_1 + H_2) \qquad (3-7)$$

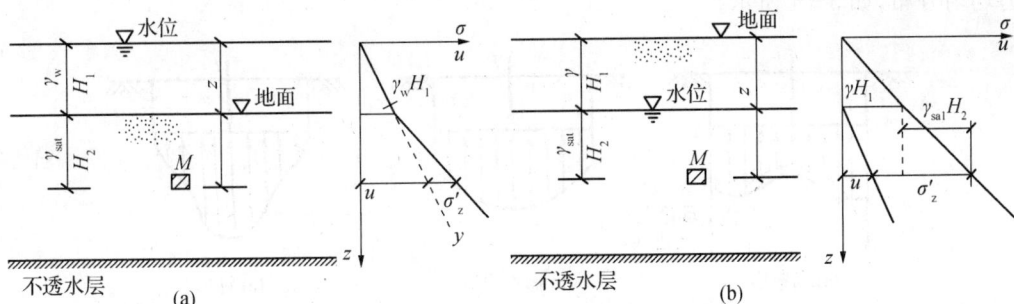

图 3-2　地基中自重应力及其分布

根据有效压力原理,有效自重应力为

$$\sigma'_z = \sigma_z - \mu = \gamma' H_2 \tag{3-8}$$

在图 3-2(b)中,M 点在静地下水位以下 H_2 处,其总自重应力为

$$\sigma_z = \gamma_i H_1 + \gamma_{sat} H_2 \tag{3-9}$$

孔隙水压力为

$$u = \gamma_w H_2 \tag{3-10}$$

有效自重应力为

$$\sigma'_z = \sigma_z - u = \gamma H_1 + \gamma' H_2 \tag{3-11}$$

从以上两个例子可以看出,在静水位以下,有效自重应力也可以用式(3-3)直接计算,在水下部分,式中的重度采用浮重度 γ'。由于我们主要关心地基的强度和变形,而它们又都取决于有效应力,所以所说的自重应力通常是指有效自重应力。

3.2.3　基底压力

1. 基底压力分布

建筑物上部荷载通过基础传至地基,在基础底面与地基之间便产生了接触应力。它是基础作用于地基表面的基底压力,又是地基反作用于基础底面的基底反力。因此,在计算地基中的附加直力以及确定基础底面尺寸时,都必须了解基底压力的大小和分布情况。

影响基底压力分布的因素有很多,除与基础的刚度、平面形状、尺寸和基础的埋深等有关以外,还与作用于基础的荷载大小及分布、土的性质等多种因素有关。刚性基础本身刚度远大于土的刚度,地基与基础的变形协调一致,因此,中心受压的刚性基础置于硬黏性土层上时,由于硬黏性土不易发生土颗粒侧向挤出,基底压力为马鞍形分布,如图 3-3(a)所示。如将刚性基础置于砂土表面上,由于基础边缘的砂粒容易朝侧向挤出,基底压力呈抛物线分布,如图 3-3(b)所示。如果将作用于刚性基础的荷载加大,当地基接近破坏时,应力图形又变为钟形,如图 3-3(c)所示。柔性基础的刚度很小,在荷载的作用下,基础随地基一起变形,其基地压力与上部荷载的分布相同。如均匀受压时,基地压力均匀分布,如3-4所示。

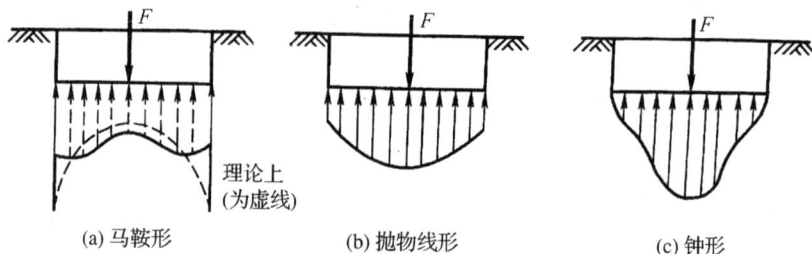

(a) 马鞍形　　　　　　　(b) 抛物线形　　　　　　　(c) 钟形

图 3-3　刚性基础下压力分布

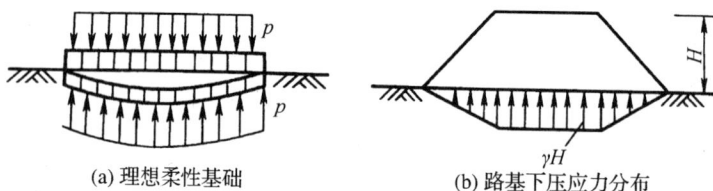

(a) 理想柔性基础　　　　　　　(b) 路基下压应力分布

图 3-4　柔性基础下压力分布

一般情况下,基础的刚度介于刚性和柔性之间,基底压力呈非线性分布。对于具有一定刚度以及尺寸较小的柱下单独基础和墙下条形基础等,其基底压力可看成呈直线或平面分布,并按下述材料力学公式计算。

2. 基底压力的简化计算

(1) 轴心荷载作用下的基地压力。

矩形基础在轴心荷载作用下,基底压力假设为均匀分布,如图 3-4 所示。其平均压应力值按下式计算

$$P = \frac{F+G}{A}$$ （3-12）

式中,P 为基地平均压力,kPa;F 为上部结构传至基础顶面的竖向力,kN;G 为基础自重和基础上的土重,kN,$G = y_G A d$,其 y_G 为基础及基础上填土的平均重度,一般取 20 kN/m³,但地下水位以下部分应取有效重度,d 为基础的埋置深度,m,当室内外高差较大时,取平均值;A 为基础底面积,m²。如为条形基础,且荷载沿长度方向均匀分布,则沿长度方向取 1 m 计算。此时,式中 F、G 为每延米的相应值,A 取用基础宽度。

(2) 偏心荷载作用下的基底压力。

偏心荷载分为单向偏心和双向偏心,常见的为单向偏心,即偏心力作用在矩形基底的一个对称轴上,设计时通常将基底长边方向取与偏心一致,也就是说偏心力在长轴上作用对截面短边对称轴有偏心距,此时基础底边偏心力作用下受压一侧产生最大压应力,P_{max},偏心弯矩作用下基地受拉一侧产生最小拉应力 P_{min},如图 3-5 所示。

P_{max}、P_{min} 的计算公式为:

$$P_{\min}^{\max} = \frac{F+G}{A} \pm \frac{M}{W}$$ （3-13）

式中,M 为作用在基础底面的弯矩,$kN \cdot m$;W 为基础底面的抵抗矩,m^3。

偏心荷载的偏心距 $e = \dfrac{M}{F+G}$,基础底面的抵抗矩

$W = \dfrac{bl^2}{6}$,将 A、W 代入式(3-13)得

$$P_{\min}^{\max} = \frac{F+G}{lb}\left(1 \pm \frac{6e}{l}\right) \qquad (3-14)$$

式中,$P_{\max}$、$P_{\min}$ 为基底边缘的最大压力和最小压力,kPa;e 为偏心距,m;l 为矩形基础底面长度,m;b 为矩形基础底面宽度,m。

由式(3-14)及图 3-5 可见:

① 当 $e < l/6$ 时,$P_{\min} < 0$,基底压力呈梯形分布如图 3-5(a)所示;

② 当 $e = l/6$ 时,$P_{\min} = 0$,基底压力呈三角形分布如图 3-5(b)所示;

③ 当 $e > l/6$ 时,$P_{\min} < 0$,如图 3-5(c)虚线所示。由于基底与地基之间不能承受拉力,此时基底与地基之间局部脱开,而使基底压力重新分布,式(3-13)及式(3-14)不再适用。

根据静力平衡条件,偏心力$(F+G)$应与三角形反力分布图的形心重合并与其合力相等,由此可得基础边缘的最大压力 $P_{\max}$ 为:

$$P_{\max} = \frac{2(F+G)}{3ab} \qquad (3-15)$$

图 3-5 偏心荷载作用下基底压力分布

式中,a 为单向偏心荷载作用点至基底最大压力边缘的距离,$a = l/2 - e$。

(3) 基础底面附加应力。

在基坑开挖前,基础底面深度 d 处平面就有土的自重应力的作用。在建筑物建造后,基底处基底压力作用与开挖基坑前相比,应力将增加,增加的应力即为基底附加压应力。基底附加压力向基础传递,并引起地基变形。

基底平均附加压力 P_0 按下式计算:

$$P_0 = P - \sigma_{cz} = P - \gamma_m d \qquad (3-16)$$

式中,P 为基底平均压力,kPa;σ_{cz} 为基底处土的自重应力,kPa;γ_m 为基底标高以上土的加权平均重度,$\gamma_m = (\gamma_1 h_1 + \gamma_2 h_2 + \cdots + \gamma_n h_n)/(h_1 + h_2 + \cdots + h_3)$,地下水位以下取有效(浮)重度;$d$ 为基础埋深,一般从天然地面算起,对新填土场地,从天然地面算起,m。

3.2.4 地基附加应力

建筑物在上部荷载作用下,地基中必然产生应力和变形。通常把由建筑物荷载或其

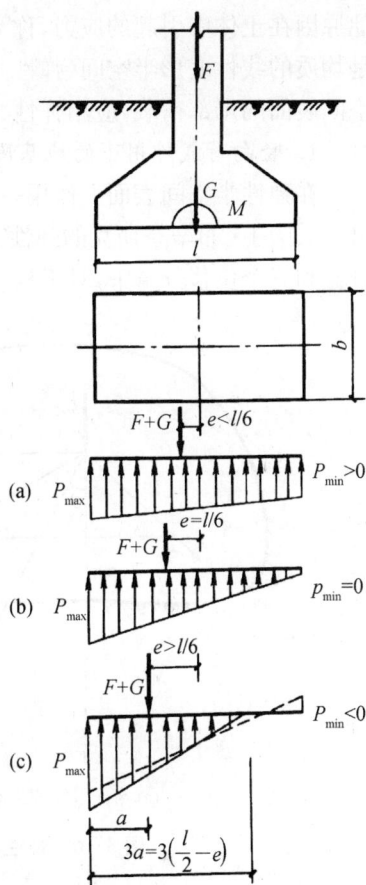

他原因在土体中引起的应力,称为地基附加应力。计算地基附加应力时,通常假定地基土是均质的线性变形半空间(弹性半空间)。将基底附加压力或其他荷载作为作用在弹性半空间表面的局部荷载,应用弹性力学公式便可求出地基中的附加应力。

1. 竖向荷载作用下的地基附加应力

在弹性半空间表面上作用一个竖向集中力时,半空间任意点处所引起的应力和位移,可由法国 J·布辛奈斯克的弹性力学解答作出。如图 3-6 所示,在半空间处的六个应力分量和三个位移分量中,对工程计算意义最大的是竖向正应力 σ_z,表达式如下:

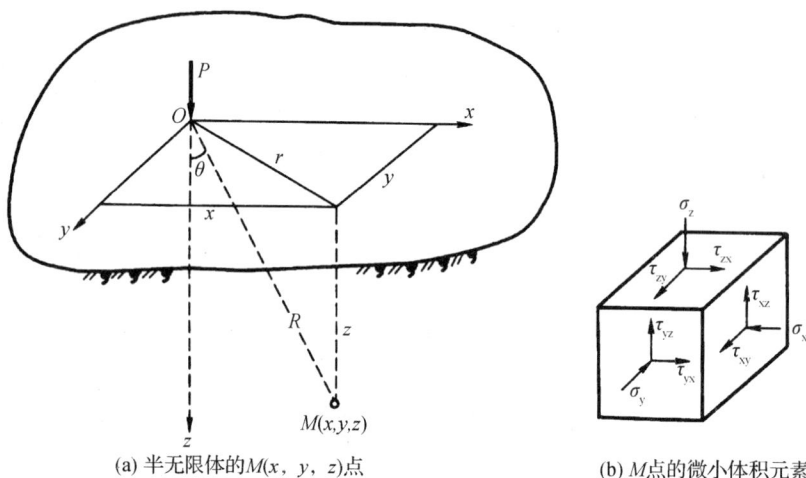

(a) 半无限体的$M(x, y, z)$点   (b) M点的微小体积元素

图 3-6 弹性半无限体在竖向集中力作用下的附加应力

$$\sigma_z = \frac{3Pz^3}{2\pi R^5} = \frac{3P}{2\pi R^5}\cos^3\theta = \alpha\frac{P}{z^2} \tag{3-17}$$

式中,σ_z 为地基中 M 点处的竖向附加应力,kPa;P 为作用于坐标原点 O 的竖向集中力;θ 为 R 线与 Z 坐标轴间的夹角;R 为计算点(M 点)至集中力作用点(坐标原点)的距离,其取值为

$$R = \sqrt{x^2 + y^2 + z^2} = \sqrt{r^2 + z^2} = z/\cos\theta$$

r 为 M 点与集中力作用点的水平距离;α 为集中力作用下地基竖向附加应力系数,$\alpha = \dfrac{3}{2\pi\left[1+\left(\dfrac{r}{z}\right)^2\right]^{5/2}}$,根据该公式和其他已知条件计算所得的系数 α 见表 3-1。

表 3-1 集中荷载作用下地基竖向附加应力系数 α

r/z	α	r/z	α	r/z	α	r/z	α	r/z	α
0	0.477 5	0.50	0.273 3	1.00	0.084 4	1.50	0.025 1	2.00	0.008 5
0.05	0.474 5	0.55	0.246 6	1.05	0.074 4	1.55	0.022 4	2.20	0.005 8
0.10	0.465 7	0.60	0.221 4	1.10	0.065 8	1.60	0.020 0	2.40	0.004 0

r/z	α	r/z	α	r/z	α	r/z	α	r/z	α
0.15	0.451 6	0.65	0.197 8	1.15	0.058 1	1.65	0.017 9	2.60	0.002 9
0.20	0.432 9	0.70	0.176 2	1.20	0.051 3	1.70	0.016 0	2.80	0.002 1
0.25	0.410 3	0.75	0.156 5	1.25	0.045 4	1.75	0.014 4	3.00	0.001 5
0.30	0.384 9	0.80	0.138 6	1.30	0.040 2	1.80	0.012 9	3.50	0.000 7
0.35	0.357 7	0.85	0.122 6	1.35	0.035 7	1.85	0.011 6	4.00	0.000 4
0.40	0.329 4	0.90	0.108 3	1.40	0.031 7	1.90	0.010 5	4.50	0.000 2
0.45	0.301 1	0.95	0.095 6	1.45	0.028 2	1.95	0.009 5	5.00	0.000 1

当若干个竖向集中荷载 $P_i(i=1,2,\cdots,n)$ 作用在地基表面时，按叠加原理，地面下 z 深度处某点 M 的附加应力 σ_z 为：

$$\sigma_z = \sum_{i=1}^{n} \alpha_i \frac{P_i}{z^2} = \frac{1}{z^2} \sum_{i=1}^{n=1} \alpha_i P_i \qquad (3-18)$$

式中，α_i 为第 i 个集中荷载下的竖向附加应力系数，按 r_i/z 由表 3-1 查取，其中 r_i 是第 i 个集中荷载作用点到 M 点的水平距离。

2. 均布的矩形荷载下的地基附加应力

轴心受压柱的基底附加压力即属于均布矩形荷载这一情况。求解时一般先以积分法求得矩形荷载截面角点下的附加应力，然后运用角点法求得矩形荷载任意点的地基附加应力。矩形截面的长边和短边尺寸分别为 l 和 b，竖向均布荷载 P_0。从荷载面内取一微面积 $\mathrm{d}x\mathrm{d}y$，并将其上的均布荷载用集中力 $P_0\mathrm{d}x\mathrm{d}y$ 来代替，则由集中力所产生的角点 O 下任意深度处 M 点的竖向应力 $\mathrm{d}\sigma_z$ 求得：

$$\mathrm{d}\sigma_z = \frac{3}{2\pi} \frac{P_0 z^3}{(x^2+y^2+z^2)^{5/2}} \mathrm{d}x\mathrm{d}y \qquad (3-19)$$

对整个面积积分得：

$$\sigma_z \iint_A \mathrm{d}\sigma_z = \frac{3P_0 z^3}{2\pi} \int_0^l \int_0^b \frac{1}{(x^2+y^2+z^2)^{5/2}} \mathrm{d}x\mathrm{d}y$$

$$= \frac{P_0}{2\pi} \left[\frac{lbz(l^2+b^2+2z^2)}{(l^2+z^2)(b^2+z^2)\sqrt{l^2+b^2+z^2}} + \arctan\frac{lb}{z\sqrt{l^2+b^2+z^2}} \right]$$

令 $\alpha_c = \frac{1}{2\pi}\left[\frac{lbz(l^2+b^2+z^2)}{(l^2+z^2)(b^2+z^2)\sqrt{l^2+b^2+z^2}} + \arctan\frac{lb}{z\sqrt{l^2+b^2+z^2}} \right]$

得
$$\sigma_z = \alpha P_0 \qquad (3-20)$$

式中，α 为均布矩形荷载角点下的竖向附加应力系数，将计算各种不同情况下的取值按表 3-2 查用。

表 3－2　均布矩形荷载角点下的坚向附加应力系数 α

z/b＼l/b	1.0	1.2	1.4	1.6	1.8	2.0	3.0	4.0	5.0	6.0	10.0	条形
0	0.250 0	0.250 0	0.250 0	0.250 0	0.250 0	0.250 0	0.250 0	0.250 0	0.250 0	0.250 0	0.250 0	0.250 0
0.2	0.248 6	0.248 9	0.249 0	0.249 1	0.249 1	0.249 1	0.249 2	0.149 2	0.249 2	0.249 2	0.249 2	0.249 2
0.4	0.240 1	0.242 0	0.242 9	0.243 4	0.243 9	0.244 2	0.244 3	0.244 3	0.244 3	0.244 3	0.244 3	0.244 3
0.6	0.222 9	0.227 5	0.230 0	0.231 5	0.232 4	0.232 9	0.233 9	0.234 1	0.234 2	0.234 2	0.234 2	0.234 2
0.8	0.199 9	0.207 5	0.212 0	0.214 7	0.216 5	0.217 6	0.219 6	0.220 2	0.220 2	0.220 2	0.220 2	0.220 3
1.0	0.175 2	1.181 5	0.191 1	0.195 5	0.198 1	0.199 9	0.203 4	0.204 2	0.204 4	0.204 5	0.204 6	0.204 6
1.2	0.151 6	0.162 6	0.170 5	0.175 8	0.179 3	0.181 8	0.187 0	0.188 2	0.188 5	0.188 7	0.188 8	0.188 9
1.4	0.130 8	0.142 3	0.150 8	0.156 9	0.161 3	0.164 4	0.171 2	0.173 0	0.173 5	0.173 8	0.174 0	0.174 0
1.6	0.112 3	0.124 1	0.132 9	0.139 6	0.144 5	0.148 2	0.156 7	0.159 0	0.159 8	0.160 1	0.160 4	0.160 5
1.8	0.096 9	0.108 3	0.117 2	0.124 1	0.129 4	0.133 4	0.143 4	0.146 3	0.147 4	0.147 8	0.148 2	0.148 3
2.0	0.084 0	0.094 7	0.103 4	0.110 3	0.115 8	0.120 2	0.131 4	0.135 0	0.136 3	0.136 8	0.137 4	0.137 5
2.2	0.073 2	0.082 3	0.091 7	0.098 4	0.103 9	0.108 4	0.120 5	0.124 8	0.126 4	0.127 1	0.127 7	0.127 9
2.4	0.064 2	0.073 4	0.081 3	0.087 9	0.093 4	0.097 9	0.110 8	0.115 6	0.117 5	0.118 4	0.119 2	0.119 4
2.6	0.056 6	0.065 1	0.072 5	0.078 8	0.084 2	0.088 7	0.102 0	0.107 3	0.109 5	0.110 6	0.111 6	0.111 8
2.8	0.050 2	0.058 0	0.064 9	0.070 9	0.076 1	0.080 5	0.094 2	0.099 9	0.102 4	0.103 6	0.104 8	0.105 0
3.0	0.047 7	0.051 9	0.058 3	0.064 0	0.069 0	0.073 2	0.087 0	0.093 1	0.095 9	0.097 3	0.098 7	0.099 0
3.2	0.040 1	0.046 7	0.052 6	0.058 0	0.062 7	0.066 8	0.080 6	0.087 0	0.090 0	0.091 6	0.093 3	0.093 5
3.4	0.036 1	0.042 1	0.047 7	0.052 7	0.057 1	0.061 1	0.074 7	0.081 4	0.084 7	0.086 4	0.088 2	0.088 6
3.6	0.032 6	0.038 2	0.043 3	0.048 0	0.052 3	0.056 1	0.069 4	0.076 3	0.079 9	0.081 6	0.083 7	0.084 2
3.8	0.029 6	0.034 8	0.039 5	0.043 9	0.047 9	0.051 6	0.064 6	0.071 7	0.075 3	0.077 3	0.079 6	0.080 2
4.0	0.027 0	0.031 8	0.036 2	0.040 3	0.044 1	0.047 4	0.060 3	0.067 4	0.071 2	0.073 3	0.075 8	0.076 5
4.2	0.024 7	0.029 1	0.033 3	0.037 1	0.040 7	0.043 9	0.056 3	0.063 4	0.063 4	0.067 4	0.072 4	0.073 1
4.4	0.022 7	0.026 8	0.030 6	0.034 3	0.037 6	0.040 7	0.052 7	0.057 9	0.063 9	0.066 2	0.069 2	0.070 0
4.6	0.020 9	0.024 7	0.028 3	0.031 7	0.034 8	0.037 8	0.049 3	0.056 4	0.060 6	0.060 6	0.066 3	0.067 1
4.8	0.019 3	0.022 9	0.026 2	0.029 4	0.032 4	0.035 2	0.046 3	0.053 3	0.057 6	0.060 1	0.063 5	0.064 5
5.0	0.017 9	0.021 2	0.024 3	0.027 4	0.030 2	0.032 8	0.043 5	0.050 4	0.054 7	0.057 3	0.061 0	0.062 0
6.0	0.012 7	0.015 1	0.017 4	0.019 6	0.021 9	0.023 8	0.032 5	0.038 8	0.043 1	0.046 0	0.050 6	0.052 1
7.0	0.009 4	0.011 2	0.013 0	0.014 7	0.016 4	0.018 0	0.025 1	0.030 6	0.034 6	0.037 6	0.042 8	0.044 9
8.0	0.007 3	0.008 7	0.010 1	0.011 4	0.012 7	0.014 0	0.019 8	0.024 6	0.028 3	0.031 1	0.036 7	0.039 4
9.0	0.005 8	0.006 69	0.008 0	0.009 1	0.010 2	0.112 0	0.016 1	0.020 2	0.023 5	0.026 2	0.031 9	0.035 1
10.0	0.004 7	0.005 6	0.006 5	0.007 4	0.008 3	0.009 2	0.013 2	0.016 8	0.019 8	0.022 2	0.028 0	0.031 6
12.0	0.003 3	0.003 9	0.004 6	0.005 2	0.005 8	0.006 4	0.009 4	0.012 1	0.014 5	0.016 5	0.021 9	0.026 4
14.0	0.002 4	0.002 9	0.003 4	0.003 8	0.004 3	0.004 8	0.007 0	0.009 1	0.011 0	0.012 7	0.017 5	0.022 7
16.0	0.001 9	0.002 2	0.002 6	0.002 9	0.003 3	0.003 7	0.005 4	0.007 1	0.008 6	0.010 0	0.014 3	0.019 8
18.0	0.001 5	0.001 8	0.002 0	0.002 3	0.002 6	0.002 9	0.004 3	0.005 6	0.006 9	0.008 1	0.011 8	0.017 6
20.0	0.001 2	0.001 4	0.001 7	0.001 9	0.002 1	0.002 4	0.003 5	0.004 6	0.005 7	0.006 7	0.009 9	0.015 9

实际计算中,常会遇到计算点不在矩形荷载面角点之下的情况,这时可以通过作辅助线把荷载分成若干个矩形面积,而计算点则必须正好位于这些矩形面积的角点之下,这样就可以用公式(3-20)及力的叠加原理来求解,这种方法称为角点法。用图 3-7 所示的四种情况说明角点法的具体应用。

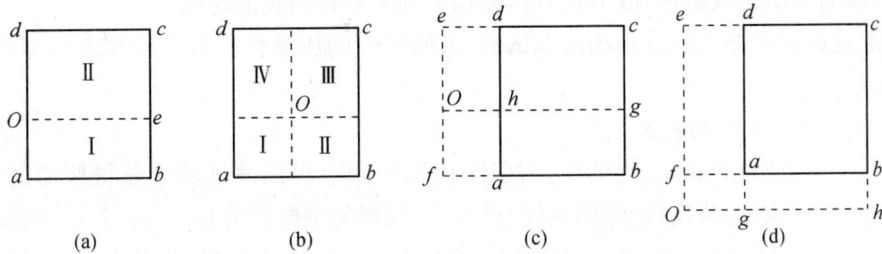

图 3-7 以角点法计算均布矩形荷载 O 点下的地基附加应力

(1) O 点在荷载面边缘[图 3-7(a)]。

过 O 点作辅助线 O_e,将荷载面分成 I、II 两块,由叠加原理可得

$$\sigma_z = (\alpha_{cI} + \alpha_{cII})P_0$$

式中,α_{cI}、α_{cII} 分别是按两块小矩形 I、II 的面积,由(l_I/b_I、z/b_I)、(l_{II}/b_{II}、z/b_{II})查得的附加应力系数。注意,b_I、b_{II} 分别是小矩形面积 I、II 的短边边长。

(2) O 点的荷载面内[图 3-7(b)]。

作两条辅助线将荷载分成 I、II、III、IV 共四块面积,于是:

$$\sigma_z = (\alpha_{cI} + \alpha_{cII} + \alpha_{cIII} + \alpha_{cIV})P_0$$

如果 O 点位于荷载面中心,则 $\alpha_{cI} = \alpha_{cII} = \alpha_{cIII} = \alpha_{cIV}$,可得 $\sigma_z = 4\alpha_{ac}P_0$,此即为利用角点法求基底中心点下 σ_z 的解,亦可直接查中点附加应力系数表。

(3) O 点的荷载面边缘外侧[图 3-7(c)]。

此时荷载面 abcd 可看成是由 I(Ofbg)与 II(Ofah)之差和 III(Oecg)与 IV(Oedh)之差合成的,所以 $\sigma_z = (\alpha_{cI} - \alpha_{cII} + \alpha_{cIII} - \alpha_{cIV})P_0$

(4) O 点的荷载面角点外侧[图 3-7(d)]。

把荷载看成 I(Ohce)-II(Ohbf)-III(Ogde)+IV(Ogaf),则

$$\sigma_z = (\alpha_{cI} - \alpha_{cII} - \alpha_{cIII} + \alpha_{cIV})P_0$$

3.3 土的压缩性与沉降计算

3.3.1 土的压缩性

地基土在压力作用下体积缩小的特性,称为土的压缩性。通常土的压缩变形主要由于以下几方面因素引起。一是土颗粒发生相对位移,土中水及气体从孔隙中排出,使孔隙

体积减小;二是封闭在土体中的气体被压缩;三是土颗粒和土中水被压缩,这种压缩变形很小,与总压缩量相比可以忽略不计。

土的压缩变形速度的快慢与土中水的渗透速度有关。对于饱和的无黏性土,由于透水大,故在压力作用下土中水很快被排出,其压缩过程很快完成。饱和黏性土由于透水性小,土中水的排出比较缓慢,故要达到压缩稳定则需要相当长的时间。

通常是通过压缩试验或现场荷载试验,来确定土的压缩性高低及压缩变形随时间变化规律。

1. 压缩试验及压缩曲线

为了了解土的孔隙随压力的变化规律,可以采用室内压缩试验来获得所需的资料。室内试验是用侧限压缩仪(也称固结仪)进行的,仪器的主要部分是一个圆形的压缩器,如图 3-8 所示。试验时,用金属环刀切去保持天然结构的原状土样,并置于圆筒形压缩容器的刚性护环内,土样上下各垫一层透水石,使土样受压后土中水可以自由地从上下两面排出。由于金属环刀和刚性护环的限制,土样在压力作用下只有可能被竖向压缩,而没有可能发生侧向变形,这种试验称为侧限条件下的压缩试验。土样在天然状态下或经人工饱和后,进行逐级加压固结,求出各级压力(一般 $P = 50 \text{ kN}$、100 kN、200 kN、300 kN、400 kPa)作用下土样压缩稳定后的孔隙比,便可绘出土的压缩曲线。

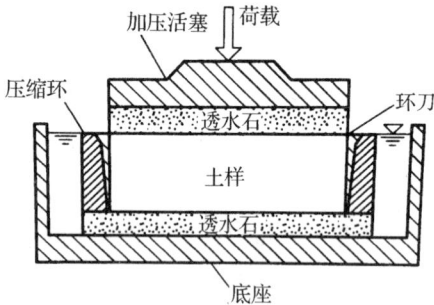

图 3-8 压缩仪的压缩容器

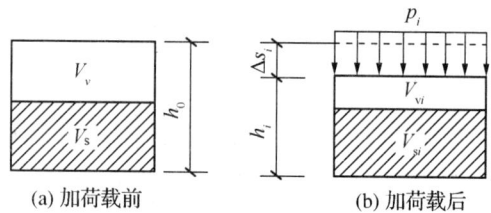

图 3-9 压缩试验中图样的孔隙比变化

在图 3-8 中,假设土样的初始高度为 h_0,土样断面面积为 A,初始空隙比为 e_0,则

$$e_0 = \frac{V_v}{V_s} = \frac{Ah_0 - V_s}{V_s} \text{ 或 } V_s = \frac{Ah_0}{1 + e_0} \tag{3-21}$$

式中,V_v 为孔隙体积;V_s 为土颗粒体积。

压力增至 p_i 时,如图 3-9(b)所示,土样的稳定变形量为 Δs_i,这时土样的高度为 $s_i = h_0 - \Delta s_i$,设此时土样的孔隙比为 e_i,则土颗粒体积 V_{si} 为:

$$V_{si} = \frac{A(h_0 - \Delta s_i)}{1 + e_i} \tag{3-22}$$

由于土颗粒压缩不计,土样截面积不变,因此有:

$$\frac{Ah_0}{1 + e_0} = \frac{A(h_0 - \Delta s_i)}{1 + e_i}$$

由式 3-22 可得：
$$\Delta s_i = \frac{e_0 - e_i}{1 + e_0} h_0 \tag{3-23}$$

$$e_i = e_0 \frac{\Delta s_i}{h_0}(1 + e_0) \tag{3-24}$$

根据每级荷载作用下的稳定变量 Δs_i. 利用公式（3-24）即可求出相应荷载下的孔隙比 e_i。

然后以横坐标表示压力 p，纵坐标表示孔隙比 e，可绘出 $p-e$ 关系曲线，此曲线称为压缩曲线. 如图 3-10 所示。

2. 压缩性指标

① 压缩系数。

从图 3-10 压缩曲线可见，孔隙比 e 随压力的增加而减小，曲线越陡，说明随着压力的增加，土的孔隙比减小越显著，土产生的压缩变形就大，土的压缩性高。

反之，土的压缩性就低。因此，曲线的陡缓反映了土的压缩性大小。取曲线上任意一点的切线斜率 a，称为压缩系数。表示相当于 p 作用下的压缩性。压缩系数 a 表示为：

$$a = -\frac{\mathrm{d}e}{\mathrm{d}p} \tag{3-25}$$

式中负号表示压力 p 与压缩系数方向相反。

一般建筑物产生的荷载在地基中引起的压力变化范围都不大，仅为压缩曲线的一小段，因此，可以近似地用直线代替。如图 3-10 所示，设压力由 p_1 增至 p_2，相应的孔隙比由 e_1 减小到 e_2，则压力增量为 $\Delta p = p_2 - p_1$，对应的孔隙比变化量为 $\Delta e = e_1 - e_2$，此时土的压缩系数可用图中割线 $M_1 M_2$ 的斜率表示。设此割线与横坐标的夹角为 β，则

$$a = \tan\beta = \frac{\Delta e}{\Delta p} = \frac{e_1 - e_2}{p_2 - p_1} \tag{3-26}$$

式中，a 为土的压缩系数，MPa^{-1}；e_1 为相应于 p_1 作用下压缩稳定后的孔隙比；e_2 为相应于 p_2 作用下压缩稳定后的孔隙比。

不同的土压缩性差异很大. 即便是同一种土，压缩曲线的斜率也是变化的。在工程实际中，为了便于比较，通常取 $p_1 = 100\ kPa$、$p_2 = 200\ kPa$，相应的压缩系数用 a_{1-2} 表示，以此判定土的压缩性。规定：

$a_{1-2} \leqslant 0.1\ MPa^{-1}$ 时，为低压缩性土。

$0.1\ MPa^{-1} \leqslant a_{1-2} < 0.5\ MPa^{-1}$ 时为，中压缩性土；

$a_{1-2} \geqslant 0.5\ MPa^{-1}$ 时，为高压缩性土。

土的压缩曲线，即 $e-p$ 曲线如图 3-11 所示。

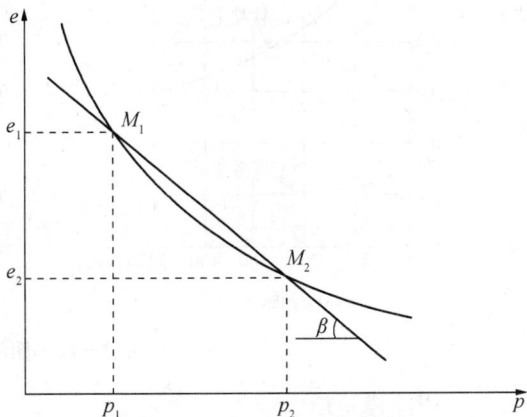

图 3-10 压缩试验曲线

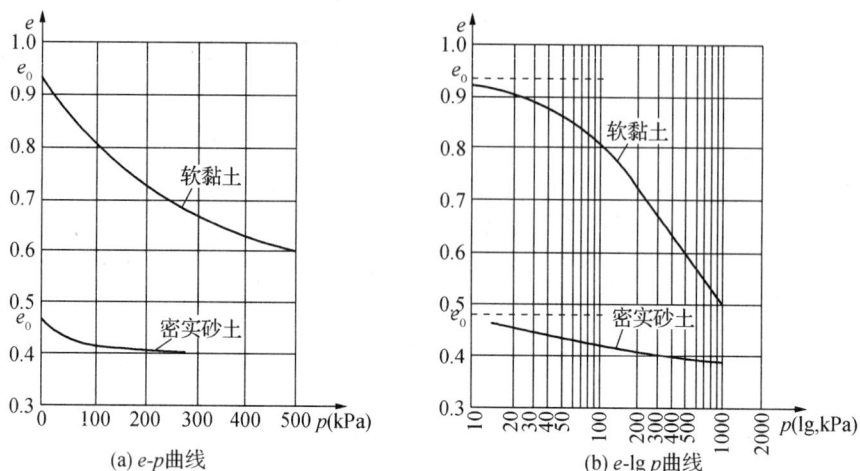

图 3-11 图的压缩曲线

② 压缩模量 E_s。

土在完全侧限条件下的竖向附加应力与相应的应变增量的比值,称为土的侧限压缩模量,用 E_s 表示。

设附加压力的增量为 $\Delta p = p_2 - p_1$,应变的增量为 $\Delta \varepsilon = \Delta s / h$,由式(3-23)可得

$$\Delta \varepsilon = \frac{\Delta s}{h} = \frac{e_1 - e_2}{1 + e_1} \tag{3-27}$$

则

$$E_s = \frac{\Delta P}{\Delta \varepsilon} = \frac{p_2 - p_1}{\frac{e_1 - e_2}{1 + e_1}}(1 + e_1) = \frac{1 + e_1}{a} \tag{3-28}$$

式中,E_s 为土的压缩系数,MPa;a、e_1、e_2 其含义与式(3-26)中的含义相同。

压缩模量也是土的一个重要的压缩性指标,它与压缩系数成反比,E_s 越大,a 越小,土的压缩性越低。一般情况下,$E_s < 4$ MPa,属于高压缩性土;$E_s = 4 \sim 15$ MPa,属于中等压缩性土;$E_s > 15$ MPa 属于低压缩性土。

3.3.2　沉降计算

地基的最终沉降量是指地基在建筑物荷载作用下达到压缩稳定时地基表面的沉降量,对于偏心荷载作用下的基础则以基底中点沉降作为其平均沉降量。计算地基最终沉降量的目的,在于确定建筑物的最大沉降量、沉降差、倾斜和局部倾斜,将其控制在允许的范围内,以保证建筑物的安全和正常使用。

《建筑地基基础设计规范》(GB 50007—2011)规定,在计算地基变形时应符合下列规定:

(1) 由于建筑物地基不均匀、荷载差异很大、体型复杂等因素引起的地基变形,对于砌体承重结构应由局部倾斜控制;对于框架结构和单层排架结构应由相邻柱基的沉降差控制;对于多层或高层建筑和高耸结构应由倾斜值控制;必要时尚应控制平均沉降量。

（2）在必要情况下，需要分别预估建筑物在施工期间和使用期间的地基变形值，以便预留建筑物之间的净空，选择连接方法和施工顺序。

常用计算地基最终沉降量的方法有分层总和法及规范推荐的方法。

1. 分层总和法

（1）基本假定。

采用分层总和法计算地基最终沉降量时，通常假定：① 地基土压缩时不发生侧向变形，则采用侧限条件下的压缩指标计算地基最终沉降量；② 为了补偿这种假定与实际受力之间的差异，弥补较实际情况沉降量偏小的误差，通常采用基底中心点下的附加应力σ_x进行计算。

（2）计算步骤。

分层总和法是将地基沉降深度z_n范围的土划分为若干个分层，如图 3-12 所示，按侧限条件下分别计算各分层的压缩量，其总和即为地基最终沉降量，具体计算步骤如下：

① 按分层厚度$h_i \leqslant 0.4b$（b 为基础底面的宽度）或 1～2 m 将基础下土层分成若干薄层，成层土的层面和地下水面是当然的分层面。

② 计算基底中心点下各分层界面处的自重应力σ_c和附加应力σ_z，当有相邻其他荷载时，σ_z 应按叠加原理分别考虑它们各自的影响。

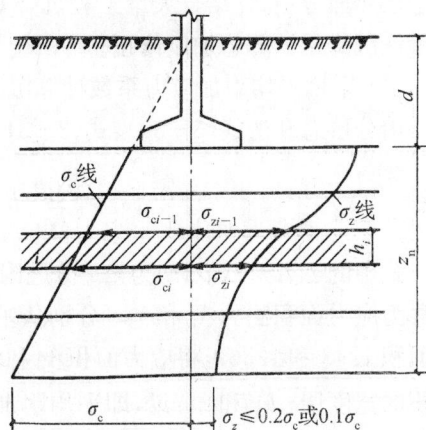

图 3-12　地基最终沉降量计算的分层总和法

③ 确定地基沉降计算深度z_n。地基沉降计算深度是指基底以下需要计算压缩变形的土层总厚度，也称为地基压缩层深度。在该深度以下的土层变形小，可略去不计。确定z_n的方法是：该深度处应符合$\sigma_z \leqslant 0.2\sigma_c$的要求；若其下方存在高压缩性土，则要求$\sigma_z \leqslant 0.1\sigma_c$。

④ 计算各分层的自重应力平均值$p_{1i} = \dfrac{\sigma_{ci-1} + \sigma_{ci}}{2}$和附加应力平均值$\Delta p_i = \dfrac{\sigma_{zi-1} + \sigma_{zi}}{2}$，$p_{2i} = p_{1i} + \Delta p_i$。

⑤ 从 e-p 曲线上查得与p_{1i}、p_{2i}对应的孔隙比e_{1i}及e_{2i}。

⑥ 计算各土层在侧限条件下的压缩量，计算公式为：

$$\Delta s_i = \varepsilon_i h_i = \frac{e_{1i} - e_{2i}}{1 + e_{1i}} h_i \tag{3-29}$$

式中，Δs_i 为第 i 分层土的压缩模量，mm；ε_i 为第 i 分层土的平均竖向应变；h_i 为第 i 分层土的厚度，mm。

又因为

$$\varepsilon_i = \frac{e_{1i} - e_{2i}}{1 + e_{1i}} = \frac{a_i(p_{2i} - p_{1i})}{1 + e_{1i}} = \frac{\Delta p_i}{E_{si}} \tag{3-30}$$

$$\Delta s_i = \frac{a_i(p_{2i} - p_{1i})}{1 + e_{1i}} h_i = \frac{\Delta p_i}{E_{si}} h_i \tag{3-31}$$

式中,a_i 为第 i 层土的压缩系数;E_{si} 为第 i 层土的压缩模量。

⑦ 计算地基的最终沉降量。

$$s = \sum_{i=1}^{n} \Delta s_i \tag{3-32}$$

式中,n 为地基沉降计算深度范围内所划分的土层数。

2. 《建筑地基基础设计规范》(GB 50007—2011)给定的计算方法

规范给定的计算地基沉降的方法,是根据分层总和法的基本公式导出的一种沉降量的简化计算方法,其实质是在分层总和法的基础上,采用平均附加应力面积的概念,按天然土层界面分层,并结合大量工程沉降观测值的统计分析,以沉降计算经验系数 ψ_s 对地基最终沉降量计算值加以修正。

(1)采用平均附加应力系数计算沉降量的基本公式。

由分层总和法式(3-30)、式(3-31)和图 3-13 可知,计算第 i 层沉降量为

$$\Delta s_i' = \frac{\Delta p_i}{E_{si}} h_i = \frac{\Delta A_i}{E_{si}} = \frac{A_i - A_{i-1}}{E_{si}} \tag{3-33}$$

式中的 $\Delta A_i = \Delta p_i h_i$ 为第 i 分层附加应力图形面积(图中面积 5643),故规范的方法也称为应力面积法。A_i 和 A_{i-1} 分别从基面起至 z_i 和 z_{i-1} 深度处的附加应力图形面积(图中面积 1243 和 1256),将应力面积 A_i 和 A_{i-1} 分别等代成高度仍为 z_i 和 z_{i-1} 的矩形,该等代面积的宽度用 $\overline{a_i} p_0$ 和 $\overline{a_{i-1}} p_0$,即平均附加应力,如图 3-13 所示。则 $A_i = \overline{a_i} p_0 z_i$,$A_{i-1} = \overline{a_{i-1}} p_0 z_{i-1}$,将以上两式代入式(3-33)可得规范给定的方法计算第 i 层压缩量的基本公式,式中 $\overline{a_i}$、$\overline{a_{i-1}}$ 分别为深度 z_i、z_{i-1} 范围内的竖向附加应力系数。

$$\Delta s_i' = \frac{p_0}{E_{si}} (z_i \overline{\alpha_i} - z_{i-1} \overline{\alpha_{i-1}}) \tag{3-34}$$

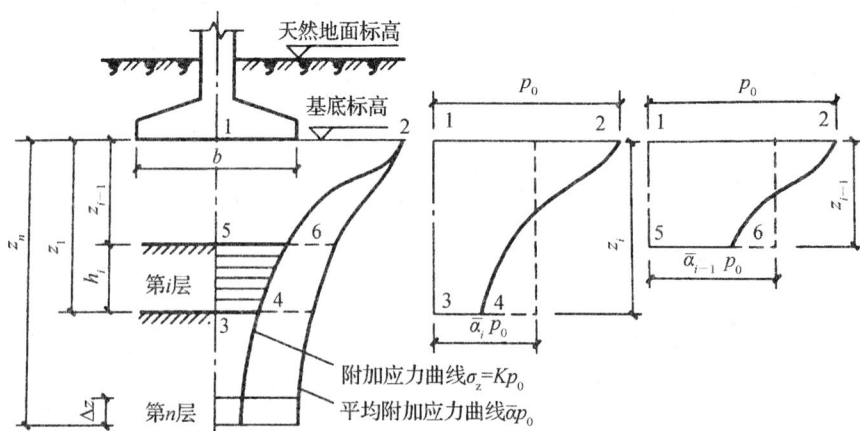

图 3-13 采用平均附加应力系数 $\overline{\alpha}$ 计算地基沉降量的分层示意

(2)地基沉降计算深度。

根据规范规定,地基变形计算深度 z_n,应符合下式的规定,当计算深度下部仍有较软

土层时,应继续计算。

$$\Delta s'_n \leqslant 0.025 \sum_{i=1}^n \Delta s'_i \tag{3-35}$$

式中,$\Delta s'_i$为在计算深度范围内,第i土层的计算变形值,mm;$\Delta s'_n$为在由计算深度向上取厚度为Δz的土层计算变形值,mm,Δz按表3-3确定。

表3-3　Δz的取值

h/b	0.5	1.0	1.5	2.0	2.5
β_{gz}	1.26	1.17	1.12	1.09	1.00

规范同时规定,当无相邻荷载影响,基础宽度在1~30 m范围内时,基础中点的地基变形计算深度也可按简化公式(3-37)进行计算。在计算深度范围内存在基岩时,z_n可取至基岩表面;当存在较硬的黏性土层,其孔隙比小于0.5,压缩模量大于50 MPa,或存在较厚的砂卵石层,其压缩模量大于80 MPa时,z_n可取至该土层表面。此时,地基附加应力分布考虑相对硬层存在的影响,应按地基承载力计算公式(3-36)计算地基最终变形量。此时,z_n按式(3-37)确定。

$$s_{gz} = \beta_{gz} s_z \tag{3-36}$$

式中,s_{gz}为具备刚性下卧层时,地基土的变形计算值,mm;β_{gz}为刚性下卧层对上覆土层的变形增大系数,按表3-4采用;s_z为变形计算深度相当于实际土层厚度按《建筑地基基础设计规范》第5.3.5条计算确定的地基最终变形值,mm。

表3-5　具有刚性下卧层时地基变形增大系数β_{gz}

b/m	$\leqslant 2$	$2<b\leqslant4$	$4<b\leqslant8$	>8
$\Delta z/m$	0.3	0.6	0.8	1.0

$$z_n = b(2.5 - 0.4\ln b) \tag{3-37}$$

(3) 地基最终沉降量计算。

计算地基变形时,地基内的应力分布,可采用各向同性均质变形体理论,其最终沉降量可按式(3-38)计算:

$$s = \psi_s s' = \psi_s \sum_{i=1}^n \frac{p_0}{E_{si}} (z_i \bar{\alpha}_i - z_{i-1} \bar{\alpha}_{i-1}) \tag{3-38}$$

式中,s为地基最终变形量,mm;s'为按分层总和法计算出的地基变形量,mm;ψ_s为沉降计算经验系数,根据地区沉降观测资料及经验确定,无地区经验时根据地基变形计算深度范围内的压缩模量的当量值$\overline{E}_s$,沉降计算经验系数按表3-5取值;n为地基变形计算深度范围内所划分的土层数,如图3-14所示;p_0为相应于作用的准永久组合是基础地面处附加压力,kPa;E_{si}为基础地面下第i层土的压缩模量,MPa,应取土的自重压力至土的自重压力与附加压力之和的压力段计算;z_i、z_{i-1}为基础底面至第i、第$i-1$层土底面的距离,m;$\bar{\alpha}_i$、$\bar{\alpha}_{i-1}$为基础底面计算点至第i层土、第$i-1$层土底面范围内平均附加应力系数,可按规范附录 K 采用。

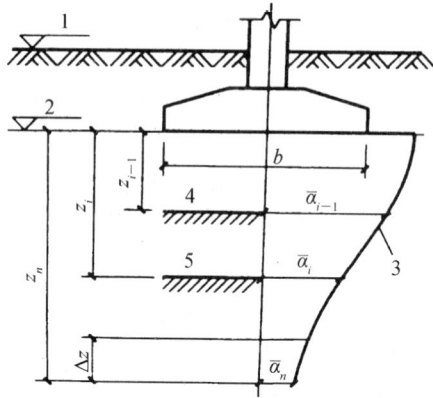

1-天然地面标高　2-基底标高　3-平均附加应力系数曲线
4-第 $i-1$ 层土　5-第 i 层土

图 3-14　基础沉降计算的分层示意图

表 3-5　沉降计算经验系数

基底附加压力 $\overline{E}_s/\text{MPa}$	2.5	4.0	7.0	15.0	20.0
$p_0 > f_{ak}$	1.4	1.3	1.0	0.4	0.2
$p_0 \leqslant 0.75 f_{ak}$	1.1	1.0	0.7	0.4	0.2

3.4　土的抗剪强度与地基承载力

3.4.1　抗剪强度

土体的破坏通常是剪切破坏,例如堤坝的边坡太陡时,土体的一部分将沿着滑动面(剪切破坏面)向前滑动。地基土受到过大的荷载作用,也会出现部分土体沿着某一滑动面挤出,导致建筑物严重下陷,甚至倾倒。这是因为土体是由固体颗粒所组成的,颗粒之间的连接强度远小于颗粒本身的强度。因此在外力作用下,土体的破坏一般是由于一部分土体沿某一滑动面滑动而剪坏。可以说,土的强度问题实质上就是土的抗剪强度问题,抗剪强度是土力学的重要力学指标。实际工程中建筑物地基承载力、挡土墙的土压力及上坡稳定等都受土的抗剪强度所控制,如图 3-15 所示。

土的抗剪强度是指土体抵抗剪切破坏的极限能力,其数值等于剪切破坏时滑动面上的剪应力。土的抗剪强度,首先决定于它本身的基本性质,即土的组成、土的状态和土的结构,这些性质又与它形成的环境和应力历史等因素有关;其次还取决于它所处应力状态。研究土的抗剪强度及其变化规律对于工程设计、施工都具有非常重要的意义。

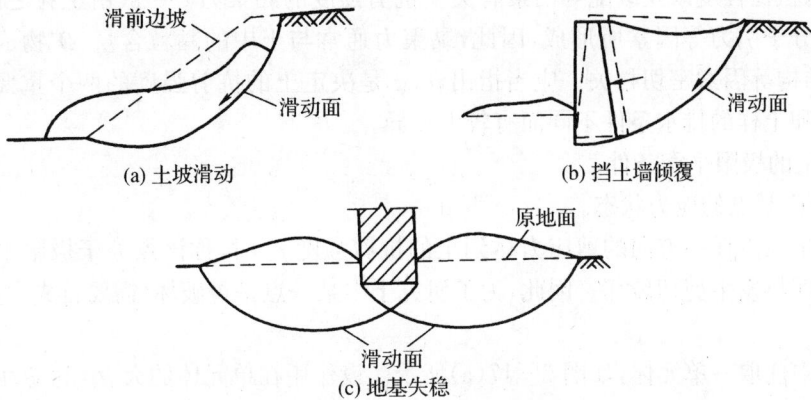

图 3-15 土体剪切破坏示意图

1. 土的抗剪强度与极限平衡条件

(1) 库仑定律。

1773 年,法国科学家库仑通过一系列砂土剪切试验,提出砂土抗剪强度的表达式为

$$\tau_f = \sigma \tan \varphi \tag{3-39}$$

以后又通过进一步试验研究提出了黏性土的抗剪强度表达式为

$$\tau_f = c + \sigma \tan \varphi \tag{3-40}$$

式中,τ_f 为土体的抗剪强度,kPa;σ 为剪切滑动面上的法向应力,kPa;c 为土的黏聚力,kPa,对无黏性土 $c=0$;φ 为土的内摩擦角(度)。

式(3-39)和式(3-40)即为著名的库仑抗剪强度定律。

库仑定律表明,土的抗剪强度是剪切面上的法向总应力 σ 的线性函数,如图 3-16 所示。同时从该定律可知,对于无黏性土,其抗剪强度仅仅是粒间的摩擦力;而对于黏性土,其抗剪强度由黏聚力和摩擦力两部分构成。

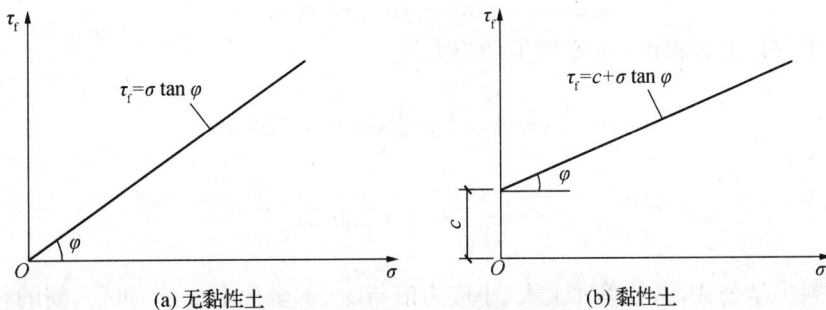

图 3-16 抗剪强度与法向应力的关系曲线

抗剪强度的摩擦力 $\sigma \tan \varphi$ 主要由以下两部分组成,一是滑动摩擦,即剪切面土粒间表面的粗糙所产生的摩擦作用;二是咬合摩擦,即由粒间互相嵌入所产生的咬合力。因此,抗剪强度的摩擦力除了与剪切面上的法向总应力有关以外,还与土的原始密度、土粒的形

状、表面的粗糙程度以及级配等因素有关。抗剪强度的黏聚力 c 一般由土粒之间的胶结作用和电分子引力等因素所形成,因此,黏聚力通常与土中的黏粒含量、矿物成分、含水量、土的结构等因素密切相关。应当指出,c、φ 是决定土的抗剪强度的两个重要指标,随试验方法和土样的排水条件不同而有较大差异。

（2）土的极限平衡条件。

① 土中某点的应力状态。

当土中某点任一方向的剪应力达到土的抗剪强度 τ_1 时,称该点处于极限平衡状态,或称该点即将发生剪切破坏。因此,为了研究土中某一点是否破坏,需要首先了解该点的应力状态。

从土中任取一单元体,如图 3-17(a)所示。设作用在单元体的大、小主应力分别为 σ_1 和 σ_3 在单元体内与大主应力 σ_1 作用面成任意角的 mn 平面上有正应力 σ 和剪应力 τ。为建立 σ、τ 与 σ_1、σ_3 之间的关系,取楔形脱离体 abc[图 3-17(b)]为了便于讨论,现以平面受力体为例进行讨论。

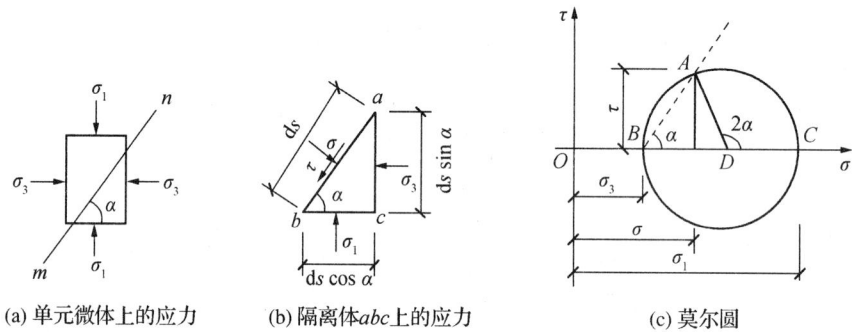

(a) 单元微体上的应力　　(b) 隔离体abc上的应力　　(c) 莫尔圆

图 3-17　土体中任意点的应力

根据楔体静立平衡条件可得

$$\sigma_3 ds \sin\alpha - \sigma ds \sin\alpha + \tau ds \cos\alpha = 0$$

$$\sigma_1 ds \cos\alpha - \sigma ds \cos\alpha - \tau ds \sin\alpha = 0$$

联立求解以上方程得 mn 平面上的应力为

$$\sigma = \frac{1}{2}(\sigma_1 + \sigma_3) + \frac{1}{2}(\sigma_1 - \sigma_3)\cos 2\alpha \tag{3-41}$$

$$\tau = \frac{1}{2}(\sigma_1 - \sigma_3)\sin 2\alpha \tag{3-42}$$

按材料力学公式,微分单元上大、小应力值与 $x-z$ 坐标上 σ_z、σ_x 和 τ_{xz},间的相互转换关系为

$$\begin{matrix}\sigma_1 \\ \sigma_3\end{matrix} = \frac{\sigma_z + \sigma_x}{2} \pm \sqrt{\frac{(\sigma_z - \sigma_x)^2}{4} + \tau_{xz}^2}$$

由材料力学可知,土中某点应力状态既可用上述公式表示,也可用莫尔应力圆描述,

如图 3-17(c)所示。即在 $\sigma-\tau$ 坐标系中,按一定比例沿 σ 轴截取 $OB=\sigma_3$,$OC=\sigma_1$,以 D 点 $\left(\dfrac{\sigma_2+\sigma_3}{2},0\right)$ 为圆心、$\dfrac{\sigma_1-\sigma_3}{2}$ 为半径作圆,从 DC 开始逆时针方向旋转 2α 角,得 DA 线与圆周交于 A 点。可以证明,A 点的横坐标即为斜面 $m-n$ 以上的正应力 σ,纵坐标即为 $m-n$ 面上的剪应力 τ 也就是说,莫尔圆圆周上某点的坐标表示土中该点相应某个面上的正应力和剪应力,该面与大主应力作用面的夹角等于 CA 所含的圆周角的一半。由图可见,最大剪应力 $\tau_{\max}=\dfrac{1}{2}(\sigma_1-\sigma_3)$,作用面与大主应力 σ_1 作用面的夹角 $\alpha=45°$。

② 土的极限平衡条件。

为判别土体中某点的平衡状态,可将抗剪强度包线与描述土体中某点的莫尔应力圆绘于同一坐标系中,按其相对位置判断该点所处的状态,如图 3-18 所示,可以划分为以下三种状态:

A. 圆 Ⅰ 位于抗剪强度包线的下方,表明通过该点的任何平面上的剪应力都小于抗剪强度,即 $\tau<\tau_{\mathrm{f}}$,所以该点处于弹性平衡状态。

B. 圆 Ⅱ 与抗剪强度包线在 A 点相切,表明切点 A 所代表的平面上剪应力等于抗剪强度,即 $\tau=\tau_{\mathrm{f}}$,该点处于极限平衡状态。

C. 圆 Ⅲ 与抗剪强度包线相割,表示过该点的相应于割线所对应的弧段代表的平面上的剪应力已"超过"土的抗剪强度,即 $\tau>\tau_{\mathrm{f}}$;该点"已被剪破"。实际上圆 Ⅲ 的应力状态是不可能存在的,因为在材料中,产生的任何应力都不可能超过其强度。对于土体,当其剪应达到抗剪强度时,应力已不符合弹性理论解答。

土的极限平衡条件,即 $\tau=\tau_{\mathrm{f}}$ 时的应力间关系,故圆 Ⅱ 被称为极限应力圆。如图 3-19 所示为极限应力圆与抗剪强度包线之间的几何关系,由此几何关系可得极限平衡条件的数学形式:

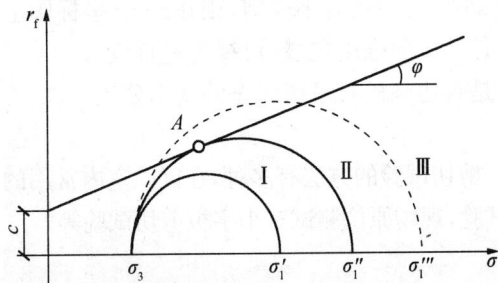

图 3-18 莫尔圆与抗剪强

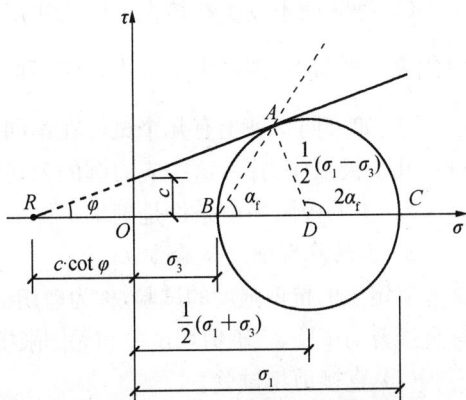

图 3-19 土的极限平衡条件

$$\sin\varphi=\frac{\overline{AD}}{\overline{RD}}=\frac{\dfrac{1}{2}(\sigma_1-\sigma_3)}{c\cot\varphi+\dfrac{1}{2}(\sigma_1+\sigma_3)} \tag{3-43}$$

利用三角关系转换得

$$\sigma_1 = \sigma_3 \tan^2\left(45° + \frac{\varphi}{2}\right) + 2c \tan\left(45° + \frac{\varphi}{2}\right) \tag{3-44}$$

或
$$\sigma_3 = \sigma_1 \tan^2\left(45° - \frac{\varphi}{2}\right) - 2c \tan\left(45° - \frac{\varphi}{2}\right) \tag{3-45}$$

土处于极限平衡状态时,破坏面与大主应力作用面间的夹角为 α_f,由图 3-19 中的几何关系可得

$$\alpha_f = \frac{1}{2}(90° + \varphi) = 45° + \frac{\varphi}{2} \tag{3-46}$$

由上面公式推导即为土的极限平衡条件。当为无黏性土时,$c=0$,由此得简化形式为

$$\sigma_1 = \sigma_3 \tan^2\left(45° + \frac{\varphi}{2}\right) \tag{3-47}$$

$$\sigma_3 = \sigma_1 \tan^2\left(45° - \frac{\varphi}{2}\right) \tag{3-48}$$

上述公式统称为莫尔—库仑强度理论,由该理论所描述的土体极限平衡状态可知:土的剪切破坏并不是由最大剪应力 $\tau_{\max} = \dfrac{\sigma_1 - \sigma_3}{2}$ 所控制,即剪破面并不产生于最大剪应力面,而与最大剪应力面成 $\dfrac{\varphi}{2}$ 的夹角。

土的抗剪强度理论可以归纳为以下几点:

A. 土的抗剪强度与该面上正应力的大小成正比;

B. 土的强度破坏是由土中某点的剪应力达到土的抗剪强度所引起的;

C. 破坏面不发生在最大剪应力作用面上,而是在应力圆与抗剪强度包线相切的切点所代表的平面上,即与大主应力作用面成 $\alpha = 45° + \dfrac{\varphi}{2}$ 交角的平面上;

D. 如果同一种土有几个试样在不同的大、小主应力组合下受剪,则在 τ_f - σ 坐标图上可得几个极限应力圆,这些应力圆的公切线就是其抗剪强度包线(可视为一直线);

E. 土的极限平衡条件是判别土体中某点是否达到极限平衡状态的基本公式。

2. 土的抗剪强度试验方法

确定土的抗剪强度的试验,称为剪切试验。剪切试验的方法有多种,在试验室内常用的有直接剪切试验、三轴剪切试验和无侧限抗压试验,现场原位测试有十字板剪切试验等。

(1)直接剪切试验。

直接剪切试验是测定土的抗剪强度的最简便和最常用的方法。所使用的仪器称直剪仪,分应变控制式和应力控制式两种,前者以等应变速率使试样产生剪切位移直至剪破,后者是分级施加水平剪应力并测定相应的剪切位移。目前我国使用较多的是应变控制式直剪仪。

应变控制式直剪仪的主要工作部件如图 3-20 所示。试验时,首先将剪切盒的上、下

盒对正,然后用环刀切取土样,并将其推入由上、下盒构成的剪切盒中。通过杠杆对土样施加垂直压力 p 后,由推动座均匀推进对下盒施加剪应力,使土样沿上下盒水平接触面产生剪切变形,直至破坏。剪切面上相应的剪应力值由与上盒接触的量力环的变形值推算。在剪切过程中,每隔一固定时间间隔测计量力环中百分表读数,直至剪损。根据计量的剪应力 τ,与剪切位移 Δl 的值可绘制出一定法向应力 σ 条件下的剪应力—剪切位移关系曲线,如图 3-21 所示。

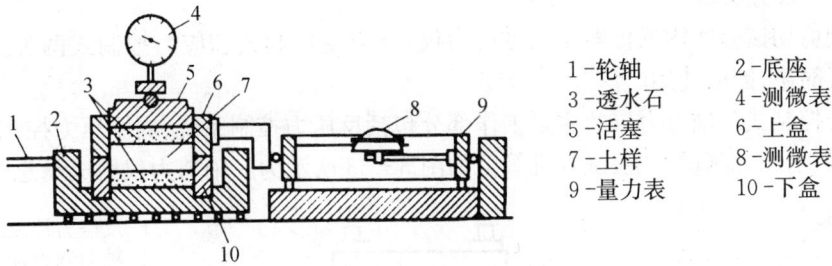

1-轮轴	2-底座
3-透水石	4-测微表
5-活塞	6-上盒
7-土样	8-测微表
9-量力表	10-下盒

图 3-20　应变控制式直剪仪示意图

对于较密实的黏土及密砂土的 $\tau-\Delta l$ 曲线具有明显峰值,如图 3-21 中曲线 1,其峰值即为破坏强度 τ_f;对于软黏土和松砂,其 $\tau-\Delta l$ 曲线常不出现峰值,如图 3-21 中曲线 2,此时可按某一剪切变形量作为控制破坏标准,《土工试验方法标准》规定以相对稳定值 b 点的剪应力作为抗剪强度 τ_f。

图 3-21 中曲线 1 表明出现峰值后,峰后强度随应变增大而降低,此为应变软化特征。曲线 2 无峰值出现,强度随应变增大趋于某一稳定值,称之为应变硬化特征。要通过直剪试验确定某种土的抗剪强度,通常取四个试样,分别施加不同的垂直压力 σ 进行剪切试验,求得相应的抗剪强度 τ_f。将 τ_f 与 σ 绘于直角坐标系中,即得该土的抗剪强度包线,如图 3-22 所示。强度包线与 σ 轴的夹角即为摩擦角 φ,在 τ 轴上的截距即为土的黏聚力 c。绘制图 3-22 所示的抗剪强度与垂直压力的关系曲线时必须注意纵横坐标的比例一致。

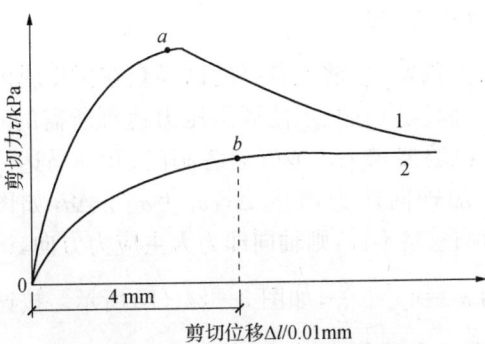

1-应力变化特征曲线　2-应变硬化曲线

图 3-21　剪应力与剪切位移关系

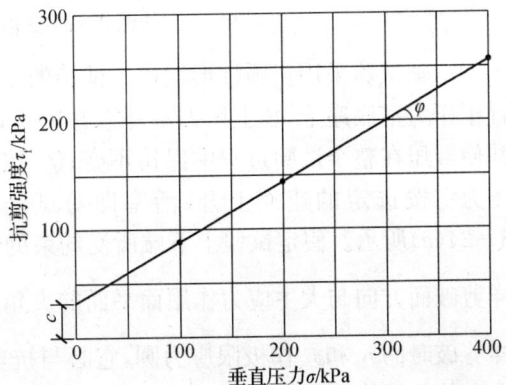

图 3-22　抗剪强度与垂直压力的关系曲线

直剪仪构造简单,操作方便,因而在一般工程中被广泛采用。但该试验存在着下述不足:

① 不能严格控制排水条件,不能量测试验过程中试样的孔隙水压力。

② 试验中人为限定上下盒的接触面为剪切面,而不是沿土样最薄弱的面剪切破坏。

③ 剪切过程中剪切面上的剪应力分布不均匀,剪切面积随剪切位移的增加而降小。

因此,直剪试验不宜作为深入研究土的抗剪强度特性的手段。

(2) 三轴剪切试验。

三轴剪切试验所用的仪器是三轴剪力仪,有应变控制式和应力控制式两种。前者操作较后者简单,因而使用广泛。

应变控制式三轴剪力仪的主要工作部分包括反压力控制系统、周围压力控制系统、压力室、孔隙水压力测量系统、试验机等。如图 3-23 所示为三轴剪力仪组成示意图。

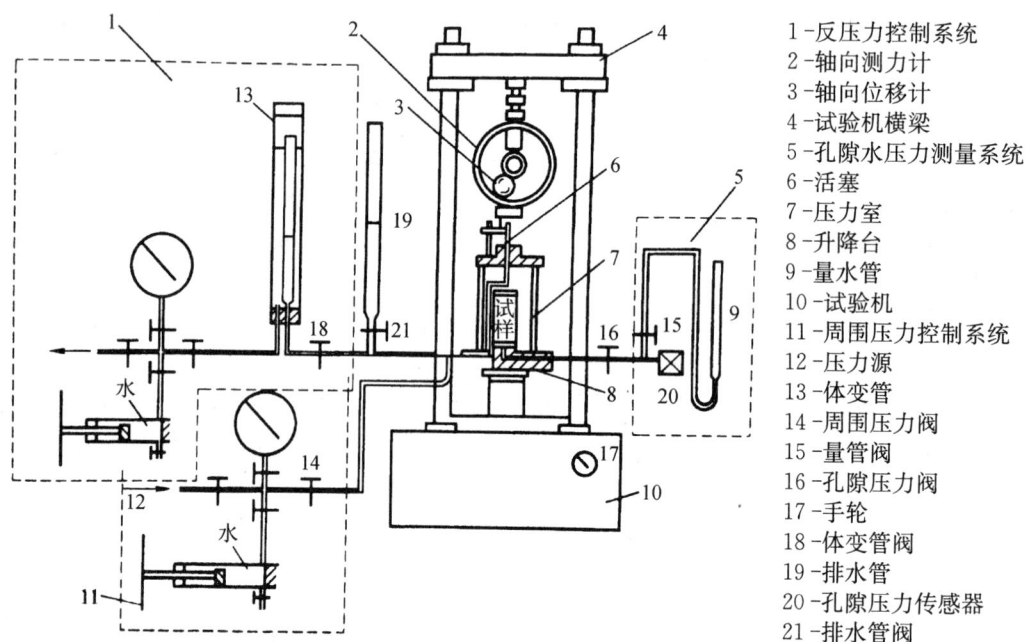

1—反压力控制系统
2—轴向测力计
3—轴向位移计
4—试验机横梁
5—孔隙水压力测量系统
6—活塞
7—压力室
8—升降台
9—量水管
10—试验机
11—周围压力控制系统
12—压力源
13—体变管
14—周围压力阀
15—量管阀
16—孔隙压力阀
17—手轮
18—体变管阀
19—排水管
20—孔隙压力传感器
21—排水管阀

图 3-23 三轴剪力仪示意图

三轴试验采用正圆柱形试样。试验的主要步骤为:① 将制备好的试样套在橡皮膜内置于压力室底座上,装上压力室外罩并密封;② 向压力室充水使周围压力达到所需的 σ_3 并使液压在整个试验过程中保持不变;③ 按照试验要求关闭或开启各阀门,开动马达使压力室按选定的速率上升,活塞即对试样施加轴向压力增量 $\Delta\sigma$,$\sigma_1 = \sigma_3 + \Delta\sigma$,如图 3-24(a)所示。假定试验上下端所受约束的影响忽略不计,则轴向即为大主应力方向,试样剪破面方向与大主应力作用面平面的夹角为 $\alpha_f = 45° + \dfrac{\varphi}{2}$,如图 3-24 (b)所示。按试样剪破时的 σ_1 和 σ_3 作极限应力圆,它必与抗剪强度包线切于 A 点,如图 3-24 (c)所示。A 点的坐标值即为剪破面 $m-n$ 上的法向应力 σ_f 与极限剪切应力 τ_f。

试验时一般采用 3~4 个土样,在不同的 σ_3 作用下进行剪切,得出 3~4 个不同的破坏应力圆,绘出各应力圆的公切线,即为抗剪强度包线,通常近似取一直线。由此求得抗剪强度指标 c、φ 值如图 3-24(d)所示。

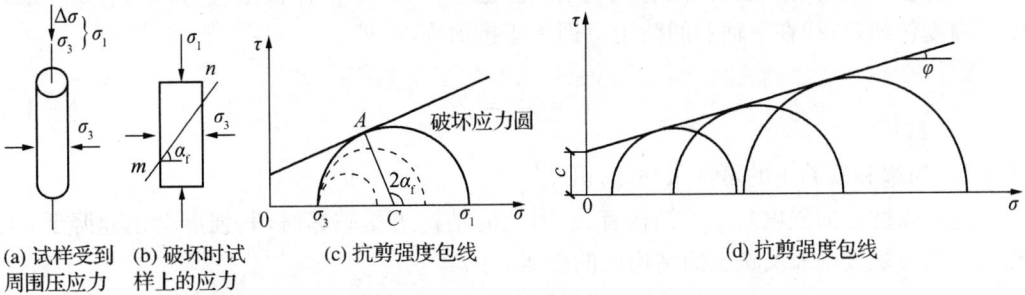

(a) 试样受到　(b) 破坏时试　(c) 抗剪强度包线　　(d) 抗剪强度包线
周围压应力　样上的应力

图 3-24　三轴剪力试验原理

三轴试验的突出优点是能严格地控制试样的排水条件,从而可以量测试样中的孔隙水压力,以定量地获得土中有效应力的变化情况。此外,试样中的应力分布比较均匀。所以,三轴试验成果较直剪试验成果更加可靠、准确。但该仪器较复杂,操作技术要求高,且试样制备也比较麻烦。此外,试验是在轴对称情况下进行的,即 $\sigma_2 = \sigma_3$,这与一般土体实际受力有差异。为此,有 $\sigma_1 \neq \sigma_2 \neq \sigma_3$ 的真三轴剪力仪、平面应变仪等能更准确地测定不同应力状态下土的强度指标的实验仪器。

(3) 无侧限抗压试验。

无侧限抗压试验是三轴剪切试验的一种特例,即对正圆柱形试样不施加周围压力($\sigma_3 = 0$),而只对它施加垂直的轴向压力 σ_1,由此测出试样在无侧向压力的条件下,抵抗轴向压力的极限强度,称之为无侧限抗压强度。

图 3-25(a)为应变控制式无侧限压缩仪,试样受力情况如图 3-25(b)所示。因为试验时 $\sigma_3 = 0$ 所以试验成果只能作出一个极限应力圆,对于一般非饱和黏性土,难以作出强度包线。

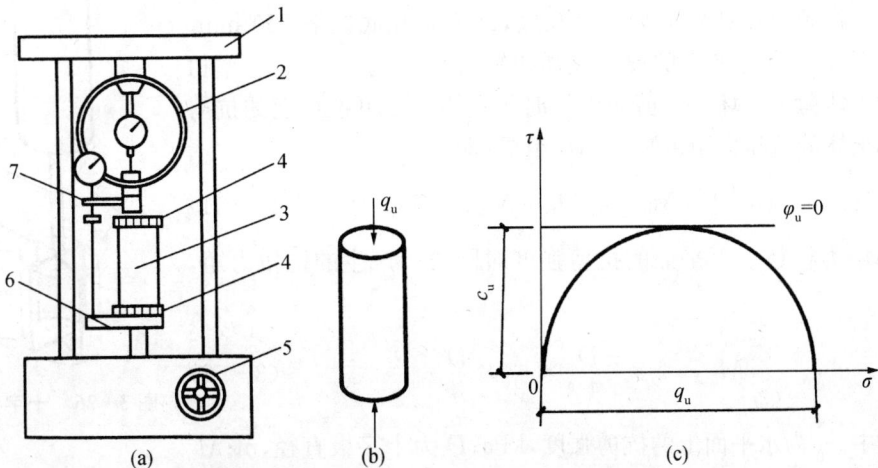

(a)　　　　　(b)　　　　　(c)

1-轴向加压架　2-轴向测力计　3-试样　4-上、下传压板
5-手动或电动转轮　6-升降板　7-轴向位移计

图 3-25　应变控制无侧限抗压强度试验

对于饱和软黏土,根据三轴不排水剪切试验成果,其强度包线近似于一水平线,即$\varphi_u=0$。故无侧限抗压试验适用于测定饱和软黏土的不排水强度,如图3-25(c)所示。在$\sigma-\tau$坐标上,以无侧限抗压强度q_u为直径,通过$\sigma_3=0$、$\sigma_1=q_u$作极限应力圆,其水平切线就是强度包线,该线在τ轴上的截距c_u即等于抗剪强度,即

$$\tau_f=c_u=\frac{q_u}{2} \tag{3-49}$$

式中,c_u为饱和软黏土的不排水强度,kPa。

饱和黏性土的强度与土的结构有关,当土的结构遭受破坏时,其强度会迅速降低,工程上常用灵敏度s_t来反映土的结构性的强弱。

$$s_t=\frac{q_u}{q_0} \tag{3-50}$$

式中,q_u为原状土的无侧限抗压强度,kPa;q_0为重塑土(指在含水量不变的条件下使土的天然结构彻底破坏再重新制备的土)的无侧限抗压强度,kPa。

根据灵敏度可将饱和黏性土分为三类:

低灵敏度$1<s_t\leqslant2$;

中灵敏度$2<s_t\leqslant4$;

高灵敏度$s_t>4$。

土的灵敏度越高,其结构性越强,受扰动后土的强度降低就越多。

(4)十字板剪切试验。

十字板剪切试验是一种现场测定饱和软黏土的抗剪强度的原位试验方法。与室内无侧限抗压强度试验一样,十字板剪切所测得的成果相当于不排水抗剪强度。十字板剪切仪的主要工作部分如图3-26所示。试验时预先钻孔到接近预定施测深度,清理孔底后将十字板固定在钻杆下端下至孔底,压入到孔底以下750 mm。然后通过安放在地面上的设备施加扭矩,使十字板按一定速率扭转直至土体剪切破坏。由剪切破坏时的扭矩M_{max}可推算上的抗剪强度。土体的抗扭力矩由M_1和M_2组成,即

$$M_{max}=M_1+M_2 \tag{3-51}$$

式中,M_1为柱体上下平面的抗剪强度对圆心所产生的抗扭力矩,kN·m。

$$M_1=2\times\frac{\pi D^2}{4}\times\frac{2}{3}\times\frac{D}{2}\tau_{fh} \tag{3-52}$$

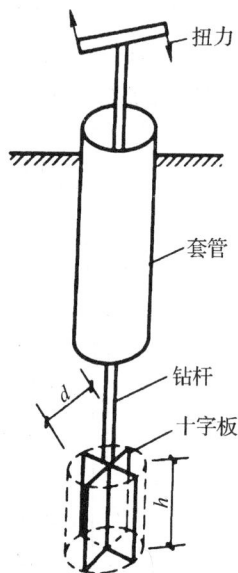

图3-26 十字剪切仪

式中,τ_{fh}为水平面上的抗剪强度,kPa;D为十字板直径,m;M_2为圆柱侧面上的剪应力与圆心所产生的抗扭力矩,kN·m;

$$M_2=\pi DH\frac{D}{2}\tau_{fv} \tag{3-53}$$

H 为十字板高度，m；τ_{fv} 为竖直面上的抗剪强度，kPa。

假定土体为各向同性体，即 $\tau_{fh}=\tau_{fv}$，则将式(3-54)和式(3-55)代入式(3-53)中，可得：

$$\tau_f = \frac{2}{\pi D^2 H\left(1+\dfrac{D}{3H}\right)}M_{max} \qquad (3-54)$$

十字板剪切试验具有无需钻孔取样和使土少扰动的优点，且仪器结构简单、操作方便，因而在软黏土地基中有较好的适用性，常用以在现场对软黏土的灵敏度的测定。但这种原位测试方法中剪切面上的应力条件十分复杂，排水条件也不能严格控制，因此所测得的不排水强度与原状土的不排水剪切试验成果可能会有一定差别。

3. 不同排水条件时剪切试验

(1) 总应力强度指标和有效应力强度指标。

在土的直接剪切试验中，因无法测定土样的孔隙水压力，施加于试样上的垂直法向应力 σ 是总应力，所以土的抗剪强度表达式如式(3-40)，式中的 c、φ 是总应力意义上的土的黏聚力和内摩擦角，称之为总应力强度指标。

根据土的有效应力原理和固结理论可知，土的抗剪强度并不是由剪切面上的法向总应力决定，而是取决于剪切面上的有效法向应力。因此，有必要提供按有效应力计算的土的抗剪强度的表达式

$$\tau_f = c' + \sigma' \tan\varphi' \qquad (3-55)$$

式中，σ' 为剪切破坏面上的法向有效应力，kPa。

$$\sigma' = \sigma - u$$

c' 和 φ' 分别为土的有效黏聚力和有效内摩擦角，即土的有效应力强度指标。

有效应力强度指标确切地指出了土的抗剪强度的实质，是比较合理的表示方法。但由于在分析中需测定孔隙水压力，而这在许多实际工程中难以做到，因此，目前在工程中存在着两套指标并用的现象。

(2) 不同排水条件时的剪切试验方法及成果表达。

① 不同排水条件时的剪切试验方法。

土的抗剪强度与试验时的排水条件密切相关，根据土体现场受剪的排水条件，有三种特定的试验方法可供选择，即三轴剪切试验中的不固结不排水剪、固结不排水剪和固结排水剪，对应直剪试验中的快剪、固结快剪和慢剪。

A. 不同结不排水剪(UU)。

不固结不排水剪简称不排水剪，在三轴剪切试验中自始至终不让试样排水固结，即施加周围压力 σ_3 和随后施加轴向压力增量 $\Delta\sigma$ 直至土样剪损的整个过程都关闭排水阀，使土样的含水量不变。

用直剪仪进行快剪(Q)时，在土样的上、下面与透水石之间用不透水薄膜隔开，施加预定的垂直压力后，立即施加水平剪力，并在 3~5 min 内将土样剪损。

B. 固结不排水剪(CU)。

三轴试验中使试样先在 σ_3 作用下完全排水固结,即让试样中的孔隙水压力 $u_1=0$。然后关闭排水阀,再施加轴向应力增量 $\Delta\sigma_1$,使试样在不排水条件下剪切破坏。用直剪仪进行固结快剪(CQ)时,剪切前使试样在垂直荷载下充分固结,剪切时速率较快,尽量使土样在剪切过程中不在排水。

C. 固结排水剪(CD)。

固结排水剪简称排水剪,三轴试验时先使试样在 σ_3 作用下排水固结,再让试样在能充分排水情况下,缓慢施加轴向压力增量,直至剪破,即整个试验过程中试样的孔隙水压力始终为零。

用直剪仪进行慢剪试验(S)时,施加垂直压力 σ 后将试样固结稳定,再以缓慢的速率施加水平剪切力,直至试样剪破。

② 剪切试验成果表达方法。

按上述三种特定试验方法进行试验所得的成果,均可用总应力强度指标来表达,其表示方法是在 c、φ 符号右下角分别标以表示不同排水条件的符号,如表 3-6 所示。

表 3-6　表剪切试验成果表达

直接剪切		三轴剪切	
试验方法	成果表达	试验方法	成果表达
快剪	c_q,φ_q	不排水剪	$c_u \cdot \varphi_u$
固结快剪	c_{cq},φ_{cq}	团结不排水剪	$c_{cu} \cdot \varphi_{cu}$
慢剪	c_s,φ_s	不排水剪	$c_d \cdot \varphi_d$

对于三轴试验成果,除用总应力强度指标表达外,还可用有效应力指标 c'、φ' 表示,且对同一种土无论是用 UU、CU 或 CD 试验结果,都可获得相同的 c'、φ',它们不随试验方法而改变。

从 CU 试验成果确定 c'、φ' 的方法,如图 3-27 所示。

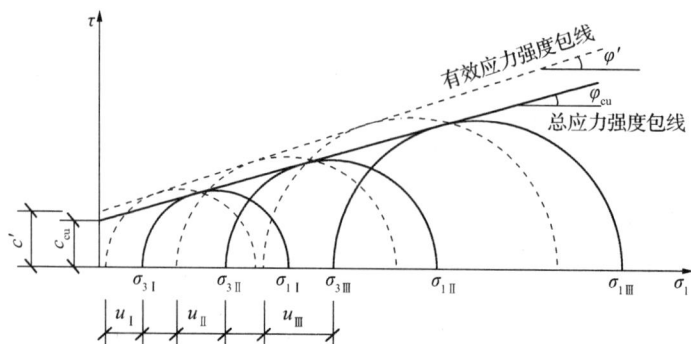

图 3-27　由 CU 试验成果确定 c'、φ'

将试验所得的总应力破坏莫尔圆(图 3-27 中各实线圆)向坐标原点平移一相应的距离 u 值,圆的半径保持不变,就可绘出有效应力破坏莫尔圆(图 3-27 中各虚线圆)。按各实线圆求得的公切线为该土的总应力抗剪强度包线,据之可确定 c_{cu} 和 φ_{cu};按各虚线圆求得的公切线,为该土的有效应力抗剪强度包线,据之可确定 c' 和 φ'。

③ 抗剪强度指标的选用。

如前所述,土的抗剪强度指标随试验方法、排水条件的不同而异,因而在实际工程中应该尽可能根据现场条件决定室内试验方法,以获得合适的抗剪强度指标。

一般认为,由三轴固结不排水试验确定的有效应力参数 c' 和 φ' 宜用于分析地基的长期稳定性,例如土坡的长期稳定分析,估计挡土结构物的长期土压力,位于软土地基结构物的地基长期稳定分析等。而对于饱和软黏土的短期稳定问题,则宜采用不排水剪的强度指标。但在进行不排水剪试验时,宜在土的有效自重压力下预固结,以避免试验得出的指标过低,使之更符合实际情况。

一般工程问题多采用总盈利分析法,其测试方法和指标的选用如表 3 - 7 所示。

表 3 - 7　地基抗剪强度指标的选择

试验方法	适用条件
不排水剪或快剪	地基土的透水性和排水条件不良,建筑物施工速度较快
排水剪或慢剪	地基土的透水性好,排水条件较佳,建筑物加荷速度较慢
固结不排水剪或固结慢剪	建筑物竣工以后较久,荷载又突然增大(如房屋增层),或地基条件等价于上述两种情况之间

(3) 饱和黏性土的不排水强度。

图 3 - 28 表示已饱和黏性土的三轴不排水剪切试验结果,图中三个实线圆 A、B、C 表示三个试样在不同 σ_3 作用下剪切破坏时的总应力圆,虚线圆为有效应力圆。试验结果表明,虽然三个试样的周围压力 σ_3 不同,但剪切破坏时的主应力差相等,因而三个极限应力圆的直径相同,由此而得的强度包线是一条水平线,即:

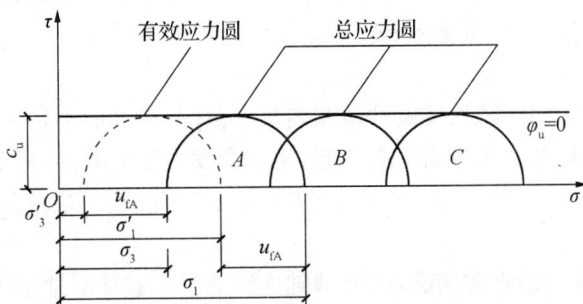

图 3 - 28　饱和黏性土不排水剪切试验

$$\varphi_u = 0$$

$$\tau_f = c_u = \frac{1}{2}(\sigma_1 - \sigma_3) \tag{3-56}$$

三个试样只有同一有效应力圆

$$\sigma'_1 - \sigma'_3 = (\sigma_1 - \sigma_3)_A = (\sigma_1 - \sigma_3)_B = (\sigma_1 - \sigma_3)_C \qquad (3-57)$$

饱和黏性土在不排水剪切试验中的剪切性状表明随着 σ_3 的增加,由于试样在剪切过程中始终不能排水固结而使含水量保持不变,试样的体积不变,孔隙水压力随 σ_3 增加而相应地增加,有效应力 σ' 却始终不发生变化,所以强度也就不变。

3.4.2 地基的极限承载力

地基的极限承载力是指地基发生剪切破坏失去整体稳定时的基底压力,是地基所能承受的基底压力极限值,以 P_u 表示。

将地基的极限承载力除以安全系数 K,即为地基承载力的设计值 f,即

$$f = \frac{P_u}{K} \qquad (3-58)$$

1. 地基的破坏模式

根据地基剪切破坏的特征,可将地基破坏分为整体剪切破坏、局部剪切破坏和冲剪破坏三种模式,如图 3-29 所示。

(a) 整体剪切破坏　　　　(b) 局部剪切破坏　　　　(c) 冲切破坏

图 3-29　地基破坏形式

(1) 整体剪切破坏。

基底压力 P 超过临塑荷载后,随着荷载的增加,剪切破坏区不断扩大,最后在地基中形成连续的滑动面,基础急剧下沉并可能向一侧倾斜,基础四周的地面明显隆起,如图 3-29(a)所示。密实的砂土和硬黏土较可能发生这种破坏形式。

(2) 局部剪切破坏。

随着荷载的增加,塑性区只发展到地基内某一范围,滑动面不延伸到地面而是终止在地基内某一深度处,基础周围地面稍有隆起,地基会发生较大变形,但房屋一般不会倒塌,如图 3-29(b)所示。中等密实砂土、松土和软黏土都可能发生这种破坏形式。

(3) 冲剪破坏。

基础下软弱土发生垂直剪切破坏,使基础连续下沉。破坏时地基中无明显滑动面,基础四周地面无隆起而是下陷,基础无明显倾斜,但发生较大沉降,如图 3-29 (c)所示。对于压缩性较大的松砂和软土地基将可能发生这种破坏形式。

地基的破坏模式除了与土的性状有关外,还与基础埋深、加荷速率等因素有关。当基础埋深较浅,荷载缓慢施加时,趋向于发生整体剪切破坏;若基础埋深大,快速加荷,则可能形成局部剪切破坏或冲剪破坏。目前地基极限承载力的计算公式均按整体剪切破坏导出,然后经过修正或乘上有关系数后用于其他破坏模式。

2. 地基极限承载力公式

求解整体剪切破坏模式的地越极限承载力的途径有二：一是用严密的数学方法求解土中某点达到极限平衡时的静力平衡方程组，以得出地基极限承载力。此方法运算过程甚繁，未被广泛使用；二是根据模型试验的滑动面形状，通过简化得到假定的滑动面，然后借助该滑动面上的极限平衡条件，求出地基极限承载力。此类方法是半经验性质的，称为假定滑动面法。由于不同研究者所进行的假设不同，所得的结果也不同。

（1）太沙基（Terzaghi）公式。

太沙基公式适用于基底粗糙的条形基础。太沙基假定地基中滑动面的形状如图3-30所示，滑动土体共分为三区：

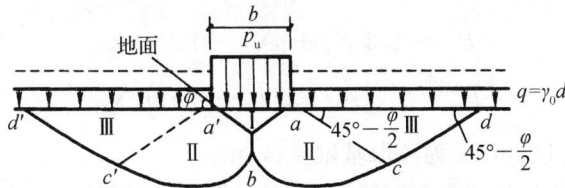

图3-30　太沙基假定中滑动面

Ⅰ区——基础下的楔形压密区。由于土与粗糙基底的摩擦力作用，该区的土不进入剪切状态而处于压密状态，形成"弹性核"，弹性核边界与基底所成角度为 φ。

Ⅱ区——过渡区。滑动面按对数螺旋线变化。b 点处螺旋线的切线垂直地面，c 点处螺旋线的切线与水平线成 $45° - \dfrac{\varphi}{2}$ 角。

Ⅲ区——朗肯（Rankine）被动区。即处于被动极限平衡状态，滑动面是平面，与水平面的夹角为 $45° - \dfrac{\varphi}{2}$。

太沙基公式不考虑基底以上基础两侧土体抗剪强度的影响，以均布超载 $q = \gamma_0 d$ 来代替埋深范围内的土体自重。根据弹性土楔 $aa'b$ 的静力平衡条件，可得太沙基极限承载力 P_u 计算公式为

$$P_u = c N_c + q N_q + \frac{1}{2} \gamma b N_\gamma \qquad (3-59)$$

式中，q 为基底面以上基础两侧超载，kPa，$q = \gamma_0 d$；b、d 分别为基底宽度和埋置深度，m；N_c、N_q、N_γ 为承载力系数，与土的内摩擦角 φ 有关，可由表3-8查取。

表3-8　太沙基公式承载力系数

φ	0°	5°	10°	15°	20°	25°	30°	35°	40°
N_γ	0	0.51	1.20	1.80	4.0	11.0	21.8	45.4	125
N_q	1.0	1.64	2.69	4.45	7.44	12.7	22.5	41.4	81.3
N_e	5.71	7.34	9.61	12.9	17.7	25.1	37.2	57.8	95.7

式（3-59）适用于条形基础整体剪切破坏情况，对于局部剪切，太沙基建议将 c 和

$\tan\varphi$ 值均降低 1/3,即

$$c' = \frac{2}{3}c, \tan\varphi' = \frac{2}{3}\tan\varphi \qquad (3-60)$$

则局部破坏时的地基极限承载力 P_u 为

$$P_u = \frac{2}{3}cN'_c + qN'_q + 0.4\gamma bN'_\gamma \qquad (3-61)$$

式中,N'_c、N'_q、N'_γ 为局部剪切破坏时的承载力系数,由表 3-28 查用。

对于方形和圆形均布荷载整体剪切破坏情况,太沙基建议采用经验系数进行修正,修正后的公式为:

方形基础 $\qquad P_u = 1.3cN_c + qN_q + 0.4\gamma bN_\gamma \qquad (3-62)$

圆形基础 $\qquad P_u = 1.3cN_c + qN_q + 0.6\gamma b_0 N_\gamma \qquad (3-63)$

式中,b 为方形基础宽度,m;b_0 为圆形基础直径,m。

由表 3-8 中可以看出,当 $\varphi > 25°$ 后,N_γ 增加很快,说明对砂土地基,基础的宽度对极限承载力影响很大。而当地基为饱和软黏土时,$\varphi_u = 0$,这时 $N_\gamma \approx 0$,$N_q \approx 1.0$,$N_c \approx 5.7$,按式(3-60)可得软黏土地基上极限承载力为

$$P_u \approx q + 5.7c \qquad (3-64)$$

即软黏土地基的极限承载力与基础宽度无关。

3.5 土压力及土坡稳定

3.5.1 土压力的概念与类型

土压力是指由于挡土墙后的土体自重、土上荷载或结构物的侧向挤压,作用在墙背上的侧向压力,如图 3-31 所示。

土压力是作用于挡土结构物上的重要荷载,也是挡土支护结构设计的重要依据。作土压力模型试验时,在一个长方形的模型槽中部插上一块刚性挡板,在板的一侧安装压力盒并填土,板的另一侧临空。通过将挡板静止不动、将挡板向离开土体的临空方向移动或转动、将挡板推向填土方向三种情况的实验,可以根据挡土结构的位移情况和墙后土体所处的应力状态,将土压力分为三种类型:

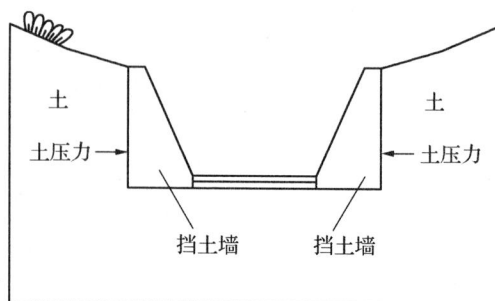

图 3-31 土压力示意图

（1）主动土压力。

挡土墙在墙后土压力作用下向前移动或转动时,墙后土体随着下滑,达到一定位移量时,墙后土体处于极限平衡状态。此时作用于墙背上的土压力就叫主动土压力,以 E_a 表示,如图 3-32(a)所示。

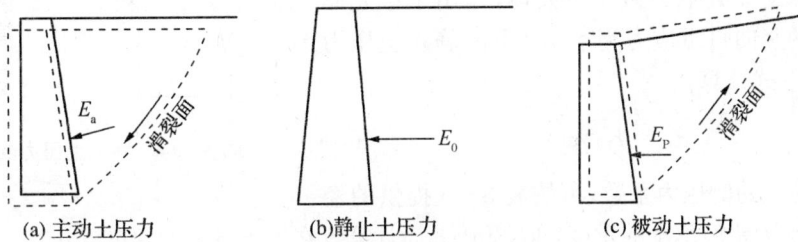

(a) 主动土压力　　(b)静止土压力　　(c) 被动土压力

图 3-32　挡土墙上的三种土压力

（2）静止土压力。

挡土墙的刚度很大,在土压力作用下不产生移动或转动,墙后土体处于静止状态,此时作用于墙背上的土压力叫静止土压力,以 E_0 表示,如图 3-32(b)所示。

（3）被动土压力。

挡土墙在外力(例如桥墩受到桥上荷载传来的推力)作用下向后移动或转动,墙压缩填土,使土体向后移动,达到一定位移量时,墙后土体达到极限平衡状态,此时作用于墙背上的土压力叫被动土压力,以 E_p 表示,如图 3-32(c)所示。而变化的情况如图 3-33 所示。

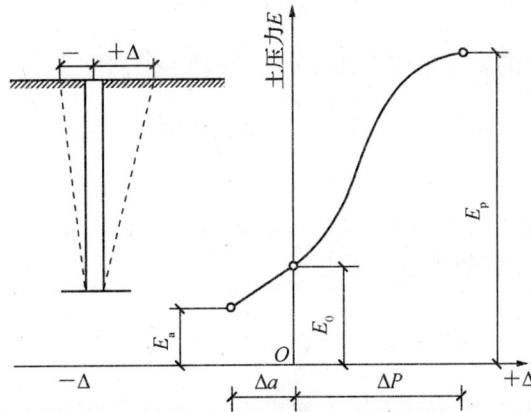

图 3-33　墙身位移与土压力的关系

理论分析与挡土墙的模型试验均证明:对同一挡土墙,在填土的物理力学性质相同的条件下,主动土压力小于静止土压力,而静止土压力小于被动土压力。可见挡土墙土压力不是一个常量,其土压力的性质、大小及沿墙高的分布规律与很多因素有关,如挡土墙的位移方向和位移量;挡土墙的形状、墙背的光滑程度和结构形式;墙后填土的性质,包括填土的重度、含水量、内摩擦角和黏聚力的大小及填土面的倾斜程度等。土压力随挡板移动而变换的情况如图 3-33 所示。

1. 土压力的计算

(1) 静止土压力计算。

作用于挡土墙背面的静止土压力可看作土体自重应力的水平分量,如图 3-34 所示。在墙后填土体中任意深度 z 处取一微小单元体,作用于单元体水平面上的竖向自重应力为 γz,该点的静止土压力强度 σ_0 用下式计算:

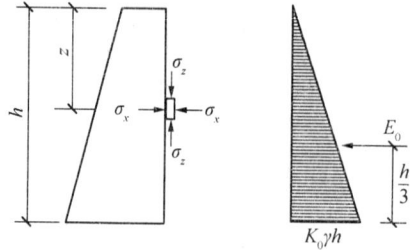

图 3-34 静止土压力的分布

$$\sigma_0 = K_0 \gamma z \tag{3-65}$$

式中,K_0 为土的侧压力系数,可按表 3-9 提供的经验值酌定;γ 为墙后填土的重度,kN/m^3;z 为计算点在填土下面的深度,m。

表 3-9 K_0 的经验值

土的种类和状态	K_0	土的种类和状态	K_0	土的种类和状态	K_0
碎石土	0.18~0.25	粉质黏土:坚硬状态	0.33	黏土:坚硬状态	0.33
砂土	0.25~0.33	可塑状态	0.43	可塑状态	0.53
粉土	0.33	软塑状态	0.53	软塑状态	0.72

由式 3-65 可分析出,σ_0 沿墙高为三角形分布。若取单位墙长为计算单元,则整个背墙上作用的土压力 E_0 应为土压力强度分布图形面积:

$$E_0 = \frac{1}{2} \gamma h^2 K_0 \tag{3-66}$$

式中,E_0 为单位墙长上的静止土压力,kN/m;h 为挡土墙高度,m。

静止土压力 E_0 的作用点在距墙底 $\frac{1}{3}h$ 处,即三角形的形心处。

(2) 规范法计算主动土压力。

基坑工程中计算支挡结构的土压力时,可按主动土压力计算。《建筑地基基础设计规范》采用下式计算边坡工程的主动土压力

$$E_a = \psi_c \frac{1}{2} \gamma h^2 k_a \tag{3-67}$$

式中,E_a 为主动土压力;ψ_c 为主动土压力增大系数,土坡高度小于 5 m 时取 1.0,高度为 5~8 m 时取 1.1,高度大于 8 m 时取 1.2;γ 为填土的重度,kN/m^3;h 为挡土结构的高度,m;k_a 为主动土压力系数,可按下式确定:

$$\begin{aligned}
k_a = &\frac{\sin(\alpha+\beta)}{\sin^2\alpha \sin^2(\alpha+\beta-\varphi-\delta)} \{ k_q [\sin(\alpha+\beta)\sin(\alpha-\delta) \\
&+ \sin(\varphi+\delta)\sin(\varphi-\beta)] + 2\eta\sin\alpha\cos(\alpha+\beta-\varphi-\delta) \\
&- 2\{[k_q\sin(\alpha+\beta)\sin(\varphi-\beta) + \eta\sin\alpha\cos\varphi] \\
&[k_q\sin(\alpha-\delta)\sin(\varphi+\delta) + \eta\sin\alpha\cos\varphi]\}^{1/2} \}
\end{aligned} \tag{3-68}$$

$$k_q = 1 + \frac{2q\sin\alpha\cos\beta}{\gamma h\sin(\alpha+\beta)} \qquad (3-69)$$

$$\eta = \frac{2c}{\gamma h} \qquad (3-70)$$

式中,α 为挡土墙背与水平面的夹角,°;β 为挡土墙后背土面的倾角,°;φ 为填土的内摩擦角,°;δ 为填土对挡土墙的内摩擦角,可按表 3-10 确定;q 为填土面均布荷载(以单位水平投影面上的荷载强度计);c 为填土的粘聚力,kPa。

表 3-10 填土对挡土墙背的摩擦角

挡土墙情况	摩擦角 δ	挡土墙情况	摩擦角 δ
墙背平滑、排水不良	$(0\sim0.33)\varphi$	墙背很粗糙、排水良好	$(0.5\sim0.67)\varphi$
墙背粗糙、排水不良	$(0.33\sim0.5)\varphi$	墙背与填土间不可能滑动	$(0.67\sim1.0)\varphi$

3.5.2 边坡与稳定

1. 土方边坡

具有倾斜表面的土体称为土坡。当土质均匀,坡顶和坡底都是水平且坡面为同一坡度时,称为简单土坡。土坡根据其成因可分为两种:一种是由于地质作用而自然形成的,称为天然土坡,如山坡、河岸等;另一种是人们在修建各种工程时,在天然土体中开挖或填筑而成的.称为人工土坡,如堤坝、路基、基坑等。

如图 3-35 所示,由于土坡表面倾斜,它在自身重力或外部荷载作用下,有从高处向低处滑动的趋势。一旦由于设计、施工或管理不当,或者由于地震暴雨等不可预估的外部因素,都将可能使土体内部某个面上的剪应力达到并超过该面上的抗剪强度,稳定平衡遭到破坏,造成土坡中的一部分土体相对于另一部分土体向下滑动,这种现象称为滑坡或塌方,如图 3-36 示。因此,在有关土坡问题的设计中,必须进行稳定分析,以保证土坡具有足够的稳定性。

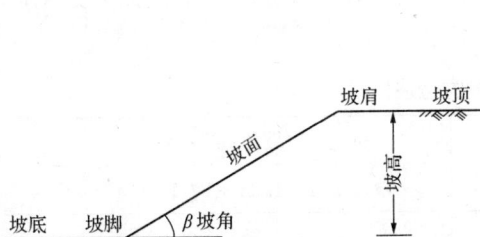

图 3-35 简单的土坡断面形式

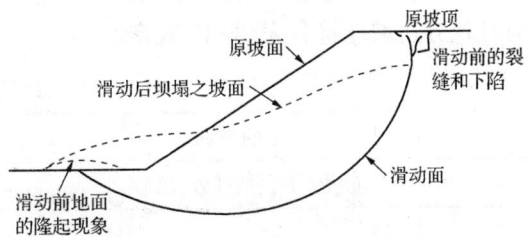

图 3-36 滑坡示意

基坑(槽)开挖施工中,坑壁土体的稳定主要依靠土体内颗粒间存在的内摩擦力和黏聚力来保持平衡。一旦土体在外力作用下失去平衡,坑壁就会坍塌。为了防止土壁坍塌,保证施工安全,当挖土超过一定的深度时,应留置一定的坡度。可以做成直线形、折线形或阶梯形边坡,如图 3-37 所示。

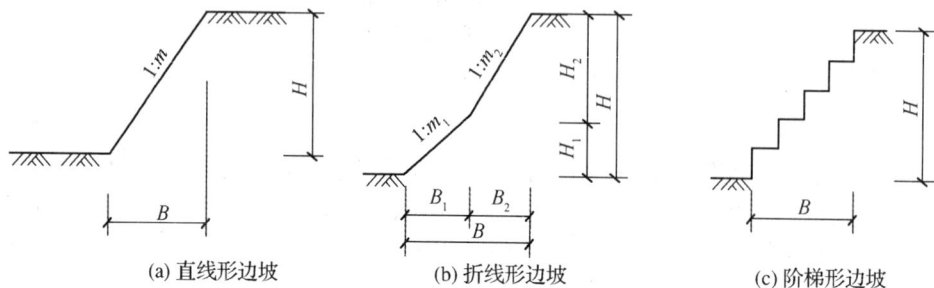

(a) 直线形边坡   (b) 折线形边坡   (c) 阶梯形边坡

图 3‑37   土方边坡

土方边坡的坡度用高度 H 与底宽度 B 之比来表示，即

$$土方边坡坡度 = H/B = 1/(B/H) = 1/m$$

式中，$m = \dfrac{B}{H}$ 为坡度系数。

土方边坡的大小，应根据土质条件、开挖深度、地下水位、施工方法及开挖后边域留置时间的长短、坡顶有无荷载以及相邻建筑物情况等因素而定。当地质条件良好，土质均匀且地下水位低于基坑(槽)底面标高时，挖方边坡可以做成直立壁不加支撑，但深度不宜超过表 3‑11 规定。

表 3‑11   直立壁不加支撑挖方深

土的类别	挖方深度/m
密实、中密的砂土和碎石类(充填物为砂土)	1.00
硬塑、可塑的粉土及粉质黏土	1.25
硬塑、可塑的黏土和碎石类土(充填物为黏性土)	1.5
坚硬的黏土	2.00

若不符合上述要求时，应采用放坡开挖。对永久性挖方边坡应按设计要求放坡，对临时性挖方边坡应符合表 3‑12 规定。

表 3‑12   临时性挖方边坡值

土的类别		边坡值(高：宽)
砂土(不包括细砂、粉砂)		1：1.25～1：1.50
一般黏性土	坚硬	1：0.75～1：1.00
	硬塑	1：1.00～1：1.25
	软	1：1.50 或更缓
碎石类土	充填坚硬、硬塑黏性土	1：0.50～1：1.00
	充填砂土	1：1.00～1：1.50

注：1. 设计有要求时，应符合设计标准。

2. 开挖深度，对软土不应超过 4 m，对硬土不应超过 8 m。

复习及思考题

1. 何谓土的自重应力和附加应力,沿深度的变化情况如何?
2. 地下水位的升降对土中自重应力和附加应力有何影响?
3. 怎样用规范法计算地基的沉降量,它和分层总和法有什么区别?
4. 什么是土的极限平衡状态? 土体极限平衡状态的条件是什么?
5. 砂土和黏性土的抗剪强度表达式有何异同? 土的抗剪强度与哪些因素有关?
6. 地基土的极限荷载与那些因素有关?
7. 土压力有哪些种类? 分别有什么样的特点?

模块四 土方工程施工

4.1 概 述

土方工程是土木工程施工中主要分部工程之一,任何一项工程施工都是从土方工程开始。它包括土方的开挖、运输、填筑与弃土、平整与压实等主要施工过程,以及场地清理、测量放线、施工排水、降水和土壁支护等准备工作与辅助工作。

土方施工,作业对象独特,施工方法多样,具有明显的特点。

(1)面广量大、劳动繁重。

建筑工地的场地平整面积往往很大,某些大型工矿企业工地,土方工程面积可达数平方千米,甚至数十平方千米。在场地平整、大型土方开挖中,土方工程量可达几百万立方米以上;路基、堤坝施工中土方量更大。若采用人工开挖、运输、填筑压实时,劳动强度很大。

(2)施工条件复杂。

土方工程多为露天作业,土又是一种天然物质,成分较为复杂,并且地下情况难以确切掌握。因此,施工中直接受到地区、气候、水文和地质等条件和周围环境的影响。

正是由于土方工程施工面广量大、劳动繁重、施工条件复杂,所以在组织土方工程施工时,要符合一些基本要求。组织土方工程施工的要求有以下几条:

(1)在条件允许的情况下应尽可能采用机械化施工;在条件不够或机械设备不足时,应创造条件,采取半机械化或革新工具相结合的方法,以代替或减轻繁重的体力劳动。

(2)要合理安排施工计划,尽量避开冬季、雨季施工;否则应做好相应的准备工作。

(3)为了降低土方工程施工费用,减少运输量和占用农田,要对土方量进行合理调配、统筹和安排。

(4)在施工前要做好调查研究,了解土的种类和工程性质,工期要求、质量要求及施工条件,施工地区的地形、地质、水文、气象资料,拟定合理的施工方案和技术措施,以保证工程质量和安全,加快施工进度。

4.2 土方工程量计算

4.2.1 土的工程分类与可松性

1. 土的工程分类

在施工中，按开挖的难易程度将土分为八类，如表 4-1 所示。它是进行土方调配、确定施工手段，选择施工方法和施工机具、计算工程费用的依据。

表 4-1 土的工程分类

土的分类	土的名称	可松性系数		开挖工具及方法
		k_s	k'_s	
一类土 （松软土）	砂土；粉土；冲积砂土层；种植土；泥炭（淤泥）	1.08～ 1.17	1.01～ 1.03	用锹、锄头挖掘，少许用脚蹬
二类土 （普通土）	粉质黏土；潮湿的黄土；夹有碎石、卵石的砂；种植土；填筑土及粉土	1.14～ 1.28	1.02～ 1.05	用锹、锄头挖掘，少许用镐翻松
三类土 （坚土）	软及中等密实黏土；重粉质黏土；砾石土；干黄土，含有碎石、卵石的黄土；粉质黏土，压实的填土	1.24～ 1.30	1.04～ 1.07	主要用镐，少许用锹、锄头挖掘，部分用撬棍
四类土 （沙砾坚土）	坚硬密实的黏性土或黄土；含碎石卵石的中等密度的黏性土或黄土；粗卵石；天然级配砂石；软泥灰岩	1.26～ 1.32	1.06～ 1.09	先用镐、撬棍，然后用锹挖掘，部分用楔子及大锤
五类土 （软石）	硬质黏土；中密的页岩、泥灰岩、白垩土；胶结不紧的砾岩；软石灰石及贝壳石灰石	1.30～ 1.45	1.10～ 1.20	用镐或撬棍、大锤挖掘，部分使用爆破方法
六类土 （次坚石）	泥岩；砂岩；砾岩；坚实的页岩；泥灰岩；密实的石灰岩；风化花岗岩；片麻岩	1.30～ 1.45	1.10～ 1.20	用爆破方法开挖，部分用风镐
七类土 （坚石）	大理石；辉绿岩；玢岩；粗、中粒花岗岩；坚实的白云岩、砂岩、砾岩、片麻岩、石灰岩；微风化安山岩；玄武岩	1.30～ -1.45	1.10～ 1.20	用爆破方法开挖
八类土 （特坚石）	安山岩；玄武岩；花岗片麻岩，坚实的细粒花岗岩；闪长岩、石英岩，辉长岩、辉绿岩、玢岩、角闪岩	1.45～ 1.50	1.20～ 1.30	用爆破方法开挖

2. 土的可松性

自然状态下的土，经过开挖后，其体积因松散而增加，以后虽经回填压实，仍不能恢复到原来的体积，这种性质称为土的可松性。

土的可松性用可松性系数来表示。自然状态土层开挖后的松散体积与原自然状态下的体积之比,称为最初可松性系数(k_s);土经回填压实后的体积与原自然状态下的体积之比,称为最终可松性系数(k'_s),即:

$$k_s = \frac{V_2}{V_1} \qquad (4-1)$$

$$k'_s = \frac{V_3}{V_1} \qquad (4-2)$$

式中,k_s 为土的最初可松性系数(表 4-1);是计算挖方土方量、装运车辆以及挖土机械生产率、土方调配的主要参数;k'_s 为土的最终可松性系数(表 4-1);是计算填方所需挖土工程量、竖向设计的主要参数;V_1 为土在自然状态下的体积,m^3;V_2 为土在开挖后的松散体积,m^3;V_3 为土在回填后压实后的体积,m^3。

【例 4-1】 已知某基坑坑底尺寸为 35 m×56 m,基坑深度为 1.25 m,垂直开挖,用粉质黏土回填,试问需用多少方松土进行回填。

解 基坑垂直开挖,开挖土方体积按立方体计算,则填土基坑的体积为:

$$V_3 = 35 \times 56 \times 1.25 = 2\ 450\ m^3$$

查表 4-1,粉质黏土的可松性系数为,$k_s = 1.16$,$k'_s = 1.03$,则有:

需用松土土方量为 $\quad V_2 = \dfrac{V_3}{k'_s} k_s = \dfrac{2\ 450}{1.03} \times 1.16 = 2\ 760\ (m^3)$

4.2.2 土方工程量计算一般规定

(1)平整场地是指建筑场地以找平为目的,挖、填土方厚度在 300 mm 以内的工程。平整场地工程量按建筑物外墙外边线每边各加 2 m,以平方米计算。

(2)挖基槽是指底宽≤7 m 且底长>3 倍底宽的挖土工程。例如,条形基础基槽、管沟的沟槽等。

(3)挖基坑是指底长≤3 倍底宽且底面积≤150 m^2 的挖土工程。

(4)凡沟槽宽度 7 m 以上,基坑底面积 150 m^2 以上按挖一般土方或一般石方计算。计算时按照方格网法计算体积。

(5)回填土分为夯填与松填。基础回填土体积等于挖土体积减去设计室外地坪以下埋设的体积(包括基础垫层以及其他构筑物体积),室内回填土体积按主墙间净面积乘以填土厚度计算;场地回填土体积等于回填面积乘以平均回填土厚度。

4.2.3 土方边坡与工作面

进行基坑工程施工时,一般在周边环境允许时,尽量采用放坡开挖,以保证土方施工时的稳定,防止坍塌,保证施工安全。

土方放坡可做成直线式、折线式、踏步式、台阶式等形式,如图 4-1 所示。土方边坡坡度用土方边坡深度 H 与底面宽度 B 之比来表示,即:

土方边坡坡度 $\qquad i = \dfrac{H}{B} = \dfrac{1}{B/H} = \dfrac{1}{m} \qquad (4-3)$

其中 m 称为边坡系数，$m=B/H$，它与边坡的使用时间（临时性、永久性等）、土的种类、土的物理力学性质（内摩擦角、粘聚力、密度、湿度等）、水位高低等有关。

场地开挖时，在边坡稳定地质条件良好，土质均匀，高度在 10 m 内的边坡坡度按表4-2选用。永久性场地，坡度按设计选用。

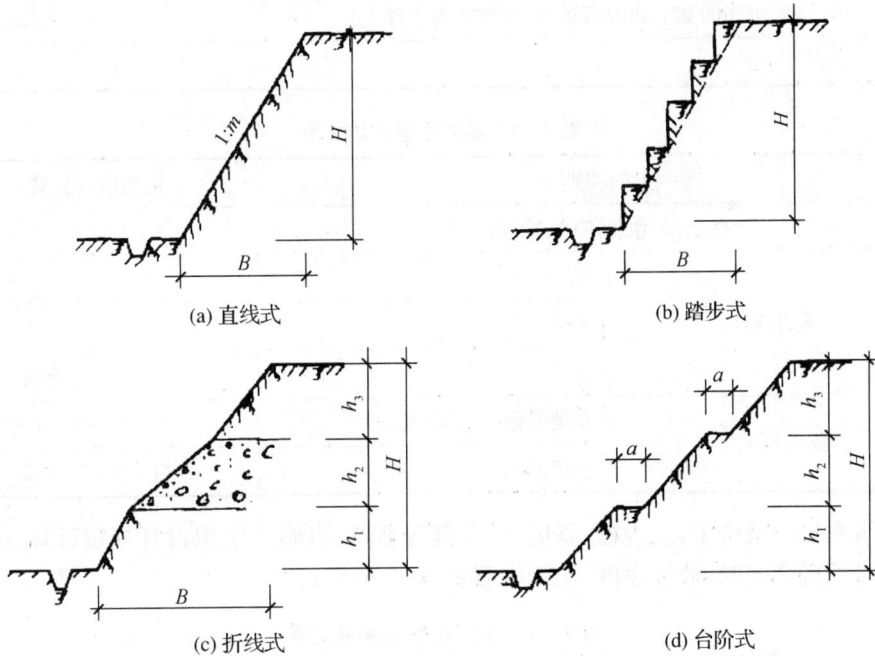

(a) 直线式　　　　　　　　　　(b) 踏步式

(c) 折线式　　　　　　　　　　(d) 台阶式

图 4-1　场地、基坑边坡形式

表 4-2　土质边坡坡度允许值

土的类别	密实度或状态	坡度允许值（高宽比）	
		坡高在 5 m 以内	坡高为 5~10 m
碎石土	密实	1:0.35~1:0.50	1:0.50~1:0.75
	中密	1:0.50~1:0.75	1:0.75~1:1.00
	稍密	1:0.75~1:1.00	1:1.00~1:1.25
黏性土	坚硬	1:0.75~1:1.00	1:1.00~1:1.25
	硬塑	1:1.00~1:1.25	1:1.25~1:1.50

注：1. 表中碎石土的充填物为坚硬或硬塑状态的黏性土。
　　2. 对于砂土或充填物为砂土的碎石土，其边坡坡度允许值均按自然休止角确定。

基坑（槽）和管沟开挖时，当土质为天然湿度，构造均匀，水文地质条件良好（即不会发生坍塌、移动、松散或不均匀下沉），且无地下水时，基坑（槽）和管沟不加支撑时的容许开挖深度见表4-3所示，否则按照表4-4中进行放坡施工。

表 4-3　基坑(槽)和管沟不加支撑时的容许深度

项　次	土的种类	容许深度/m
1	密实、中密的砂子和碎石类土(充填物为砂土)	1.00
2	硬塑、可塑的粉质黏土及粉土	1.25
3	硬塑、可塑的黏土和碎石类土(充填物为黏性土)	1.50
4	坚硬的黏土	2.00

表 4-4　临时性挖方边坡值

土的类别		边坡值(高:宽)
砂土(不包括细砂、粉砂)		1:1.25~1:1.50
一般性黏土	硬	1:0.75~1:1.00
	硬塑	1:1~1:1.25
	软	1:1.5 或更缓
碎石类土	充填坚硬、硬塑黏性土	1:0.5~1:1.0
	充填砂土	1:1~1:1.5

在工程投标报价中,挖沟槽、基坑、土方需放坡时,以施工组织设计规定计算,施工组织设计没明确规定时,放坡高度、比例按照表 4-5 计算。

表 4-5　放坡高度、比例确定表

土壤类别	放坡深度规定/m	高与宽之比		
		人工挖土	坑内作业	坑上作业
一、二类土	超过 1.2	1:0.5	1:0.33	1:0.75
三类土	超过 1.5	1:0.33	1:0.25	1:0.67
四类土	超过 2.0	1:0.25	1:0.10	1:0.33

注:1. 沟槽、基坑中土壤类别不同时,分别按其土壤类别、放坡比例以不同土壤厚度分别计算;
　　2. 计算放坡工程量时交接处的重复工程量不扣除,原坑、槽做基础垫层时,放坡自垫层上表面起算。

基坑开挖时还应为工程施工留有工作面,工作面的尺寸与基础工程施工方法有关。工作面宽度以施工组织设计规定计算,施工组织设计没明确规定时工作面按照表 4-6 计算。

表 4-6　基础施工所需工作面宽度

基础材料	每边各增加工作面宽度/mm	基础材料	每边各增加工作面宽度/mm
砖基础	200	浆砌毛石、条石基础	150
混凝土基础垫层支模板	300	混凝土基础支模板	300
基础垂直面做防水层		1 000(防水层面)	

4.2.4　场地平整的土方量计算

场地平整的工作就是将天然地面改造成我们所要求的设计平面。由设计平面的标高和天然地面的标高之差,可以得到场地各点的施工高度,由此可计算场地平整的土方量。场地平整土方量的计算方法通常有方格网法和断面法。方格网法适用于地形较为平坦的地区,断面法则多用于地形起伏变化较大的地区。以方格网法为例,其计算步骤如下:

1. 场地设计标高的确定

选择设计标高,需考虑以下因素:(1) 满足生产工艺和运输的要求;(2) 尽量利用地形,以减少挖方数量;(3) 场地以内的挖方与填方能达到相互平衡以降低土方运输费用;(4) 要有一定的泄水坡度(≥2‰),使其满足排水要求;(5) 考虑最高洪水位的要求。

当设计文件上对场地标高无特定要求时,场地的设计标高可照下述步骤和方法确定。

(1) 初步计算场地设计标高。

将地形图划分方格,方格一般采用 20 m×20 m～40 m×40 m,如图 4-2(a)所示。每个方格的角点标高,一般根据地形图上相邻两等高线的标高,用插入法求得;在无地形图的情况下,也可在地面用木桩打好方格网,然后用仪器直接测出。

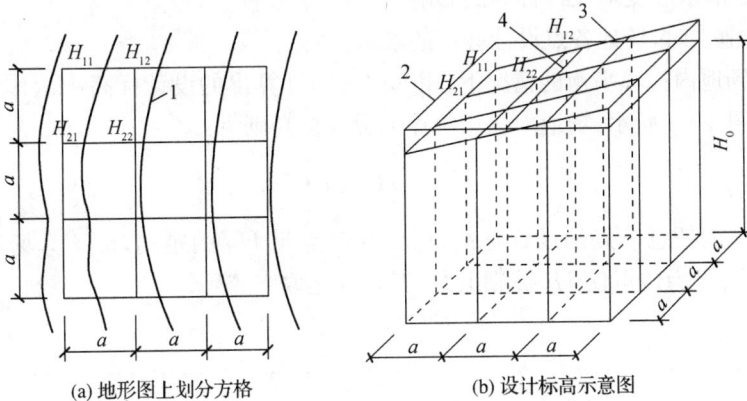

(a) 地形图上划分方格　　　(b) 设计标高示意图

1-等高线　2-设计标高平面　3-自然地面　4-零线

图 4-2　场地设计标高计算简图

一般说来,理想的设计标高,应该使场地内的土方在平整前和平整后相等而达到挖方和填方的平衡,如图 4-2(b)所示,即

$$H_0 Na^2 = \sum a^2 \left(\frac{H_{11} + H_{12} + H_{21} + H_{22}}{4} \right) \tag{4-4}$$

所以

$$H_0 = \sum \left(\frac{H_{11} + H_{12} + H_{21} + H_{22}}{4N} \right) \tag{4-5}$$

式中,H_0 为计算的场地设计标高,m;a 为方格边长,m;N 为方格个数;H_{11},…,H_{22} 为任一个方格的 4 个角点的标高,m。

从图 4-2 中可看出,H_{11} 系一个方格的角点标高,H_{12} 和 H_{21} 均系 2 个方格公共的角点标高,H_{22} 则系 4 个方格公共的角点标高,如果将所有方格的 4 个角点标高相加,那么,类似 H_{11} 这样的角点标高加了 1 次,类似于 H_{12} 和 H_{21} 的标高加了 2 次,而类似于 H_{22} 的标高则加了 4 次。因此,上式可改写成下列的形式:

$$H_0 = \frac{\sum H_1 + 2\sum H_2 + 3\sum H_3 + 4\sum H_4}{4N} \qquad (4-6)$$

式中,H_1、H_2、H_3、H_4 分别为一个方格、二个方格、三个方格、四个方格所共有的角点标高,m。

（2）计算设计标高的调整值。

式(4-6)所计算的标高,纯系理论计算值,实际上,还需考虑以下因素进行调整:

① 由于土具有可松性,必要时应相应地提高设计标高。

② 由于设计标高以上的各种填方工程用土量影响设计标高的降低,或者设计标高以下的各种挖方工程而影响设计标高的提高。

③ 由于边坡填挖土方量不等(特别是坡度变化大时)而影响设计标高的增减。

④ 根据经济比较结果,而将部分挖方就近弃土于场外,或将部分填方就近取土于场外而引起挖填土的变化,需增减设计标高。

（3）考虑泄水坡度对设计标高的影响。

① 单向泄水时,场地各点设计标高的求法。

当考虑场地内挖填平衡的情况下,用式(4-6)计算出的设计标高 H_0,作为场地中心线的标高如图 4-3 所示,场地内任意一点的设计标高则为:

$$H_n = H_0 \pm l \cdot i \qquad (4-7)$$

式中,H_n 为场内任意一点的设计标高,m;l 为该点至 H_0 的距离,m;i 为场地泄水坡度(不小于 2‰);± 为该点比 H_0 高则取"+"号,反之取"－"号。

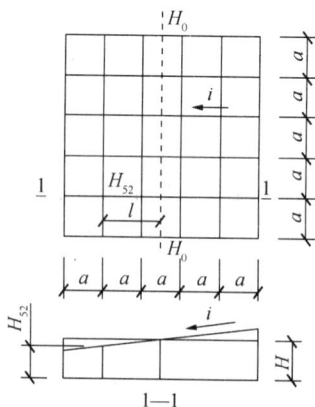

图 4-3 单向泄水坡度的场地

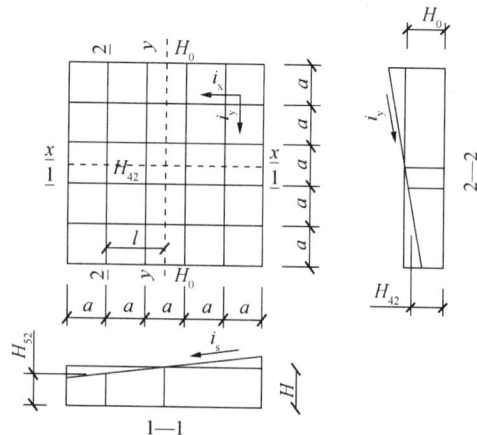

图 4-4 双向泄水坡度的场地

② 双向泄水时,场地各点设计标高的求法。

其原理与前相同,如图 4-4 所示。H_0 为场地中心点标高,场地内任意一点的设计标高为:

$$H_n = H_0 \pm l_x \cdot i_x \pm l_y \cdot i_y \tag{4-8}$$

式中,l_x,l_y 为该点在 x-x,y-y 方向距场地中心线的距离,m;i_x,i_y 为该点于 x-x,y-y 方向的泄水坡度。

2. 场地平整土方量计算

根据每个方格角点的自然地面标高和实际采用的设计标高,算出相应的角点填挖高度,然后计算每一个方格的土方量,并算出场地边坡的土方量,再将场地上所有方格和边坡的挖填土方量分别求和,这样即可以得到整个场地的挖、填土总方量。

(1) 场地各方格的土方量的计算。

计算步骤如下:

① 根据已有地形图划分成若干个方格网,尽量与测量的纵、横坐标网对应。将设计坐标和自然地面标高分别标注在方格点的右上角和右下角。设计地面标高与自然地面标高的差值,即各角点的施工高度(挖或填),填写在方格网的左上角,挖方为"−",填方为"+",如图4-5所示。各方格网点的挖填高度 h_n 计算公式为:

$$h_n = H_n - H \tag{4-9}$$

式中,h_n 为各角点的填挖高度,即施工高度,m,以"+"为填,以"−"为挖;H_n 为角点的设计标高,m,若无泄水坡时,即为场地的设计标高;H 为角点的自然地面标高,m。

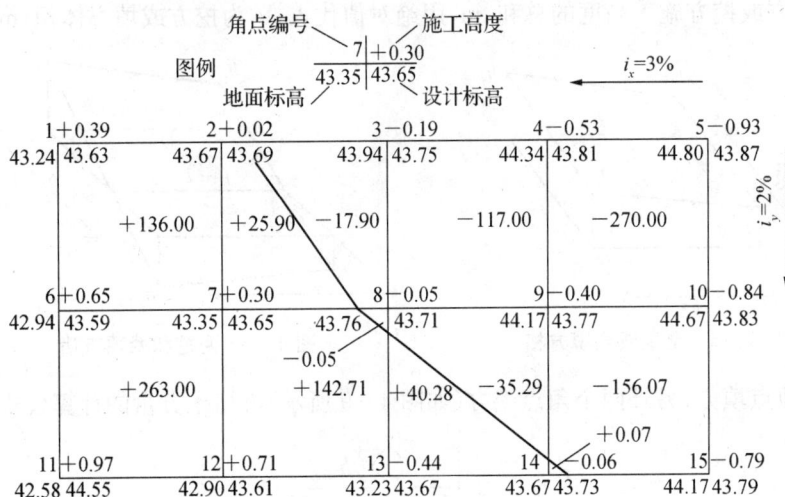

图 4-5　土方量计算表

② 计算零点位置。

在一个方格网内同时有填方或挖方时,要先算出方格网边的零点位置,并标注于方格网上,连接零点就得零线,是填方区与挖方区的分界线。零点位置可采用图解法直接得出或用计算公式确定,如图4-6和图4-7所示。

图中 h_1、h_2 分别为填和挖角点施工高度;x_1、x_2 分别为零点至填和挖角点水平距离。

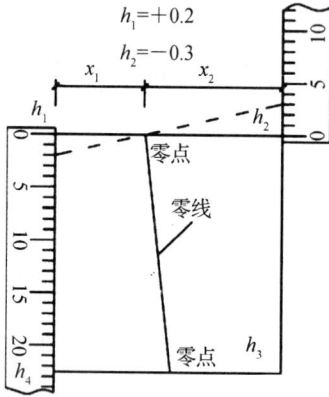

图 4-6 零点位置图解法

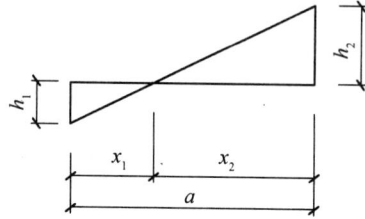

图 4-7 零点位置计算示意图

③ 计算方格土方工程量。

四角点全为填方或挖方(如图 4-8 所示)方格土方量的计算公式:

$$V = \frac{a^2}{4} \sum h = \frac{a^2}{4}(h_1 + h_2 + h_3 + h_4) \tag{4-10}$$

式中,a 为方格网的边长,m;h_1、h_2、h_3、h_4 为方格网四角点的施工高度,m,用绝对值代入;$\sum h$ 为填方或挖方施工高度的总和,m,用绝对值代入;V 为挖方或填方体积,m^3。

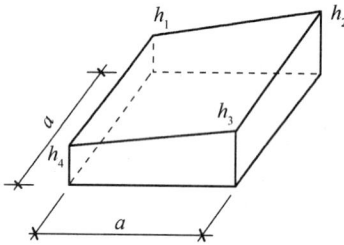

图 4-8 全挖或全填方格

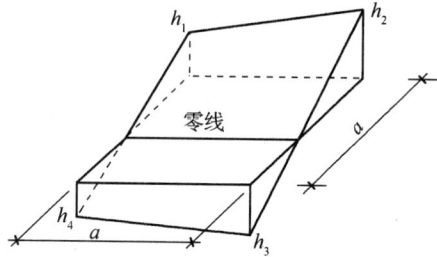

图 4-9 两挖和两填方格

两个角点填方,另外两个角点挖方(如图 4-9 所示)方格土方量的计算公式:

$$V_填 = \frac{a^2}{4}\left[\frac{\left(\sum h_填\right)^2}{h_1 + h_2 + h_3 + h_4}\right] \tag{4-11a}$$

$$V_挖 = \frac{a^2}{4}\left[\frac{\left(\sum h_挖\right)^2}{h_1 + h_2 + h_3 + h_4}\right] \tag{4-11b}$$

式中,a 为方格网的边长,m;h_1、h_2、h_3、h_4 为方格网四角点的施工高度,m,用绝对值代入;$V_填$ 为填方体积,m^3;$V_挖$ 为挖方体积,m^3。

一个角点填(挖)三个角点挖(填)方,如图 4-10 所示。

$$V_4 = \frac{a^2}{6}\frac{h_4^3}{(h_1 + h_4)(h_3 + h_4)} \tag{4-12}$$

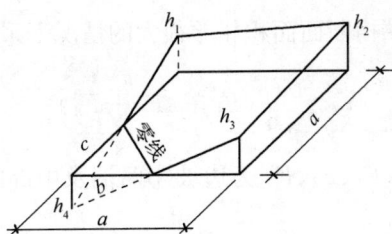

图 4-10 三挖一填或三填一挖方格

$$V_{1,2,3} = \frac{a^2}{6}(2h_1 + h_2 + 2h_3 - h_4) + V_4 \qquad (4-13)$$

式中，a 为方格网的边长，m；h_1、h_2、h_3、h_4 为方格网四角点的施工高度，m，用绝对值代入；V_4 为挖方或填方体积，m^3。

（2）边坡的土方量的计算。

场地挖方区和填方区的边沿，都需要做成边坡，其平面图如图 4-11 所示。边坡的土方工程量可以划分成两种近似的几何形体，即三角棱锥体（如图 4-11 中体积①～③，⑤～⑦即为三角棱锥体）和三角棱柱体（如图中体积④即为三角棱柱体）。

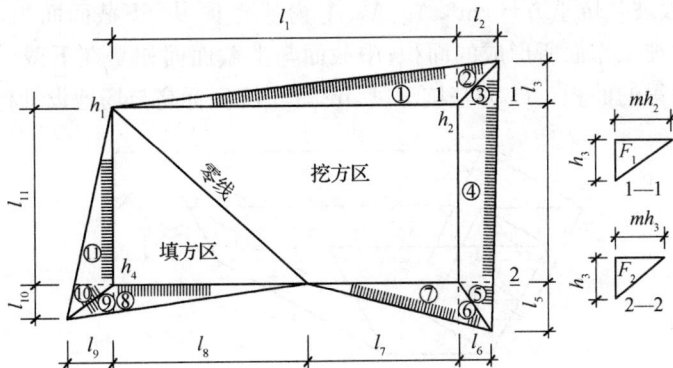

图 4-11 场地边坡平面图

① 三角棱锥体边坡体积计算公式：

$$V_1 = \frac{1}{3}F_1 \cdot l_1 \qquad (4-15)$$

式中，l_1 为边坡①的长度，m；F_1 为边坡①的端断面积，m^2，即：

$$F_1 = \frac{h_2(m \cdot h_2)}{2} = \frac{m \cdot h_2^2}{2}$$

其中，h_2 为角点的挖土高度，m；m 为边坡的坡度系数；V_1 为编号为①的三角棱锥体体积，m^3。

② 三角棱柱体边坡体积近似计算公式：

$$V_4 = \frac{F_1 + F_2}{2}l_4 \qquad (4-16)$$

较精确计算公式(当两端横断面面积相差很大的情况下采用):

$$V_4 = \frac{l_4}{6}(F_1 + 4F_0 + F_2) \tag{4-17}$$

式中,l_4 为边坡④的长度,m;F_1、F_2、F_0 为边坡④两端及中部的横断面面积,m^2;V_4 为编号为④的三角棱柱体体积,m^3。

 3. 计算土方总量

将挖方区或填方区所有方格计算的土方量和边坡土方量汇总,即得该场地挖方和填方的总土方量。

4.2.5 基坑土方量计算

基坑土方量的计算可近似地按拟柱体(即上下底为两个平行的平面,所有的顶点都在两个平行平面上的立面体)体积公式按下式计算,如图 4-12 所示。

$$V = \frac{1}{6}H(A_1 + 4A_0 + A_2) \tag{4-18}$$

式中,V 为四面放坡基坑土方量,m^3;A_1、A_0、A_2 为基坑上、中、下截面面积,m^2。下截面面积等于基础尺寸加工作面所形成的面积;中截面与上截面面积是在下截面尺寸的基础上考虑放坡计算而得的面积。H 为基坑深度,m,等于坑底标高与场地设计标高之差。

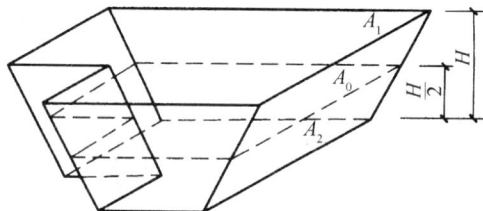

图 4-12 四面放坡基坑土方量

对边坡为折线形的基坑,可以采用分层计算,然后进行累加。

实际工程中,对于矩形基坑放坡、留工作面(不留工作面 $c=0$),也可采用下式计算:

$$V = (a + 2c + mH)(b + 2c + mH)H + \frac{1}{3}m^2H^3 \tag{4-19}$$

或

$$V = \frac{1}{6}H[AB + a'b' + (A + a')(B + b')] \tag{4-20}$$

4.2.6 基槽土方量计算

挖基槽多用于建筑物的条形基础、渠道、管沟等挖土工程。如该段内基槽截面形状、尺寸不变时,其土方即为该段横截面面积乘以该段基槽长度,如图 4-13(a)所示,一般两边放坡按下式计算:

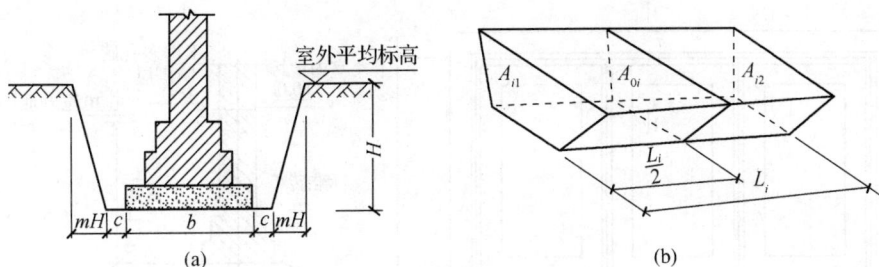

图 4-13 基槽土方量计算简图

$$V = (b + 2c + mH)HL \qquad (4-21)$$

式中,V 为两边放坡基槽该段土方量(体积),m^3;H 为基槽深度,m;b 为基础或垫层宽度,m;c 为工作面宽度,m;L 为基槽长度,m。外墙按建筑物基础中心线长度计算;内墙按建筑物基础宽度加工作面宽度之间净长度计算。

如基槽内横截面的形状、尺寸有变化时(图 4-13(b)),也可近似地用棱柱体体积公式按式 4-18 分段计算最后累加即可。

$$V_i = \frac{1}{6} L_i (A_{i1} + 4A_{0i} + A_{i2}) \qquad (4-22)$$

式中,V_i 为基槽该段土方量(体积),m^3;A_{i1}、A_{i2} 为该段基槽两端横截面面积,m^2;A_{0i} 为该段基槽中截面面积,m^2。

【例 4-2】 某工业厂房,有 30 个 C30 钢筋混凝土独立基础,基础剖面及基坑尺寸如图 4-14,基坑开挖四边放坡,坡度 1∶0.5,三类土,人工挖土。每个独立基础和素混凝土垫层体积共 12.37 m^3。回填土最初可松性系数 1.10,最终可松性系数 1.03。计算(1)该工程基坑土方量。(2)基坑回填需要的松土量。

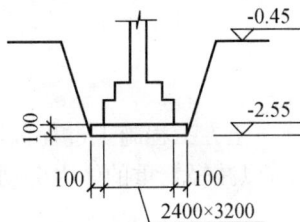

图 4-14 基础及基坑剖面

解 (1)工程基坑土方量

基坑下口尺寸:$(2.4+0.2) \times (3.2+0.2) = 2.6\ m \times 3.4\ m$

基坑上口尺寸:$[2.6+0.5 \times (2.55-0.45) \times 2][3.4+0.5 \times (2.55-0.45) \times 2] = 4.7\ m \times 5.5\ m$

基坑土方量:$V = \dfrac{1}{6} H[AB + a'b' + (A+a')(B+b')]$

$= \dfrac{1}{6} \times (2.55-0.45) \times [4.7 \times 5.5 + 2.6 \times 3.4 + (4.7+2.6) \times (5.5+3.4)] \times 30$

$= 1\,046.43\,(m^3)$

(2)基坑回填松土量 $V_{松} = \dfrac{1046.43 - 12.37 \times 30}{1.03} \times 1.1 = 721.23\,(m^3)$

【例 4-3】 某单位传达室基础平面图及基础详图如图 4-15 所示,已知土壤为三类土,干土,放坡开挖,施工组织设计中没有明确工作面及放坡坡度,计算人工挖基槽土方量。

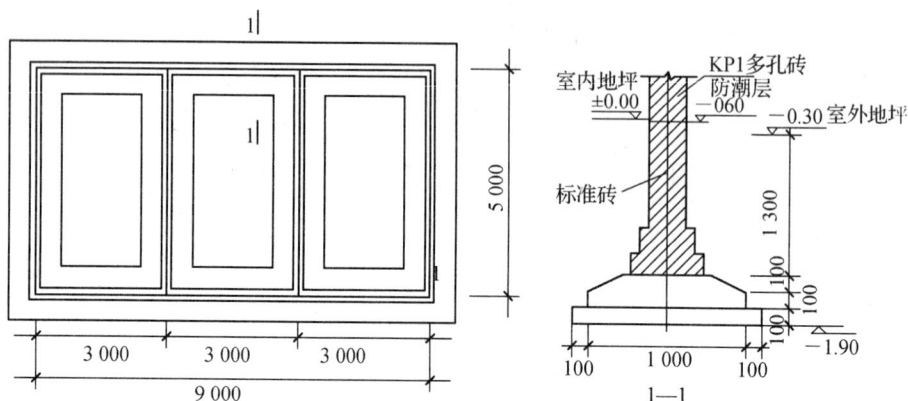

图 4-15 基础平面图及基础详图

解 由题可知，三类土，人工挖土，基槽挖土深度 $1.9-0.3=1.6$ m>1.5 m，施工组织设计中没有明确放坡坡度和工作面宽度，查表 4-5，1∶0.33 放坡。查表 4-6，工作面 300 mm。则基槽底宽为 $1.0+0.3\times2=1.6$(m)。

$$V=(b+2c+mH)HL$$
$$=(1.0+2\times0.3+0.33\times1.6)\times1.6\times[(9+5)\times2+(5-1.9)\times2]$$
$$=118.49(m^3)$$

4.3 土方机械化施工

土方工程施工过程包括场地平整、开挖、运输、填筑与压实等，应尽量采用机械化施工，以减轻繁重的体力劳动和加快施工进度。

4.3.1 场地平整施工

1. 场地平整施工准备工作

场地平整施工准备工作主要有：

(1) 场地清理。在施工区域内，对已有房屋、道路、河渠、通信和电力设备、上下水道以及其他建筑物，均需事先进行拆迁或改建。

拆迁或改建时，应对一些重要的结构部分，如柱、梁、屋盖等进行仔细的检查，若发现腐朽或损坏时，需采取安全措施。在预定挖方的场地上，应将树墩清除。若用机械施工，是否需要事先清除树墩，则根据所用机械的性能确定。此外，对于原地面含有大量有机物的草皮、耕植土以及淤泥等都应进行清理。

(2) 地面水排除。场地内的积水必须排除，同时需注意雨水的排除，使场地保持干燥，以利土方施工。

应尽量利用自然地形来设置排水沟，以便将水直接排至场外，或流至低洼处再用水泵抽走。主排水沟最好设置在施工区域的边缘或道路的两旁，其横断面和纵向坡度应根据最大流量确定。一般排水沟的横断面不小于 0.5 m×0.5 m，纵向坡度不小于 2‰。山区的场地平整施工中,应在较高一面的山坡上开挖截水沟。截水沟至挖方边坡上缘的距离为5~6 m。如在较低一面的山坡处设弃土堆时,应在弃土堆的靠挖方一面的边坡下设置小截水沟。低洼地区施工时,除开挖排水沟外,有时还应在场地四周或需要的地段修筑挡水土堤,以阻挡雨水的流入。

2. 场地平整施工方法

大面积场地平整,宜采用推土机、铲运机等大型机械施工。

(1) 推土机施工。

运距在100 m以内的平土或移挖作填,宜采用推土机,尤其是当运距在30~60 m之间时,最为有效。推土机的特点是:操纵灵活,运转方便,所需工作面较小,行驶速度较快,易于转移。它既能单独使用,即担任铲土和短距离运土,以及清除石块或树木等障碍物,又能牵引其他无动力的土方机械,如拖式铲运机、松土机、羊足碾等。

为了提高推土机生产率,可采取以下几种施工方法:

① 下坡铲土。即借助于机械本身的重力作用以增加推土能力和缩短推土时间。下坡铲土的最大坡度,以控制在15°以内为宜。如图4-16所示。

图4-16 下坡铲土法

② 分批集中,一次推送。在较硬的土中,因推土机的切土深度较小,应采取多次铲土,分批集中,一次推送,以便有效地利用推土机的功率,缩短运土时间。

③ 并列推土。平整较大面积的场地时,可采用两台或三台推土机并列推土,以减少土的散失,提高生产效率。

④ 利用土埂推土。即利用前次已推过土的原槽再次推土,这样可以大大减少土的散失。另一方面,当土槽推至一定深度(一般为0.4~0.5 m)后,则转而推土埂(其宽度约为铲刀宽度的一半)的土,这时,可以很方便地将土埂的土推走。此法又称跨铲法推土。如图4-17所示。

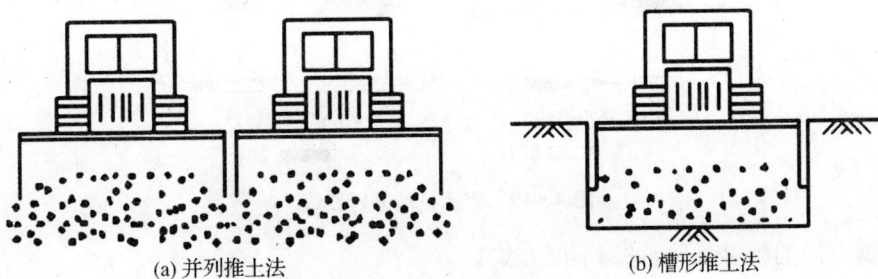

(a) 并列推土法　　　　　　　　　　(b) 槽形推土法

图4-17 并列推土法和槽形推土法

⑤ 铲刀上附加侧板。在铲刀两边装上侧板，以增加铲刀前的土方体积。

（2）铲运机施工。

地形起伏不大、坡度在 20°以内的大面积场地平整，土的含水量不超过 27%，平均运距在 800 m 以内时，采用铲运机施工较为合宜。铲运机如图 4-18 所示。

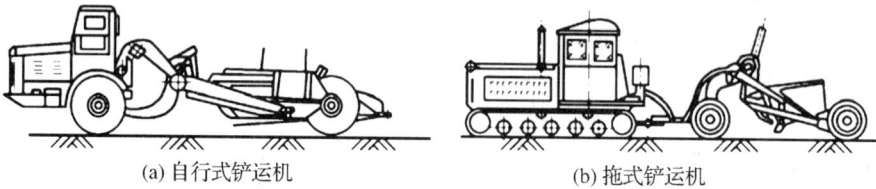

(a) 自行式铲运机　　　　　　　　(b) 拖式铲运机

图 4-18　铲运机

铲运机是一种能综合完成挖土、运土、卸土的土方机械，对行驶道路要求较低。其斗容量一般为 3～12 m³。对不同的土，其铲土厚度为 30～150 mm，卸土厚度为 200 mm 左右。

铲运机的开行路线。由于挖填区的分布不同，如何根据具体条件，选择合理的开行路线，对于提高铲运机的生产率影响很大。铲运机的开行路线有以下几种：

① 环形路线。这是一种简单而常用的开行路线。根据铲土与卸土的相对位置不同，可分为图 4-19(a) 与图 4-19(b) 所示的两种情况。每一循环只完成一次铲土与卸土。当挖填交替而挖填之间的距离又较短时，则可采用大环形路线，如图 4-19(c) 所示。其优点是一个循环能完成多次铲土和卸土，从而减少铲运机的转弯次数，提高工作效率。采用环形路线，为了防止机件单侧磨损，应避免仅向一侧转弯。

② 8 字形路线。这种开行路线的铲土与卸土，轮流在两个工作面上进行，如图 4-19(d) 所示，机械上坡是斜向开行，受地形坡度限制小。每一循环能完成两次作业，即每次铲土只需转弯一次，比环形路线缩短运行时间，提高了生产效率。同时，一个循环中两次转弯方向不同，机械磨损也较均匀。这种开行路线主要适用于取土坑较长的路基填筑，以及坡度较大的场地平整中。

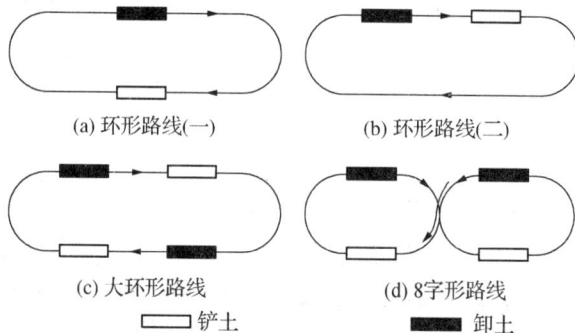

(a) 环形路线(一)　　　　　　　　(b) 环形路线(二)

(c) 大环形路线　　　　　　　　(d) 8字形路线

□ 铲土　　　　■ 卸土

图 4-19　铲运机的开行路线

根据不同的施工条件，采用不同方法。

① 下坡铲土。铲运机铲土应尽量利用有利地形进行下坡铲土。这样，可以利用铲运

机的重力来增大牵引力,使铲斗切土加深,缩短装土时间,从而提高生产率。一般地面坡度以5°~7°为宜。如果自然条件不允许,可在施工中逐步创造一个下坡铲土的地形。

② 跨铲法。就是预留土埂,间隔铲土方法。这样,可使铲运机在挖两边土槽时减少向外撒土量,挖土埂时增加了两个自由面,阻力减小,铲土容易。土埂高度应不大于300 mm,宽度以不大于拖拉机两履带间净距为宜。

③ 助铲法。在地势平坦、土质较坚硬时,可采用推土机助铲,以缩短铲土时间。此法的关键是双机要紧密配合,否则会达不到预期效果。一般每3~4台铲运机配一台推土机助铲。推土机在助铲的空隙时间,可作松土或其他零星的平整工作,为铲运机施工创造条件。铲运机在开挖坚土时,宜在施工前用松土机预先疏松,以减少机械磨损,提高生产效率。拖式松土机的松土深度可达0.3~0.5 m。

当铲运机铲土接近设计标高时,为了正确控制标高,宜沿平整场地区域每隔10 m左右,配合水平仪抄平,先铲出一条标准槽,然后以此为标准,使整个区域平整到设计要求为止。

4.3.2　基坑土方工程施工

1. 基坑(槽)开挖

基坑(槽)开挖机械有正铲挖掘机、反铲挖掘机、拉铲挖掘机和抓铲挖掘机。一般采用反铲挖掘机配合自卸汽车进行施工,当开挖岩石地基时,一般采用爆破方法。

正铲挖掘机挖土特点是"前进向上,强制切土",适用于停机面以上含水量30%以下、一~四类土的大型基坑开挖;抓铲挖掘机挖土特点是"直上直下,自重切土";适用于停机面以下一~二类土的面积小而深度较大的坑开挖;拉铲挖掘机挖土特点是"后退向下,自重切土",适用于停机面以下一~二类土的较大基坑开挖、填筑堤坝、河道清淤挖土。

反铲挖掘机的挖土特点是"后退向下,强制切土"。适用于停机面以下一~三类土的基坑、基槽、管沟开挖。单斗挖土机工作示意图如图4-20所示。

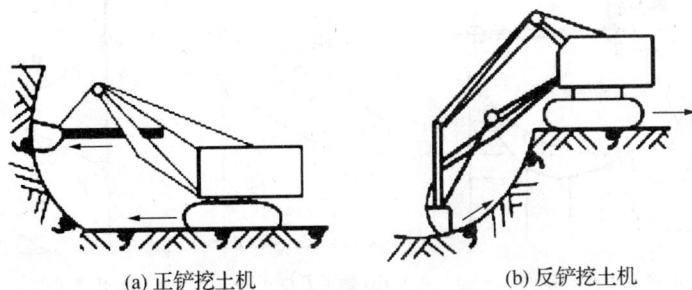

(a) 正铲挖土机　　　　　　　　(b) 反铲挖土机

图4-20　单斗挖土机工作简图

根据挖掘机的开挖路线与运输汽车的相对位置不同,一般有以下几种:

(1) 沟端开挖法。反铲停于沟端,后退挖土,同时往沟一侧弃土或装汽车运走(图4-21(a))。挖掘宽度可不受机械最大挖掘半径的限制,臂杆回转半径仅45°~90°,同时可挖到最大深度。对较宽的基坑可采用图4-21(b)的方法,其最大一次挖掘宽度为反铲有效挖掘半径的两倍,但汽车须停在机身后面装土,生产效率降低。或采用几次沟端开挖法完成作业。适于一次成沟后退挖土,挖出土方随即运走时采用,或就地取土填筑路基或修筑堤坝等。

(2) 沟侧开挖法。反铲停于沟侧沿沟边开挖,汽车停在机旁装土或往沟一侧卸土(图4-21(c))。本法铲臂回转角度小,能将土弃于距沟边较远的地方,但挖土宽度比挖掘半径小,边坡不好控制,同时机身靠沟边停放,稳定性较差。用于横挖土体和需将土方甩到离沟边较远的距离时使用。

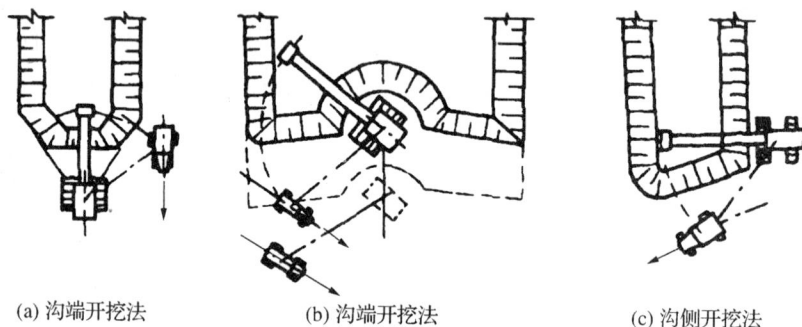

(a) 沟端开挖法 (b) 沟端开挖法 (c) 沟侧开挖法

图 4-21 反铲沟端及沟侧开挖法

(3) 沟角开挖法。反铲位于沟前端的边角上,随着沟槽的掘进,机身沿着沟边往后作"之"字形移动,如图4-22所示。臂杆回转角度平均在45°左右,机身稳定性好,可挖较硬的土体,并能挖出一定的坡度。适于开挖土质较硬,宽度较小的沟槽(坑)。

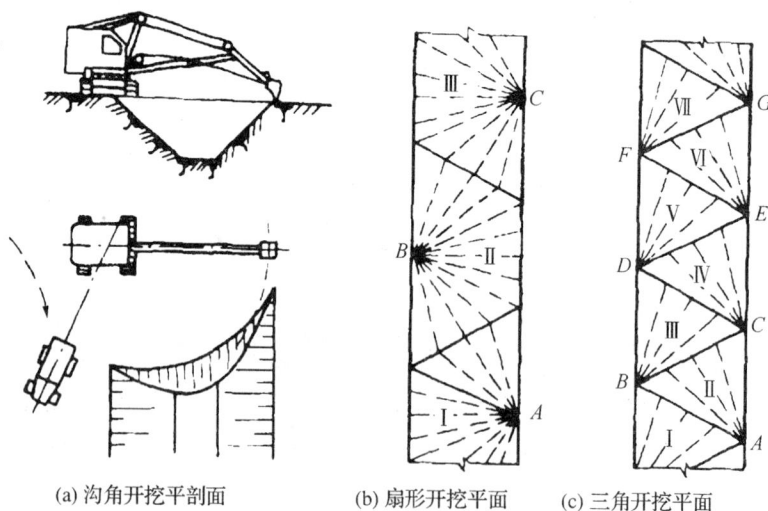

(a) 沟角开挖平剖面 (b) 扇形开挖平面 (c) 三角开挖平面

图 4-22 反铲沟角开挖法

(4) 多层接力开挖法。用两台或多台挖土机设在不同作业高度上同时挖土,边挖土,边将土传递到上层,由地表挖土机连挖土带装土,如图4-23所示;上部可用大型反铲,中、下层用大型或小型反铲,进行挖土和装土,均衡连续作业。一般两层挖土可挖深10 m,三层可挖深15 m左右。本法开挖较深基坑,一次开挖到设计标高,一次完成,可避免汽车在坑下装运作业,提高生产效率,且不必设专用垫道。适于开挖土质较好、深10 m

以上的大型基坑、沟槽和渠道。

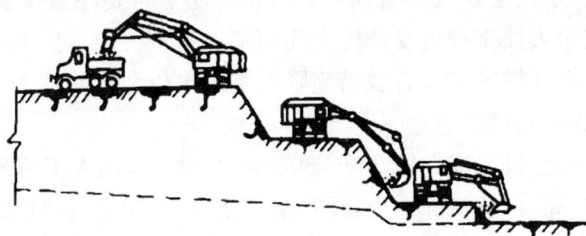

图 4 - 23　反铲多层接力开挖法

基坑(槽)开挖的一般要求:

(1) 土方开挖的顺序、方法必须与设计工况一致,并遵循"开槽支撑、先撑后挖,分层开挖,严禁超挖"的原则。

(2) 基坑(槽)开挖,应先进行定位放线,定出开挖宽度,按放线分段分层开挖,根据土质和水文情况采取直立或放坡开挖,以保证施工操作安全。

(3) 基坑开挖应尽量防止对地基土的扰动,当用人工挖土,基坑挖好后不能立即进行下道工序时,应预留 15~30 cm 一层土不挖,待下道工序开始再挖至设计标高。采用机械开挖基坑时,为避免破坏基底土,应在基底标高以上预留一层由人工挖掘修整,一般预留20~30 cm。

(4) 在地下水位以下挖土,应将水位降至坑底以下 500 mm,以利挖方施工。降水工作应持续到基础施工完成。

(5) 雨期施工时,基坑(槽)应分段开挖,挖好一段浇筑一段垫层,并应采取措施,防止地面雨水流入基坑(槽)。同时应经常检查边坡和支撑情况,防止坑壁受水浸泡造成塌方。

(6) 在基坑(槽)边缘上侧堆土或堆放材料以及移动施工机械时,应与基坑边缘保持1.5 m 以上距离,以保证坑边直立壁或边坡的稳定。当土质良好时,堆土或材料应距挖方边缘 0.8 m 以外,高度不宜超过 1.5 m。

(7) 基坑开挖时,应对平面控制桩、水准点、基坑平面位置、标高、边坡坡度等经常复测检查。

(8) 基坑(槽)土方施工中应对支护结构、周围环境进行观察和监测,如出现异常情况及时处理,待恢复正常后方可进行继续施工。

(9) 基坑挖完后应进行验槽,作好记录,如发现地基土质与地质勘探报告、设计要求不符时,应与有关人员研究及时处理。

2. **基坑土方开挖常用施工方法**

目前现场一般采用机械开挖人工清底方式进行。基坑土方开挖常用施工方法有放坡挖土、中心岛式挖土、盆式挖土和逐层挖土。

(1) 放坡挖土。

放坡开挖是最经济的挖土方案。当基坑开挖深度不大、周围环境又允许时,一般优先采用放坡开挖。

开挖深度较大的基坑,当采用放坡挖土时,宜设置多级平台分层开挖。

在地下水位较高的软土地区,应在降水达到要求后再进行土方开挖,宜采用分层开挖的方式进行开挖。分层挖土厚度不宜超过 2.5 m。挖土时要注意保护工程桩,防止碰撞或因挖土过快、高差过大使工程桩受侧压力而倾斜。

如有地下水,放坡开挖应采取有效措施降低坑内水位和排除地表水,严防地表水或坑内排出的水倒流回渗入基坑。

基坑采用机械挖土,坑底应保留 200～300 mm 厚基土,用人工清理整平,防止坑底土扰动。待挖至设计标高后,应清除浮土,经验槽合格后,及时进行垫层施工。

(2) 中心岛式挖土。

中心岛式挖土,宜用于大型基坑,支护结构的支撑型式为角撑、环梁式或边桁(框)架式,中间具有较大空间情况下。此时可利用中间的土墩作为支点搭设栈桥。挖土机可利用栈桥下到基坑挖土,运土的汽车亦可利用栈桥进入基坑运土。这样可以加快挖土和运土的速度,如图 4-24 所示。

中心岛式挖土,中间土墩的留土高度、边坡的坡度、挖土层次与高差都要经过仔细研究确定。由于在雨季遇有大雨土墩边坡易滑坡,必要时对边坡尚需加固。

挖土亦分层开挖,多数是先全面挖去第一层,然后中间部分留置土墩,周围部分分层开挖。开挖多用反铲挖土机,如基坑深度大则用向上逐级传递方式进行装车外运。

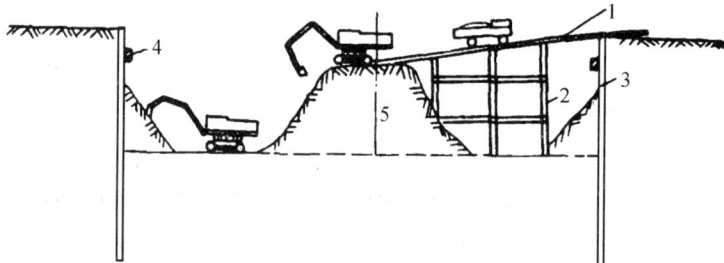

1-栈桥 2-支架(尽可能利用工程桩) 3-围护墙 4-腰梁 5-土墩

图 4-24 中心岛(墩)式挖土示意图

整个的土方开挖顺序,必须与支护结构的设计工况严格一致。要遵循开槽支撑、先撑后挖、分层开挖、严禁超挖的原则。

挖土时,除支护结构设计允许外,挖土机和运土车辆不得直接在支撑上行走和操作。

为减少时间效应的影响,挖土时应尽量缩短围护墙无支撑的暴露时间。一般对一、二级基坑,每一工况挖至规定标高后,钢支撑的安装周期不宜超过一昼夜,混凝土支撑的完成时间不宜超过两昼夜。

对面积较大的基坑,为减少空间效应的影响,基坑土方宜分层、分块、对称、限时进行开挖,土方开挖顺序要为尽可能早的安装支撑创造条件。

土方挖至设计标高后,对有钻孔灌筑桩的工程,宜边破桩头边浇筑垫层,尽可能早一些浇筑垫层(必要时可加厚作配筋垫层)对围护墙起支撑作用,以减少围护墙的变形。

挖土机挖土时严禁碰撞工程桩、支撑、立柱和降水的井点管。分层挖土时,层高不宜过大,以免土方侧压力过大使工程桩变形倾斜,在软土地区尤为重要。

同一基坑内当深浅不同时,土方开挖宜先从浅基坑处开始,如条件允许可待浅基坑处底板浇筑后,再挖基坑较深处的土方。

(3) 盆式挖土法。

盆式挖土是先开挖基坑中间部分的土,周围四边留土坡,土坡最后挖除。这种挖土方式的优点是周边的土坡对围护墙有支撑作用,有利于减少围护墙的变形。其缺点是大量的土方不能直接外运,需集中提升后装车外运。如图 4-25 所示。

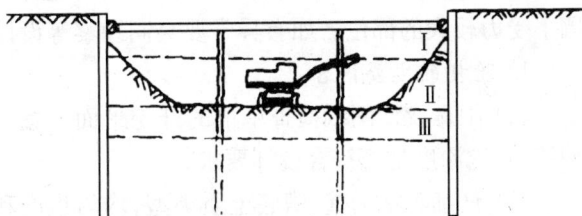

图 4-25 盆式挖土

盆式挖土周边留置的土坡,其宽度、高度和坡度大小均应通过稳定验算确定。如留得过小,对围护墙支撑作用不明显,失去盆式挖土的意义。如坡度太陡边坡不稳定,在挖土过程中可能失稳滑动,不但失去对围护墙的支撑作用,影响施工,而且有损工程桩的质量。盆式挖土需设法提高土方上运的速度,对加速基坑开挖起很大作用。

(4) 逐层挖土法。

开挖深度超过挖土机最大挖掘高度时,宜分层开挖,这种方法有两种做法,一种是一台大型挖掘机挖上层土,用起重机吊运一台小型挖掘机挖下层土,小型挖掘机边挖边装土转运到大型挖掘机的作业范围内,由大型挖掘机将土全部挖走,最后再用起重机械将小型挖掘机吊上来;另一种做法是修筑 10%～15% 的坡道,利用坡道作为挖掘机分层施工的道路。

3. 土方开挖工程质量检验

施工单位土方开挖完成后,应对土方开挖工程质量进行检验,其标准与方法如表 4-7 所示。

表 4-7 土方开挖工程质量检验标准 单位:mm

项目	序	项 目	允许偏差或允许值					检验方法
			柱基、基坑、基槽	挖方场地平整		管沟	地(路)面基层	
				人工	机械			
主控项目	1	标高	−50	±30	±50	−50	−50	水准仪
	2	长度、宽度(由设计中心线向两边量)	+200	+300	+500	+100	—	经纬仪、用钢尺量
			−50	−100	−150			
	3	边坡	设计要求					观察或用坡度尺检查
一般项目	1	表面平整度	20	20	50	20	20	用 2 m 靠尺和楔形塞尺检查
	2	基底土性	设计要求					观察或土样分析

注:地(路)面基层的偏差只适用于直接在挖、填方做地(路)面的基层。

4.3.3 基坑验槽

基坑挖至设计标高并清理后,施工单位在自检合格的基础上应由建设单位组织设计、监理、施工、勘察等部门的项目负责人员共同进行验槽。验槽应重点注意柱基、墙角、承重墙下受力较大的部位。如有异常要会同勘察等设计有关单位处理。

1. 验槽的主要内容

(1) 根据设计图纸检查基槽的开挖平面位置、尺寸、槽底深度、检查是否与设计图纸相符,开挖深度是否符合设计要求;

(2) 仔细观察槽壁、槽底土质类型、均匀程度和有关异常土质是否存在,核对基坑土质及地下水情况是否与地勘报告相符;

(3) 观察基槽中是否有旧建筑基础,古井、古墓、洞穴、地下掩埋物及地下人防工程;

(4) 检查基槽边坡外缘与附近建筑物距离,基坑开挖对建筑物稳定是否有影响;

(5) 检查核实分析钎探资料,对存在异常点进行复核检查。

2. 验槽的方法

验槽方法有表面检查验槽法、钎探法、洛阳铲法、轻型动力触探等。通常主要采用观察法为主,而对于基底以下的土层不可见部位,要辅以钎探配合共同完成。

(1) 表面检查验槽法(观察法)。

表面检查验槽法内容容是:根据槽壁土层分布情况及走向,初步判明全部基底是否已挖至设计所要求的土层;检查槽底是否已挖至原(老)土,是否需继续下挖或进行处理;检查整个槽底土的颜色是否均匀一致;土的坚硬程度是否一样,有否局部过松软或过坚硬的情况;有否局部含水量异常现象,走上去有没有颤动的感觉等。如有异常部位,要会同勘察设计等有关单位进行处理。

(2) 钎探法。

基坑挖好后,用锤把钢钎打入槽底的基土内,根据每打入一定深度的锤击次数,来判断地基土质情况。

钢钎一般用直径 22~25 mm 的钢筋制成,钎尖呈 60°尖锥状,长度 2.1~2.6 m。大锤用重 8~10 kg 铁锤。打锤时,举高离钎顶 50~70 cm,将钢钎垂直打入土中,并记录每打入土层 300 mm 的锤击数。

钎孔布置和钎探深度应根据地基土质的复杂情况和基槽宽度、形状而定。钎探深度以设计为依据,如设计无规定,一般钎点纵横间距 1.5 m 梅花形布置,深度 2.1 m。

钎探时先绘制基坑(槽)平面图,在图上根据要求确定钎探点的平面位置,并依次编号制成钎探平面图。钎探时按钎探平面图标定的钎探点顺序进行,最后整理成钎探记录表。

全部钎探完后,逐层分析研究钎探记录,然后逐点进行比较,将锤击数显著过多或过少的钎孔在钎探平面图上做上记号,然后再在该部位进行重点检查,如有异常情况,要认真进行处理。

(3) 轻型动力触探。

遇到下列情况时,应在坑底普遍进行轻型动力触探(现场也可采用轻型动力触探替代钎探)；持力层明显不均匀，浅部有软弱下卧层；有浅埋的坑穴、古墓、古井等，直接观察难以发现时；勘察报告或设计规定应进行轻型动力触探。

（4）洛阳铲法。

在黄土地区基坑挖好后或大面积基坑挖土前，根据建筑物所在地区的具体情况或设计要求，对基坑底以下的土质、古墓、洞穴用专用洛阳铲进行钎探检查。

4.4　击实(压实)试验及土的压实特性

击实试验是在室内研究土压实性的基本方法。击实试验分重型和轻型两种。他们分别适用于粒径不大于 20 mm 的土和粒径小于 5 mm 的黏性土。击实仪主要包括击实筒、击锤及导筒等。击锤质量分别为 4.5 kg 和 2.5 kg，落高分别为 45.7 mm 和 30.5 mm。试验时，将含水率 ω 一定的土样分层装入击实筒，每铺一层（共 3～5 层）后均用击锤按规定的落距和击数锤击土样，试验达到规定击数后，测定被击实土样含水率和干密度 ρ_d，如此改变含水率重复上述试验（通常为 5 个），并将结果以含水率 ω 为横坐标，干密度 ρ_d 为纵坐标，绘制一条曲线，该曲线即为击实曲线，如图 4-26 所示。

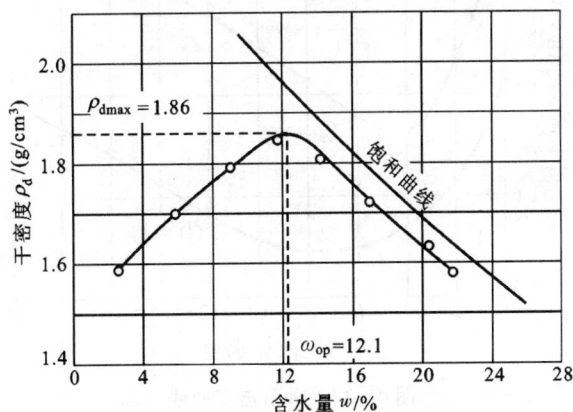

图 4-26　击实曲线

由图可见，击实曲线具有如下特性：

（1）曲线具有峰值。峰值点所对应的纵坐标值为最大干密度 ρ_{dmax}，对应的横坐标值为最优含率水，用 ω_{op} 表示。最优含水率 ω_{op} 是在一定击实（压实）功能下，使土最容易压实，并能达到最大干密度的含水率。ω_{op} 一般大约为 ω_p，工程中常按 $\omega_{op}=\omega_p\pm2$，选择制备土样含水率。

（2）当含水率低于最优含水率时，干密度受含水率变化的影响较大，即含水率变化对干密度的影响在偏干时比偏湿时更加明显。因此，击实曲线的左段（低于最优含水率）比右段的坡度陡。

（3）击实曲线必然位于饱和曲线的左下方，而不可能与饱和曲线有交点。这是因为当土的含水率接近或大于最优含水率时,孔隙中的气体越来越处于与大气不连通的状态,击实作用已不能将其排出土体之外,即击实土不可能被击实到完全饱和状态。

4.4.1 影响压实效果的因素

影响土压实性的因素主要有土的土类及级配、击实功能和含水率,另外土的毛细管压力以及孔隙压力对土的压实性也有一定影响。

1. 土类及级配的影响

在相同击实功能条件下,土颗粒越粗,最大干密度就越大,最优含水率越小,土越容易击实;土中含腐殖质多,最大干密度就小,最优含水率则大,土不易击实;级配良好的土击实后比级配均匀土击实后最大干密度大,而最优含水率要小,即级配良好的土容易击实,如图 4-27 所示。究其原因是在级配均匀的土体内,较粗土粒形成的孔隙很少有细土粒去填充,而级配不均匀的土则相反,有足够的细土粒填充,因而可以获得较高的干密度。

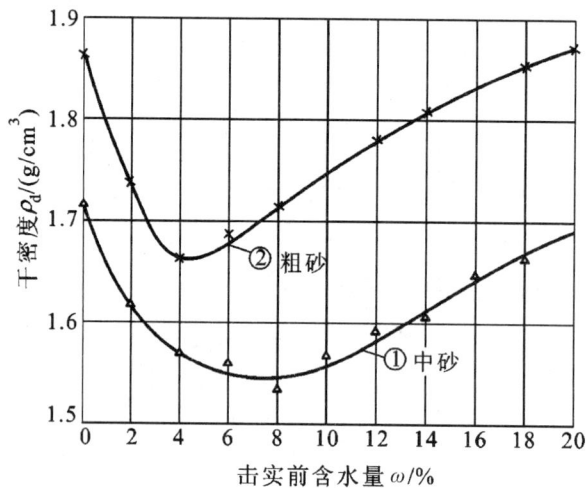

图 4-27 砂石击实曲线

对于砂性土.其干密度与含水率之间关系如图 4-27 所示,由图可见,没有单一峰值点反映在击实曲线上,且干砂和饱和砂土击实时干密度大,容易密实;而湿的砂土,因有毛细压力作用使砂土互相靠紧,阻止颗粒移动,击实效果不好.故最优含水率的概念一般不适用于砂性土等无黏性土。无黏性土的压实标准,常以相对密实度 D_r 控制,一般不进行室内击实试验。

2. 击实功能的影响

图 4-28 表示同一种土样在不同击实功能作用下所得到的击实曲线。由图可见,随着击实功能的增大,击实曲线形态不变,但位置发生了向左上方的移动,即最大干密度 ρ_{dmax} 增大,而最优含水率 ω_{op} 却减小,且击实曲线均靠近于饱和曲线,一般土达 ω_{op} 时饱和度约为 $80\% \sim 85\%$。

图中曲线形态还表明,当土为偏干时,增加击实功能对提高干密度的影响较大,偏湿时则收效不大,故对偏湿的土企图用增大击实功能的办法提高它的密度是不经济的。所以在压实工程中,土偏干时提高击实功能比偏湿时效果好。因此,若需把土压实到工程要求的干密度,必须合理理控制压实时的含水率,选用适合的压实功能,才能获得预期的效果。

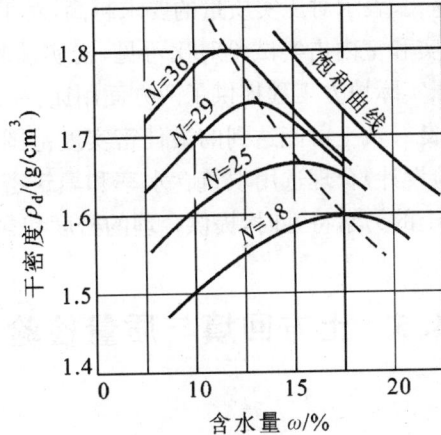

图 4-28　不同击实工能的击实曲线

3. 含水率的影响

含水率的大小对土的击实效果影响极大。在同一击实功能作用下,当土小于最优含水率时,随含水率增大,击实土干密度增大,而当土样大于最优含水率时,随含水率增大,击实土干密度减小。究其原因为:当土很干时,水处于强结合水状态,土样之间摩擦力、黏结力都很大,土粒的相对移动有困难,因而不易被击实。当含水率增加时,水的薄膜变厚,摩擦力和黏结力减小,土粒之间彼此容易移动。故随着含水率增大,土的击实干密度增大,至最优含水率时,干密度达最大值,当含水率超过最优含水率后,水所占据的体积增大,限制了颗粒的进一步接近,含水率愈大,水占据的体积愈大,颗粒能够占据的体积愈小,因而干密度逐渐变小。由此可见,含水率不同,在一定击实功能下,改变着击实效果。

4.4.2　击实特性在现场填土中的应用

以上土的击实待性均是从室内击实试验中得到的。但工程上的填土压实如路堤施工填筑的情况与室内击实试验在条件上是有差别的,现场填筑时的碾压机械和击实试验的自由落锤的工作情况不一样,前者大都是碾压而后者则是冲击。现场填筑中,土在填方中的变形条件与击实试验时土在刚性击实筒中的也不一样,前者可产生一定的侧向变形,后者则完全受侧限。目前还未能从理论上找出二者的普遍规律。但为了把室内击实试验的结果用于设计和施工,必须研究室内击实试验和现场碾压的关系。实践表明,尽管工地试验结果与室内击实试验结果有一定差异,但用室内击实试验来模拟工地压实是可靠的。现场压实施工质量的控制,可采用压实系数 K 来表示:

$$K = \frac{\rho_d'}{\rho_d} \qquad (4-23)$$

式中，ρ_d' 为室内试验得到的最大干密度，g/cm^3；ρ_d 为现场碾压时要求达到的干密度，g/cm^3。

显然 $K \leqslant 1$，且 K 值越大，表示对压实质量的要求越高，对于路基的下层或次要工程，其值可取小些。从现场压实和室内击实试验对比可见，击实试验既是研究土的压实特性的室内基本方法，而又对于实际填方工程提供了两方面用途：一是用来判别在某一击实功作用下土的击实性能是否良好及土可能达到的最佳密实度范围与相应的含水率值，为填方设计（或为现场填筑试验设计）合理选用填筑含水率和填筑密度提供依据；另一方面是为制备试样以研究现场填土的力学特性时，提供合理的密度和含水率。

4.5 土方回填与质量检验

4.5.1 土方填筑压实

1. 回填土选择与填筑方法

（1）填土土料选择。

填土土料应符合以下要求：选择含水量符合压实要求的黏性土，可用作各层填料；碎石类土、爆破石渣和砂土（使用细砂、粉砂时应取得设计单位同意），可用作表层以下的填料，分层压实时其最大粒径不宜大于 200 mm，分层夯实时不宜大于 400 mm，不得超过每层铺填厚度的 2/3；碎块草皮和有机质量大于 5%的土，石膏或水溶性硫酸盐含量大于 5%的土，淤泥、耕土、冻土等，均不能用作填方土料。

（2）填筑方法。

填土应分层进行，并尽量采用同类土填筑。如填方中采用不同透水性的土料填筑时，必须将透水性较大的土层置于透水性较小的土层之下。不得将各种土料任意混杂使用。

填方施工应接近水平地分层填筑压实，每层的厚度根据土的种类及选用的压实机械而定。当填方基底位于倾斜地面（如山坡）时，应先将斜坡挖成阶梯状，阶宽不小于 1 m，然后分层填筑，以防填土横向移动。应分层检查填土压实质量，符合设计要求后，才能填筑上层。

4.5.2 填土的压实

填土压实方法有：碾压法、夯实法及振动压实法。

（1）碾压法。

碾压法是利用机械滚轮的压力压实土壤，使之达到所需的密实度。碾压机械有平碾及羊足碾等。平碾（光碾压路机）是一种以内燃机为动力的自行式压路机，重量为 6 ～ 15 t。羊足碾单位面积的压力比较大，土壤压实的效果好。羊足碾一般用于碾压黏性土，不适于砂性土,因在砂土中碾压时,土的颗粒受到羊足较大的单位压力后会向四面移动而使土的结构破坏。

松土碾压宜先用轻碾压实,再用重碾压实。碾压机械压实填方时,行驶速度不宜过快,一般平碾不应超过 2 km/h;羊足碾不应超过 3 km/h。

(2)夯实法。

夯实法是利用夯锤自由下落的冲击力来夯实土壤,土体孔隙被压缩,土粒排列得更加紧密。人工夯实所用的工具有木夯、石夯等;机械夯实常用的有内燃夯土机和蛙式打夯机和夯锤等。夯锤是借助起重机悬挂一重锤,提升到一定高度,自由下落,重复夯击基土表面。夯锤锤重 1.5～3 t,落距 2.5～4 m。还有一种强夯法是在重锤夯实法的基础上发展起来的,其锤重 8～30 t,落距 6～25 m,其强大的冲击能可使地基深层得到加固。强夯法适用于黏性土、湿陷性黄土、碎石类填土地基的深层加固。

(3)振动压实法。

振动压实法是将振动压实机放在土层表面,在压实机振动作用下,土颗粒发生相对位移而达到紧密状态。振动碾是一种震动和碾压同时作用的高效能压实机械,比一般平碾提高功效 1～2 倍,可节省动力 30%。用这种方法振实填料为爆破石渣、碎石类土、杂填土和轻亚黏土等非黏性土效果较好。

4.5.3 填土质量控制与检验

(1)土方回填前应清楚基底的垃圾树根等杂物,抽出坑穴积水、淤泥,验收基底标高。如在耕植土或松土上填方,应在基底压实后再进行。对填方涂料应按设计要求验收后方可填入。

(2)填土施工过程中应检查排水措施,每层填筑厚度、含水量控制和压实程度。填土厚度及压实遍数应根据压实系数及所用机械确定,如无试验依据应符合表 4-8 规定。

表 4-8　每层土的铺土厚度和压实遍数

压实机具	每层铺土厚度/mm	每层压实遍数	压实机具	每层铺土厚度/mm	每层压实遍数
平碾	250～300	6～8	振动压实机	250～350	3～4
柴油打夯机	200～250	3～4	人工打夯	<200	3～4

(3)在填土施工中,应分层取样检验土的干密度和含水量。一般采用环刀法(或灌砂法)取样测定土的干密度,求出土的密实度,或用小轻便触探仪直接通过锤击数来检验干密度和密实度,符合设计要求后,才能填筑上层。

(4)对大基坑每 50～100 m² 不少于 1 个检验点;对基槽每 10～20 m 不少于 1 个检验点,每个独立柱基不少于 1 个检验点。取样部位在每层压实后的下半部。用灌砂法取样应为每层压实后的全部深度。根据检验结果求得的压实系数满足设计要求。

(5)填土压实后的干密度应有 90% 以上符合设计要求,其余 10% 的最低值与设计值之差,不得大于 0.08 t/m³,且不应集中。

（6）填方施工结束后应检查标高、边坡坡度、压实程度等，检验标准参见表 4-9 所示。

表 4-9　填土工程质量检验标准　　　　　　　　　　单位：mm

项	序	检查项目	允许偏差或允许值					检查方法
			桩基、基坑、基槽	场地平整		管沟	地（路）面基础层	
				人工	机械			
主控项目	1	标高	−50	±30	±50	−50	−50	水准仪
	2	分层压实系数	设计要求					按规定方法
一般项目	1	回填土料	设计要求					取样检查或直观鉴别
	2	分层厚度及含水量	设计要求					水准仪及抽样检查
	3	表面平整度	20	20	30	20	20	用靠尺或水准仪

复习及思考题

如图 4-29 所示，某建筑场地方格网边长为 20 m×20 m，泄水坡度 $i_x = i_y = 0.3\%$，不考虑土的可松性和边坡的影响，试按填挖平衡的原则计算挖、填土方量。

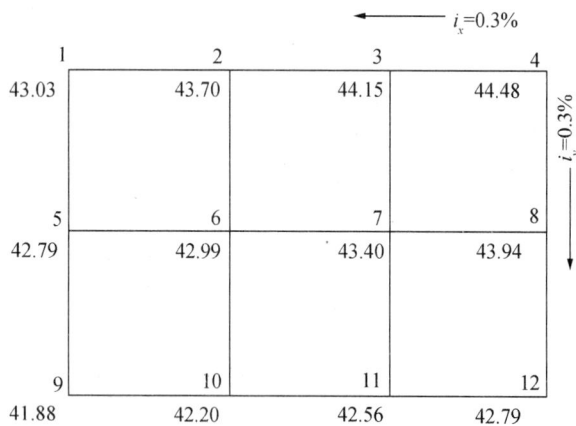

图 4-29　习题图

模块五　基坑工程施工

5.1　概　述

建筑基坑是指为进行建筑物（包括构筑物）基础与地下室的施工所开挖的地面以下空间，开挖后，产生多个临空面，构成基坑围体，而围体的某一侧面称为基坑侧壁；基坑的开挖必然对周边环境造成一定的影响，影响范围内的既有建（构）筑物、道路、地下设施、地下管线、岩土体及地下水体等，统称为基坑周边环境，为保证地下结构施工及基坑周边环境的安全，对基坑侧壁及周边环境采用的支挡、加固与保护措施，这就是基坑支护。

改革开放以前，基础埋深较浅，基坑开挖深度一般在 5 m 以内，一般建筑基坑均可采用放坡开挖或用少量钢板桩支护，随着大量高层建筑的建造及地下空间的开发，同时也为了满足高层建筑抗震和抗风等结构要求，地下室由一层发展到多层，相应的基坑开挖深度也越来越深，如北京中国国家大剧院基坑最深处达 35 m。

当前，中国的深基坑工程在数量、开挖深度、平面尺寸以及使用领域等方面都得到高速的发展，深、大基坑已非常常见，放坡开挖或用少量钢板桩已经难以保证地下结构施工及基坑周边环境的安全，为此，实践中已发展多种支护方式，如：排桩，即以某种桩型按队列式布置组成的基坑支护结构；地下连续墙，即用机械施工方法成槽浇灌钢筋混凝土形成的地下墙体；水泥土墙，即由水泥土桩相互搭接形成的格栅状、壁状等形式的重力式结构；土钉墙，即采用土钉加固的基坑侧壁土体与护面等组成的支护结构等以及上述方式的各类组合支护方式。

5.2 支护结构选型

5.2.1　基坑支护结构的类型及适用条件

基坑支护结构的基本类型及其适用条件如下：

1. 放坡开挖及简易支护

放坡开挖是指选择合理的坡比进行开挖。适用于地基土质较好，开挖深度不大以及施工现场有足够放坡场所的工程。放坡开挖施工简便、费用低，但挖土及回填土方量大。有时为了增加边坡稳定性和减少土方量，常采用简易支护，如图 5-1 所示。

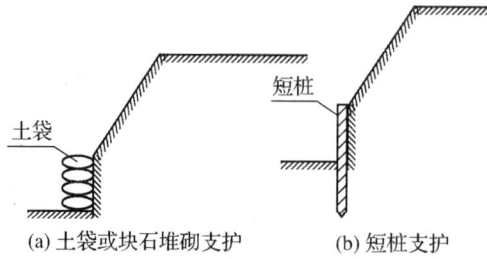

(a) 土袋或块石堆砌支护 (b) 短桩支护

图 5-1　基坑简易支护

2. 悬臂式支护结构

广义上讲,一切设有支撑和锚杆的支护结构均可归属悬臂式支护结构,但这里仅指没有内撑和锚拉的板桩墙、排桩墙和地下连续墙支护结构。悬臂式支护结构依靠其入土深度和抗弯能力来维持坑壁稳定和结构的安全。由于悬臂式支护结构的水平位移是深度的五次方,所以它对开挖深度很敏感,容易产生较大的变形,只适用于土质较好、开挖深度较浅的基坑工程。

3. 水泥土桩墙支护结构

利用水泥作为固化剂,通过特制的深层搅拌机械在地基深部将水泥和土体强制拌和,便可形成具有一定强度和遇水稳定的水泥土桩。水泥土桩与桩或排与排之间可相互咬合紧密排列,也可按网格式排列,如图 5-2 所示。水泥土桩墙适合软土地区的基坑支护。

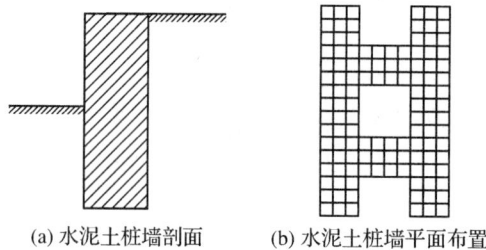

(a) 水泥土桩墙剖面 (b) 水泥土桩墙平面布置

图 5-2　隔栅式水泥土桩墙

4. 内撑式支护结构

内撑式支护结构由支护桩或墙和内支撑组成。支护桩常采用钢筋混凝土桩或钢板桩,支护墙通常采用地下连续墙。内支撑常采用木方、钢筋混凝土或钢管(或型钢)做成。内支撑支护结构适合各种地基土层,但设置的内支撑会占用一定的施工空间。

5. 拉锚式支护结构

拉锚式支护结构由支护桩或墙和锚杆组成。支护桩和墙同样采用钢筋混凝土桩和地下连续墙。锚杆通常有地面拉锚,如图 5-3(a)和土层拉锚如图 5-3(b)两种。地面拉锚需要有足够的场地设置锚桩或其他锚固装置。土层锚杆因需要土层提供较大的锚固力,不宜用于软黏土地层中。

6. 土钉墙支护结构

土钉墙支护结构是由被加固的原位土体、布置较密的土钉和喷射于坡面上的混凝土面板组成,如图 5 - 4 所示。土钉一般是通过钻孔、插筋、注浆来设置的,但也可通过直接打入较粗的钢筋或型钢形成。土钉墙支护结构适合地下水位以上的黏性土、砂土和碎石土等地层,不适合于淤泥或淤泥质土层,支护深度不超过 18 m。

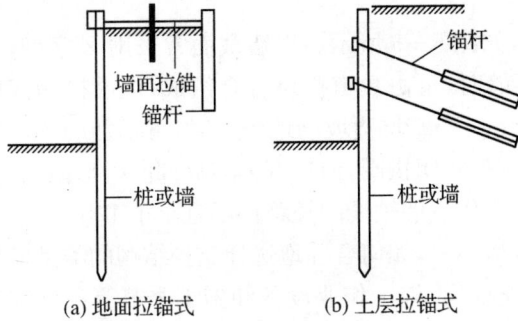

图 5 - 3　拉锚式支护结构示意图

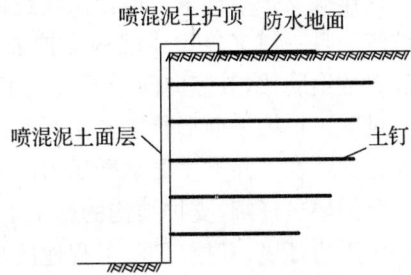

图 5 - 4　土钉墙示意图

7. 排桩、地下连续墙支护结构

若施工场地狭窄、地质条件较差、基坑较深、或对开挖引起的变形控制较严,则可采用排桩或地下连续墙支护结构。

排桩可采用钻孔灌注桩、人工挖孔桩、预制钢筋混凝土板桩和钢板桩等。桩的排列方式通常有柱列式、连续式和组合式。排桩支护结构除受力桩外,有时还包括冠梁、腰梁和桩间护壁构造等构件,必要时还可设置一道或多道支撑或锚杆。排桩支护结构适合于开挖深度在 6～10 m 的基坑。

地下连续墙是采用特制的成槽机械在泥浆护壁下,逐段开挖出沟槽并浇注钢筋混凝土板而形成。地下连续墙能挡土、止水,可作地下结构外墙,具有刚度大、整体性好、振动噪音小、可逆作法施工以及适用各种地质条件等优点,但废泥浆处理不好会影响城市环境,而且造价也较高,因此,适合于开挖深度大于 10 m、对变形控制要求较高的重要工程。

8. 其他支护结构

其他支护结构形式有双排桩支护结构,如图 5 - 5 所示,连拱式支护结构、逆作拱墙,如图 5 - 6 所示;加筋水泥土拱墙支护结构以及各种组合支护结构。双排桩支护结构通常由钢筋混凝土前排桩和后排桩以及盖系梁或板组成,如图 5 - 5 所示。其支护深度比单排悬臂式结构要大,且变形相对较小。

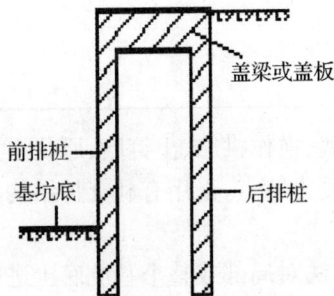

图 5 - 5　双排桩支护结构

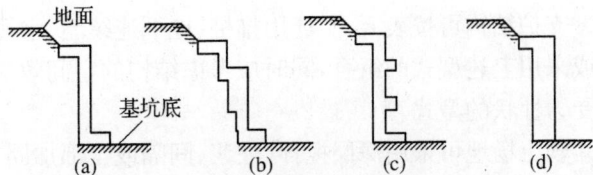

图 5 - 6　逆作拱墙支护结构

连拱式支护结构通常采用钢筋混凝土桩与深层搅拌水泥土拱以及支锚结构组合而成。水泥土抗拉强度很小,抗压强度较大,形成水泥土拱可有效利用材料强度。拱脚采用钢筋混凝土桩,承受由水泥土拱传递来的土压力,如果采用支锚结构承担一定的荷载,则可取得更好的效果。

逆作拱支护结构采用逆作法建造而成,如图 5-6 所示。拱墙截面常采用 Z 字型,当基坑较深且一道 Z 字型拱墙的支护强度不够时,可由数道拱墙叠合组成,但沿拱墙高度应设置数道肋梁,其竖向间距不宜大于 2.5 m。当基坑边坡场地较窄时,可不加肋梁但应加厚拱壁。拱墙平面形状常采用圆形或椭圆形封闭拱圈,但也有采用局部曲线形拱墙的,为保证拱墙在平面上主要承受压力的条件,逆作拱墙轴线的长跨比不宜小于 1/8。

我国幅员辽阔,支护结构的施工工艺各地不一,如何合理地选择支护结构的类型应根据基坑周边环境、开挖深度、工程地质与水文地质、施工作业设备和施工季节等条件综合考虑,并因地制宜地选择,前文介绍的几种支护结构的类型,结合基坑侧壁安全等级、开挖深度及地下水情况的适用条件,如表 5-1 所示。

表 5-1　支护结构选型表

结构型式	适用条件
排桩或地下连续墙	1. 适于基坑侧壁安全等级一、二、三级 2. 悬臂式结构在软土场地中不宜大于 5 m 3. 当地下水位高于基坑底面时,宜采用降水、排桩加截水帷幕或地下连续墙
水泥土墙	1. 基坑侧壁安全等级宜为二、三级 2. 水泥土桩施工范围内地基承载力不宜大于 150 kPa 3. 基坑深度不宜大于 6 m
土钉墙	1. 基坑侧壁安全等级宜为二、三级的非软土场地 2. 基坑深度不宜大于 12 m 3. 当地下水位高于基坑底面时,应采用降水或截水措施
逆作拱墙	1. 基坑侧壁安全等级宜为二、三级 2. 淤泥和淤泥质土场地不宜采用 3. 拱墙轴线的矢跨比不宜小于 1/8 4. 基坑深度不宜大于 12 m,地下水位高于基坑底面时,应采用降水或截水措施
放坡	1. 基坑侧壁安全等级宜为二、三级 2. 施工场地应满足放坡要求 3. 可独立或与上述其他结构结合使用 4. 当地下水位高于坡脚时,应采用降水措施

支护结构可按表 5-1 选用排桩、地下连续墙、水泥土墙、逆作拱墙、土钉墙、原状土放坡或采用上述型式的组合,同时应考虑结构的空间效应和受力特点,采用有利支护结构材料受力性状的型式。

软土场地可采用深层搅拌、注浆、间隔或全部加固等方法对局部或整个基坑底土进行加固,或采用降水措施提高基坑内侧被动抗力。

5.2.2 基坑支护工程设计原则和设计内容

（1）基坑支护工程设计的基本原则是：

① 在满足支护结构本身强度、稳定性和变形要求的同时,确保周围环境的安全；

② 在保证安全可靠的前提下,设计方案应具有较好的技术、经济和环境效应；

③ 为基坑支护工程施工和基础施工提供最大限度的施工方便,并保证施工安全。

（2）基坑工程从规划、设计到施工检测全过程应包含如下内容：

① 基坑内建筑场地勘察和基坑周边环境勘察。基坑内建筑场地勘察可利用构（建）筑物设计提供的勘察报告,必要时进行少量补勘。基坑周边环境勘察须查明：

A. 基坑周边地面建（构）筑物的结构类型、层数、基础类型、埋深、基础荷载大小及上部结构现状；

B. 基坑周边地下建（构）筑物及各种管线等设施的分布和状况；

C. 场地周围和邻近地区地表及地下水分布情况及对基坑开挖的影响程度。

② 支护体系方案技术、经济比较和选型。基坑支护工程应根据工程和环境条件提出几种可行的支护方案,通过比较,选出技术、经济指标最佳的方案。

③ 支护结构的强度、稳定和变形以及基坑内外土体的稳定性验算。基坑支护结构均应进行极限承载力状态的计算,计算内容包括支护结构和构件的受压、受弯、受剪承载力计算和土体稳定性计算。对于重要基坑工程尚应验算支护结构和周围土体的变形。

④ 基坑降水和止水帷幕设计以及支护墙的抗渗设计。包括基坑开挖与地下水变化引起的基坑内外土体的变形验算（如抗渗稳定性验算,坑底突涌稳定性验算等）及其对基础桩邻近建筑物和周边环境的影响评价。

⑤ 基坑开挖施工方案和施工检测设计。

5.3 基坑地下水控制

5.3.1 基坑开挖施工与地下水控制

基坑的开挖施工,无论是采用支护体系的垂直开挖还是放坡大开挖,如果施工地区的地下水位较高,都将涉及地下水对基坑施工的影响这一问题。当开挖施工的开挖面低于地下水位时,土体的含水层被切断,地下水便会从坑外或坑底不断地渗入基坑内,另外在基坑开挖期间由于下雨或其他原因,可能会在基坑内造成滞留水,这会使坑底地基土强度降低,压缩性增大。这样一来,从基坑开挖施工的安全角度出发,对于采用支护体系的垂直开挖,坑内被动区土体由于含水量增加导致强度、刚度降低,对控制支护体系的稳定性、强度和变形都是十分不利的；对于放坡开挖来讲,亦增加了边坡失稳和产生流沙的可能性。从施工角度出发,在地下水位以下进行开挖,坑内滞留水一方面增加了土方开挖施工的难度,另一方面亦使地下结构的施工难以顺利进行。而且在水的浸泡下,地基土的强度大为降低,亦影响到了其承载力。因此,为保证深基坑工程开挖施工的顺利进行,同时保证地下主体结构施工的正常进行以及地基土的强度不遭受损失,一方面在地下水位较高的地区,当开挖面低于地下水位时,需采取降低地下水位的措施;另一方面基坑开挖期间坑内需采取排水措施以排除坑内滞留水,使基坑处于干燥的状态,以利施工。

中国井点降水深度最大已达 148 m,井点降水在基础工程与地下工程施工中的作用日益得到重视与发展。为了充分地发挥井点降水的作用,必须很好地研究降水地区的水文地质条件,熟悉各种降水技术的原理方法,结合工程特点,采用合理的降水方案和施工工艺,进行严格的科学管理,以达到降水的理想效果。

从已收集到的资料来看,国外的降水技术应用比我国起步早。1896 年在建造德国柏林地下铁道时,首次采用深井降水;1907 年尼罗河上建埃斯纳(Esna)堰时,曾采用了底部开口的有套管的深井抽水;1953 年在日本名古屋新建的铁道大厦工程采用了井点降水系统施工,而后,又用降水方法提高地基土承载力,并结合砂井加固地基。

从古老的"打井取水",逐步发展到现在多种降水技术,我们可以清晰地看到,降水技术的发展是随着人类工程建设的发展而发展的。毫无疑问,我国的降水技术会随着国家经济建设的发展而不断提高,将来必定会出现新的降水方法及高效率的抽水装置,其前景是非常广阔的。

在基坑开挖施工中采取降低地下水位的措施时,其作用为:

(1) 防止基坑坡面和基底的渗水,保持坑底干燥,便利施工。

(2) 增加边坡和坡底的稳定性,防止边坡上或基底的土层颗粒流失。这是因为基坑开挖至地下水位以下时,周围地下水会向坑内渗流,从而产生渗流力,对边坡和基底稳定产生不利影响,此时采用井点降水的方法可以把基坑周围的地下水降到开挖面以下,不仅保持坑底干燥、便利施工,而且消除了渗流力的影响,防止流沙产生,增加了转轮密码坡和基底的稳定性。

(3) 减少土体含水量,有效提高土体物理力学性能指标。对于放坡开挖而言可提高边坡稳定度;对于支护开挖可增加被动区土抗力,减少主动区土体侧压力,从而提高支护体系的稳定度和强度保证,减少支护体系的变形。

(4) 提高土体固结程度,增加地基抗剪强度。降低地下水位,减少土体含水量从而提高土体固结程度,减少土中孔隙水压力,增加土有效应力,相应的土体抗剪强度也可得到增加,因而降低地下水位亦是一种有效的地基加固方法。

(5) 防止基坑的隆起和破坏。

5.3.2　基坑地下水控制方法

基坑工程控制地下水位的方法有:降低地下水位和隔离地下水两类。降低地下水位方法有:重力式降水和强制式降水。重力式降水即排水沟及集水井排水,强制式降水的方法即井点降水。在选择基坑工程控制地下水位的方法时,应根据工程的实际情况,并考虑以下因素:

(1) 地下水位的标高及基底标高,一般要求地下水位应降到基底标高以下 0.5~1.5 m。

(2) 土层性质,包括土的种类和渗透系数。

(3) 基坑开挖施工的形式,是放坡开挖还是支护开挖。

（4）开挖面积的大小。

（5）周围环境的情况，在降水影响范围内有无建筑物或地下管线以及它们对基础沉降的敏感程度和重要性等。根据上述情况而采取相应合理的控制地下水位的方法，或重力式降水，或强制式降水。

集水井降水属重力降水，是在开挖基坑时沿坑底周围开挖排水沟，每隔一定距离设集水井，使基坑内挖土时渗出的水经排水沟流向集水井，然后用水泵抽出基坑。集水井降低地下水位的示意图如图5-7和5-8所示。排水沟和集水井的截面尺寸取决于基坑的涌水量。一般来讲，集水井降水施工方便，操作简单，所需设备和费用都较低。但是，当基坑开挖深度较大，地下水的动水压力有可能造成流砂、管涌、基底隆起和边坡失稳时，则宜采用井点降水法。

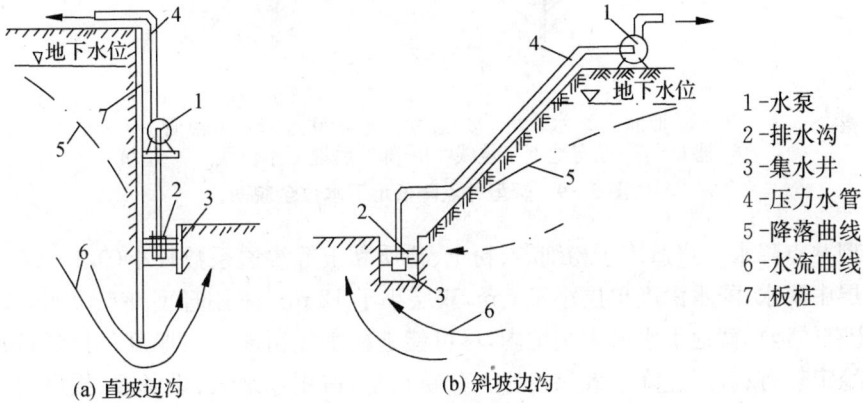

(a) 直坡边沟　　　(b) 斜坡边沟

1-水泵　2-排水沟　3-集水井　4-压力水管　5-降落曲线　6-水流曲线　7-板桩

图5-7　排水沟和集水井排降水

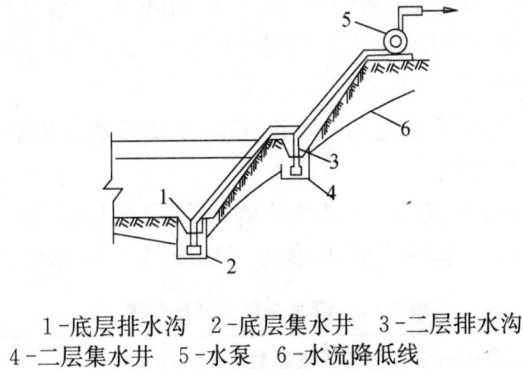

1-底层排水沟　2-底层集水井　3-二层排水沟
4-二层集水井　5-水泵　6-水流降低线

图5-8　分层排水沟排水

轻型井点系统由井点管、连接管、集水总管及抽水设备等组成。轻型井点降低地下水位的示意图如图5-9所示。即沿基坑周围以一定的间距埋入井点管（下端为滤管），在地面上用水平铺设的集水总管将各井点管连接起来，在一定位置设置真空泵和离心泵，开动真空泵和离心泵，地下水在真空吸力的作用下经滤管进入井管，然后经集水总管排出，从而降低了水位。在作业过程中，井点附近的地下水位与真空区外的地下水位之间，存在一个水头差,在该水头差作用下,真空区外的地下水是以重力方式流动的,所以常把轻型井点降水称为真空强制抽水法,更确切地说应是真空重力抽水法。只有在这两个力作用下,基坑地下水才会降低,并形成一定范围的降水漏斗。

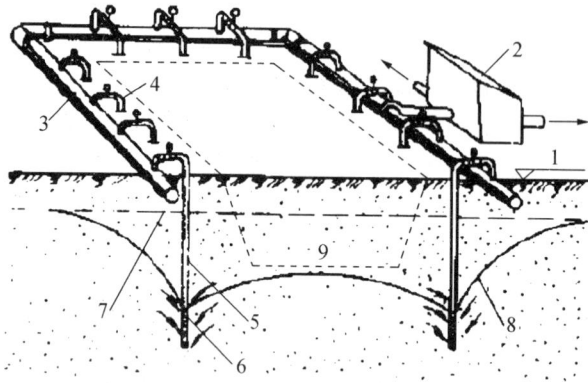

1-地面　2-水泵房　3-总管　4-弯联管　5-井点管
6-滤管　7-原有地下水位线　8-降低后地下水位线　9-基坑

图 5-9　轻型井点降低地下水位全貌图

轻型井点降水一般适用于粉细砂、粉土、粉质黏土等渗透系数较小(0.1～20 m/d)的弱含水层中降水,降水深度单层小于 6 m,双层小于 12 m。采用轻型井点降水,其井点间距小,能有效地拦截地下水流入基坑内,尽可能地减少残留滞水层厚度,对保持边坡和桩间土的稳定较有利,因此降水效果较好。其缺点是:占用场地大、设备多、投资大,特别是对于狭窄建筑场地的深基坑工程,其占地和费用一般使建设单位和施工单位难以接受,在较长时间的降水过程中,对供电、抽水设备的要求高,维护管理复杂等。

井点降水有轻型井点(单级、多级轻型井点)、喷射井点、电渗井点、管井井点和深井井点等。各种井点的适用范围不同,在工程应用时根据土层的渗透系数、要求降水深度和工程特点及周围环境,经过技术、经济比较后确定。

表 5-2 所列为各种降水方法适用的降水深度、土体渗透系数和土的种类,表 5-3 所列为各种土的渗透系数参考值。

对于弱透水地层中的较浅基坑,当基坑环境简单,含水层较薄时,可考虑采用集水沟明排水;在其他情况下宜采用降水井降水、隔水措施或隔水、降水综合措施。

表 5-2　降水类型及适用范围

降水方法	降水深度/m	土体渗透系数/(m/d)	土层种类
集水沟明排水	<5	7<20.0	
单级轻型井点	<6	0.1～20	粉质黏土、砂质粉土、粉砂、细砂、中砂、粗砂、砾砂、砾石、卵石(含砂粒)
多级轻型井点	<20	0.1～20.0	同上
电渗井点	6～7	<0.1	淤泥质土

降水方法	降水深度/m	土体渗透系数/(m/d)	土层种类
喷射井点	<20	0.1~20.0	粉质黏土、砂质粉土、粉砂、细砂、中砂、粗砂
管井井点	>5	1.0~200	粗砂、砾砂、砾石
深井井点	>15	10~80	中砂、粗砂、砾砂、砾石
砂(砾)渗井	根据下伏导水层的性质及埋深确定	>0.1	含薄层粉砂的粉质黏土、粉质粉土、砂质粉土、粉土、粉细砂;水量不大的潜水、深部有导水层
回灌井点	不限	0.1~200	填土、粉土、砂土、碎石土

表 5-3　土体渗透系数参考值

土体种类	渗透系数/(m/d)
黏土	0.001
粉质黏土	0.001~0.05
黏质粉土	0.05~0.1
砂质粉土	0.1~0.5
粉砂	0.5~1.0
细砂	1.0~5.0
中砂	5.0~20.0
粗砂	20.0~50.0
砾石	>50.0

5.3.3　井点降水方案设计及施工

1. 水井的分类

井点降低地下水位是将在拟建工程基坑周围埋设许多一定深度的吸水井点管,在地面安装吸水总管及抽水设备而构成一套抽水系统。然后,开动抽水装置从井点管不断抽吸地下水,使基坑内的地下水逐渐降低一定深度,而基坑内外则形成降水漏斗曲线。该降水方法称为井点降水法。

当采用井点降水系统进行降低地下水位施工时,一般需要选用渗流公式确定井点管的布置,包括长度、间距,以及抽水设备的选用等施工参数进行设计计算。井点系统的计算是以水井理论为依据的。选用渗流公式时,要根据基坑的深度,考虑场地的水文地质条件,即地下水的类型,补给源及井的结构等。水井根据其井底是否达到不透水层分为完整井与非完整井,井底达到不透水层的称为完整井,否则为非完整井,如图 5-10 所示;根据地下水有无压力,水井又有承压井和无压井(潜水井)之分,凡水井布置在两层不透水层之间充满水的含水层内,因地下水具有一定的压力,故称为承压井,若水井布置在潜水层内,地下水无压力,该种井称为潜水井,如图 5-10 所示。各种类型井的涌水量计算方法不同。

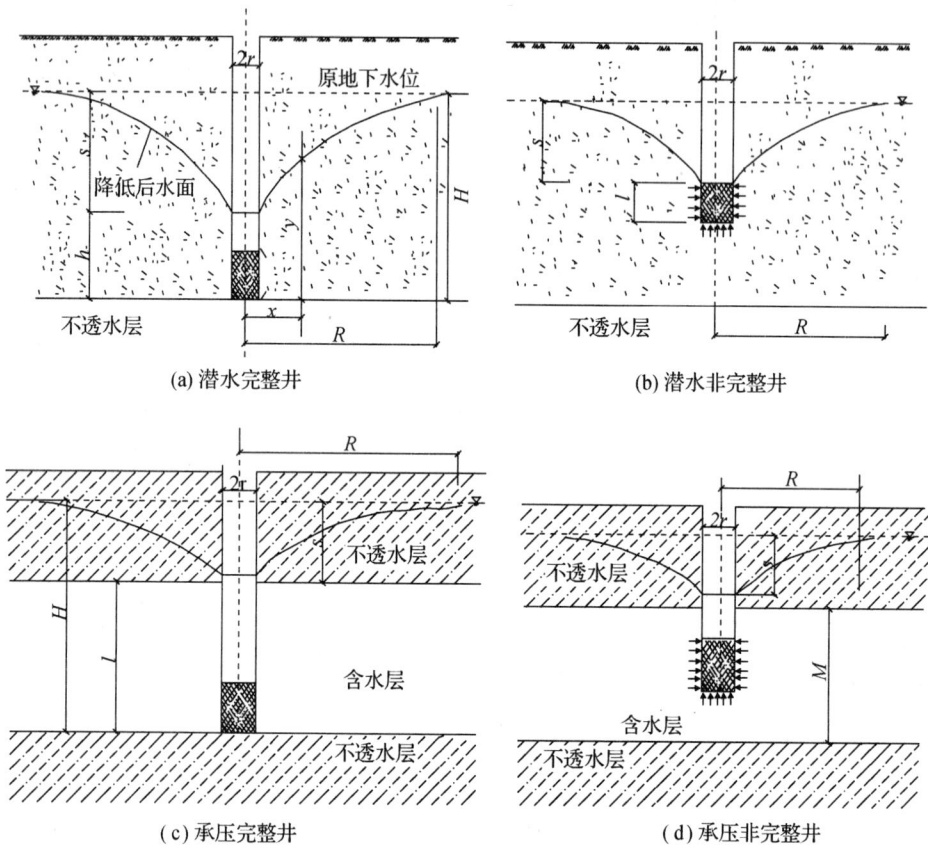

(a) 潜水完整井

(b) 潜水非完整井

(c) 承压完整井

(d) 承压非完整井

图 5-10　水井种类

2. 水井理论的基本假设

井点系统的理论计算,是以法国水力学家裴布依于 1857 年提出的水井理论为基础的,该水井理论的基本假定是:

(1) 抽水井内水头上、下一致;

(2) 在半径为 R 为圆柱面上水力坡度保持一致;

(3) 抽水前地下水是静止的,即天然水力坡度为零;

(4) 对于承压水,其顶板、底板都是隔水的;

(5) 对于潜水,井边水力坡度不大于 1/4,底板是隔水的,含水层是均质水平的。

3. 轻型井点的布置

(1) 平面布置。

轻型井点系统的平面布置,取决于基坑的平面形状与大小、水文地质情况、降低水位的深度等而定。应尽可能将要施工的建筑物基坑面积内各主要部分都包围在井点系统之内。

开挖窄而长的沟槽时,可按线状井点布置。如沟槽宽度不大于 6 m,且降水深度不超过

5 m时,可用单排线状井点布置在地下水流的上游一侧,两端适当加以延伸,延伸宽度以不小于槽宽为宜,如图5-11所示。如开挖宽度大于6 m或土质不良,则可用双排线状井点。

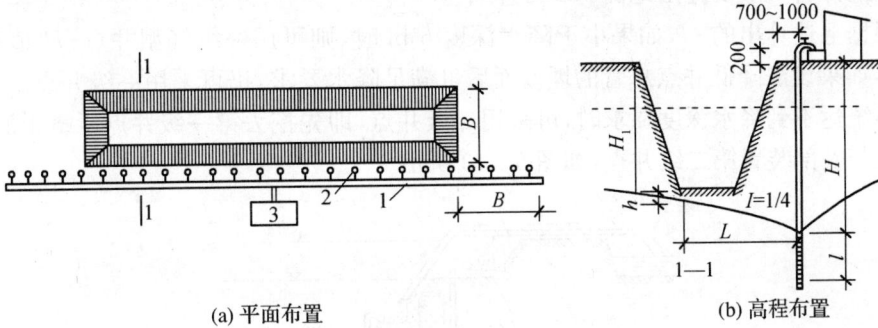

(a) 平面布置　　　　　　　　　　　(b) 高程布置

1-总管　2-井点管　3-抽水设备

图 5-11　单排线状井点的布置图

当基坑面积较大时宜采用环状井点,有时亦可布置成"U"形,以利挖土机和运土车辆出入基坑。如图5-12所示。井点管距离基坑壁一般可取0.7~1 m,以防局部发生漏气。井点管间距一般用0.8~1.6 m,由计算或经验确定。为了充分利用泵的抽水能力,集水总管标高宜尽量接近地下水位线,并沿抽水水流方向留有0.25%~0.5%的土仰坡角。在确定井点管数量时应考虑在基坑四角部分适当加密。

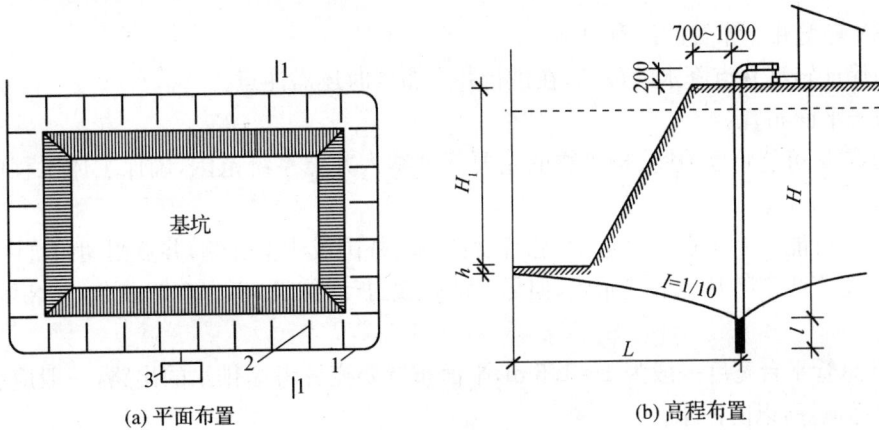

(a) 平面布置　　　　　　　　　　　(b) 高程布置

1-总管　2-井管　3-泵站

图 5-12　环状井点

(2) 剖面布置。

轻型井点的降水深度,在管壁处一般可达6~7 m。井点管需要的埋设深度 H(不包括滤管),可按下式进行计算:

$$H \geqslant H_1 + h + IL \tag{5-1}$$

式中,H 为井点管埋设面至基坑底的距离;h 为降低后的地下水位至基坑中心底的距离,一般不应小于0.5 m;I 为地下水降落坡度,环状井点为1/10,单排井点为1/4~1/5;L 为井点管至群井中心的水平距离。

此处,确定井点管埋设深度时,应注意计算得到的 H 应小于水泵的最大抽吸高度,还要考虑到井管一般要露出地面 0.2 m 左右。

根据上述算出的 H,如果小于降水深度 6 m 时,则可用一级轻型井点;H 值稍大于 6 m 时,如果设法降低井点总管的埋设面后可满足降水要求,仍可采用一级井点。当一级井点系统达不到降水深度要求时,可采用二级井点,即先挖去第一级井点所疏干的土,然后再在其底部装置第二级井点,如图 5-13 所示。

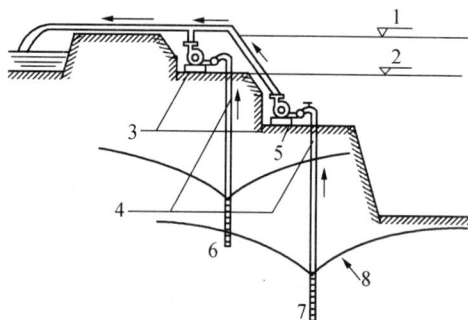

1-原地面线　2-原地下水位线　3-抽水设备　4-井点管
5-总管　6-第一级井点　7-第二级井点　8-降低水位线

图 5-13　二级轻型井点降水

(3) 轻型井点布置的注意事项。

为保证轻型井点降水的成功,在进行井点布置时还需注意:

对于平面布置:

① 应尽可能将建筑物、构筑物的主要部分纳入井点系统范围,确保主体工程的顺利进行;

② 尽可能压缩井点降水范围,总管设在基坑外围或沟槽外侧,井点则朝向坑内;

③ 总管线型随基坑形状布置,但尽可能直线、折线铺设,不应弯弯曲曲,安装困难,易漏气;

④ 总管平台宽度一般为 1～1.5 m,平面布置要充分考虑排水的出路,一般应引向离基坑愈远愈好,以防回水。

对于高程布置:

① 井点系统集水总管的高程,最好是布设在接近地下水位处,或略高于天然地下水位以上 200 mm 左右;

② 井点泵(离心泵)轴心高度应尽可能与集水总管在同一高程上,要防止地面雨水径流,坑四周围堰阻水;

③ 在同一井点系统中,无论为线状、环形布置中的各根井管长度须相同,使各井管下滤管顶部能在同一高程上(最大相差一般不允许大于 100 mm),以防高差过大,影响降水效果;

④ 系统、集水总管都应设置在比较可靠的地点、平台上,一般井点泵装置地点要以垫木或夯实整平。

4. 轻型井点的设计计算

轻型井点的设计计算的目的,是求出在规定的水位降低深度下每天排出的地下水流量,确定井点管数量与间距,选择抽水设备等。

井点计算由于受水文地质和井点设备等许多不易确定因素的影响,要求计算结果很准确十分困难,但如能仔细地分析水文地质资料和选用适当的数据和计算公式,其误差就可控制在一定范围内,能满足工程上的应用要求。

对于多层井点系统、渗透系数很大的或非标准的井点系统,仔细地进行完整计算很有必要。

(1) 基坑涌水量 Q。

根据具体工程的地质条件、地下水分布及基坑周边环境情况,可按下列有关内容选用相应的涌水量计算公式进行轻型井点系统总涌水量的计算。

① 潜水完整井环状井点系统涌水量计算。

群井按大井简化时,均质含水层潜水完整井环形井点系统总涌水量(图 5-14)用下式计算:

$$Q = \pi k \frac{(2H - s_d)s_d}{\ln\left(1 + \dfrac{R}{r_0}\right)} \tag{5-2}$$

式中,Q 为基坑降水总涌水量,m^3/d;k 为土的渗透系数,m/d;H 为潜水含水层厚度,m;s_d 为基坑地下水位的设计降深,m;R 为降水影响半径,m。潜水含水层,$R = 2s_w \sqrt{Hk}$;承压水含水层 $R = 10s_w\sqrt{k}$;s_w 为井水位降深,m;当井水位降深小于 10 m 时,取 10 m;r_0 为基坑等效半径,m,可按 $r_0 = \sqrt{A/\pi}$;A 为环状井点系统所包围的面积,m^2。

② 潜水非完整井环状井点系统涌水量计算。

群井按大井简化时,均质含水层潜水非完整井环形井点系统总涌水量(图 5-15)用下式计算:

$$Q = \pi k \frac{H^2 - h^2}{\ln\left(1 + \dfrac{R}{r_0}\right) + \dfrac{h_m - l}{l}\ln\left(1 + 0.2\dfrac{h_m}{r_0}\right)} \tag{5-3}$$

$$h_m = \frac{H + h}{2} \tag{5-4}$$

式中,h 为降水后基坑内的水位高度,m;l 为滤管长度,m。

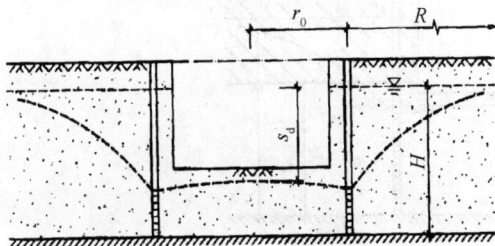

图 5-14 潜水完整井涌水量计算

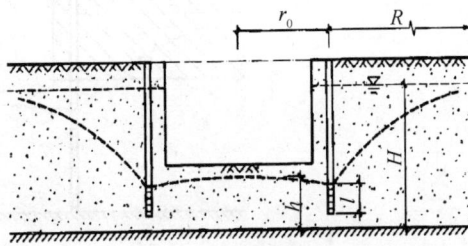

图 5-15 潜水非完整井涌水量计算

③ 承压完整井环状井点系统的涌水量计算。

群井按大井简化时,均质含水层承压完整井环形井点系统总涌水量(图5-16)用下式计算:

$$Q = 2\pi k \frac{Ms_d}{\ln\left(1 + \dfrac{R}{r_0}\right)} \tag{5-5}$$

式中,M 为承压含水层厚度,m。

④ 承压非完整井井点系统的涌水量计算。

群井按大井简化时,均质含水层承压非完整井环形井点系统总涌水量(图5-17)用下式计算:

$$Q = 2\pi k \frac{Ms_d}{\ln\left(1 + \dfrac{R}{r_0}\right) + \dfrac{M-l}{l}\ln\left(1 + 0.2\dfrac{M}{r_0}\right)} \tag{5-6}$$

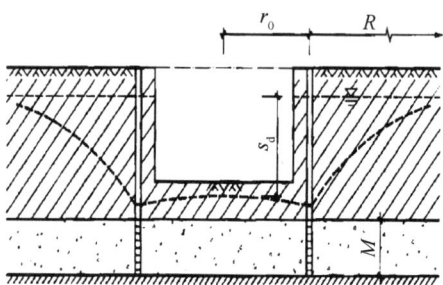

图5-16 承压完整井涌水量计算   图5-17 承压非完整井井点系统的涌水量计算

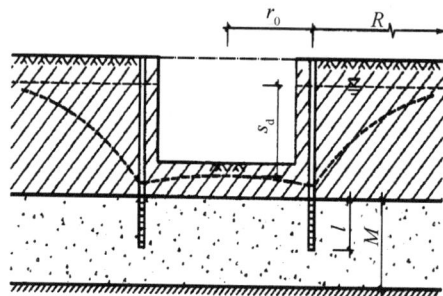

⑤ 群井按大井简化时,均质含水层承压水-潜水完整井环形井点系统总涌水量(图5-18)用下式计算:

$$Q = \pi k \frac{(2H_0 - M)M - h^2}{\ln\left(1 + \dfrac{R}{r_0}\right)} \tag{5-7}$$

式中,H_0 为承压水含水层的初始水头厚度,m。

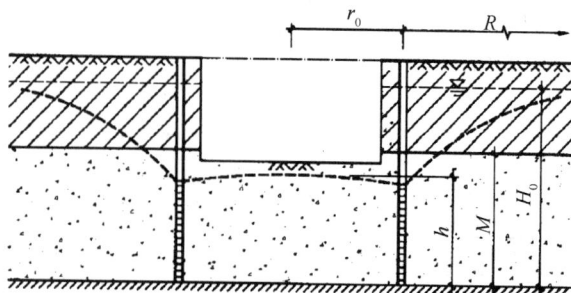

图5-18 承压水-潜水完整井涌水量计算

（2）单根井点管出水量 q。

单根井点管出水量由下式确定：

$$q = 120\pi rl \sqrt[3]{k} \qquad\qquad (5-8)$$

式中，r 为滤管半径，m；l 为滤管长度，m；k 为渗透系数，m/d。

（3）确定井点管数量 n。

井点管最少数量由下式确定：

$$n = 1.1Q/q \qquad\qquad (5-9)$$

式中，Q 为总涌水量，m^3/d；q 为单井出水量，m^3/d；系数 1.1 为考虑堵塞等因素的井点管备用系数。

（4）求井点管间距 D。

$$D = \frac{L}{n} \qquad\qquad (5-10)$$

式中，L 为总管长度，m。

求出的井点管间距应大于 15 倍滤管直径，以防由于井管太密而影响抽水效果，并应尽可能符合总管接头的间距模数（0.8、1.2、1.6 m 等）。

当计算出的井管间距与总管接头间距模数值相差较大（处于两种间距模数中间）时，可在施工时采用"跳隔接管、均匀布置"的方法，即间隔几个接头跳空一个（不接井点管），但井点管仍然均匀布置，如图 5-19 所示。

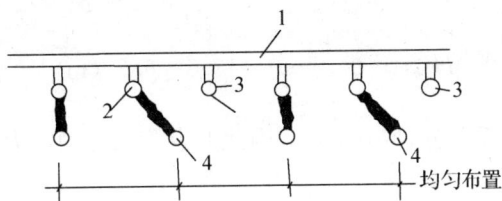

1-总管　2-接头
3-跳空的接头　4-井点管（均匀布置）

图 5-19　总管与井点管布置

（5）复核。

确定井点管及总管的布置后，可进行基坑降水水位的计算，以复核其降深能否满足降水设计要求。

若计算出的降深不能满足降水设计要求，则应重新调整井数及井点布置方式。当井点降水出水能力大于基坑涌水量的一倍以上时，可不进行基坑降水水位计算。

（6）选择抽水设备。

定型的轻型井点设备配有相应的真空泵、水泵和动力机组。真空泵的规格主要根据所需要的总管长度、井点管根数及降水深度而定，水泵的流量主要根据基坑井点系统涌水量而定。在满足真空高度的条件下，从所选水泵性能表上查得的流量应满足一套机组承担的涌水量要求。所需水泵功率可用下式进行计算：

$$N = \frac{kQH_s}{102\eta_1\eta_2} \tag{5-11}$$

式中，N 为水泵所需功率，kw；k 为安全系数，一般取 2.0；Q 为基坑的涌水量，m^3/d；H_s 为包括扬水、吸水及由各种阻力所造成的水头损失在内的总高度，m；η_1 为水泵效率，一般取 $0.4 \sim 0.5$；η_2 为动力机械效率，取 $0.75 \sim 0.85$。

（7）轻型井点降水设计实例。

【例 5-1】 某工程开挖一底面积为 30 m×50 m 的矩形基坑，坑深 4 m，地下水位在自然地面以下 0.5 m 处，土质为含黏土的中砂，不透水层在地面以下 20 m，含水层土的渗透系数 $k=18$ m/d，基坑边坡采用 1：0.5 放坡，要求进行轻型井点系统的设计与布置。

根据上述条件，由于为矩形基坑，因此井点系统宜布置为环状。井点管距坑边距离为 0.5 m，滤管长度取 1.2 m，直径 38 mm，配备抽水设备。另外由于不透水层在地面下 20 m 处，故此轻型井点系统为潜水非完整井群井系统。

（1）井点管长度确定。

由式（5-1）得

$$H \geqslant H_1 + h + IL$$

在本例中，有 $H_1=4$ m，h 取 0.5 m，I 取 1/10，$L=\dfrac{30}{2}+(0.5\times4+0.5)=17.5$，代入上式得：

$$H \geqslant 4+0.5+\frac{1}{10}\times17.5=6.25(\text{m})$$

考虑井点管露出地面部分，取 0.25 m，因此井点管长度确定为 6.5 m。

（2）基坑涌水量计算。

① 基坑的中心处要求降低水位深度 S。

取降水后地下水位位于坑底以下 0.5 m，则有

$$S=4-0.5+0.5=4.0(\text{m})$$

② 含水层厚度 H 及井点管底部至不透水层距离 h。

$$H=20-0.5=19.5(\text{m})$$

$$h=20-6.25=13.75(\text{m})$$

由式（5-4）得 $h_m=\dfrac{H+h}{2}=16.625(\text{m})$

③ 影响半径 R。

由式（5-2）得

$$R=2 \cdot S\sqrt{Hk}=2\times4 \cdot \sqrt{19.5\times18}=149.88(\text{m})$$

④ 基坑等效半径 r_0。

由式(5-2)得

$$r_0 = \sqrt{\frac{A}{\pi}} = 26.1(\text{m})$$

则由式(5-3)得基坑涌水量 Q 为：

$$Q = 1.366k\frac{H^2 - h_m^2}{\lg\left(1 + \dfrac{R}{r_0}\right) + \dfrac{h_m - l}{l}\lg\left(1 + 0.2\dfrac{h_m}{r_0}\right)}$$

$$= 1.366 \times 18\frac{19.5^2 - 16.625_m^2}{\lg\left(1 + \dfrac{149.88}{26.1}\right) + \dfrac{16.625 - 1.2}{1.2}\lg\left(1 + 0.2\dfrac{16.625}{26.1}\right)}$$

$$= 1\,704.5(\text{m}^3/\text{d})$$

(3) 确定单井出水量 q。

由式(5-8)得：

$$q = 120\pi rl\sqrt[3]{k} = 120 \times 3.14 \times \frac{0.038}{2} \times 1.2 \times \sqrt[3]{18} = 22.53(\text{m}^3/\text{d})$$

(4) 求井点管数量。

由式(5-9)得：

$$n = 1.1\frac{Q}{q} = 1.1 \times 1\,704.5/22.53 = 84(\text{根})$$

(5) 求井点间距 D。

由式(5-10)得

$$D = \frac{L}{n} = \frac{2(35 + 55)}{83.24} = 2.16(\text{m})$$

考虑到井点管间距应符合 0.4 m 的模数，四角井管应加密，最后可取井点管间距四周中间部分为 2.0 m，角部适当加密至 1.6 m。如图 5-20 所示。

(6) 选择抽水设备。

根据上述计算结果可选择抽水设备，本例中由于基坑尺寸较大、需选用两套抽水设备，每套带动的总管长度为 90 m。

根据涌水量 $Q = 1\,704.5\ \text{m}^3/\text{d} = 19.73\ \text{L/s}$

取允许吸上真空高度 $H_s = 6.7\ \text{m}$，

则水泵功率计算，由式(5-11)得

$$N = \frac{KQH_s}{102\eta_1\eta_2} = \frac{2 \times 19.73 \times 6.7}{102 \times 0.5 \times 0.7} = 7.4(\text{kW})$$

则选用两台 3B-33 型离心泵，轴功率为 $2 \times 7.5\ \text{kW} = 15\ \text{kW} > 7.4\ \text{kW}$（可以），其流量为 $2 \times 40 = 80\ \text{m}^3/\text{h} = 1\,920\ \text{m}^3/\text{d} > 1\,704.5\ \text{m}^3/\text{d}$（可以）。

通过设计计算,可得轻型井点系统的高程布置和平面布置以及抽水设备布置如图 5-20所示。

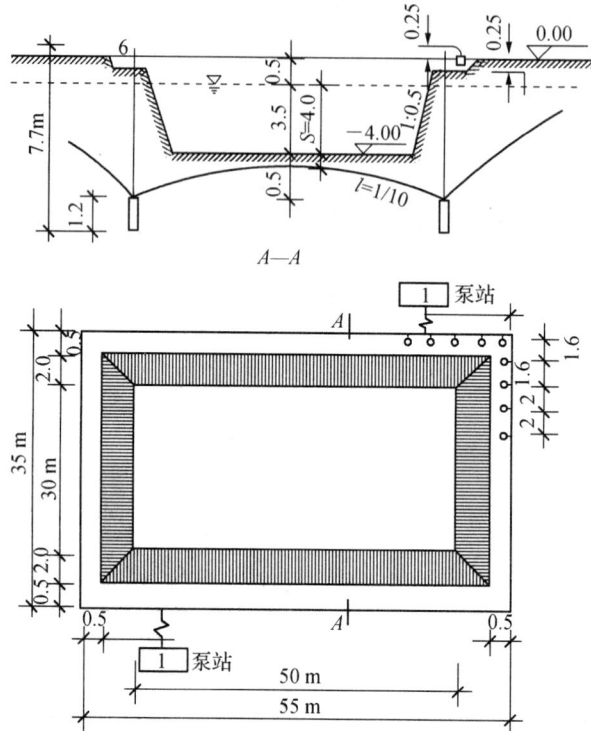

图 5-20 环形井点平面与剖面

5. 轻型井点构件

(1) 井点管。

井管长度一般为 5~7 m,用 $\phi38\sim\phi55$ 的钢管。井点管的下端装有滤管,其构造如图 5-21 所示。滤管直径常与井点管直径相同,长度为 1.0~1.7 m,管壁上钻有 $\phi12\sim\phi18$ 的星棋状排列滤孔。管壁外包两层滤网,内层为细滤网,采用 30~50 孔/cm 的黄铜丝布或生丝布,外层为粗滤网,采用 8~10 孔/cm 的铁丝布或尼龙丝布。常用的滤网类型有方织网、斜织网和平织网。一般在细砂中适宜采用平织网,中砂中宜采用斜织网,粗砂、砾石中则用方织网。为避免滤孔淤塞,在管壁与滤网间用铁丝绕成螺旋形隔开,滤网外面再围一层 8 号粗铁丝保护网。滤管下端放一个锥形铸铁头以利井管插埋。井点管的上端用弯管接头与总管相连。

(2) 集水总管。

集水总管一般为直径 75~100 mm 的钢管,每根长 4 m 左右,互相用法兰连接,在管壁每隔 1~2 m 设一个与井点管连接的短接头。

(3) 连接管。

连接管一般为螺纹胶管或塑料管,直径 38~55 mm,长 1.2~2.0 m,用来连接井点管和集水总管。

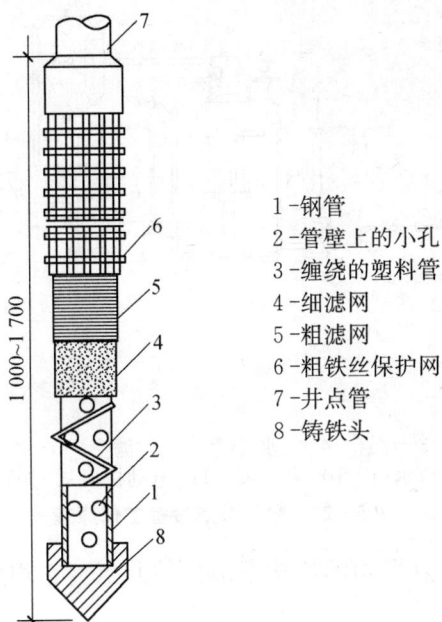

1-钢管
2-管壁上的小孔
3-缠绕的塑料管
4-细滤网
5-粗滤网
6-粗铁丝保护网
7-井点管
8-铸铁头

图 5-21 滤管构造

（4）抽水设备。

根据水泵和动力设备的不同，轻型井点分为干式真空泵井点、射流泵井点和隔膜泵井点三种。这三者用的设备不同，其所配用功率和能负担的总管长度亦不同，如表 5-4 所列。

表 5-4 各种轻型井点的配用功率和井点根数与总管长度

轻型井点类别	配用功率/kw	井点根数/根	总管长度/m
真空泵井点	18.5~22	80~100	96~120
射流泵井点	7.5	30~50	40~60
隔膜泵井点	3	50	60

干式真空泵井点的抽水设备由一台干式真空泵、两台离心式水泵（一台备用）和气水分离箱组成，如图 5-22 所示。这种井点是应用最早的一种，对不同渗透系数的工具有较大的适应性，排水和排气能力大。一套抽水设备的两台离心泵既作为互相备用，又可在地下水量大时一起开泵排水。真空泵和离心泵根据土的渗透系数和涌水量选用。

射流泵井点，由喷射扬水器、离心泵和循环水箱组成。射流泵能产生较高真空度，但排气量小。稍有漏气则真空度易下降，因此它带动的井点管根数较少。但它耗电少、重量轻、体积小、机动灵活。它的喷嘴易磨损，直径变大则效率降低。使用时保持水质清洁极为重要。射流泵井点的原理如图 5-23 所示，采用离心泵驱动工作水运转，当水流通过喷嘴时，由于流速突然增大而在周围产生真空，把地下水吸出，而水箱内的水呈一个大气压的天然状态。

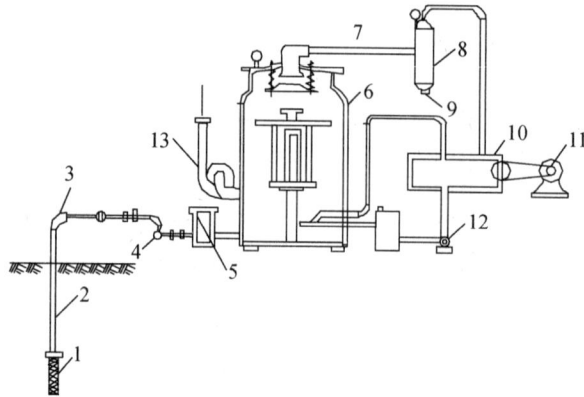

1-滤管　2-井点管　3-弯管　4-集水总管　5-过滤室　6-水气分离器　7-进水管
8-副水气分离器　9-放水口　10-真空泵　11-电动机　12-循环水泵　13-离心水泵

图 5-22　轻型井点设备工作原理

隔膜泵井点是单根井点平均消耗功率最少的井点。它均用双缸隔膜泵,机组构造简单。

隔膜泵的底座应安装得平稳牢固,泵出水口的排水管应平接不得上弯,否则影响泵功能。隔膜泵内皮碗易磨损,要注意安装质量。

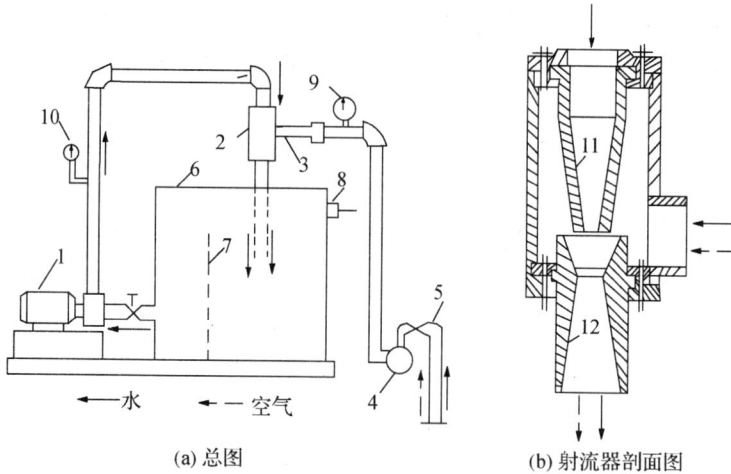

(a) 总图　　　　　　　　　　(b) 射流器剖面图

1-离心泵　2-射流器　3-进水管　4-总管　5-井点管　6-循环水箱
7-隔板　8-泄水口　9-真空表　10-压力表　11-喷嘴　12-喉管

图 5-23　射流泵井点设备工作简图

6. 轻型井点的施工

轻型井点的施工,大致可分为下列几个过程,即准备工作、井点系统的埋设、使用及拆除。

(1) 准备工作。

轻型井点施工的准备工作首先是需要根据工程情况特点和水文地质条件等进行轻型

井点的设计计算,根据计算结果准备好所需的井点设备、动力装置、井点管、滤管、集水总管及必要的材料。另外还需搞好施工现场的准备工作,包括排水沟的开挖、临时施工道路的铺设、泵站处的处理等。对于周围在抽水影响半径范围内需要保护的建筑物及地下管线等建立好标高观测系统,并准备好防止沉降的措施及其实施等。

（2）井点系统的埋设。

埋设井点管的程序是:先排放总管,再沉设井点管,用弯联管将井点管与总管接通、然后安装抽水设备。

① 井管沉设。

A. 水冲法。

井点管的沉设一般用水冲法进行,并分为冲孔与埋管填料两个过程。

冲孔时先用起重设备将 $\phi50\sim\phi70$ mm 的冲管吊起并插在井点的位置上,然后开动高压水泵(一般压力为 0.6～1.2 MPa)。将土冲松,如图 5-24 所示。冲孔时冲管应垂直插入土中,并作上下左右摆动,以加速土体松动,边冲边沉,冲孔直径一般为 300 mm,以保证井管周围有一定厚度的砂滤层。冲孔深度宜比滤管底深 0.5～1.0 m,以防冲管拔出时,部分土颗粒沉淀于孔底而触及滤管底部。

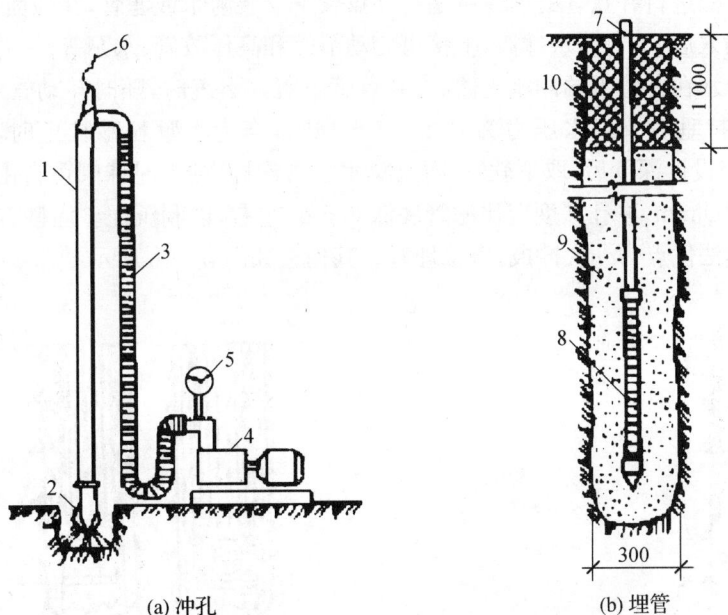

(a) 冲孔　　　　　　(b) 埋管

1-冲管　2-冲嘴　3-胶皮管　4-高压水泵　5-压力表
6-起重机吊钩　7-井点管　8-滤管　9-埋砂　10-黏土封口

图 5-24　水冲法井点管的埋设

在沉设井点时,冲孔是保证质量的重要一环。冲孔时冲水压力不宜过大或过小。另外当冲孔达到设计深度时,须尽快减低水压。

井孔冲成后,应立即拔出冲管,插入井点管,并在井点管与孔壁之间迅速填灌砂滤层,以防孔壁塌土,如图 5-24(b)所示。砂滤层的填灌质量是保证轻型井点顺利插入的关键。一般宜选用干净粗砂,填灌均匀,并填至滤管顶上1~1.5 m,以保证水流通畅。并在填好砂滤料后,须用黏土封好井点管与孔壁上部空隙,以防漏气。

B. 套管法。

为保证在施工时井点周围砂滤层的质量达到设计要求,可采用套管法施工,如图5-25所示。施工时用吊车先将套管就位,然后开泵冲孔,当套管下沉时,逐渐加大高压水泵的压力,并须控制下沉速度。在上海地区,当工作水压为0.8 MPa时,下沉速度控制在0.3~0.8 m/min,遇见黏土层时,套管要缓慢起落冲沉,以加大冲击面。有时,为加速下沉,应将工作水压力提高到1.2~1.5 MPa。当冲孔深度达到设计标高时,需继续冲洗一段时间,视土质情况可以减小工作水压力或维持原来的压力。在井点未放入套管前,先倒入少量砂,其作用为带泥砂沉淀并防止井点插入黏性土中,一般孔深比井点埋设标高深1 m左右,然后再将井点放入套管内,砂分2~3次填完,最后拔出套管。如一次填到设计标高,井点易被挤在套管内,此时则可应用振动器助拔套管,否则在套管提升时会将井点一起带出,井点就会高于设计标高。为使井点处于中间位置,在滤管顶部可利用3根钢筋制成的定位导向器,放入时向外伸张,井点拔出时可收紧。

C. 射水法。

利用射水法进行井点管的埋设就是在井点管下安装射水或滤管,在地面挖小坑,将射水或井点管插入后,下有射水球阀,上接可旋动节管和高压胶管、水泵等。

利用高压水在井管下端冲刷土体,使井点管下沉。下沉时,随时转动管子,以增加下沉速度,并保持垂直。射水压力为0.4~0.6 MPa,当为大颗粒砂粒土时,应为0.9~1.0 MPa,冲至设计深度后,取下软管,再与集水总管连接,抽水时球阀可自行关闭。冲孔直径一般为300 mm,冲孔深度应比滤管底深0.5 m左右,以利沉泥。灌砂方法要求与水冲法相同。本法优点为一次冲成,直接埋管。其构造如图5-26所示。

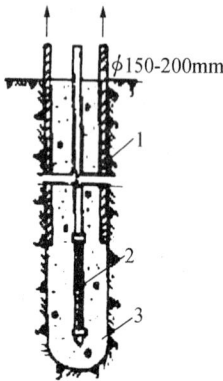

1-套管 2-井点管 3-粗沙砾

图5-25　套管法埋设井点管

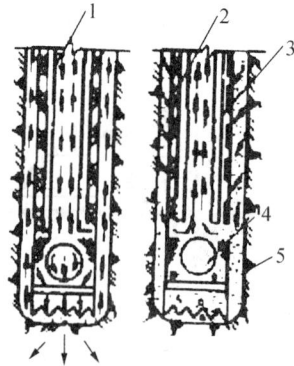

1-滤管 2-有孔套管 3-钢丝网 4-球阀 5-承架

图5-26　射水法埋设井点管

D. 套管水冲法。

采用套管水冲法进行井点管的埋设,如图5-27所示,就是用套管或高压水冲枪冲孔。冲枪由套管、冲孔高压水管、反冲洗高压水管和喷嘴等组成。在冲枪下端沿圆周布置10φ8 mm垂直向下的喷嘴,头部沿圆周切成锯齿形水口,以利套管下沉。为使套管内部土柱迅速脱离,内设两层 $12\phi10$ mm 的向心 $45°$ 角的喷嘴。冲枪工作时。用高压水泵将 $0.8\sim1.0$ MPa 高压水通过高压水管喷嘴射入土中,以 0.6 m/min 的速度冲土下沉,泥浆水不断返向上部流出,至设计标高后,停止冲水,通过反冲管供给 $0.4\sim0.6$ MPa 的高压水,使套管内泥浆稀释,至出清水。然后沉设井点管.在充填过滤砂的同时,将套管或冲枪缓缓拔出,随拔随填入过滤砂,在接近地面的顶端,用黏土将孔口封死,井点埋设即告完成。本法成孔直径($\phi450$ mm)和砂井质量能保证,不会被泥砂堵塞,井点渗水效果好。

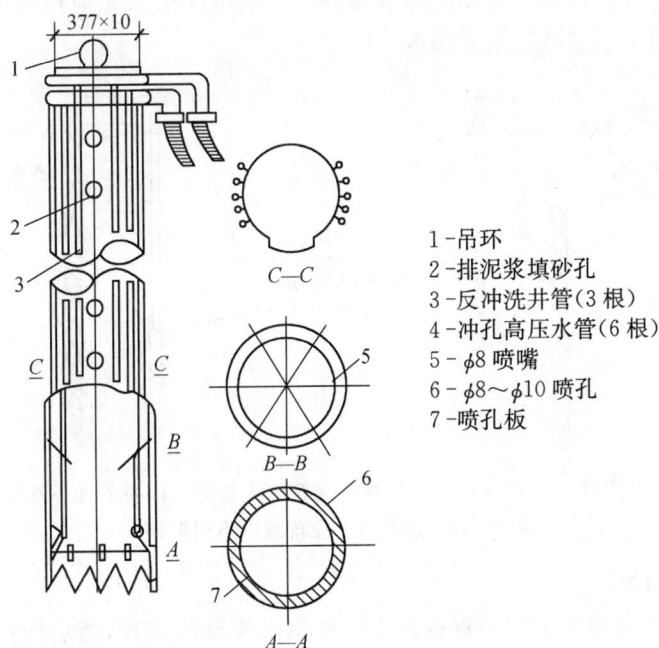

1-吊环
2-排泥浆填砂孔
3-反冲洗井管(3 根)
4-冲孔高压水管(6 根)
5-$\phi8$ 喷嘴
6-$\phi8\sim\phi10$ 喷孔
7-喷孔板

图 5-27 套管水冲法构造图

② 连接与试抽。

用连接管将井点管与集水总管和水泵连接,形成完整系统。井点系统全部安装完毕后,需进行试抽,以检查是否有漏气现象。抽水时,应先开真空泵抽取管路中的空气,使之形成真空,这时地下水和土中的空气在真空吸力作用下被吸入集水箱,空气经真空泵排出,当集水箱存了较多水时,再开动离心泵抽水。开始正式抽水后一般不希望停抽。时抽时止,滤网易堵塞,也易抽出土颗粒,使水混浊,并引起附近建筑物由于土颗粒流失而沉降干裂。正常的排水是细水长流、出水澄清。

5.3.4 防范井点降水不利影响的措施

由于井点降水对引起周围地层的不均匀沉降.但在高水位地区开挖深基坑又离不开降水措施,因此一方面要保证开挖施工的顺利进行,另一方面又要防范对周围环境的不利影响,即采取相应的措施,减少井点降水对周围建筑物及地下管线造成的影响。

可在降水场地外侧设置挡土帷幕,减少降水影响范围。

即在降水场地外侧有条件的情况下设置一圈挡水帷幕,切断降水漏斗曲线的外侧延伸部分,减小降水影响范围,从而把降水对周围的影响减小到最低程度,一般挡水帷幕底标高应高于降落后的水位 2 m 以上,如图 5-28 所示。

常用的挡土帷幕有下列几种:

(1) 深层水泥搅拌桩。

深层水泥搅拌桩采用相互搭接施工方法,由于搅拌桩体的渗透系数不大于 $10^{-4} \mathrm{m/d}$,因而可以形成连续的挡水墙。即可以在坑内降水时布置在板桩、灌注桩等支护墙体后面作为挡土帷幕,又可以直接作为侧向挡水帷幕。当采用深层水泥搅拌桩格栅型坝体作为重力式支护时,还可起到既挡土又挡水的作用。

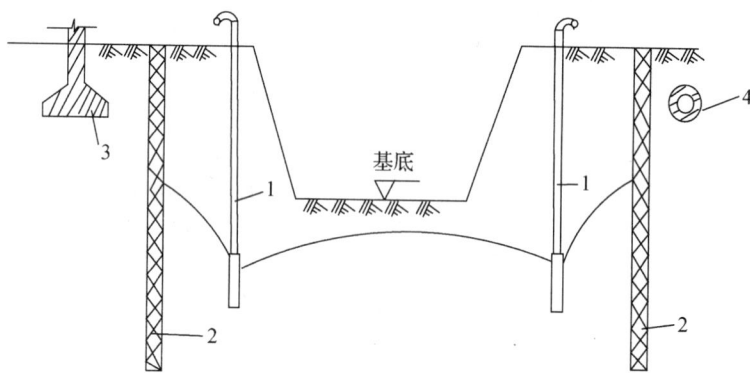

1-井点管　2-挡水帷幕　3-坑外建筑物浅基础　4-坑外地下管线

图 5-28　设置挡土帷幕减少不利影响

(2) 砂浆防渗板桩。

将一排设有注浆管的工字形钢桩打入所需隔水帷幕的位置,然后边拔桩边注入水泥砂浆,形成一圈水泥砂浆隔水帷幕。施工可采用 2~30 号工字钢,工程质量的关键是确保工字形钢桩的垂直度和注浆的密实度。

(3) 树根桩隔水帷幕。

采用桩径 $\phi 200~\phi 300$ mm 的树根桩,不用钢筋笼,在桩孔投入碎石后,再压入纯水泥浆成桩,桩与桩之间互相搭接,一般搭接 50~100 mm,由此形成一道隔水帷幕。施工可采用一般的工程地质钻机,采用跳打的工艺流程,以防穿孔。工程质量的关键是确保桩体有良好的垂直度及桩间搭接,不能有塌孔和缩颈等现象,必要时可在跳打先成桩的施工中采用钢套管成孔,而后边拔套管边注浆。

(4) 直接利用可以挡水的挡土结构作为挡土帷幕,如钢板桩、地下连续墙等。

还可以在降水场地外缘设置回灌水系统,降水对周围环境的不利影响主要是由于漏斗形降水曲线引起周围建筑物和地下管线基础的不均匀沉降造成的,因此,在降水场地外缘设置回灌水系统保持需保护部位的地下水位,可消除所产生的危害。

复习及思考题

1. 基坑开挖原则是什么?
2. 基坑支护最基本的安全控制要点有哪些?
3. 基坑开挖过程中的排水方法包括哪些?
4. 常见的深基坑支护类型有哪几种?
5. 土钉支护每步施工的一般流程是什么?
6. 基坑的土体失稳常表现在哪些方面?
7. 轻型井点的设备包括哪些?
8. 什么是基坑支护结构?
9. 影响边坡稳定的主要因素有哪些?
10. 流砂的形成原因及其防治措施有哪些?
11. 地下连续墙施工的主要工艺过程有哪些?
12. 基坑变形过大,基坑顶部位移较大的应对措施有哪些?
13. 基坑漏水应对措施有哪些?
14. 围护、支撑、周围地表变形,基坑有失稳趋势应对措施有哪些?
15. 基础超挖怎样处理?

模块六　浅基础施工

6.1　浅基础基础知识

浅基础根据结构形式可分为扩展基础、联合基础、柱下条形基础、柱下交叉条形基础、筏形基础、箱形基础和壳体基础。

6.1.1　无筋扩展基础

无筋扩展基础是指由砖、毛石、混凝土或毛石混凝土、灰土和三合土等材料组成的墙下条形基础或柱下独立基础。无筋扩展基础适用于多层民用建筑和轻型厂房。

无筋扩展基础承受荷载后不挠曲,原基底平面沉降后仍保持平面。为方便施工,基础一般做成台阶状剖面。

6.1.2　扩展基础

扩展基础是指柱下钢筋混凝土独立基础和墙下钢筋混凝土条形基础。由于钢筋混凝土的抗弯性能好,它能在较小埋深范围内将基础底面积扩大,在软弱地基上可避免砖石或混凝土等刚性基础因刚性角限制而增大埋深、材料用量和基坑开挖土方量。扩展基础的受力状况表明它仍属板式构件,其底板厚度应满足抗冲切、抗剪及抗弯承载力计算的要求。

(1)扩展基础的构造形式一般有锥形和阶梯形。按柱的施工方法不同分为现浇柱下基础和预制柱下杯口基础,杯口基础又分低杯口基础与高杯口基础,墙下条形基础分为无肋板基础和肋板基础。

(2)现浇柱下基础有锥形和阶梯形基础。基础高度除应满足抗冲切要求外,尚应满足柱子纵向钢筋锚固长度的要求。如基础与柱不同时浇注,基础内预留插筋的数目及直径应与柱内纵向受力钢筋相同。插筋的锚固长度以及它与柱的纵向受力钢筋的搭接长度,应符合《混凝土结构设计规范》(GB 50010—2010)的规定。(当基础高度在900 mm以内时,插筋应伸入基础底部的钢筋网,并在端部做成直弯钩。当基础高度较大时,柱子四角的插筋应伸至基底,其余插筋只需插入锚固长度即可。插筋长度范围内均应设置箍筋。插筋伸出基础以上的长度,应按柱的受力情况及钢筋规格来确定。)

6.1.3　柱下条形基础

柱下条形基础一般用钢筋混凝土建造,可以是单向的,也可以是十字交叉形的。柱下条形基础的受力条件不同于墙下条形基础,所受荷载为集中荷载,地基反力为非线性。因而不论在纵向或横向,都要考虑弯曲应力和剪应力。柱下条基适用于柱跨较小的框架结构,当条基高度达到柱跨的 1/3～1/2 时,基础具有极大的刚度和调整地基变形的能力。目前国内外高层框架结构常采用高度较大的十字交叉条基,以增强整个建筑物的刚度,使各柱间的沉降比较均匀。

6.1.4 筏板基础

筏板基础一般为等厚度的钢筋混凝土平板。当地基软弱,采用十字交叉条基仍不能满足要求或相邻基槽距离很小时;或设计宽敞地下室基础,将基础底板连成整片,用以支承上部结构的墙、柱或设备,即成为筏板基础。柱间不设地梁的称平板式筏板基础,设有地梁的称梁板式筏板基础。

筏板基础对于上部结构较好的建筑,可将上部结构荷载较均匀地分配到地基上,减少地基附加应力,在与上部结构共同工作的条件下,使沉降比较均匀,减少相对沉降。当地层中含有小洞穴或局部软弱层时,可防止局部下沉过大而造成建筑物的损坏。对自动化程度高、各设备间不允许有差异沉降的,厚筏基础可在任何方向满足工艺上连续作业的需要,也便于设备工艺更新时重新布置。

6.1.5 箱形基础

箱形基础是由钢筋混凝土的底板、顶板和纵横交叉的隔墙构成的,是能共同工作的箱形地下结构。其高度一般为 3～5 m,还可做成多层箱基,其地下空间可做商店、库房、设备间、通风隔热(潮)层以及污水处理等。

箱形基础的整体刚度大,调整地基不均匀沉降的能力强;具有一定的埋深,稳定性较好;挖除土方降低了地基附加应力,从而减少了绝对沉降量;还具有较好的抗震性能。因此,适用于地基软弱或不均匀、建筑物荷载很大或上部结构刚度较差、荷载分布不均匀而沉降要求严格等情况,是我国高层建筑常采用的一种主要基础形式。

箱形基础与其他基础相比,由于钢筋混凝土用量多、需开挖深基坑与降水以及对邻近建筑物的影响等,使其造价高、工期长,但如果能充分利用地下空间,仍可取得一定的经济效果。

6.1.6 壳体基础

壳体基础亦称薄壳基础,是独立基础的另一种类型,是圆锥薄壳形的地下结构,有正圆锥壳、M 型组合壳、内球外锥组合壳等。主要用作烟囱、水塔、贮仓等构筑物的基础,正圆锥壳可用于柱的基础。

壳体顶部均设置环梁,承受环向垂直载荷。内外壳的水平推力互相抵消或部分抵消,使环不出现或出现较小的拉力。在环向荷载作用下,外壳环向受拉,径向受压。内壳的环向与径向受压。组合壳的承载能力较正圆锥壳为大,稳定性好。壳体在地基反力作用下主要是承受轴力,混凝土受压而钢筋受拉,充分发挥了材料的作用。据某些工程实践统计,此类基础能比实基础节约 40%～50%的混凝土和 30%的钢材用量。但此类基础制作土胎模、放置钢筋、浇筑凝土等施工工艺复杂,操作技术要求较高。

6.2 独立基础施工

6.2.1 独立基础施工图识读

独立基础分为普通独立基础和杯口独立基础两类。基础底板截面形状有阶形和坡形两种,普通独立基础又分为单柱独立基础、两柱无梁广义独立基础、两柱有梁广义独立基础和多柱双梁广义独立基础四种类型。

独立基础平法施工图,有平面注写与截面注写两种表达方式。独立基础的平面注写方式,分为集中标注和原位标注两部分内容。

1. 平截面注写

(1)普通独立基础和杯口独立基础的集中标注,系在基础平面图上集中引注:基础编号、截面竖向尺寸、配筋三项必注内容,以及基础底面标高(与基础底面基准标高不同时)和必要的文字注解两项选注内容。

①基础编号。基础底板截面形状又分为阶形和坡形,各种独立基础编号如表6-1所示。

表6-1 独立基础编号

类　　型	基础底板截面形状	代号	序号	说明
普通独立基础	阶形	DJ$_J$	xx	1. 单阶截面即为平板独立基础
	坡形	DJ$_P$	xx	
杯形独立基础	阶形	BJ$_J$	xx	2. 坡形截面基础底板可为四坡、三坡、双坡和单坡
	坡形	BJ$_P$	xx	

②基础截面竖向尺寸。标注为 $h_1/h_2/h_3$,表示自下而上的基础截面竖向尺寸如图6-1所示。

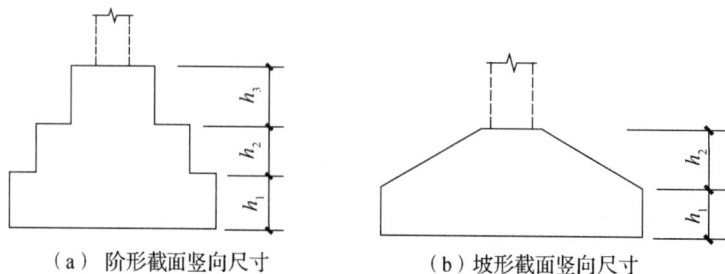

（a）阶形截面竖向尺寸　　　　　（b）坡形截面竖向尺寸

图6-1 独立基础竖向尺寸

【例6-1】 当阶形截面普通独立基础 DJ$_J$1 的竖向尺寸注写为400/300/300时,表示 $h_1=400$、$h_2=300$、$h_3=300$,基础底板总高度为1 000。

③独立基础配筋。独立基础底板配筋以B打头表示,X向配筋以X打头、Y向配筋

以 Y 打头注写;当两向配筋相同时,则以 X&Y 打头注写。

【例 6 - 2】　当独立基础底板配筋标注为:B: XΦ16@150,YΦ16@200;表示基础底板底部配置 HRB400 级钢筋,X 向钢筋直径为 16,间距 150;Y 向钢筋直径为 16,间距 200。如图 6 - 2 所示。

普通独立基础深基础短柱,应注写短柱的竖向尺寸及配筋。当独立基础埋深较大,设置短柱,短柱配筋应注写在独立基础中。

以 DZ 代表普通独立基础深基础短柱;注写短柱纵筋,再注写箍筋,最后注写短柱标高范围。注写为:角筋/长边中部筋/短边中部筋,箍筋,短柱标高范围;当短柱截面为正方形时,注写为:角筋/x 边中部筋/y 边中部筋,箍筋,短柱标高范围。

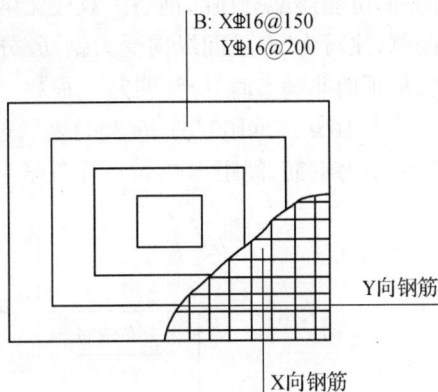

图 6 - 2　独立基础平面注写方法

【例 6 - 3】　图 6 - 3(a)中短柱配筋标注表示独立基础的短柱设置在 $-2.500\sim$ -0.050 高度范围内,配置 HRB400 级竖向纵筋为 4Φ20 角筋、5Φ18 x 边中部筋、5Φ18 y 边中部筋,箍筋为 ϕ10@100。如图 6 - 3 所示。

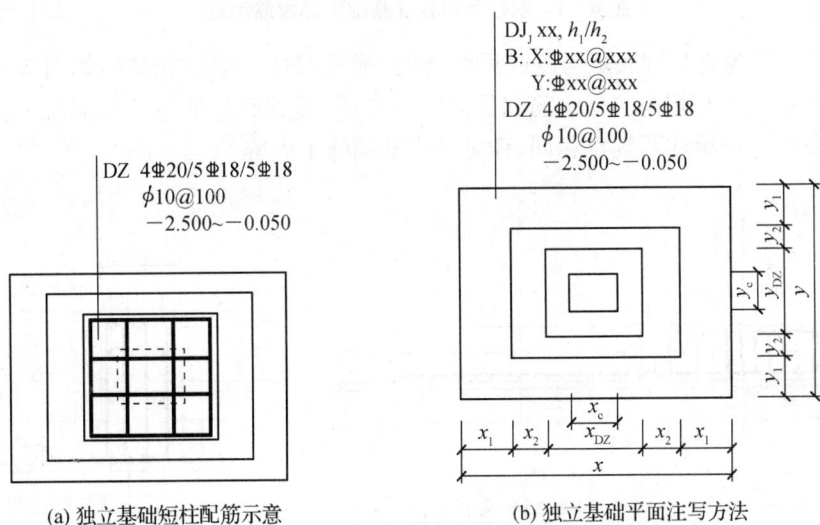

(a) 独立基础短柱配筋示意

(b) 独立基础平面注写方法

图 6 - 3　独立基础平面注写方法

④ 注写独立基础底面标高(选注内容)当独立基础底面标高与基础底面基准标高不同时,应将独立基础底面标高直接注写在(　　)内。

⑤ 必要的文字注解(选注内容)。当独立基础的设计有特殊要求时,宜增加必要的文字注解。

⑥ 原位标注 x、y、x_c、y_c、x_i、y_i,$i=1,2,3\cdots$,如图 6 - 3(b)所示。其中 x、y 为独立基础两向边长,x_c、y_c 为柱截面尺寸,x_i、y_i 为阶宽或坡形平面尺寸。

（2）双柱无梁独立基础平面标注方法与单柱独立基础基本相同，基础配筋除底板配筋外，可能还配有顶部钢筋。双柱无梁独立基础的顶部钢筋，通常对称分布在双柱中心线两侧，注写为"双柱间纵向受力钢筋/分布钢筋"，如图 6-4 所示，当纵向受力钢筋在基础底板顶面非满布时，应注明其总根数。

T:10 ⌀18@100/ϕ10@200：表示独立基础顶部配置 10 根 HRB400 级直径 18 mm 的纵向受力钢筋，间距 100 mm；分布筋为 HPB300 级，直径 10 mm，间距 200 mm。

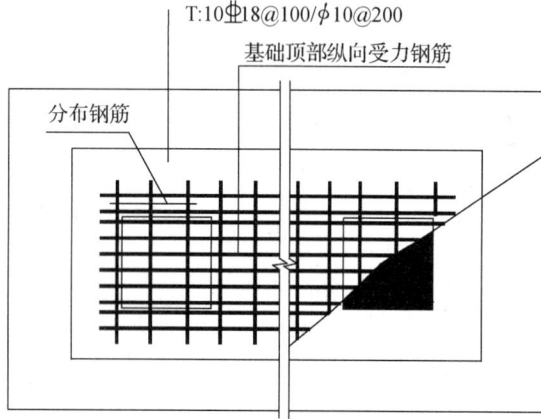

图 6-4　双柱无梁独立基础顶部配筋示意

（3）当双柱独立基础底板与基础梁结合时，形成双柱有梁独立基础如图 6-5 所示。此时基础底板一般有短向的受力筋和长向的分布筋，基础底板的标注与前相同。基础梁的注写与条形基础梁注写规定相同，详见条形基础施工内容。

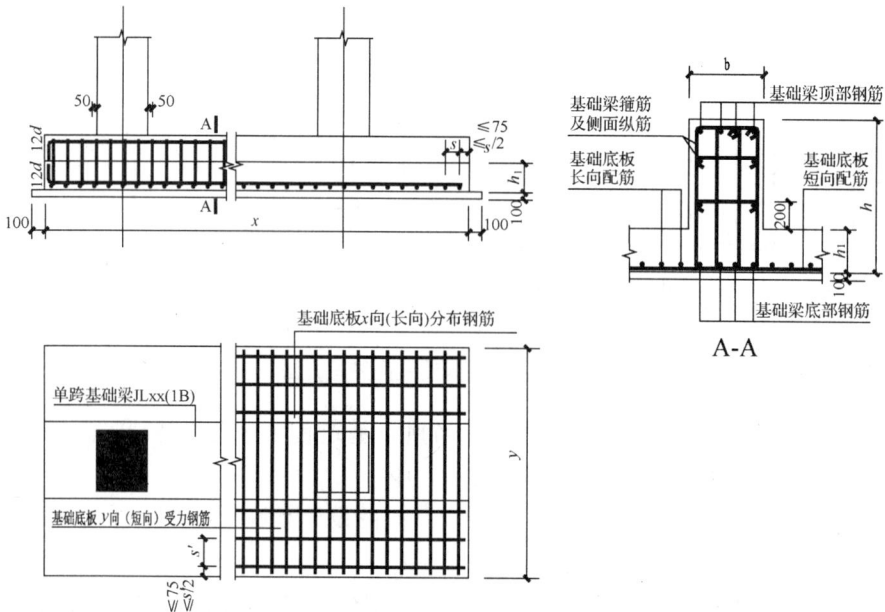

图 6-5　双柱有梁独立基础配筋构造

（4）当多柱独立基础设置两道平行的基础梁时，与双柱有梁独立基础相比，除在双梁之间及梁长度范围内配置基础顶部钢筋不同外，其余完全相同。双梁之间及梁长度范围内基础顶部钢筋注写为"T：梁间受力钢筋/分布钢筋"，如图6-6所示。基础顶板钢筋有关构造与双柱无梁独立基础顶部钢筋类似。

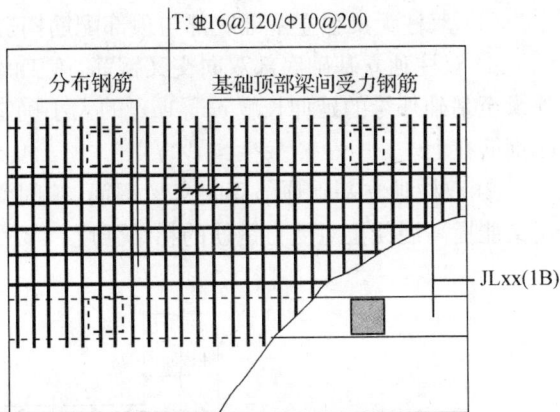

图6-6 四柱独立基础顶部基础梁间配筋示意

T:Φ16@120/ϕ10@200：表示四柱独立基础顶部两道基础梁之间配置受力钢筋HRB400级，直径16 mm，间距120 mm；分布筋HPB300级，直径10 mm，间距200 mm。

2. 独立基础底板施工构造

（1）基础底板钢筋位置。普通单柱独立基础底部双向交叉钢筋长向布置在下，短向布置在上。

（2）第一根钢筋起步距离。y向第一根钢筋起步距离为$\min(75, s/2)$，x向第一根钢筋起步距离为$\min(75, s'/2)$。其中s为y向钢筋间距，s'为x向钢筋间距。

（3）底板钢筋减短规定。对称独立基础当底板长度≥2.5 m时，除外侧钢筋外，底板钢筋长度可缩短为相应方向基础边长的0.9，如图6-7（a）所示，施工时交错布置。非对称独立基础底板长度≥2.5 m时，但该基础某侧从柱中心至基础底板边缘的距离小于1.25 m时，钢筋在该侧不应减短，如图6-7（b）所示。

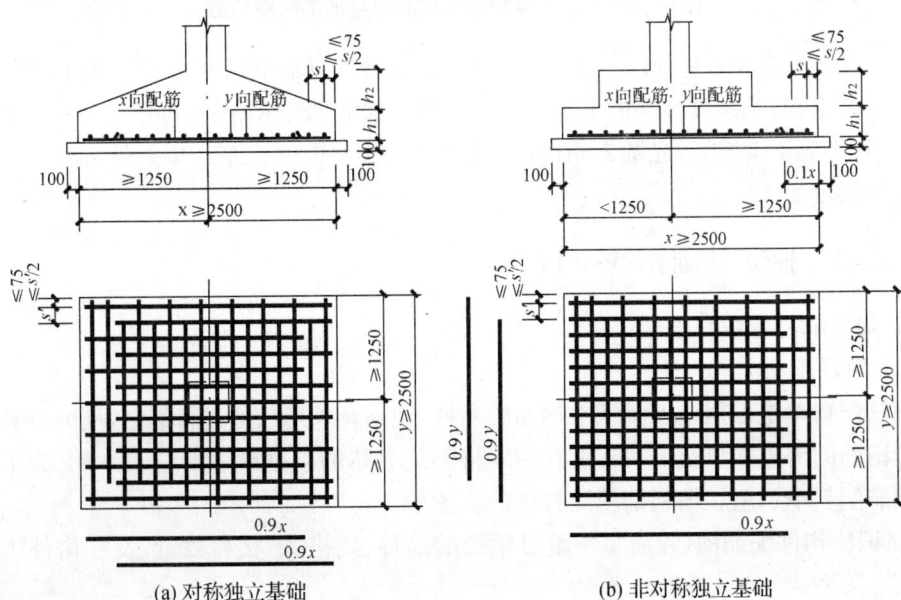

(a) 对称独立基础   (b) 非对称独立基础

图6-7 独立基础底板配筋减短构造

（4）双柱无梁独立基础底部与顶部配筋构造,如图 6-8 所示。

① 双柱独立基础底部双向交叉钢筋,施工时谁在上,谁在下,根据基础两个方向从柱外缘至基础外缘的延伸长度 ex 和 ex' 的大小确定,两者中较大方向的钢筋在下,较小方向的钢筋在上。

② 双柱独立基础顶部双向交叉钢筋,柱间受力筋在下,分布筋在上。这样施工既方便又能提高混凝土对受力钢筋的粘结强度。

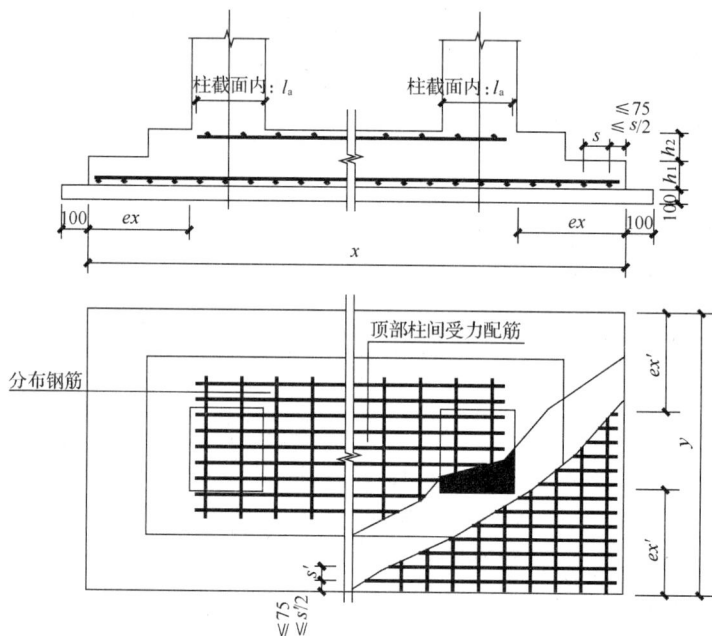

图 6-8　双柱无梁独立基础底部与顶部配筋构造

（5）双柱有梁独立基础。在施工时,双柱有梁独立基础底部短向受力钢筋设置在基础梁纵筋之下,与基础梁箍筋的下水平段位于同一层面,梁筋范围不再布置基础底板分布钢筋,分布钢筋不得缩短,光圆钢筋也可不带弯钩,如图 6-5。基础梁外伸部位上下纵向钢筋弯折长度为 $12d$。

6.2.2　独立基础钢筋下料

1. 钢筋配料基础知识

（1）钢筋配料单。

钢筋配料单是根据施工图纸中钢筋的品种、规格及外形尺寸进行编号,同时计算出每一编号钢筋的需用数量及下料长度并用表格形式表达的单据或表册。表 6-2 为某工程梁 1 钢筋配料单示意。编制钢筋配料单的步骤如下:

① 识读构件配筋图,弄清每一编号钢筋的品种、规格、形状和数量,及在构件中的位置和相互关系;

② 识记有关国家规范和施工图集对钢筋混凝土构件配筋的一般规定,如保护层厚

度、钢筋接头及钢筋弯钩、施工构造等；

③ 绘制钢筋简图,计算每种编号钢筋的下料长度；

④ 计算每种编号钢筋的需用数量；

⑤ 填写钢筋配料单。

表 6-2 钢筋配料单

构件名称	钢筋编号	简 图	直径/mm	钢号	下料长度/mm	单位根数	合计根数	重量/kg
L1 梁（共 5 根）	①	5980	10	φ	6 110	2	10	37.6
	②	890 564 564 890 / 3400	20	φ	6 520	1	5	80
	③	412 / 162	6	φ	1 210	31	155	14.7

(2) 钢筋混凝土构件配筋的一般规定。

① 混凝土保护层。

混凝土保护层厚度是指最外层钢筋外边缘至混凝土表面的距离,除应符合表 6-3 规定混凝土保护层最小厚度外,受力钢筋的保护层厚度不应小于钢筋的公称直径。混凝土环境类别划分如表 6-4 所示。

表 6-3 混凝土保护层最小厚度 单位:mm

环境类别	板、墙		梁、柱		基础梁（顶面和侧面）		独立基础、条形基础、筏形基础（顶面和侧面）	
	≤C25	≥C30	≤C25	≥C30	≤C25	≥C30	≤C25	≥C30
一	20	15	25	20	25	20	—	—
二 a	25	20	30	25	30	25	25	20
二 b	30	25	40	35	40	35	30	25
三 a	35	30	45	40	45	40	35	30
三 b	45	40	55	50	55	50	45	40

注:1. 设计使用年限为 100 年的结构:一类环境中最外层钢筋保护层厚度不应小于表中数值的 1.4 倍;二、三类环境中,应采用专门的有效措施。三类环境中的钢筋可采用环氧树脂涂层带肋钢筋;

2. 基础底部的钢筋最小保护层厚度为 40,当未设垫层时不应小于 70(基础梁除外);

3. 桩基承台及承台梁:当桩直径或截面边长<800 时,桩顶嵌入承台 50,承台底部受力纵向钢筋最小保护层厚度 50;当桩直径或截面边长≥800 时,桩顶嵌入承台 100,承台底部受力纵向钢筋最小保护层厚度 100;多桩承台的顶面和侧面与独立基础的顶面和侧面,单桩承台、两桩承台及承台梁的顶面和侧面基础的顶面和侧面;

4. 当基础与土壤接触部分有可靠的防水和防腐处理时,保护层厚度可适当减小。

表 6-4　混凝土结构的环境类别

环境类别	条　件
一	室内干燥环境;无侵蚀性静水浸没环境
二 a	室内潮湿环境;非严寒和非寒冷地区的露天环境;非严寒和非寒冷地区与无侵蚀性的水或土壤直接接触的环境;严寒和寒冷地区的冰冻线以下与无侵蚀性的水或土壤直接接触的环境
二 b	干湿交替环境;水位频繁变动环境;严寒和寒冷地区的露天环境;严寒和寒冷地区的冰冻线以上与无侵蚀性的水或土壤直接接触的环境
三 a	严寒和寒冷地区冬季水位变动区环境;受除冰盐影响环境;海风环境
三 b	盐渍土环境;受除冰盐影响环境;海岸环境
四	海水环境
五	受人为或自然的侵蚀性物质影响的环境

② 钢筋锚固长度。

混凝土与钢筋这两种材料结合在一起能够共同工作,除了两者具有相同的线膨胀系数外,主要由于混凝土硬化后,钢筋与混凝土之间具有良好的黏结力。

受力钢筋通过混凝土与钢筋的粘结将所受的力传递给混凝土所需的长度称为钢筋的锚固长度。表 6-5、表 6-6 和表 6-7 列出了在计算锚固长度时所需的数据,表 6-8 列出了受拉钢筋锚固长度修正系数。

表 6-5　纵向受拉钢筋基本锚固长度 l_{ab}、l_{abE}

受拉钢筋基本锚固长度 l_{ab}

钢筋种类	混凝土强度等级								
	C20	C25	C30	C35	C40	C45	C50	C55	≥C60
HPB300	$39d$	$34d$	$30d$	$28d$	$25d$	$24d$	$23d$	$22d$	$21d$
HRB335、HRBF335	$38d$	$33d$	$29d$	$27d$	$25d$	$23d$	$22d$	$21d$	$21d$
HRB400、HRBF400、RRB400	—	$40d$	$35d$	$32d$	$29d$	$28d$	$27d$	$26d$	$25d$
HRB500、HRBF500	—	$48d$	$43d$	$39d$	$36d$	$24d$	$32d$	$31d$	$30d$

抗震设计时受拉钢筋基本锚固长度 l_{abE}

钢筋种类及抗震等级		混凝土强度等级								
		C20	C25	C30	C35	C40	C45	C50	C55	≥C60
HPB300	一、二级	$45d$	$39d$	$35d$	$32d$	$29d$	$28d$	$26d$	$25d$	$24d$
	三级	$41d$	$36d$	$32d$	$29d$	$26d$	$25d$	$24d$	$23d$	$22d$
HPB335 HRBF335	一、二级	$44d$	$38d$	$33d$	$31d$	$29d$	$26d$	$25d$	$24d$	$24d$
	三级	$40d$	$35d$	$31d$	$28d$	$26d$	$24d$	$23d$	$22d$	$22d$

（续表）

钢筋种类		混凝土强度等级								
		C20	C25	C30	C35	C40	C45	C50	C55	≥C60
HPB 400 HRBF 400	一、二级	—	46d	40d	37d	33d	32d	31d	30d	29d
	三级	—	42d	37d	34d	30d	29d	28d	27d	26d
HPB 500 HRBF 500	一、二级	—	55d	49d	45d	41d	39d	37d	26d	35d
	三级	—	50d	45d	41d	38d	36d	34d	33d	32d

表 6-6　受拉钢筋锚固长度 l_a

钢筋种类	混凝土强度等级																
	C20	C25		C30		C35		C40		C45		C50		C55		≥C60	
	d≤25	d≤25	d>25	d≤25	d>25	d≤25	d>25	d≤25	d>25	d≤25	d>25	d≤25	d>25	d≤25	d>25	d≤25	d>25
HPB300	39d	34d	—	30d	—	28d	—	25d	—	24d	—	23d	—	22d	—	21d	
HR335、HRBF335	38d	33d	—	29d	—	27d	—	25d	—	23d	—	22d	—	21d	—	21d	—
HRB400、HRBF400 RRB400		40d	44d	35d	39d	32d	35d	29d	32d	28d	31d	27d	30d	26d	29d	25d	28d
HRB500、HRBF500		48d	53d	43d	47d	39d	43d	36d	40d	34d	37d	32d	35d	31d	34d	30d	33d

表 6-7　抗震锚固长度 l_{aE}

钢筋种类 及抗震等级		混凝土强度等级																
		C20	C25		C30		C35		C40		C45		C50		C55		≥C60	
		d≤25	d≤25	d>25	d≤25	d>25	d≤25	d>25	d≤25	d>25	d≤25	d>25	d≤25	d>25	d≤25	d>25	d≤25	d>25
HPB300	一、二级	45d	39d	—	35d	—	32d	—	29d	—	28d	—	26d	—	25d	—	24d	—
	三级	41d	36d	—	32d	—	29d	—	26d	—	25d	—	24d	—	23d	—	22d	—
HRB335 HRBF335	一、二级	44d	38d	—	33d	—	21d	—	29d	—	26d	—	25d	—	24d	—	24d	—
	三级	40d	35d	—	30d	—	28d	—	26d	—	24d	—	23d	—	22d	—	22d	—
HRB400 HRBF400	一、二级	—	46d	51d	40d	45d	37d	40d	33d	37d	32d	36d	31d	35d	30d	33d	29d	32d
	三级	—	42d	46d	37d	41d	34d	37d	30d	34d	29d	33d	28d	32d	27d	30d	26d	29d
HRB500 HRBF500	一、二级	—	55d	61d	49d	54d	45d	49d	41d	46d	39d	43d	37d	40d	36d	39d	35d	38d
	三级	—	50d	56d	45d	49d	41d	45d	38d	42d	36d	39d	34d	37d	33d	36d	32d	35d

表6-8 受拉钢筋锚固长度修正系数

锚固条件		ζ_a
环氧树脂涂层带肋钢筋(基本用不到)		1.25
施工过程中易受扰动的钢筋		1.10
锚固区保护层厚度 (中间时按内插值。d 为锚固钢筋直径)	$3d$	0.80
	$5d$	0.70

注：1. l_a 不应小于200。

2. 锚固长度修正系数 ζ_a 按上述说明选用。当多余一项时，可按连乘计算。

3. 四级抗震等级 $L_{aE}=l_a$。

4. 当锚固钢筋的保护层厚度不大于 $5d$ 时，锚固钢筋长度范围内应设置横向构造钢筋，其直径不应小于 $d/4$（d 为锚固钢筋最大直径）；对梁、柱等构件间距不应大于 $5d$，对板墙等构件间距不应大于 $10d$，且不应大于 $100\,mm$（d 为锚固钢筋的最小直径）。

③ 纵向钢筋的连接。

由于施工现场钢筋有一定的规格，不可能正好是构件所需的钢筋长度，因此需要进行钢筋连接。钢筋的连接分为绑扎连接、机械连接或焊接。施工时连接接头有关规定如下：

A. 钢筋的接头宜设置在受力较小处。同一根受力钢筋不宜设置两个或两个以上接头；在结构重要构件和关键部位不宜设置连接接头；接头末端至钢筋弯起点的距离不应小于钢筋直径的 10 倍。

B. 轴心受拉及小偏心受拉杆件的纵向受力钢筋不应采用绑扎搭接；受拉钢筋直径 $d>25\,mm$ 及受压钢筋直径 $d>28\,mm$，不宜采用绑扎搭接接头。

C. 纵向受力钢筋连接位置宜错开梁端、柱端箍筋加密区，如必须在此连接时应采用机械连接或焊接。

D. 位于同一连接区段内的受拉钢筋搭接接头面积百分率（接头钢筋截面面积与全部钢筋截面面积之比）：对梁类、板类及墙类构件不宜大于 25%，对柱类构件不宜大于 50%，基础筏板不宜超过 50%。当工程中确有必要增大接头面积百分率时，对梁类构件，不应大于 50%。同一连接区段内纵向受拉钢筋绑扎搭接接头示意如图 6-9 所示。纵向受拉钢筋的最小搭接长度如表 6-9 及表 6-10 所示。

E. 构件中的纵向受压钢筋当采用搭接连接时，其搭接长度不应小于纵向受拉钢筋搭接长度的 0.7 倍，且不应小于 200 mm。

F. 纵向受力钢筋搭接范围内应配置箍筋，其直径不小于 $d/4$（d 为搭接钢筋最大直径），间距不应大于 100 mm 及 $5d$（d 为搭接钢筋最大直径）。当受压钢筋直径大于 25 mm 时，尚应在搭接接头两个端面外 100 mm 范围内各设置两个箍筋，如图 6-10 所示。

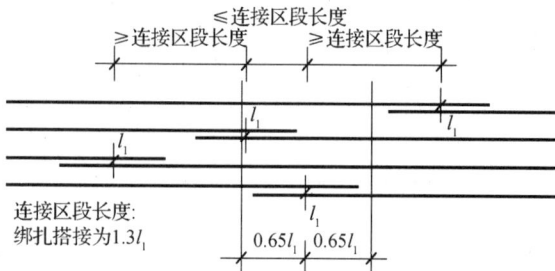

图 6-9 同一连接区段内纵向受拉钢筋绑扎搭接接头

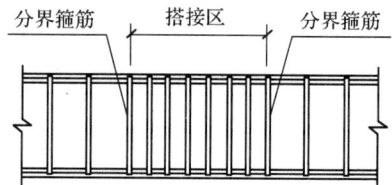

图 6-10 纵向受力钢筋搭接区箍筋构造

表 6-9　纵向受拉搭接锚固长度Ⅱ

钢筋种类及同一区段内搭接钢筋面积百分率		C20	C25		C30		C35		C40		C45		C50		C55		≥C60	
		d≤25	d≤25	d>25	d≤25	d>25	d≤25	d>25	d≤25	d>25	d≤25	d>25	d≤25	d>25	d≤25	d>25	d≤25	d>25
HPB300	≤25%	47d	41d	—	36d	—	34d	—	30d	—	29d	—	28d	—	26d	—	25d	—
	50%	55d	48d	—	42d	—	39d	—	35d	—	34d	—	32d	—	31d	—	29d	—
	100%	62d	54d	—	48d	—	45d	—	40d	—	38d	—	37d	—	35d	—	34d	—
HRP335 HRBF335	≤25%	46d	40d	—	35d	—	32d	—	30d	—	28d	—	26d	—	25d	—	25d	—
	50%	53d	46d	—	41d	—	38d	—	35d	—	32d	—	31d	—	29d	—	29d	—
	100%	61d	53d	—	46d	—	43d	—	40d	—	37d	—	35d	—	34d	—	34d	—
HRB400 HRBF400	≤25%	—	48d	53d	42d	47d	38d	42d	35d	38d	34d	37d	32d	36d	31d	35d	30d	34d
	50%	—	56d	62d	49d	55d	45d	49d	41d	45d	39d	43d	38d	42d	36d	41d	35d	39d
	100%	—	64d	70d	56d	62d	51d	56d	46d	51d	45d	50d	43d	48d	42d	46d	40d	45d
HRB500 HRBF500	≤25%	—	58d	64d	52d	56d	47d	52d	43d	48d	41d	44d	38d	42d	37d	41d	36d	40d
	50%	—	67d	74d	60d	66d	55d	60d	50d	56d	48d	52d	45d	49d	43d	48d	42d	46d
	100%	—	77d	85d	69d	75d	62d	69d	58d	64d	54d	59d	51d	56d	50d	54d	48d	53d

表 6-10　纵向受拉钢筋抗震搭接长度ⅡE

钢筋种类及同一区段内搭接钢筋面积百分率			C20	C25		C30		C35		C40		C45		C50		C55		≥C60	
			d≤25	d≤25	d>25	d≤25	d>25	d≤25	d>25	d≤25	d>25	d≤25	d>25	d≤25	d>25	d≤25	d>25	d≤25	d>25
一、二级抗震等级	HPB300	≤25%	54d	47d	—	42d	—	38d	—	35d	—	34d	—	31d	—	30d	—	29d	—
		50%	63d	55d	—	49d	—	45d	—	41d	—	39d	—	36d	—	35d	—	34d	—
	HRB335 HRBF335	≤25%	53d	46d	—	40d	—	37d	—	35d	—	31d	—	30d	—	29d	—	29d	—
		50%	62d	53d	—	46d	—	43d	—	41d	—	36d	—	35d	—	34d	—	34d	—
	HRB400 HRBF400	≤25%	—	55d	61d	48d	54d	44d	48d	40d	44d	38d	43d	37d	42d	36d	40d	35d	38d
		50%	—	64d	71d	56d	63d	52d	56d	46d	52d	45d	50d	43d	49d	42d	46d	41d	45d
	HRB500 HRBF500	≤25%	—	66d	73d	59d	65d	54d	59d	49d	55d	47d	52d	44d	48d	43d	47d	42d	46d
		50%	—	77d	85d	69d	76d	63d	69d	57d	64d	55d	60d	52d	46d	50d	55d	49d	53d
三级抗震等级	HPB300	≤25%	49d	43d	—	38d	—	35d	—	31d	—	30d	—	29d	—	28d	—	26d	—
		50%	57d	50d	—	45d	—	41d	—	36d	—	35d	—	34d	—	32d	—	31d	—
	HRB335 HRBF335	≤25%	48d	42d	—	36d	—	34d	—	31d	—	29d	—	28d	—	26d	—	26d	—
		50%	56d	49d	—	42d	—	39d	—	36d	—	34d	—	32d	—	31d	—	31d	—
	HRB400 HRBF400	≤25%	—	50d	55d	44d	49d	41d	44d	36d	41d	35d	40d	34d	38d	32d	36d	31d	35d
		50%	—	59d	64d	52d	57d	48d	52d	42d	48d	41d	46d	39d	45d	38d	42d	36d	41d
	HRB500 HRBF500	≤25%	—	60d	67d	54d	59d	59d	54d	46d	50d	43d	47d	41d	44d	40d	43d	38d	42d
		50%	—	70d	78d	63d	69d	57d	63d	53d	59d	50d	55d	48d	52d	46d	50d	45d	49d

G. 同一构件中受力钢筋的机械连接接头或焊接接头宜相互错开,位于同一连接区段内的纵向受力钢筋接头面积百分率不宜大于 50%。图 6-11 中 d 为相互连接两根钢筋中较小直径;当同一构件内不同连接钢筋计算连接区段长度不同时取大值。

2. 钢筋下料长度计算

(1) 钢筋下料长度。

在结构施工图纸中钢筋尺寸是钢筋外缘到外缘之间的长度称为外皮尺寸,如图 6-12 中所示量度尺寸。在钢筋加工时钢筋弯曲或弯钩会使弯曲处内皮收缩、外皮延伸,轴线长度不变,弯曲处形成弯弧。钢筋外皮尺寸与下料长度之间的差值称为钢筋弯曲调整值,简称量度差值,其大小与钢筋直径、弯曲时弯弧内直径、弯钩角度等因素有关。钢筋的下料尺寸就是钢筋中心线长度,如图 6-12 所示。钢筋下料长度应根据构件尺寸、混凝土保护层厚度,钢筋弯曲调整值和弯钩增加长度等规定综合考虑。

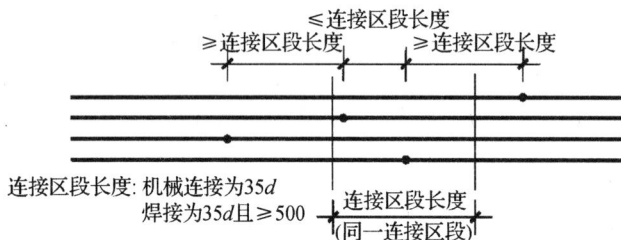

图 6-11 同一连接区段内纵向受拉钢筋机械连接、焊接头

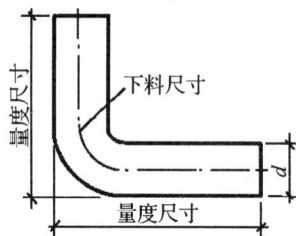

图 6-12 钢筋下料示意

① 钢筋弯曲一般规定。

根据国家现行规范和有关图集,钢筋弯曲时受力钢筋的弯钩和弯折应符合下列规定:

A. HPB300 级钢筋末端应作 180°弯钩,其弯弧内直径不应小于钢筋直径的 2.5 倍,弯钩的弯后平直部分长度不应小于钢筋直径的 3 倍,如图 6-13(a)所示。

B. 335 MPa 级、400 MPa 级带肋钢筋,弯弧内直径 D 不应小于钢筋直径的 4 倍,弯钩的弯后平直部分长度,如图 6-13(b)所示,应符合设计要求。

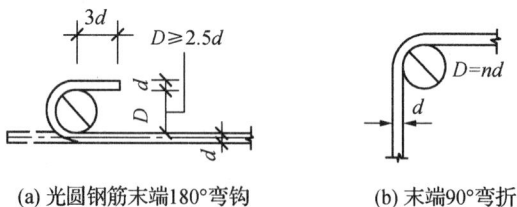

(a) 光圆钢筋末端180°弯钩   (b) 末端90°弯折

图 6-13 钢筋弯钩和弯折

C. 500 MPa 级带肋钢筋,当直径≤25 时,D 不应小于钢筋直径的 6 倍;当直径>25 时,D 不应小于钢筋直径的 7 倍。

D. 箍筋弯折处尚不应小于纵向受力钢筋直径;箍筋弯折处纵向受力钢筋为搭接或并筋时,应按钢筋实际排布情况确定箍筋弯弧内直径。

E. 位于框架结构顶层端节点处的梁上部纵向钢筋和柱外侧纵筋,在节点角部弯折处,当钢筋直径≤25 时,D 不应小于筋直径的 12 倍;当直径>25 时,D 不应小于钢筋直径的 16 倍。

F. 除焊接封闭环式箍筋外,箍筋的末端应作弯钩,弯钩形式应符合设计要求,箍筋弯后的平直部分长度:不应小于箍筋直径的 10 倍,且不应小于 75 mm,弯折后平直部分长度如图 6-14 所示。

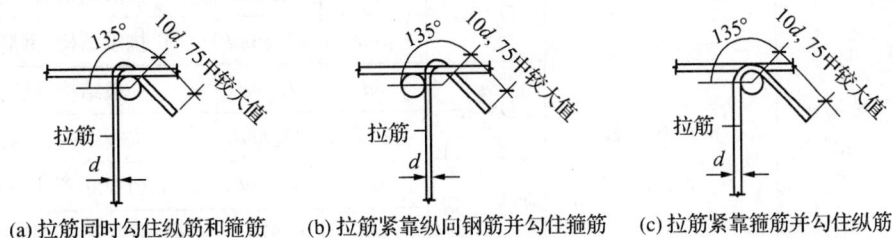

(a) 拉筋同时勾住纵筋和箍筋　　(b) 拉筋紧靠纵向钢筋并勾住箍筋　　(c) 拉筋紧靠箍筋并勾住纵筋

图 6-14　拉筋弯钩构造

② 钢筋弯曲调整值、弯钩增加长度、弯起钢筋斜长。

根据工程实践经验,钢筋各种弯折角度时的弯曲调整值理论计算和经验值如表 6-11 和 6-12 所示。钢筋常用弯钩的增加长度如表 6-13 所示。

表 6-11　钢筋弯曲调整值理论计算

序号	弯折角度	计算公式	弯弧内直径	弯曲调整值	备注
1	135°	$\Delta=0.822d-0.178D$	$D=2.5d$	$0.38d$	HPB300
			$D=4d$	$0.11d$	335 MPa 级、400 MPa 级
			$D=5d$	$-0.07d$	
2	90°	$\Delta=0.215d+1.215D$	$D=2.5d$	$1.75d$	HPB300
			$D=4d$	$2.08d$	335 MPa 级、400 MPa 级
			$D=5d$	$2.29d$	
3	30°	$\Delta=0.006D+0.274d$	$D=5d$	$0.3d$	
4	45°	$\Delta=0.022D+0.436d$	$D=5d$	$0.55d$	
5	60°	$\Delta=0.054D+0.631d$	$D=5d$	$0.9d$	

注:由于实际操作时并不能完全准确地按照有关规定的最小弯曲直径取用,有时偏大有时偏小,也有成型工具性能不一定满足规定要求。因此,除按照有理论计算弯曲调整值外,还可以根据当地实际情况或操作经验取值。为计算方便,本书后面计算钢筋下料长度时,弯曲调整值统一按表 6-12 经验值取用。

表 6-12　钢筋弯曲调整值经验值

钢筋弯曲角度	30°	45°	60°	90°	135°
钢筋弯曲调整值	$0.35d$	$0.5d$	$0.85d$	$2d$	$0.11d$

表 6-13　钢筋弯钩增加长度

序号	弯钩形式	计算公式	弯弧内直径	l_p 平直段长度	弯钩增加长度	说　明
1	半圆弯钩(180°)	$1.071D+0.571d+l_p$	$D=2.5d$	$3d$	$6.25d$	HPB300,受力钢筋

序号	弯钩形式	计算公式	弯弧内直径	l_p平直段长度	弯钩增加长度	说　明
2	斜弯钩（135°）	$0.678D+0.178d+l_p$	$D=5d$	$5d$	$8.568d$	一般结构,箍筋
				$10d$	$13.568d$	抗震结构,箍筋
			$D=4d$	$5d$	$7.89d$	一般结构,箍筋
				$10d$	$12.89d$	抗震结构,箍筋
			$D=2.5d$	$3d$	$4.89d$	HPB300,受力钢筋
				$5d$	$6.876d$	一般结构,箍筋 HPB300 级
				$10d$	$11.876d$	抗震结构,箍筋 HPB300 级
3	直弯钩（90°）	$0.285D-0.215d+l_p$	$D=5d$	$5d$	$6.21d$	一般结构,箍筋
			$D=2.5d$	$3d$	$3.498d$	HPB300,受力钢筋
				$5d$	$5.498d$	一般结构,箍筋

注:弯钩的增加长度是指在钢筋构造长度基础上因弯钩需要增加钢筋下料的长度。

根据设计需要,梁、板类构件常配置有一定数量的弯起钢筋,其弯起角度一般有 30°、45°、60°三种,如图 6-15 所示。弯起钢筋直段的平直长度根据图纸标注的尺寸直接得到,弯起钢筋的斜段长度及中直段水平尺寸均需通过计算得到。一般采用直角三角形勾股定理计算。弯起钢筋的斜段长度如表 6-14 所示。

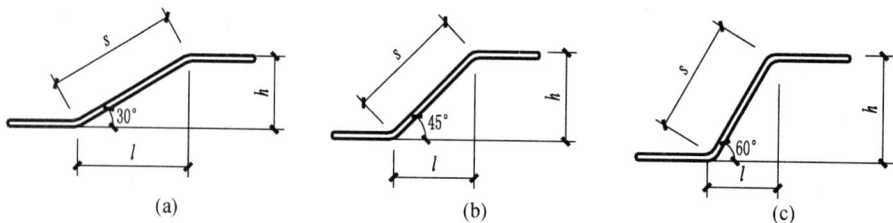

图 6-15　弯起钢筋斜长计算简图

表 6-14　弯起钢筋斜段长度计算表

弯起角度	30°	45°	60°
斜段长度 s	$2h$	$1.414h$	$1.155h$
	$1.155l$	$1.414l$	$2l$

注:s 为弯起钢筋斜段长度;h 为弯起钢筋弯起的垂直高度,是外包尺寸;l 为弯起钢筋斜段水平投影长度。

③ 钢筋下料长度计算。

$$直钢筋下料长度 = 构件长度 - 保护层厚度 + 弯钩增加长度$$

$$弯起钢筋下料长度 = 直段长度 + 斜段长度 + 弯钩增加长度 - 弯曲调整值$$

$$箍筋下料长度 = 箍筋外包周长 + 箍筋调整值$$

箍筋调整值是弯钩增加长度和弯曲调整值两项之差或之和。钢筋需要搭接时，还应增加钢筋搭接长度

A. 直钢筋下料长度。

如图 6-16 所示构件长为 B，保护层厚度 c，钢筋直径 d。若钢筋端部做 180°弯钩，如图 6-16(a)，则钢筋下料长度为：

钢筋下料长度 $L=B-2c+2\times6.35d$

若钢筋端部做 90°弯折，弯折长度 b，如图 6-16(b)，则钢筋下料长度为：

钢筋下料长度 $L=B-2c+2b-2\times2d$（$2d$ 为弯曲调整值）。

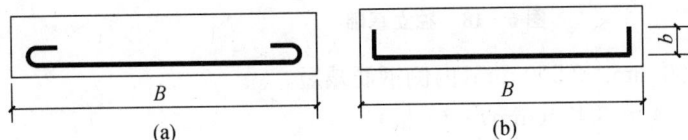

图 6-16 直钢筋下料长度

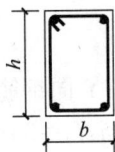

图 6-17 箍筋下料长度

B. 梁中箍筋下料长度计算。

如图 6-17 所示，梁截面尺寸 $b\times h$，保护层厚度 c，箍筋直径 d，箍筋下料长度计算为：

L = 箍筋外包周长 + 箍筋调整值

  = $2\times(b-2c)+2\times(h-2c)$ - 3 个 90° 量度差值 + 2 个 135° 弯钩增加长度值

* 当平直段取 $10d$ 时，$L=2b+2h-8c+(18\sim20)d$ = 箍筋外包尺寸 + $(18\sim20)d$。

* 当 $D=2.5d$ 时，（ ）中数值取 18，当 $D=4d$ 时，（ ）中数值取 19，当 $D=5d$ 时，（ ）中数值取 20。

* 当平直段取 75 mm 时，$L=2b+2h-8c+150+(0\sim2)d$ = 箍筋外包尺寸 + 150 $-(0\sim2)d$。

* 当 $D=2.5d$ 时，（ ）中数值取 2，当 $D=4d$ 时，（ ）中数值取 1，当 $D=5d$ 时，（ ）中数值取 0。

C. 梁中拉筋下料长度（按照施工中常用的拉筋同时钩住纵筋和箍筋计算）。

* 平直段取 $10d$ 时，$L=b-2c+(26\sim30)d$。

* 当 $D=2.5d$ 时，（ ）中数值取 $26d$，当 $D=4d$ 时，（ ）中数值取 $28d$，当 $D=5d$ 时，（ ）中数值取 $30d2$。钢筋下料长度计算案例。

【例 6-4】 计算图 6-18 独立基础底板钢筋下料长度并编制钢筋配料单。基础设垫层，垫层混凝土 C15，基础混凝土 C30，基础钢筋保护层厚度取 40 mm。

解 （1）X 向钢筋。因为 3 300 mm>2 500 mm，内侧钢筋减短。

长筋：$l_x=3\ 300-2\times40=3\ 220$ mm （2 根）

短筋：$l'_x=0.9\times3\ 300=2\ 970$ mm （20 根）

短筋根数 n_x：

$$n_x=\frac{L}{@}+1=\frac{3\ 500-2\ \min(75,160/2)}{160}+1-2=20\ 根（取整）$$

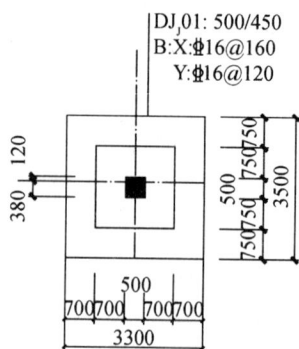

DJ$_J$01: 500/450
B:X:ϕ16@160
Y:ϕ16@120

图 6-18　独立基础

（2）Y 向钢筋。3 500 mm>2 500 mm，内侧钢筋减短。

长筋：$l_y=3\ 500-2\times40=3\ 420$（mm）　（2 根）

短筋：$l'_y=0.9\times3\ 500=3\ 150$（mm）　（26 根）

短筋根数 $n_y:n_y=\dfrac{L}{@}+1=\dfrac{3\ 300-2\ \min(75,120/2)}{120}+1-2=26$（根）（取整）

由于 Y 向尺寸大于 X 向尺寸，施工时 Y 向钢筋在下，X 向钢筋在上。DJ01 钢筋配料单见表 6-15。

表 6-15　DJ$_J$01 钢筋配料单

构件名称	钢筋编号	简图	直径/mm	钢号	单根长度/m	根数/根	总长/m	重量/kg
DJ$_J$01	1	3 220	16	ϕ	3 220	2	6.44	10.16
	2	2 970	16	ϕ	2 970	20	59.4	93.73
	3	3 420	16	ϕ	3 420	2	6.84	10.79
	4	3 150	16	ϕ	3 150	26	81.90	129.24
总重量：243.92 kg								

【例 6-5】　计算图 6-19 基础底板和顶部钢筋下料长度，并编制钢筋配料单。基础设垫层，垫层混凝土 C15，基础混凝土 C30，基础钢筋保护层厚度取 40 mm。

解　（1）基础底板钢筋下料计算。

基础底板 X 向柱外缘至基础外缘的延伸长度为 925＋925＝1 850（mm）；

基础底板 Y 向柱外缘至基础外缘的延伸长度为 910＋900＝1 810（mm）<1 850（mm）；

施工时 X 向钢筋布置在下，Y 向钢筋布置在上。

① X 向钢筋　基础设垫层，保护层厚度取 40（mm）

4 200 mm>2 500 mm，内侧钢筋减短。

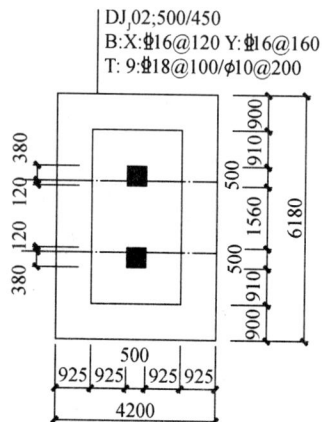

DJ$_J$02;500/450
B:X:ϕ16@120 Y:ϕ16@160
T:9:ϕ18@100/ϕ10@200

图 6-19　DJ$_J$02 基础图

长筋：$l_x = 4\,200 - 2 \times 40 = 4\,120$(mm)　（2 根）

短筋：$l'_x = 0.9 \times 4\,200 = 3\,780$(mm)　（50 根）

短筋根数 n_x：

$$n_x = \frac{L}{@} + 1 = \frac{6\,180 - 2\min(75, 120/2)}{120} + 1 - 2 = 50(\text{根})(\text{取整})$$

② Y 向钢筋，6 180 mm＞2 500 mm，内侧钢筋减短。

长筋：$l_y = 6\,180 - 2 \times 40 = 6\,100$(mm)　（2 根）

短筋：$l'_y = 0.9 \times 6\,180 = 5\,562$(mm)　（50 根）

短筋根数 n_y：

$$n_y = \frac{L}{@} + 1 = \frac{4\,200 - 2\min(75, 160/2)}{160} + 1 - 2 = 25(\text{根})(\text{取整})$$

（2）基础顶部钢筋下料计算。

施工时，顶部 Y 向受力钢筋在下，X 向分布钢筋在上。500 mm 的柱宽范围内布置 5 根受力筋（柱外缘内 50 mm 开始布置），柱外缘 50 mm 开始向外每侧对称布置 2 根受力筋。分布筋与受力钢筋垂直布置。

① 柱间受力钢筋。

混凝土 C30，查表 6 - 6，锚固长度 $l_a = 35d = 35 \times 18 = 630$(mm)

下料长度：$1\,560 + 2l_a = 1\,560 + 2 \times 630 = 2\,820$(mm)　（9 根）

② 分布钢筋。

下料长度：$100 \times (9 - 1) + 2 \times 50 + 2 \times 6.35 \times 10 = 1\,025$(mm)

根数：$\dfrac{2\,820 - 50 \times 2}{200} + 1(\text{取整}) = 15(\text{根})$

注：顶部配置的钢筋长度确定：顶部配置的柱间受力筋长度是两柱内皮间净尺寸＋$2l_a$；顶部分布钢筋长度根据受力钢筋确定，即受力筋间距×（受力筋根数－1）＋2×50，分布钢筋根数等于（受力筋长度－2×50）/分布钢筋间距＋1。

DJ$_J$02 钢筋配料单如表 6 - 16 所示。

表 6 - 16　DJ$_J$02 钢筋配料单

构件名称	钢筋编号	简图	直径/mm	钢号	单根长度/m	单位根数	总长/m	重量/kg
DJ$_J$02	1	4 120	16	Φ	4 120	2	8.24	13.00
	2	3 780	16	Φ	3 780	50	189	236.7
	3	6 100	16	Φ	6 100	2	12.20	19.25
	4	5 562	16	Φ	5 562	25	139.1	219.5
	5	2 820	18	Φ	2 820	9	25.38	50.71
	6	1025	10	φ	1 025	15	15.38	9.49
	总重量：548.65 kg							

3. 柱插筋构造

为了便于施工,底层柱在基础施工时预先在基础中留设一定长度的钢筋称为基础插筋。柱插筋长度由基础顶面以上和基础范围内纵筋长度两部分组成。

(1) 基础顶面以上纵筋构造。

根据建筑施工图集 16G101-1,柱插筋在基础顶面以上的纵筋长度依据柱纵筋在基础顶面的非连接区段长度、钢筋连接方式、钢筋接头面积百分率等因素综合确定。

柱纵筋在基础顶面的非连接区段长度根据建筑物是否有地下室取值不同。当建筑物没有地下室时,基础顶面的非连接区段长度为柱净高的 1/3,即 $H_n/3$。当建筑物存在地下室时,基础顶面的非连接区段长度取 $H_n/6$、柱截面长边尺寸 h_c 和 500 mm 中的最大值。

H_n 为基础顶面到上层梁底面的垂直高度;当某柱东西南北 4 个方向梁底标高各不相同时,基础顶面到上层梁底面以下柱的净高取 4 个方向 H_n 中的最大值 $H_{n,max}$。需要注意的是:当建筑物在基础顶面以上 ±0.000 以下存在基础联系梁时,一般情况下 H_n 为基础联系梁顶面到上层梁底面的垂直高度。

当建筑物没有地下室时,根据图 6-20 可以确定在不同连接方式、接头面积百分率分别为 100%、50%、25% 时的基础顶面以上的纵筋长度。

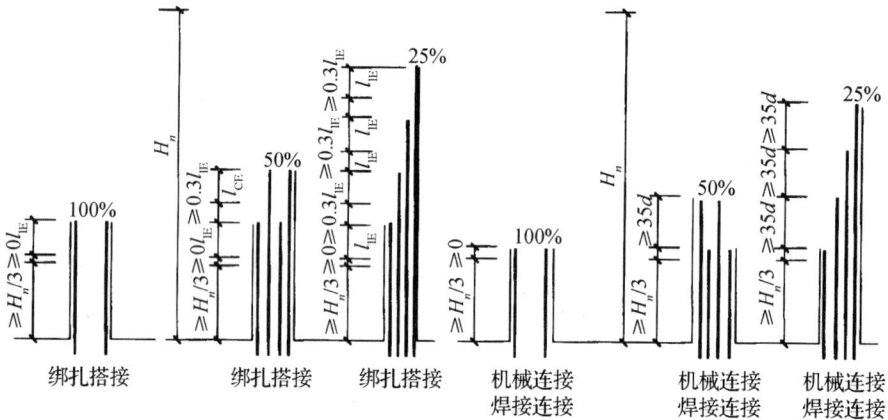

图 6-20 无地下室时基础顶面以上纵筋长度

当接头面积百分率为 50% 时,基础顶面以上的纵筋最小长度为:

绑扎搭接:短筋长度 $\qquad H_n/3 + l_{lE}(l_1)$

长筋长度 $\qquad H_n/3 + 2.6l_{lE}(l_1)$

机械连接(或焊接):短筋长度

$$H_n/3 = \max(H_{n1}, H_{n2}, H_{n3}, H_{n4})/3$$

长筋长度 $\qquad H_n/3 = 35d \qquad$ (焊接时取 $\max(35d, 500)$)

(2) 基础范围内纵筋构造。

基础范围内插筋长度,按照图 6-21 计算。

① 图中 h_j 为基础顶面至基础底面的高度。对于带基础梁的基础为基础梁顶面至基

础梁底面的高度,当柱两侧基础梁标高不同时取较低标高;

②　柱纵筋插至基础底部并支在基础底板钢筋网片上,并做弯折。当 $h_j > l_{aE}(l_a)$ 时,弯折长度取 $6d$ 和 150 mm 中的最大值;其他情况取 $15d$;同时基础插筋在基础内的直段长度应 $\geqslant 0.6l_{abE}$ 及 $\geqslant 20d$。插筋在基础内的直段长度=基础高度-基础底板保护层厚度-基础底板钢筋网的直径。

③　基础范围内箍筋设置要求如下:

当柱插筋保护层厚度大于最大钢筋直径的 5 倍时,在基础范围内设置间距小于等于 500 mm,且不少于两道矩形封闭箍筋;反之,尚需增加锚固区横向箍筋(非复合箍),如图 6 – 21 所示。

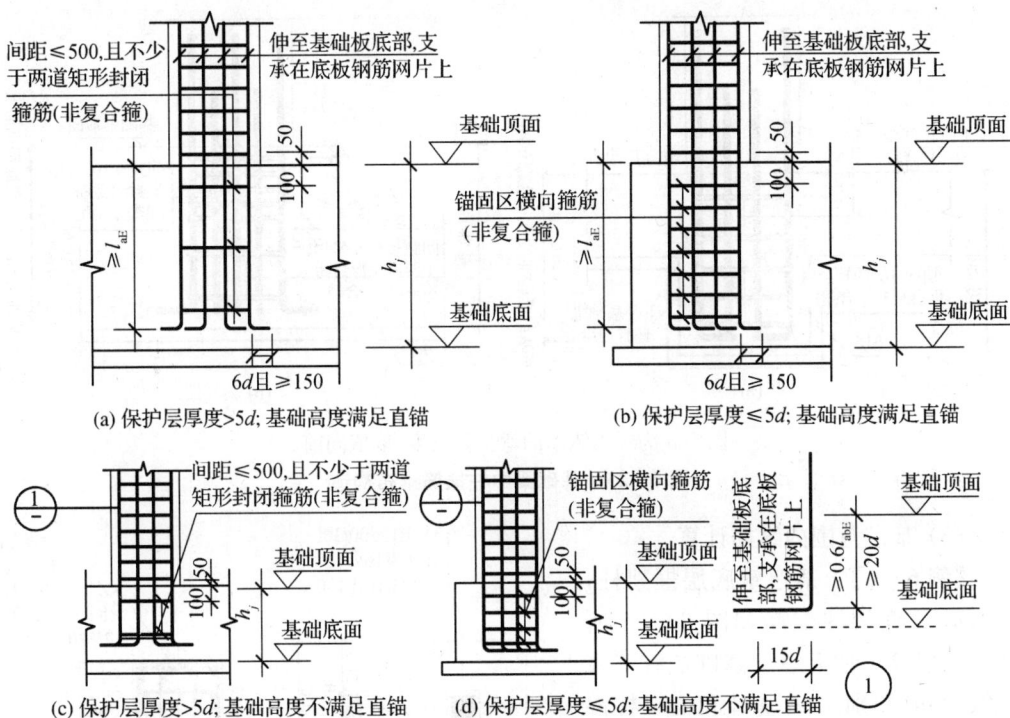

图 6 – 21　柱插筋在独立基础或独立承台的锚固构造

锚固区增加横向箍筋应满足直径 $\geqslant d/4$(d 为插筋最大直径),间距 $\leqslant 10d$(d 插筋最小直径)且 $\leqslant 100$ 的要求。

当插筋保护层厚度不一致情况下(如部分位于板中,部分位于梁内),保护层厚度小于 $5d$ 的部位应设置锚固区横向箍筋。锚固区横向箍筋也可采用封闭箍筋,设计未注明时,可按图 6 – 22 和图 6 – 23 所示施工。

④　当柱为轴心受压或小偏心受压时,基础高度不小于 1 200 mm 或者柱为大偏心受压时,基础高度不小于 1 400 mm 时,可仅将四角的插筋伸至底板钢筋网上(伸至底板钢筋网上的柱插筋之间的间距不应大于 1 000 mm),其他纵筋满足锚固长度 l_a 或 l_{aE}。

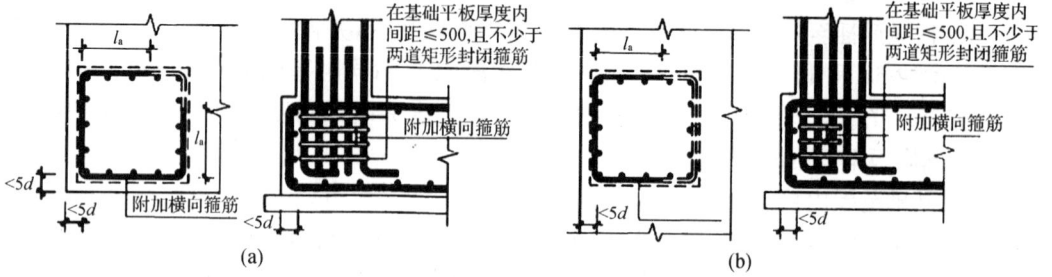

图 6-22　筏形基础转角处插筋附加横向箍筋排布构造

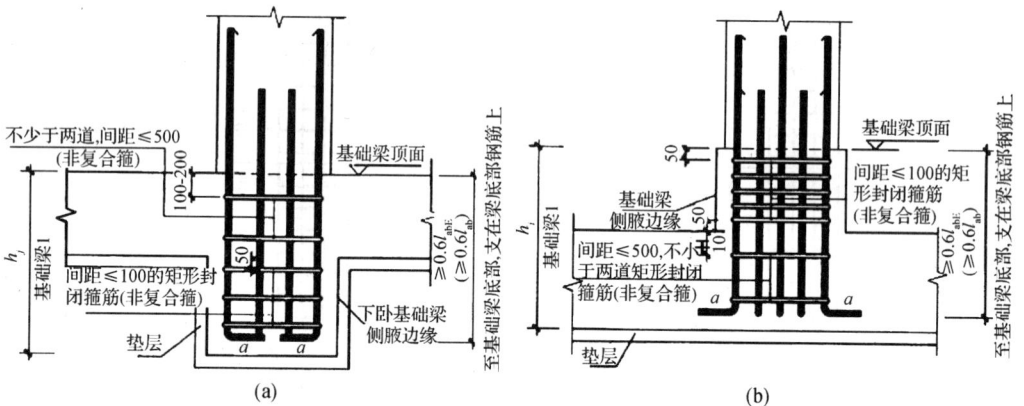

图中 a 为锚固钢筋的弯折段长度,取值同前。

图 6-23　基础梁中柱插筋排布构造

（3）基础范围内纵筋计算。

【例 6-6】 某建筑底层框架柱,柱基础及框架柱配筋如图 6-24 所示。该建筑无地下室。基础抗震等级三级,环境类别二 a,基础和框架柱混凝土强度等级 C30。基础设 C15,100 厚混凝土垫层。基底标高－2.000 m,基顶标高－1.200 m,一层建筑梁顶标高为 3.000 m,首层框架梁截面尺寸为 250 mm×600 mm。若柱纵筋采用机械连接,接头面积百分率 50%。试计

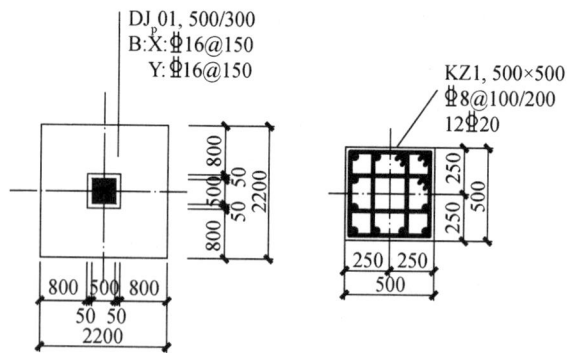

图 6-24　独立基础施工图及框架柱配筋

算:（1）基础插筋下料长度及根数;（2）插筋范围内的箍筋长度及根数。

　　解　由题查表得,柱保护层 $c=25$ mm,基础底板保护层厚度 40 mm,$l_{ab}=35d$,插筋保护层厚度大于 $5d$,修正系数 0.7。

　　则　$l_{aE}=0.7l_{ab}=0.7×35×20=490(mm)<h_j=800$ mm

　　弯折长度　$\max(6d,150)=\max(6×20,150)=150$(mm)

柱净高　　$H_n=3\,000+1\,200-600=3\,600$(mm)

基础内插筋直段长度　$800-40-16-16=728>0.6laE=0.6\times490=294$(mm),满足要求。

(1) 短筋单根长度:

$3\,600/3+(800-40-16-16)+150-2\times20=2\,038$(mm)　(6根)

(2) 长筋单根长度:

短筋长度$+35d=2\,038+35\times20=2\,738$(mm)(6根)

(3) 箍筋单根长度:

外箍长度:$L_1=2b+2h-8c+19d=500\times6-8\times25+19\times8=1\,952$(mm)　(15根)

内箍长度:$L_2=$箍筋外包尺寸$+19d$

$$=\left(\frac{500-25\times2-8\times2-20}{3}+20+8\times2\right)\times2+(500-25\times2)\times2+19\times8$$

$$=1\,400(\text{mm})\quad(30\text{根})$$

外箍根数:$2+\left(\dfrac{1\,200-50}{100}+1\right)=15$(根)

内箍根数:$15\times2=30$(根)。

4. 基础联系梁(JLL)

当建筑基础形式采用独立基础或桩基础上时,为了增加基础的整体性,调节相邻基础的不均匀沉降通常设置基础联系梁,联系梁顶面宜与独立基础顶面位于同一标高,如图6-25所示。有些工程设计中,设计人员将基础联系梁设置在基础顶面以上±0.000以下时,也可能兼做其他功能,如图6-26所示。16G101-3中认为只要该梁在设计中起到联系梁的作用就定义为基础联系梁,统一按照基础联系梁的构造施工。基础联系梁可以是连接独立基础、条形基础或桩基承台的梁;也可以是连接桩基承台和条形基础的梁;连接独立基础与桩基承台的梁。

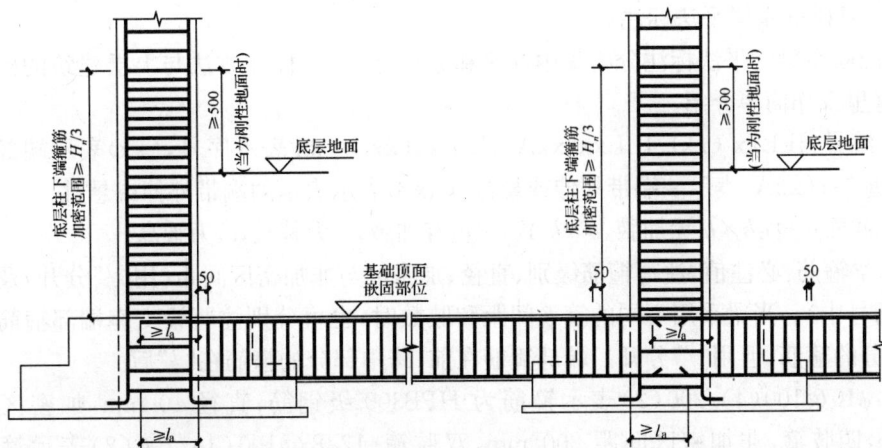

图6-25　基础联系梁顶面与基础顶面相平施工构造

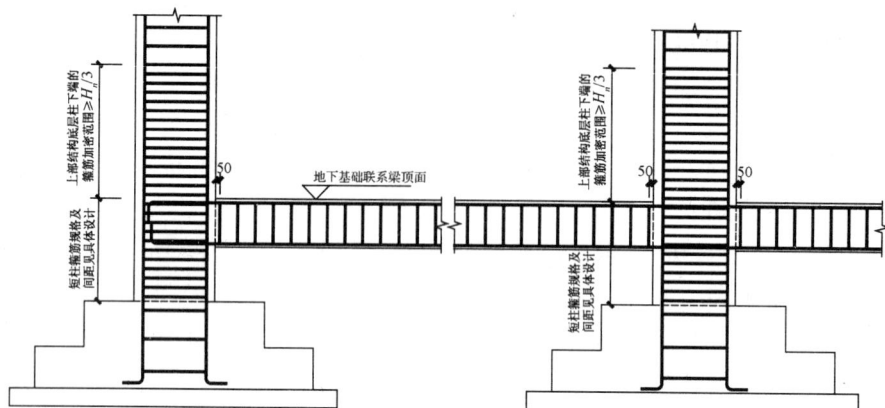

图 6-26 基础联系梁在基础顶面以上±0.000以下施工构造

需要指出的是:当独立基础埋深较大,设计人员为了降低底层柱的计算高度。也会设置与柱相连的梁(不同时作为联系梁设计),此时设计应将该梁定义为框架梁 KL,按框架梁构造施工;有些情况,为了布置上部墙体而设置了一些梁(不同时作为联系梁设计),可视为直接以独立基础或桩基承台为支座的非框架梁,设计应注写为 L 按非框架梁进行施工,如图 6-27 所示。

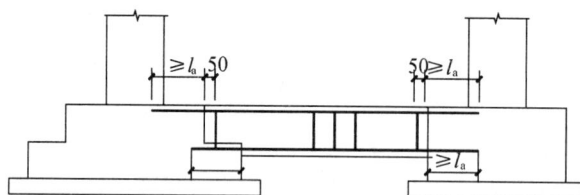

图 6-27 搁置在基础上的非框架梁(不作为基础联系梁)

(1)基础联系梁平法标注。

基础联系梁的平法标注分为集中标注和原位标注,其标注方法与上层建筑的框架梁相同,这里仅作简单介绍。

① 编号:JLLxx(xx)、JLLxx(xxA)、JLLxx(xxB),xx 表示序号,(xx)表示端部无外伸或无悬挑;(xxA)表示一端带外伸或悬挑,(xxB)表示表示两端带外伸或悬挑。

② 截面尺寸:$b \times h$ 无加腋,$b \times h$ $Yc_1 \times c_2$ 有加腋,c_1 为腋长,c_2 为腋高。

③ 梁箍筋:必注值,注写箍筋级别、直径、加密区与非加密区间距(用"/"分开)及肢数(写在括号中)。当梁采用不同的箍筋间距和肢数时,也可分别注写梁支座端部箍筋和梁跨中部分的箍筋,但用"/"分开。端部箍筋在前,跨中部分的箍筋在"/"后。

如:$\phi10@100(4)/200(2)$表示箍筋为 HPB300 级钢筋,直径 10 mm,加密区间距100 mm,四肢箍,非加密区间距 200 mm,双肢箍;$12\phi8@100(4)/200(2)$表示箍筋为HPB300 级钢筋,直径 8 mm,梁的端部各有 12 个四肢箍,间距 100,梁跨中部分间距 200,双肢箍。

④ 梁上部贯通纵筋和架立筋:当同排纵筋中既有贯通纵筋又有架立筋时,应用"+"

将贯通筋(角部纵筋写在加号前)和架立筋(写在加号后面括号内)相连;当梁的上部纵筋和下部纵筋均为贯通筋时,可同时将梁上部、下部的贯通筋表示,用";"分隔开。

如 $2\Phi25+(4\phi12)$ 表示梁中有 2 根直径为 25 mm 的 HRB400 级贯通筋,4 根直径为 12 mm 的 HPB300 级架立筋。

如 $4\Phi22;4\Phi25$ 表示梁上部配置 4 根直径为 22 mm 的 HRB400 级贯通筋,下部配置 4 根直径为 25 mm 的 HRB400 级贯通筋。

⑤ 以 G 或 N 打头注写梁两侧面对称设置的纵向构造钢筋(当梁腹板净高 $h_w\geqslant450$ mm 时设置)或受扭钢筋的总配筋值。

⑥ 选注基础联系梁顶面对于基准标高的高差值,写在(　　)中。

⑦ 当基础联系梁支座上部需要设置非贯通纵筋时,原位标注支座上部包括贯通纵筋和非贯通纵筋在内的全部纵向钢筋。

⑧ 基础联系梁跨中下部纵筋除贯通纵筋外由原位标注说明。

(2) 基础联系梁位于基础顶面以上±0.000 以下时施工构造,如图 6-28 所示。

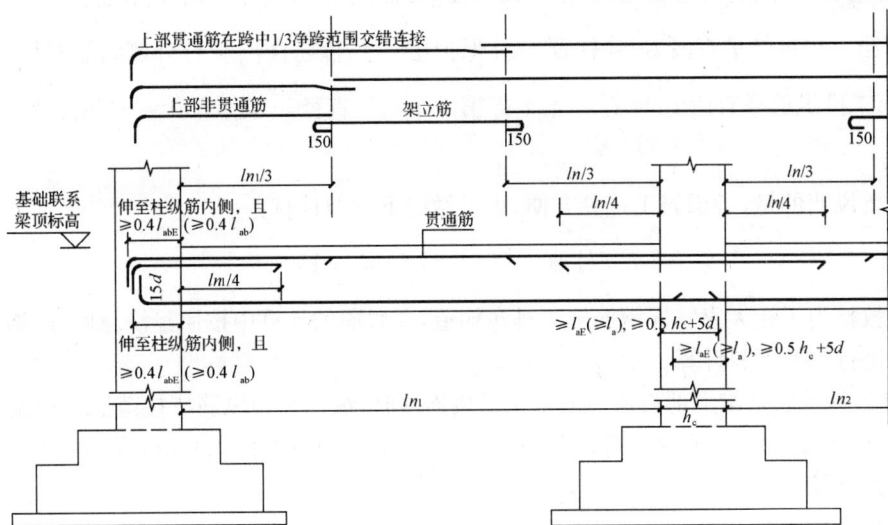

图 6-28　基础联系梁纵筋构造

当基础联系梁设置在基础顶面以上±0.000 以下时,它以框架柱为支座。当上部结构按抗震设计时,为平衡柱底弯矩而设置的基础联系梁,应按抗震框架梁施工,抗震等级同上部框架,否则按照非抗震框架梁构造进行施工。

① 基础联系梁上部贯通纵筋筋能通则通,否则应在跨中 1/3 净跨范围交错连接,并应符合连接区段长度要求,如图 6-29 所示。

端支座上部纵筋锚固有直锚、弯锚和机械锚固。机械锚固详见图集 16G101-3,直锚、弯锚形式如图 6-29 所示。梁上部纵筋端支座锚固长度计算如下。

A. 当端支座为宽支座时,即 $l=$ 柱宽-柱保护层-柱箍筋直径-柱纵筋直径 $\geqslant l_{aE}$ (l_a) 且 $\geqslant 0.5h_c+5d$ 时直锚,如图 6-29(a)所示,此时梁上部纵筋锚固长度取 $\max(l_{aE}$ (l_a),$0.5h_c+5d$)。

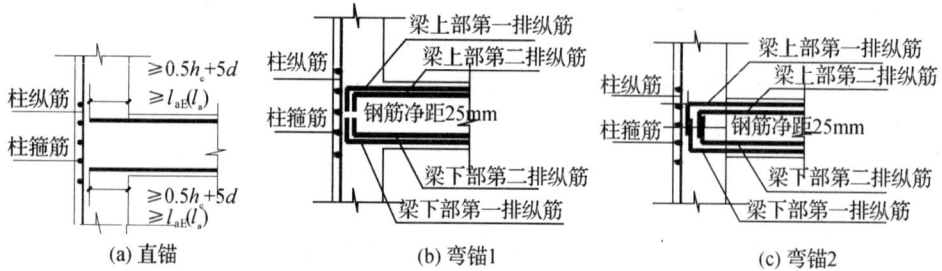

(a) 直锚   (b) 弯锚1   (c) 弯锚2

（当梁足够高，上下部纵筋弯折 15d 后钢筋不重叠用弯锚 1；否则用弯锚 2）

图 6-29　纵筋端支座锚固示意图

B. 当端支座不是宽支座时，钢筋锚固采用机械锚固或弯锚形式，如图 6-29(b)和图 6-29(c)所示为弯锚。如果用弯锚，锚固长度等于梁上部纵筋至柱纵筋内侧平直段（后简称平直段长度）$+15d$。平直段长度由计算求得且$\geq 0.4l_{abE}(0.4l_{ab})$。

当梁上部纵筋有两排纵筋时，平直段长度（参照图 6-29(c)）如下计算：

梁上部第一排纵筋平直段 $l_1 =$ 柱宽－柱保护层－柱箍筋直径－柱外侧纵筋直径－25

梁上部第二排纵筋平直段 $l_2 = l_1 －$ 梁上部第一排纵筋直径－梁下部第一排纵筋直径－25

需要说明的是，考虑施工计算方便，也可做以下近似计算：

$$l_1 = 柱宽 － 80；l_2 = 柱宽 － 150$$

本教材为了让大家掌握钢筋施工排布构造，在后面的计算中按照经济原则，严格按图集要求进行钢筋下料计算。

② 当基础联系梁上部贯通纵筋采用搭接连接时，纵向受力纵筋搭接范围内应配置箍筋，其直径不小于 $d/4$（d 为搭接钢筋最大直径），间距不应大于 100 mm 及 $5d$（d 为搭接钢筋最大直径）。

因此上部贯通筋长度满足定尺长度时，钢筋长度等于通跨净跨长（$\sum l_n$）＋首、尾端支座锚固值，否则考虑接头位置在跨中 1/3 净跨范围连接。当采用搭接连接是尚应增加钢筋搭接长度。

③ 基础联系梁上部非贯通纵筋。基础联系梁上部非贯通纵筋自柱边向跨内延伸长度第一排取净跨的 1/3，即 $l_n/3$，第二排取净跨的 1/4，即 $l_n/4$。l_n 分别取左右两跨中的最大值计算。则非贯通纵筋计算方法如下：

端支座第一排（第二排）非贯通筋长度：$l_{n1}/3(l_{n1}/4)$＋端支座锚固长度

中支座第一排（第二排）非贯通筋长度：$2 \times l_n/3(2 \times l_n/4)$＋柱宽

④ 基础联系梁架立筋。当基础联系梁上部设置架立筋时，上部非贯通纵筋与架立筋的搭接长度为 150 mm。为防止端点扎丝脱漏，光面架立筋端部应设 180°弯钩。

架立筋是连接跨中"非贯通纵筋够不着的地方"，因此架立筋和非贯通纵筋在某一跨梁中的连接顺序一般是：非贯通纵筋→架立筋→非贯通纵筋。

提示：架立筋就是把箍筋架立起来所需要的贯穿箍筋角部的纵向构造钢筋。只有在箍筋肢数多余上部通长筋的根数时，才需要配置架立筋。架立筋的根数＝箍筋肢数－上部通长筋的根数。

⑤ 基础联系梁下部纵筋。基础联系梁下部纵筋按跨布置。下部纵筋在中间支座锚固长度为 $\max(l_{aE}(l_a)$，$0.5h_c+5d)$，如图 6-28 所示。若梁下部纵筋也可在节点外搭接如图 6-30 所示。相邻跨钢筋直径不同时，搭接位置位于较小直径一跨。

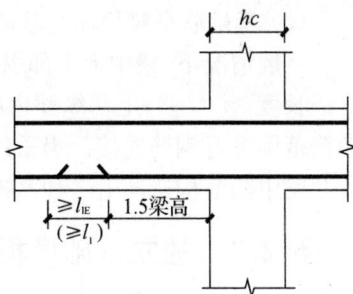

图 6-30 梁下部纵筋在节点外搭接

端支座纵筋锚固计算如下：

当端支座锚固采用直锚时，锚固长度为 $\max(l_{aE}(l_a),0.5h_c+5d)$。

当端支座锚固采用弯锚时，下部纵筋伸至梁上部纵筋弯钩内侧或在柱外侧纵筋内侧，且 $\geqslant0.4l_{abE}(0.4l_{ab})$。当梁下部纵筋有两排时，平直段长度（参照图 6-29(c)）如下计算：

梁下部第一排纵筋平直段 $l_3=l_1-$梁上部第一排纵筋直径

梁下部第二排纵筋平直段 $l_4=l_2-$梁上部第二排纵筋直径

当基础联系梁下部纵筋有贯通筋（满足定尺长度）时，钢筋长度等于通跨净跨长＋首、尾端支座锚固值；否则应考虑在支座两侧 1/3 净跨范围进行连接，且直径大的钢筋应伸入直径小的钢筋一侧连接。当采用搭接连接时尚应增加钢筋搭接长度。

基础联系梁下部纵筋各跨配置不同时，下部钢筋应按跨布置。钢筋长度等于净跨长＋左、右端支座锚固值。若单跨钢筋长度大于钢筋定尺长度时，应考虑在支座两侧 1/3 净跨范围进行钢筋连接。

⑥ 构造钢筋或受扭钢筋。当梁腹板高度 $h_w\geqslant450$ mm 时，需要在梁的两个侧面沿高度配置纵向构造钢筋，间距 $\leqslant200$ mm。构造钢筋伸入支座的长度为 $15d$，每跨构造钢筋的计算长度＝净跨长度＋$2\times15d$。若计算钢筋长度超过钢筋定尺长度时，可考虑进行搭接连接，搭接长度按照 $15d$ 计算。

当梁中配置受扭钢筋时，受扭钢筋构造要求同梁下部钢筋。

⑦ 基础联系梁的箍筋。基础联系梁的箍筋构造如图 6-26 所示。联系梁第一根箍筋从距柱边 50 mm 开始布置，若考虑抗震设计，两端按加密区箍筋布置，中间按照非加密区箍筋布置。

箍筋长度按照前面公式进行计算。

加密区根数，若图中明确标注加密区根数，按照图示标注确定，此时加密区长度从柱边算起为 $(n-1)\times$加密区间距＋50；若图中无明确标注加密区根数，则加密区长度从柱边算起为：一级抗震，$\geqslant2h$ 且 $\geqslant500$ mm（h 基础联系梁截面高度），二级～四级抗震 $\geqslant1.5h$ 且 $\geqslant500$ mm，此时：

一端加密区箍筋根数为：(加密区长度－50)/加密区间距＋1

非加密区长度：梁净距－2 倍加密区长度

非加密区箍筋根数：非加密区长度/非加密箍筋间距－1

（3）基础联系梁顶面与基础顶面相平时施工施工构造如图 6-26 所示。

一般情况下，梁中上下部纵筋均可在柱内采用直锚的形式进行钢筋锚固，不需弯锚。直锚长度$\geqslant l_a(l_{aE})$，上部纵筋也可在跨中 1/3 范围内连接。下部纵筋也可在支座两侧1/3净跨范围进行钢筋连接。当采用搭接连接时，搭接长度范围内箍筋应加密。

梁中箍筋构造同上一种基础联系梁，这里不再叙述。

6.2.3　独立基础模板施工

模板是使砼构件按几何尺寸成形的模形板，施工中要求能保证结构和构件的形状、位置、尺寸的准确；具有足够的强度、刚度和稳定性；装拆方便能多次周转使用；接缝严密不漏浆。

模板的种类按材料分：有木模板、土模、胶合板模板、钢模板、塑料模板、钢木模板、铸铝合金模板等。基础常用木模板、胶合板模板和钢模板等。

1. 木模板

木模板一般用拼板拼装形成。拼板一般用宽度小于 200 mm 的木板，再用 25 mm×25 mm 的木档钉成。侧模厚度一般为采用 20～30 mm，底板厚度为 40～50 mm。

（1）阶形基础的模板。

阶形基础的模板每一台阶模板由四块侧板拼钉而成，其中两块侧板的尺寸与相应的台阶侧面尺寸相等；另两块侧板长度应比相应的台阶侧面长度大 150～200 mm，高度与其相等。四块侧板用木档拼成方框。上台阶模板的其中两块侧板的最下一块拼板要加长，以便搁置在下层台阶模板上，下层台阶模板的四周要设斜撑及平撑支撑住。斜撑和平撑一端钉在侧板的木档（排骨档）上；另一端顶紧在木桩上。上台阶模板的四周也要用斜撑和平撑支撑住，斜撑和平撑的一端钉在上

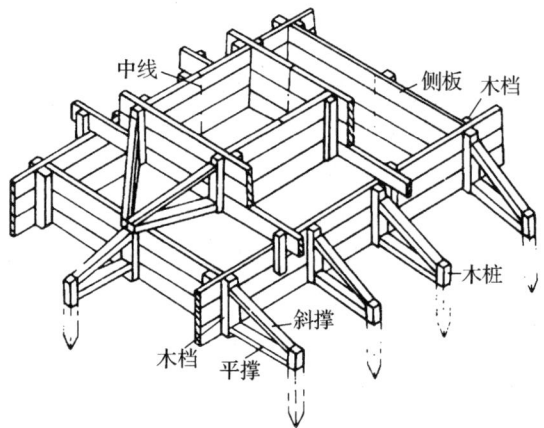

图 6-31　阶形独立基础模板

台阶侧板的木档上，另一端可钉在下台阶侧板的木档顶上，如图 6-31 所示。

模板安装前，垫层清理完毕后在其上弹出基础中心线、基础边线、台阶位置线、柱边线等，同时在侧板内侧划出中线。安装时，先把下台阶模板放在基坑底，模板中心线对准基础中心线，并用水平尺校正其标高，在模板周围钉上木桩，在木桩与侧板之间，用斜撑和平撑进行支撑，然后把钢筋网放入模板内，再把上台阶模板放在下台阶模板上，两者中线互相对准，并用斜撑和平撑加以钉牢。

2. 组合钢模板

组合钢模板的部件有钢模板、连接件和支撑件三部分组成。钢模板主要类型有平面模板、阳角模板、阴角模板、连接角模；连接件主要有 U 形卡、L 形插销、钩头螺栓、紧固螺栓、扣件、对拉螺栓等；支撑件包括钢管支架、门式支架、碗扣式支架、钢支柱、斜撑钢愣、木

方等。组合钢模板常用部件如图 6-32 所示。

钢模板由面板、边肋、端肋、纵横肋组成。面板和边肋、端肋常用 2.5～3.0 mm 厚的钢板轧制而成，纵横肋则采用 3 mm 厚扁钢与面板及边框焊接而成。钢模的厚度有 55 mm 和 70 mm。为便于钢模之间的连接，边框上都有连接孔，且无论长短孔距均保持一致，以便拼接顺利。

平面模板应用于各种平面结构。平面模板宽度有 100 mm、150 mm、200 mm、250 mm 和 300 mm 五种规格；长度上则有 450 mm、600 mm、750 mm、900 mm、1 200 mm 和 1 500 mm 六种，因此可组成 5×6＝30 种规格的钢模。平面模板的代号以字母 P 开头表示种类，用长宽尺寸组成的四位数字表示规格。如宽 300 mm、长 1 500 mm 的平面模板代号为 P3015。

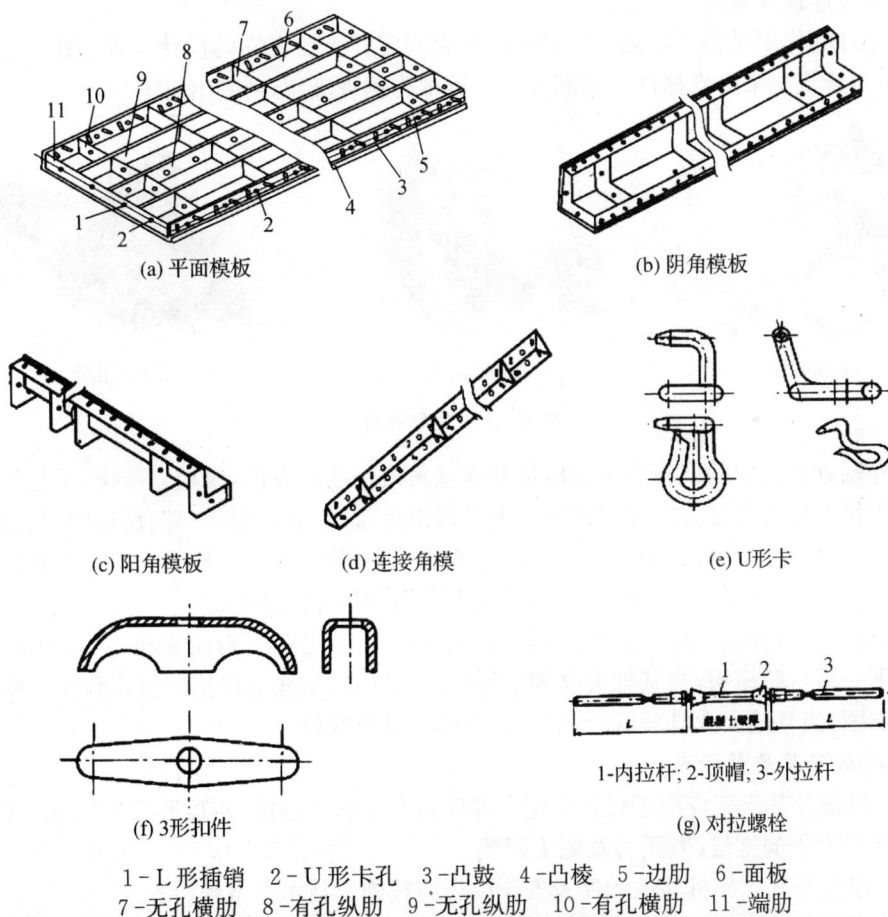

(a) 平面模板

(b) 阴角模板

(c) 阳角模板

(d) 连接角模

(e) U形卡

(f) 3形扣件

1-内拉杆；2-顶帽；3-外拉杆

(g) 对拉螺栓

1-L形插销　2-U形卡孔　3-凸鼓　4-凸棱　5-边肋　6-面板
7-无孔横肋　8-有孔纵肋　9-无孔纵肋　10-有孔横肋　11-端肋

图 6-32　组合钢模板常用部件

转角模板分为阴角模板、阳角模板和连接角模三种。阴、阳角模板是指混凝土成型后的转折处为阴角或阳角的模板。模板的转折处做成弧形，起连接两侧平模的作用。连接角模是直接将互成直角的平模连接固定，其本身并不与混凝土接触。阴、阳角模长度与平面模板一致。阴角模有 150 mm×150 mm 和 150 mm×100 mm 两种肢长，代号以字母 E 开头,如肢长为 150 mm×150 mm,长为 900 mm 的阴角模代号为 E1509;阳角模以 Y 表示,肢长有 100 mm×100 mm 和 50 mm×50 mm 两种,如肢长为 50 mm×50 mm,长为750 mm 的代号为 Y0507;连接角模以 J 表示,长为 900 mm 的角模其代号为 J0009。

U 形卡和 L 形插销是用于将模板纵横向自由连接的配件。U 形卡可将相邻模板锁位并夹紧,保证相邻模板不错位,并使接缝紧密;L 形插销插入横肋的插销孔内,可增强模板纵向接缝的刚度,也可防止水平模板拆卸时模板一齐掉下来。其安装间距不大于 300 mm,纵向连接两者间隔使用。另外,大片模板组装时采用钢楞或钢管,用扣件和钩头螺栓连接固定。对拉螺栓用于拉结两侧模板,保证两侧模板的间距,使其能承受混凝土侧压力及其他荷载;3 形扣件用于钢楞与钢楞板或钢楞之间的紧固连接,与其他构件一起将钢模板拼装连接成整体。

支撑件的作用是将已拼装完毕的模板组合固定并支撑在它的设计位置。在工程施工中,常用钢管支架来作支撑件。如图 6-33 所示为钢管支架连接扣件图。

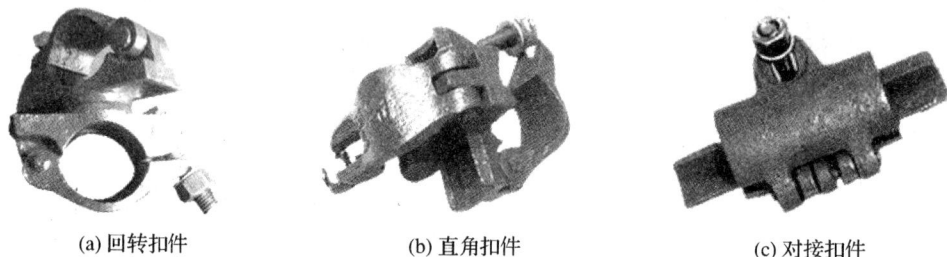

(a) 回转扣件　　　　　　　　(b) 直角扣件　　　　　　　　(c) 对接扣件

图 6-33　钢管扣件

独立基础各台阶的模板用平面模板和连接角模连接成方框,模板宜横排,不足部分改用竖排组拼。模板高度方向如用两块以上模板组拼时,一般应用竖向钢楞连固,其接缝齐平布置时,竖楞间距一般宜为 750 mm;当接缝错开布置时,竖楞间距最大可为 1 200 mm。横楞、竖楞可采用 $\phi48×3.5$ 的钢管,四角交点用钢管扣件连接固定。

阶形基础,可分次支模。上台阶的模板可用抬杠固定在下台阶模板上,抬杠可用钢楞。最下一层台阶模板,当基础大放脚不厚时,可采用在基底上设锚固桩或斜撑支撑或者用钢楞加固,当基础大放脚较厚时,应按计算设置对拉螺栓。

3. **模板安装质量检查**

(1) 模板及其支架应根据设计确定。并应具有足够的强度、刚度和稳定性,能可靠地承受浇筑混凝土的重量、侧压力及施工荷载。

(2) 模板及其支架拆除的顺序及安全措施应按施工技术方案执行。

(3) 模板安装应满足以下主控项目要求:

安装现浇结构的上层模板及其支架时,下层模板应具有承受上层荷载的承载能力,或加设支架;上、下层支架的立柱应对准,并铺设垫板;在涂刷模板隔离剂时,不得沾污钢筋和混凝土接槎处。

(4) 模板安装应满足以下一般项目要求:

① 模板的接缝不应漏浆;在浇筑混凝土前,木模板应浇水湿润,但模板内不应有积水;

② 模板与混凝土的接触面应清理干净并涂刷隔离剂,但不得采用影响结构性能或妨碍装饰工程施工的隔离剂;

③ 浇筑混凝土前,模板内的杂物应清理干净;

④ 对清水混凝土工程及装饰混凝土工程,应使用能达到设计效果的模板;

⑤ 用作模板的地坪、胎模等应平整光洁,不得产生影响构件质量的下沉、裂缝、起砂或起鼓;

⑥ 对跨度不小于 4 m 的现浇钢筋混凝土梁、板,其模板应按设计要求起拱;当设计无具体要求时,起拱高度宜为跨度的 1/1 000～3/1 000;

⑦ 固定在模板上的预埋件、预留孔和预留洞均不得遗漏,且应安装牢固,其偏差应符合表 6-17 的规定。

表 6-17 预埋件和预留孔洞的允许偏差

项　目		允许偏差/mm
预埋钢板中心线位置		3
预埋管、预留孔中心线位置		3
插　筋	中心线位置	5
	外露长度	+10,0
预埋螺栓	中心线位置	2
	外露长度	+10,0
预留洞	中心线位置	10
	尺　寸	+10,0

注:检查中心线位置时,应没纵、横两个方向量测,并取其中的较大值。

⑧ 现浇结构模板安装的偏差应符合表 6-18 的规定。

表 6-18 现浇结构模板安装的允许偏差及检验方法

项　目		允许偏差/mm	检验方法
轴线位置		5	钢尺检查
底模上表面标高		±5	水准仪或拉线、钢尺检查
截面内部尺寸	基　础	±10	钢尺检查
	柱、墙、梁	+4,-5	钢尺检查
层高垂直度	不大于 5 m	6	经纬仪或吊线、钢尺检查
	大于 5 m	8	经纬仪或吊线、钢尺检查
相邻两板表面高低差		2	钢尺检查
表面平整度		5	2 m 靠尺和塞尺检查

注:检查轴线位置时,应沿纵、横两个方向量测,并取其中的较大值。

6.2.4　独立基础钢筋工程施工

钢筋加工一般集中在车间采用流水作业法进行,然后运至工地进行安装和绑扎。钢筋加工主要包括调直、除锈、切断、弯曲等工序。

1. 钢筋加工

(1) 钢筋除锈。现场一般在钢筋冷拉或调直过程中除锈。

(2) 钢筋调直。主要通过调直机、卷扬机张拉。调直机调直时同时可以除锈和切断钢筋。

(3) 钢筋的切断。主要用切断机和手动剪切器参照钢筋配料单进行。

(4) 钢筋弯曲。钢筋弯曲前对形状复杂的钢筋,根据钢筋配料单上标明的尺寸,用石笔将各弯曲点位置画出,然后通过机械弯曲或人工弯曲(钢筋直径在 12 mm 以下)完成。

(5) 钢筋加工质量检查。钢筋加工完成后进行质量检查,主控项目和一般项目的检查满足以下要求。

① 主控项目。

受力钢筋弯钩和弯折应符合前述规定;弯曲弯弧内直径、弯折角度、平直段长度应符合前述规定。

② 一般项目。

钢筋调直宜采用机械方法。当采用冷拉方法时,HPB300 级钢筋的冷拉率应不宜大于 4%,HRB335 级、HRB400 级、RRB400 级钢筋不宜大于 1%。钢筋加工的形状尺寸应符合设计要求,允许偏差如表 6-19 所示。

表 6-19　钢筋加工的允许偏差

项目	允许偏差/mm	质量检查
受力钢筋顺长度方向全长的净尺寸	±10	主控和一般项目用钢尺检查,每一工作班同一类型钢筋、同一加工设备抽查不应少于 3 件。
弯起钢筋的弯折位置	±20	
箍筋内的净尺寸	±5	

2. 钢筋安装与绑扎

(1) 施工工艺。

基础垫层清理→画线(底板钢筋位置线、中线、边线、洞口位置线)→钢筋半成品运输到位→布放钢筋→钢筋绑扎→设置垫块→插筋设置→钢筋质量检查→下一道工序。

双层钢筋网施工工艺:基础垫层清理→画线(底板钢筋位置线、中线、边线、洞口位置线)→钢筋半成品运输到位→绑扎下层钢筋网→垫块→放钢筋撑脚→绑扎上层钢筋网→插筋设置→钢筋质量检查→下一道工序。

(2) 施工要点。

① 普通单柱独立基础为双向弯曲,其底面短边的钢筋应放在长边钢筋的上面。

② 下层钢筋的弯钩应朝上,不要倒向一边;但双层钢筋网的上层钢筋弯钩应朝下。

③ 钢筋网的绑扎。四周两行钢筋交叉点应每点扎牢,中间部分交叉点可相隔交错扎

牢,但必须保证受力钢筋不发生位移。双向主筋的钢筋网,则须将全部钢筋相交点扎牢。绑扎时应注意相邻绑扎点的铁丝扣要成八字形,以免网片歪斜变形。

④ 基础底板采用双层钢筋网时,当板厚小于 1 m 时,在上层钢筋网下面应设置钢筋撑脚或混凝土撑脚,以保证钢筋位置正确。

钢筋撑脚的形式与尺寸如图 6-34 所示,每隔 1 m 放置一个。其直径选用:当板厚 $h \leqslant 300$ mm 时为 $8 \sim 10$ mm;当板厚 $h = 300 \sim 500$ mm 时为 $12 \sim 14$ mm;当板厚 $h > 500$ mm 时为 $16 \sim 18$ mm。

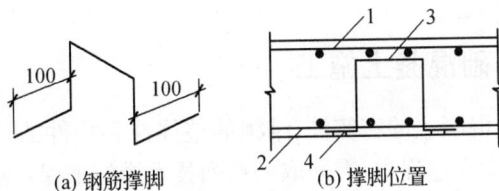

(a) 钢筋撑脚　　(b) 撑脚位置

1-上层钢筋网　2-下层钢筋网　3-撑脚　4-水泥垫块

图 6-34　钢筋撑脚

⑤ 现浇柱与基础连接用的插筋,其箍筋应比柱的箍筋缩小一个柱筋直径,以便连接。基础插筋一般与底板钢筋绑扎在一起,插筋位置一定要固定牢靠,以免造成柱轴线偏移。

⑥ 控制保护层厚度的垫块有水泥砂浆垫块或塑料卡。水泥砂浆垫块的厚度应等于保护层厚度。垫块的平面尺寸,当保护层厚度小于等于 20 mm 时为 30 mm×30 mm,大于 20 mm 时为 50 mm×50 mm。当在垂直方向使用垫块时,可在垫块中埋入 20 号铁丝。塑料卡的形状有塑料垫块和塑料环圈。目前施工中多用塑料卡。

3. 钢筋安装质量检查

(1) 主控项目:钢筋安装时,受力钢筋的品种、级别、规格和数量必须符合设计要求。

(2) 一般项目:钢筋安装位置的偏差应符合表 6-20 的规定。

表 6-20　钢筋安装位置的允许偏差和检验方法

项　目			允许偏差/mm	检验方法
绑扎钢筋网	长、宽		±10	钢尺检查
	网眼尺寸		±20	钢尺量连续三档,取最大值
绑扎钢筋骨架	长		±10	钢尺检查
	宽、高		±5	钢尺检查
受力钢筋	间距		±10	钢尺量两端、中间各一点,取最大值
	排距		±5	钢尺检查
	保护层厚度	基础	±10	钢尺检查
		柱、梁	±5	钢尺检查
		板、墙、壳	±3	钢尺检查
绑扎箍筋、横向钢筋间距			±20	钢尺量连续三档,取最大值

（续表）

项　目		允许偏差/mm	检验方法
钢筋弯起点位置		20	钢尺检查
预埋件	中心线位置	5	钢尺检查
	水平高差	+3.0	钢尺和塞尺检查

注:1. 检查预埋件中心线位置时,应沿纵、横两个方向量测,并取其中的较大值;
　　2. 表中梁类、板类构件上部纵向受力钢筋保护层厚度的合格点率应达到 90% 及以上,且不得有超过表中数值 1.5 倍的尺寸偏差。

6.2.5　独立基础混凝土施工

混凝土的浇筑对于混凝土的密实性、结构的整体性和构件的尺寸准确性都起着决定性的作用,故在混凝土浇筑过程中,需采取一系列技术措施来保证混凝土工程的质量。

1. 浇筑前准备工作

混凝土浇筑前做好混凝土配制及运输工作。并在浇筑前检查模板的标高、尺寸、位置、强度、刚度等内容是否满足要求,模板接缝是否严密;钢筋及预埋件的数量、型号、规格、摆放位置、保护层厚度等是否满足要求,并做好隐蔽工程;模板中的垃圾应清理干净;木模板应浇水湿润,同时做好基坑周围及坑内排水设施才能浇筑混凝土。

2. 施工要点

(1) 浇筑前准备工作→混凝土浇筑→混凝土振捣→混凝土养护→模板拆除→下一道工序。

(2) 浇筑混凝土前 1.5 h 左右,由施工现场专业工长填写"混凝土浇灌申请书",报建设(监理)单位批准。由混凝土搅拌站按照配合比配制混凝土。用搅拌运输车运输到施工现场。

(3) 混凝土搅拌完毕后需运输到施工现场进行浇筑,混凝土在运输过程中应保持其均匀性,不分层、不离析、不漏浆,运输到规定地点后应具有规定的坍落度,并保证有充足的时间进行浇筑和振捣。若混凝土到达浇筑地点后已出现离析或初凝现象,则必须在浇筑点进行二次搅拌。

(4) 混凝土应以最少的转运次数和最短的时间,从搅拌地点运至浇筑现场。混凝土从搅拌机中卸出到浇筑完毕的延续时间不宜超过表 6-21 的规定。

表 6-21　混凝土从搅拌机中卸出到浇筑完毕的延续时间　　　　　单位:min

混凝土强度等级	气　温	
	不高于 25℃	高于 25℃
不高于 C30	120	90
高于 C30	90	60

注:1. 对掺有外加剂或采用快硬水泥拌制的混凝土,其延续时间应按试验确定;
　　2. 对轻骨料混凝土,其延续时间应适当缩短。

(5) 为防止混凝土离析,当混凝土浇筑高度超过 3 m 时,应沿串筒、溜槽、溜管下落,以保证混凝土的自由落差不大于 2 m,并应保证混凝土出口的下落方向垂直。

（6）混凝土的浇筑工作需连续进行,最好不中途停歇,如必须停歇时,其间歇时间应尽量缩短,并应在前层混凝土初凝前完成次层混凝土的浇筑。规范混凝土运输、浇筑和间歇的全部时间不得超过表 6 - 22 的规定,否则应设置施工缝。

表 6 - 22   混凝土运输、浇筑和间歇的允许时间   单位:min

混凝土强度等级	气　温	
	不高于 25℃	高于 25℃
不高于 C30	210	180
高于 C30	180	150

注:当混中掺有促凝或缓凝型外加剂时,其允许时间应根据试验结果确定。

（7）台阶式基础施工时,可按台阶分层一次浇筑完毕,不允许留设施工缝,混凝土分层厚度应满足规范的要求。每浇筑完成一台阶应稍停 30～60 min,使其初步获得沉实,再浇筑上层台阶。每层混凝土要一次卸足,顺序是先边角后中间,务使砂浆充满模板。

（8）浇筑台阶式柱基时,为防止垂直交角处可能出现吊脚(上层台阶与下口混凝土脱空)现象,可采取如下措施:

① 在第一级混凝土捣固下沉 20 mm～30 mm 后暂不填平,继续浇筑第二级,先用铁锹沿第二级模板底圈做成内外坡,然后再分层浇筑,外圈边坡的混凝土于第二级振捣过程中自动摊平,待第二级混凝土浇筑后,再将第一级混凝土齐模板顶边拍实抹平,如图6 - 35 所示。

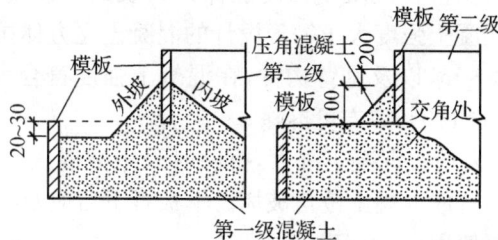

图 6 - 35   台阶式柱基础交角处混凝土浇筑方法示意图

② 捣完第一级后拍平表面,在第二级模板外先压以 200 mm×100 mm 的压角混凝土并加以捣实后,再继续浇筑第二级。待压角混凝土接近初凝时,将其铲平重新搅拌利用;

③ 如条件许可,宜采用柱基流水作业方式,即顺序先浇一排柱基第一级混凝土,再回转依次浇第二级。这样对已浇好的第一级将有一个下沉的时间,但必须保证在第一级混凝土初凝前完成第二级混凝土的浇筑。

（9）对于锥型基础,应注意保持锥体斜面坡度的正确,斜面部分的模板应随混凝土浇捣分段支设并顶压紧,以防模板上浮变形,边角处的混凝土必须捣实。严禁斜面部分不支模只用铁锹拍实。基础上部柱子后施工时,可在上部水平面留设施工缝,施工缝的处置按照有关规定执行。

（10）现浇柱下基础时,要特别注意插筋的位置,防止移位和倾斜,发现偏差及时纠正。在浇筑开始时,先满铺一层 50～100 mm 厚的混凝土并捣实,使柱子插筋下段和钢筋网片的位置基本固定,然后对称浇筑。

(11)混凝土浇筑完后振捣多采用插入式振动器振捣。使用插入式振动器时,要做到"快插慢拔"。一般每个插入点的振捣时间为 20～30 s,而且以混凝土表面呈现浮浆,不再出现气泡,表面不再沉落为准。振捣时间过短混凝土不易被捣实,过长又可能使混凝土出现离析。

(12)振捣时插点排列要均匀,可采用"行列式"或"交错式"的次序移动,且不得混用,以免漏振。每次移动间距,对于普通混凝土不宜大于振捣器作用半径的 1.5 倍;对于轻骨料混凝土,不宜大于其作用半径。布置插点时,振动器与模板的距离不应大于振动器作用半径的 0.5 倍,并应避免碰撞模板、钢筋、预埋件等。

(13)混凝土浇筑完毕 12 h 以内,应进行覆盖和洒水养护。一般每天不少于 2 次洒水,对于采用硅酸盐水泥、普通硅酸盐水泥或矿渣硅酸盐水泥拌制的混凝土,不得少于 7 d,对掺用缓凝型外加剂或有抗渗性要求的混凝土,不得少于 14 d,必要时采取保温措施。对于一些表面积较大或难以覆盖浇水养护的工程,可采用塑料薄膜养护。混凝土强度须达到 1.2 N/mm² 后,方可允许上人和在上面进行施工。

(14)混凝土浇筑完毕要进行多次搓平,保证混凝土表面不产生裂纹,具体方法是振捣完后先用长刮杠刮平,待表面收浆后,用木抹刀搓平表面,并覆盖塑料布以防表面出现裂缝,在终凝前掀开塑料布再进行搓平,要求搓压三遍,最后一遍抹压要掌握好时间,以终凝前为准,终凝时间可用手压法把握。

(15)现浇结构的模板及其支架拆除时的混凝土强度应符合设计要求;当设计无具体要求时应符合下列规定:侧模在混凝土强度能保证其表面及棱角不受损伤方可拆除;底模:当梁跨度≤8 m,在混凝土强度大于等于设计的混凝土立方体抗压强度标准值的 75% 后方可拆除;当梁跨度＞8 m,以及悬臂构件,在混凝土强度符合大于等于设计的混凝土立方体抗压强度标准值的 100% 后方可拆除。

(16)拆模前应设专人检查混凝土强度,拆除时采用撬棍从一侧顺序拆除,不得采用大锤砸或撬棍乱撬,以免造成混凝土棱角破坏。模板拆下后应及时加以清理和修整,按种类和尺寸堆放,以便重复使用。

3. 混凝土施工质量检查

对混凝土的质量检查应贯穿于工程施工的全过程,从混凝土的配料、搅拌、运输、浇筑直至最后对混凝土试块强度的评定。

(1)施工过程中的质量检查。

① 原材料。施工中应随时检查各种原材料的品种、规格、用量,每一工作班至少检查两次。如水泥的品种、标号是否与设计一致;使用时是否已超过三个月的有效期;配合比是否严格执行;砂石的级配,含泥量、杂质含量是否满足要求等内容。

② 混凝土搅拌后。主要检查坍落度是否满足设计要求,要求一个工作班至少检查两次。混凝土运至浇筑地点的坍落度与要求坍落度的差值不得超过表 6-23 的规定。搅拌混凝土时的搅拌时间,也应随时检查,不宜过短或过长。

表 6-23　混凝土坍落度与要求坍落度之间的允许偏差

要求坍落度/mm	允许偏差/mm
<50	±10
50~90	±20
>9	±30

③ 运输。应保证混凝土在运到浇筑地点后在混凝土初凝以前有充足时间进行浇筑、振捣。另一方面就是运输途中需保持混凝土的匀质性、不分层、不离析、坍落度不过分减少等。

④ 浇筑。浇筑过程最易产生质量问题,如蜂窝,麻面、露筋、露石等问题就是由于振捣不密实造成的。

(2) 混凝土浇筑完毕后的强度检验。

混凝土施工完成后,应对混凝土强度等级进行质量检查。当对混凝土有特殊要求时,还需做抗冻、抗渗试验。混凝土强度等级必须符合设计要求,用于检查结构构件混凝土强度的试件,应在混凝土的浇筑地点随机抽取。

混凝土标准试件一般采用边长 150 mm 的立方体试块,在温度 20℃±3℃和相对湿度在 90% 以上的潮湿环境中养护 28 d,用标准试验方法测得的混凝土立方体抗压强度标准值,所得结果作为判定结构或构件是否达到设计强度等级的依据。

在实际施工中,有时也采用边长 100 mm 或 200 mm 的立方体试块,则所测得的抗压强度应分别乘以换算系数 0.95 或 1.05,折算成标准试块强度。

(3) 外观质量及允许偏差。

混凝土结构构件拆模后,应由监理(建设)单位、施工单位对外观质量及允许偏差进行检查,做出记录,并应及时按施工技术方案对缺陷进行处理。现浇结构外观质量缺陷应根据其对结构性能和使用功能影响的严重程度按照表 6-24 确定。

表 6-24　现浇结构外观质量缺陷

名　称	现　象	严重缺陷	一般缺陷
露筋	构件内钢筋未被混凝土包裹而外露	纵向受力钢筋有露筋	其他钢筋有少量露筋
蜂窝	混凝土表面缺少水泥砂浆而形成石子外露	构件主要受力部位有蜂窝	其他部位有少量蜂窝
孔洞	混凝土中孔穴深度和长度均超过保护层厚度	构件主要受力部位有孔洞	其他部位有少量孔洞
夹渣	混凝土中夹有杂物且深度超过保护层厚度	构件主要受力部位有夹渣	其他部位有少量夹渣
疏松	混凝土中局部不密实	构件主要受力部位有疏松	其他部位有少量疏松
裂缝	缝隙从混凝土表面延伸至混凝土内部	构件主要受力部位有影响结构性能或使用功能的裂缝	其他部位有少量不影响结构性能或使用功能的裂缝

（续表）

名 称	现 象	严重缺陷	一般缺陷
连接部位缺陷	构件连接处混凝土缺陷及连接钢筋、连接件松动	连接部位有影响结构传力性能的缺陷	连接部位有基本不影响结构传力性能的缺陷
外形缺陷	缺棱掉角、棱角不直、翘曲不平、飞边凸肋等	清水混凝土构件有影响使用功能或装饰效果的外形缺陷	其他混凝土构件有不影响使用功能的外形缺陷
外表缺陷	构件表面麻面、掉皮、起砂、沾污等	具有重要装饰效果的清水混凝土表面有外表缺陷	其他混凝土构件有不影响使用功能的外表缺陷

① 外观质量。

A. 主控项目。现浇结构的外观质量不应有严重缺陷。对已经出现的严重缺陷,应由施工单位提出技术处理方案,并经监理(建设)单位认可后进行处理。对经处理的部位,应重新检查验收。

B. 一般项目。现浇结构的外观质量不宜有一般缺陷。对已经出现的一般缺陷,应由施工单位按技术处理方案进行处理,并重新检查验收。

② 尺寸偏差

A. 主控项目。现浇结构不应有影响结构性能和使用功能的尺寸偏差。混凝土设备基础不应有影响结构性能和设备安装的尺寸偏差。

对超过尺寸允许偏差且影响结构性能和安装、使用功能的部位,应由施工单位提出技术处理方案,并经监理(建设)单位认可后进行处理。对经处理的部位,应重新检查验收。

B. 一般项目。现浇结构和混凝土设备基础拆模后的尺寸偏差应符合表 6‐25 和表 6‐26 的规定。

表 6‐25　现浇结构尺寸允许偏差和检验方法

项 目		允许偏差/mm	检验方法
轴线位置	基础	15	钢尺检查
	独立基础	10	
	墙、柱、梁	8	
	剪力墙	5	
垂直度	层高 ≤5 m	8	经纬仪或吊线、钢尺检查
	层高 >5 m	10	经纬仪或吊线、钢尺检查
	全高(H)	$H/1\,000$ 且≤30	经纬仪、钢尺检查
标高	层高	±10	水准仪或拉线、钢尺检查
	全高	±30	
截面尺寸		+8,−5	钢尺检查

（续表）

项 目		允许偏差/mm	检验方法
电梯井	井筒长、宽对定位中心线	+25,0	钢尺检查
	井筒全高(H)垂直度	$H/1\,000$且≤30	经纬仪、钢尺检查
表面平整度		8	2 m靠尺和塞尺检查
预埋设施中心线位置	预埋件	10	钢尺检查
	预埋螺栓	5	
	预埋管	5	
预留洞中心线位置		15	钢尺检查

注:检查轴线、中心线位置时,应沿纵、横两个方向量测,并取其中的较大值。

表 6-26 混凝土设备基础尺寸允许偏差和检验方法

项 目		允许偏差/mm	检验方法
坐标位置		20	钢尺检查
不同平面的标高		0,20	水准仪或拉线、钢尺检查
平面外形尺寸		±20	钢尺检查
凸台上平面外形尺寸		0,−20	钢尺检查
凹穴尺寸		+20,0	钢尺检查
平面水平度	每米	5	水平尺、塞尺检查
	全长	10	水准仪或拉线、钢尺检查
垂直度	每米	5	经纬仪或吊线、钢尺检查
	全高	10	水准仪或拉线、钢尺检查
预埋地脚螺栓	标高(顶部)	+20,0	水准仪或拉线、钢尺检查
	中心距	±2	钢尺检查
预埋地脚螺栓孔	中心线位置	10	钢尺检查
	深度	+20,0	钢尺检查
	孔垂直度	10	吊线、钢尺检查
预埋活动地脚螺栓锚板	标高	+20,0	水准仪或拉线、钢尺检查
	中心线位置	5	钢尺检查
	带槽锚板平整度	5	钢尺、塞尺检查
	带螺纹孔锚板平整度	2	钢尺、塞尺检查

注:检查坐标、中心线位置时,应沿纵、横两个方向量测,并取其中的较大值。

6.3 条形基础施工

6.3.1 条形基础图纸识读

条形基础整体上可分为梁板式条形基础和板式条形基础两类,如图 6-36 所示。

梁板式条形基础适用于钢筋混凝土框架结构、框架—剪力墙结构、框支结构和钢结构。平法施工图将梁板式条形基础分解为基础梁和条形基础底板分别进行表达。

板式条形基础适用于钢筋混凝土剪力墙结构和砌体结构。

(a) 板式条形基础 (b) 梁板式条形基础

图 6-36 条形基础示意

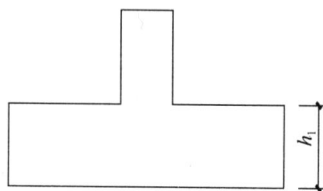

1. 条形基础底板平法标注及施工构造

(1)条形基础底板平法标注。条形基础底板标注分为集中标注和原位标注。

集中标注内容为:条形基础底板编号、截面竖向尺寸、基础底板底部与顶部配筋三项必注内容,以及条形基础底板底面标高(与基础底面基准标高不同时),必要的文字注解两项选注内容。素混凝土条形基础底板的集中标注,除无底板配筋内容外,其形式、内容与钢筋混凝土条形基础底板相同。

条形基础底板编号如表 6-27 所示。条形基础底板截面竖向尺寸标注为 $h_1/h_2/h_3$,表示自下而上的尺寸,如图 6-37 和 6-38 所示。

基础底板配筋以 B 打头注写条形基础底板底部横向受力钢筋与分布筋,注写时,用"/"分隔横向受力筋与分布筋,如图 6-39;当为双梁(或双墙)条形基础底板时,除在底板底部配置钢筋外,一般尚需在两根梁或两道墙之间的底板顶部配置钢筋,以 T 打头注写条形基础底板顶部的横向受力筋与分布筋,如 T:受力钢筋/分布筋,如图 6-40 所示。

表 6-27 条形基础底板编号

类 型	基础底板截面形状	代 号	序 号	跨数及有否外伸
条形基础底板	坡形 阶形	TJBP TJBJ	xx	(xx)端部无外伸 (xxA)一端有外伸 (xxB)两端有外伸

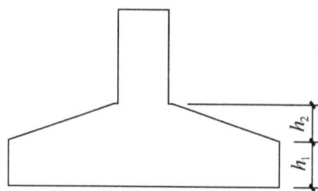

图 6-37 条形基础底板坡形截面竖向尺寸

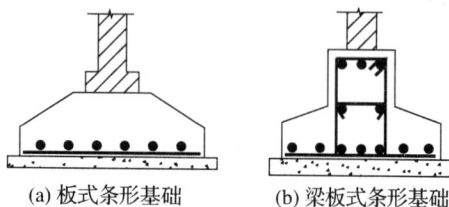

图6-38 条形基础底板阶形截面竖向尺寸

当条形基础底板配筋标注为：B：Φ14@150/φ8@250；表示条形基础底板底部配置 HRB400 级横向受力钢筋，直径为 14 mm，分布间距 150 mm；配置 HPB300 级构造钢筋，直径为 88 mm，分布间距为 250 mm。

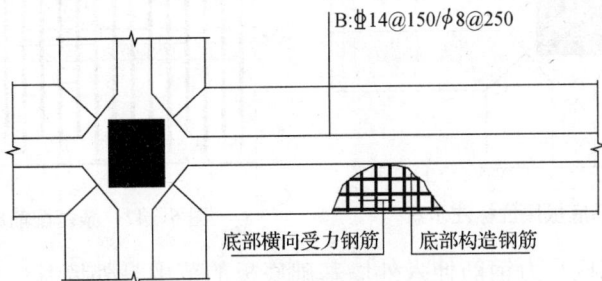

图 6-39　条形基础底板底部配筋示意图

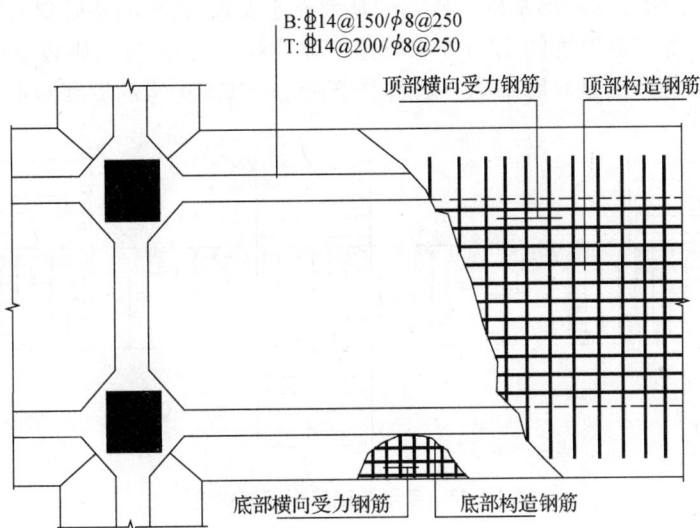

图 6-40　双梁条形基础底板顶部配筋示意图

原位标注条形基础底板的平面尺寸，用 b、b_i，$i=1,2,\cdots$。其中 b 为基础底板总宽度，b_i 为基础底板台阶的宽度。如图 6-41 所示。除此以外，当集中标注内容不适用于某跨或某外伸部位时，进行原位中注写修正内容，施工时"原位标注取值优先"。

（2）条形基础底板施工构造。

① 根据条形基础底板的力学特征，底板短向是受力钢筋，先铺在下；长向是分布钢筋，后铺，在受力钢筋的上面。

② 条形基础底板的宽度≥2.5 m 时，除条形基端部第一根钢筋和交接部位的钢筋外，底板受力钢筋的长度可减短基础宽度的 10%，按照基础宽度的 0.9 倍交错排布，如图 6-42 所示。

③ 施工时条形基础钢筋可按下列要求排布，如图 6-43 所示。

A. 外墙转角两个方向均应布置受力钢筋，不设置分布钢筋；

B. 外墙基础底板受力钢筋应拉通，分布钢筋应与角部另一方向的受力钢筋搭接 150 mm；

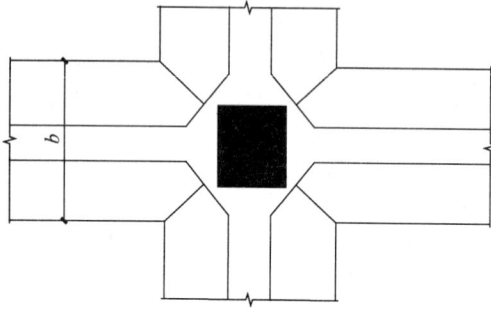

图 6‑41　条基底板原位标注示意

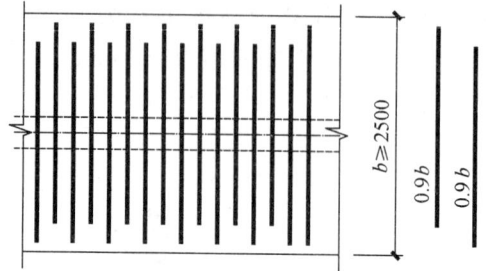

图 6‑42　条基配筋减少 10% 构造

C. 内墙基础底板受力钢筋伸入外墙基础底板的范围是外墙基础底板宽度的 1/4。如果外墙是不对称基础,就伸到外墙基础中心到内侧边缘宽度的 1/2;

D. 内墙十字相交的条形基础。较宽的基础连通设置,较窄的基础受力钢筋伸入较宽基础的范围是较宽基础宽度的 1/4;如果较宽基础是双墙条形基础,则较窄的基础受力钢筋伸入双墙基础的范围是双墙基础一侧墙中线到该侧基础边缘的宽度的 1/2。

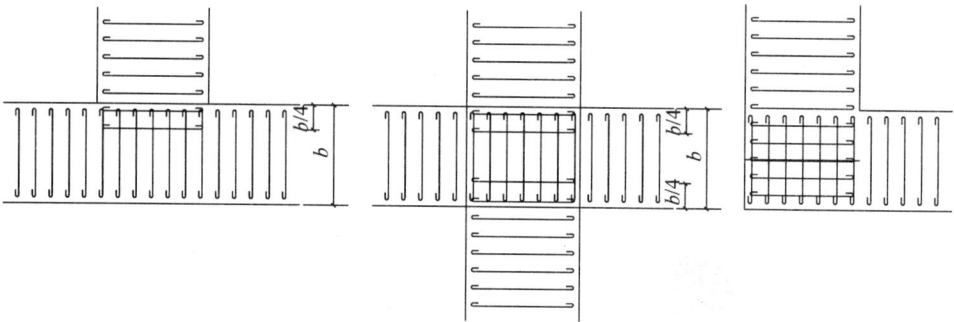

图 6‑43　条形基础底板钢筋构造

E. 条形基础无交接时基础底板端部设置双向受力筋,如图 6‑44 所示。

④ 当条形基础设有基础梁时,基础底板的分布钢筋在梁宽范围内不设置,第一根分布筋距离基础梁边为 1/2 分布筋间距且不大于 75 mm,如图 6‑45 所示。

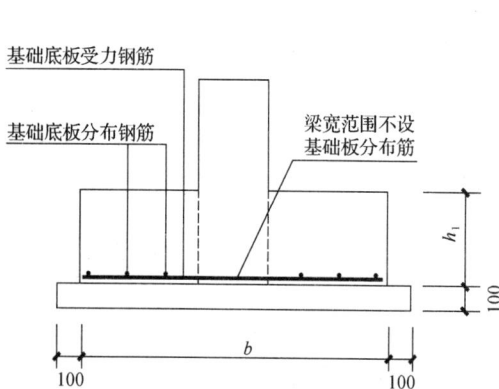

图 6‑44　条形基础无交接底板端部构造

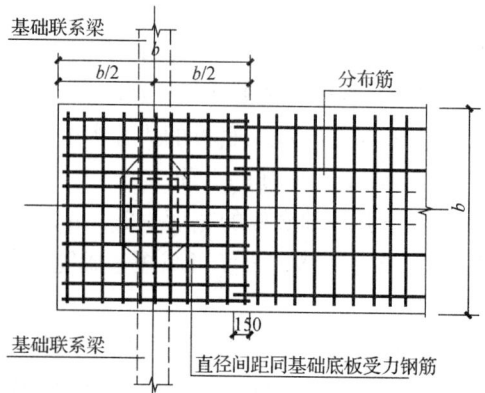

图 6‑45　条形基础梁板交接区构造

⑤ 在实际工程中会有少数双墙条形基础,双墙条形基础往往在顶部两墙之间也会配置受力钢筋和分布钢筋。垂直于两道墙的方向是受力钢筋,布置在下层,分布筋与墙长方向平行,放在上部受力筋的上方。双墙条形基础的上部受力钢筋,可以做成门形,站立在基础垫层上;也可以做成一字筋,与分布筋绑扎后用马凳筋或采取其他措施将其架起。横向受力钢筋的锚固从基础梁内边缘(或墙边缘)算起。

(6) 当条形基础底板出现高差时施工构造,如图 6-46 所示。

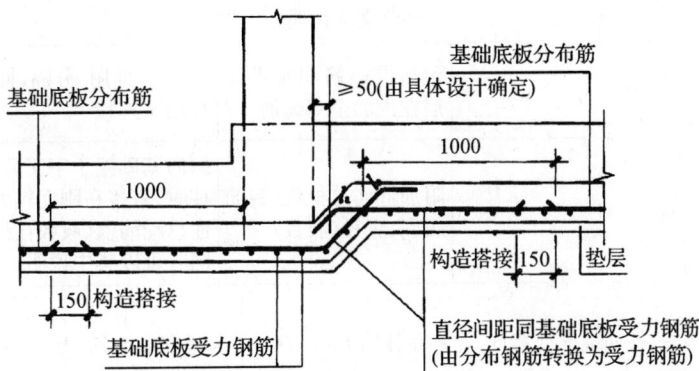

图 6-46 条形基础底板板底不平构造

2. **梁板式条形基础——基础梁平法标注及施工构造**

(1) 基础梁平面注写方式。

基础梁是指在墙下或柱下条形基础以及筏形基础中的主梁。由于承受地基反力作用,与上部结构楼层梁相比,基础梁一般也称为"反梁"。

基础梁的平面注写方式分为集中标注和原位标注。其具体标注详见表 6-28 所示。

表 6-28 基础梁平面注写方式

类别	数据项	注写形式	表达内容	示例及备注
集中标注	梁编号	JLxx(xx) JLxx(xA) JLxx(xB)	代号、序号、跨数及外伸状况	JL1(3) JL2(2A)—端外伸 JL3(3B)两端外伸
	截面尺寸	$b \times h$, $b \times h \, Yc_1 \times c_2$,	梁宽×梁高,加腋用 $Yc_1 \times c_2$,c_1 为腋长,c_2 为腋高	若外伸端部变截面,在原位注写 $b \times h_1/h_2$,h_1 为根部高度,h_2 为尽端高度
	箍筋	xxAxx@xxx/xxx(x)	箍筋道数、钢筋级别、直径、第一种间距/第二种间距、肢数	11ϕ12@150/200(4)两种间距 8ϕ16@100/10ϕ12@150/200(6)三种间距
	纵向钢筋	B:xCxx;T:xCxx	底部(B)、顶部(T)贯通纵筋根数、钢筋级别、根数;	B:4C25;T:4C20 B:8C25 6/2;T:4C20

（续表）

类别	数据项	注写形式	表达内容	示例及备注
集中标注	侧面构造钢筋	G xAxx	梁两侧面对称布置纵向钢筋总根数	当梁腹板高度大于 450 mm 时设置。拉筋直径为 8 mm，间距为箍筋间距的 2 倍。G 4φ12 每侧各两根
	梁底面标高	(xxx)	基础梁底面标高与基准标高不同时标注	
必要文字说明				
原位标注	支座区域底部钢筋	xCxx	包括贯通筋和非贯通筋在内的全部纵筋	多于一排用/分隔，同排中有两种直径用＋连接
	附加箍筋及反扣筋	xCxx(x)	附加箍筋总根数、钢筋级别、直径(肢数)	两向基础梁十字交叉，但交叉位置无柱时，直接在刚度较大的基础梁上标注总配筋值(肢数在括号中)；多数相同时可以集中说明。
	外伸部位变截面高度	若外伸端部变截面，在原位注写 $b×h_1/h_2$，h_1 为根部高度，h_2 为尽端高度		
	原位注写修正内容	当集中标注某项内容不适用于某跨或外伸部分时，原位注写，施工时原位标注优先。		

（2）施工构造。

① 基础梁上部贯通纵筋能通则通，不能满足钢筋定尺要求时，可在在距柱根 1/4 净跨范围内采用搭接连接、机械连接或焊接，同一连接区段内接头面积百分率不宜大于 50％，当钢筋长度可穿过一连接区到下一连接区并满足连接要求时，宜穿越设置，如图 6-47 所示。

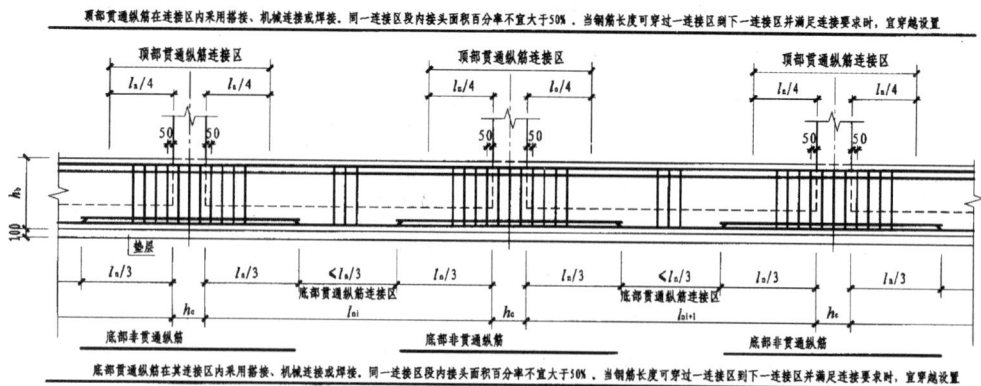

图 6-47 基础梁纵向钢筋与箍筋构造（节点区按第一种箍筋设置）

② 基础梁下部贯通纵筋能通则通，不能满足钢筋定尺要求时，可在跨中 1/3 净跨范围内采用搭接、机械连接或焊接，同一连接区段内接头面积百分率不宜大于 50％，如图 6-47 所示。当两相邻跨底部贯通纵筋配置不同时，应将配置较大一跨的底部贯通纵筋越过其标注的跨度终点或起点，伸至配置较小的邻跨的跨中连接区连接。

③ 基础梁下部非贯通纵筋不多于两排时,中间支座非贯通纵筋自柱边向跨内延伸长度统一取净跨的 1/3,即 $l_n/3$,$l_n = \max(l_{ni}、l_{ni+1})$。第三排非贯通纵筋向跨内的延伸长度由设计者注明,如图 6-47 所示。若基础梁有外伸端,端支座非贯通纵筋自柱边向跨内延伸长度取 $\max(l_{n1}/3, l'_n)$,l'_n 为外伸端净长,如图 6-47 所示。

④ 基础梁箍筋自柱边 50 mm 处开始布置,在梁柱节点区中的箍筋按照梁端第一种箍筋增加设置(不计入总道数)。在两向基础梁相交位置,无论该位置上有无框架柱,均有一向截面较高的基础梁箍筋贯通设置,当两向基础梁等高时,则选择跨度较小的基础梁箍筋贯通设置,当两向基础梁等高且跨度相同时,则任选一向基础梁的箍筋贯通设置。

⑤ 基础梁宽度一般比柱截面宽至少 100 mm(每边至少 50 mm)。当具体设计不满足以上要求时,施工时按照图 6-48 规定增设梁包柱侧腋。

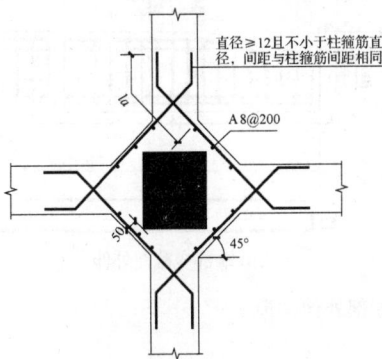

十字交叉基础梁与柱结合部侧腋构造
(各边侧腋宽出尺寸与配筋均相同)

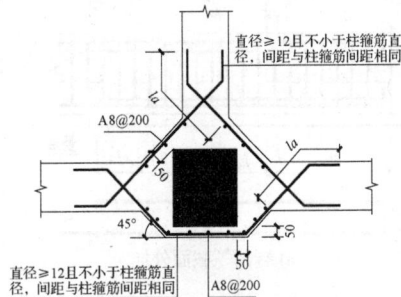

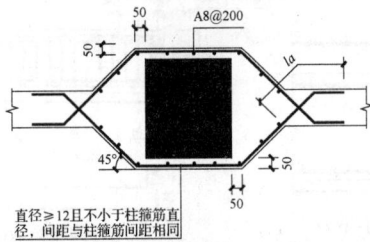

丁字交叉基础梁与柱结合部侧腋构造
(各边侧腋宽出尺寸与配筋均相同)

基础梁中心穿柱侧腋构造

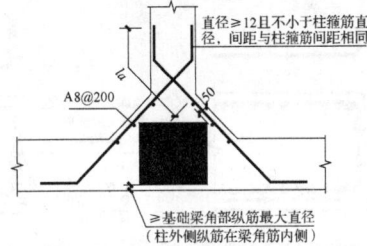

基础梁偏心穿柱与柱结合部侧腋构造

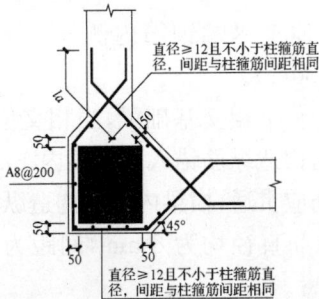

无外伸基础梁与角柱结合部侧腋构造

图 6-48 梁包柱侧腋构造

⑥ 基础梁端部外伸部位钢筋构造如图 6-49 所示。基础梁端部有外伸时,外伸端上部第一排钢筋伸至梁端并向下弯折 $12d$,第二排钢筋自边柱内缘向外伸部位延伸锚固长度 l_a。

当 $l'_n + h_c \leqslant l_a$ 时,基础梁下部钢筋应伸至端部后弯折 $15d$,且从柱内边算水平段长度 $\geqslant 0.4l_{ab}$。否则第一排钢筋伸至端部向上弯折 $12d$,第二排钢筋伸至梁端部。外伸梁箍筋按照第一种箍筋设置。基础梁外伸端应同时满足封边构造,封边构造如图 6-50(a)和图 6-50(b)所示。

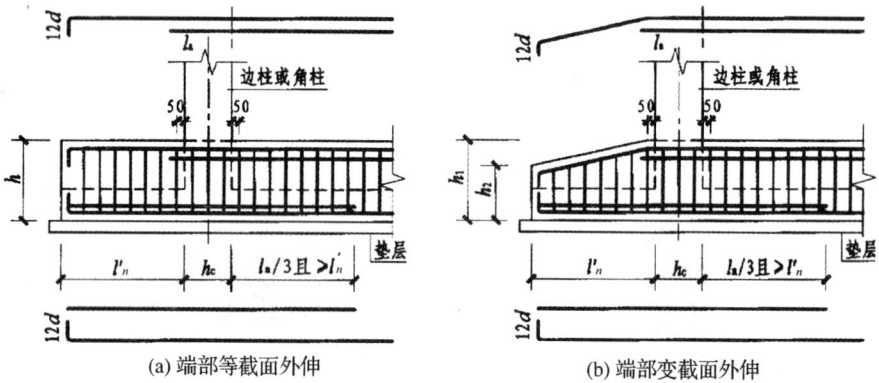

图 6-49 基础梁端部外伸构造

(a) 端部等截面外伸

(b) 端部变截面外伸

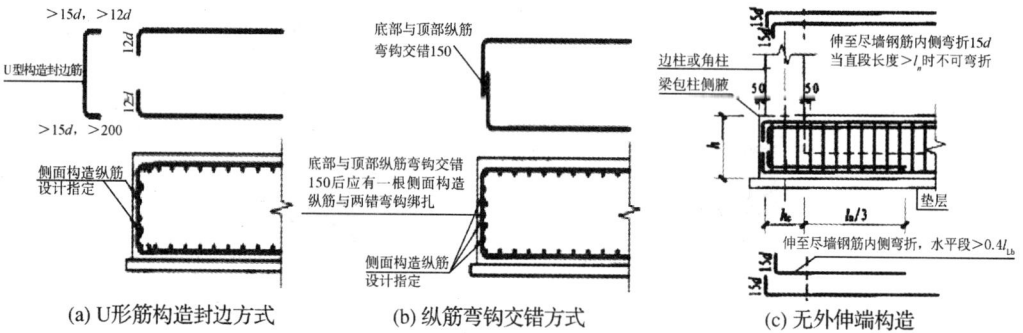

(a) U 形筋构造封边方式

(b) 纵筋弯钩交错方式

(c) 无外伸端构造

图 6-50 基础梁封边及无外伸端施工构造

⑦ 当基础梁端部无外伸时,基础梁纵筋伸至尽端钢筋内侧弯折 $15d$,水平段 $\geqslant 0.4l_{ab}$。当直段长度 $\geqslant l_a$ 时,可不弯折,如图 6-50(c)。

⑧ 基础梁侧面构造纵筋搭接长度为 $15d$。十字相交基础梁,当相交位置有柱时,侧面构造纵筋锚入梁包柱侧腋 $15d$,当无柱时侧面构造纵筋锚入交叉梁内 $15d$,丁字相交的基础梁当相交位置无柱时,横梁外侧的构造纵筋应贯通,横梁内侧的构造纵筋锚入交叉梁内 $15d$,如图 6-51。梁侧面构造钢筋之间的拉筋直径均为 8 mm,间距为箍筋间距的 2 倍,当设有多排拉筋时,上下排拉筋竖向错开设置。

⑨ 原位标注的附加箍筋和附加吊筋构造如图 6-52 所示。

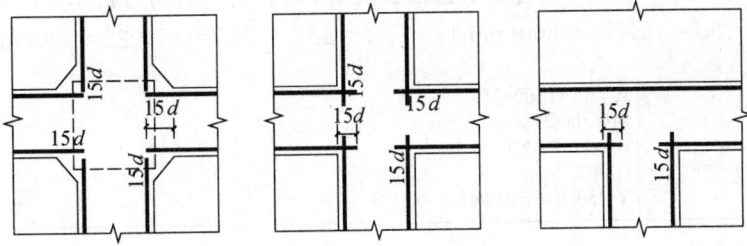

图 6-51 侧面构造钢筋构造

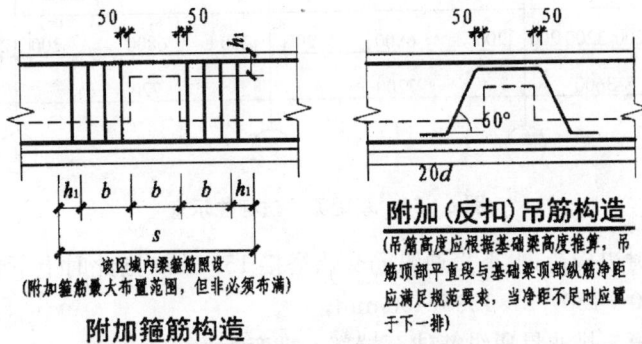

图 6-52 箍筋和附加吊筋构造

⑩ 梁底、梁顶有高差以及柱两边梁宽不同时的钢筋构造如图 6-53 所示。

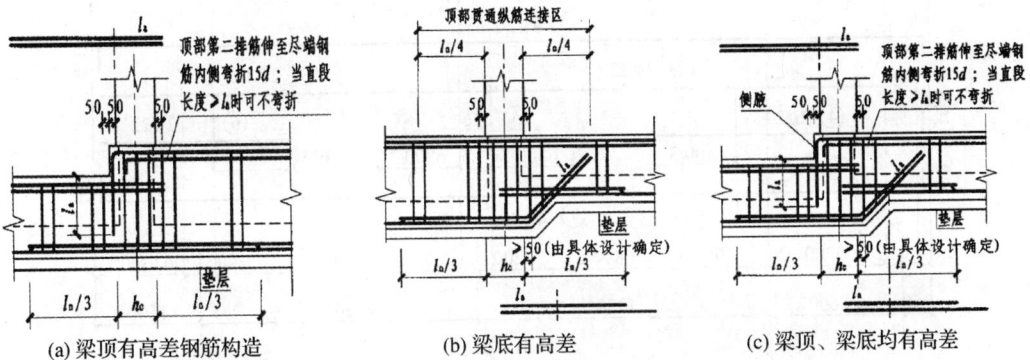

图 6-53 梁底、梁顶有高差以及柱两边梁宽不同时的钢筋构造

【例 6-7】 图 6-54 所示为某工程梁板式条形基础,基础设垫层,垫层混凝土等级 C15,基础梁和框架柱混凝土强度等级 C30,框架柱截面尺寸 400 mm×400 mm,基础所处环境类别为二 a。按照设计要求,基础梁保护层 40 mm,基础梁外伸端采用交错封边构造。现有 9 m 和 12 m 定尺钢筋,结合施工构造计算基础底板和基础梁钢筋下料长度。

解 1. 基础梁钢筋计算。

(1) 梁纵筋弯折及锚固计算。

混凝土强度等级 C30,HRB400 钢筋,查表计算得 $l_a = 35d$

$d = 20, l_a = 35d = 700 (mm)$; $d = 22, l_a = 35d = 770 (mm)$

无外伸端。因为 450 mm 均小于直锚长度 l_a，则上下纵筋均弯折 $15d$：

$$d=20 \quad 15d=15 \times 20=300(\text{mm}); \qquad d=22 \quad 15d=15 \times 22=330(\text{mm})$$

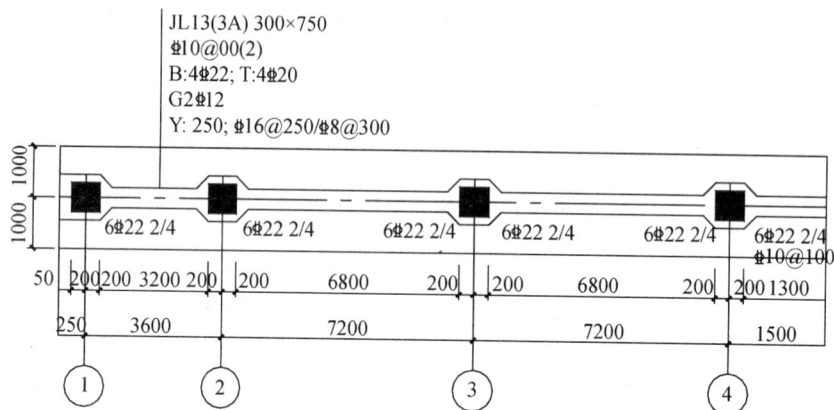

图 6-54　基础梁平法标注示意

外伸端满足封边构造，上下贯通纵筋交错搭接 150 mm，则此时上下贯通纵筋弯折长度均为 $(750-100-150)/2+150=400$ mm。

外伸端下部第二排非贯通纵筋伸至端部不需弯折。

构造钢筋支座锚固：$15d=15 \times 12=180(\text{mm})$

（2）按照基础梁施工构造绘制纵向钢筋模拟初步放样如图 6-55 所示。

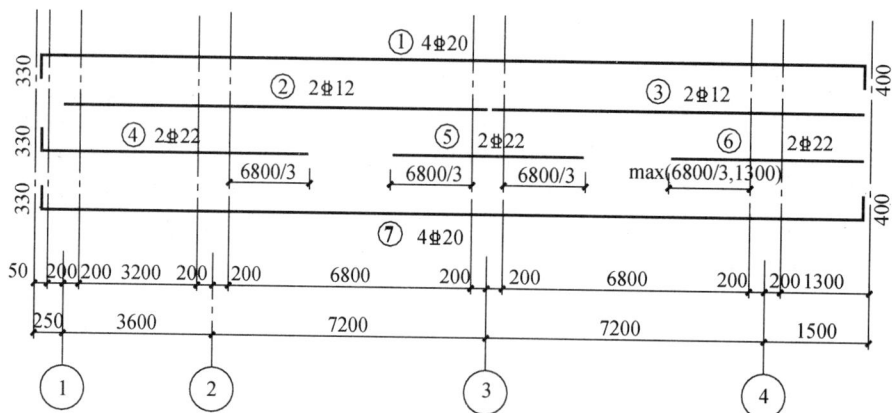

图 6-55　基础梁纵向钢筋模拟初步放样

（3）梁纵筋下料长度计算。

① 号筋：$300+(250-40)+3\,600+7\,200+7\,200+(1\,500-40)+400-4 \times 20=20\,290(\text{mm})$

超过定尺长度，钢筋进行连接。为充分利用钢筋长度，同时满足接头面积百分率要求，现有 2 根钢筋拟采用 12 m 和 8.290 m 长钢筋进行连接，通过计算连接位置在③轴右侧 775 mm 处，满足断点位置位于支座外 1/4 净跨范围（$6\,800/4=1\,700$(mm)）的要求，如图 6-56(a) 所示。

另外 2 根钢筋拟在距③ 轴左侧 6 800/4＋200＝1 900 mm 处连接,满足钢筋连接要求,见图 6－62(b)所示。

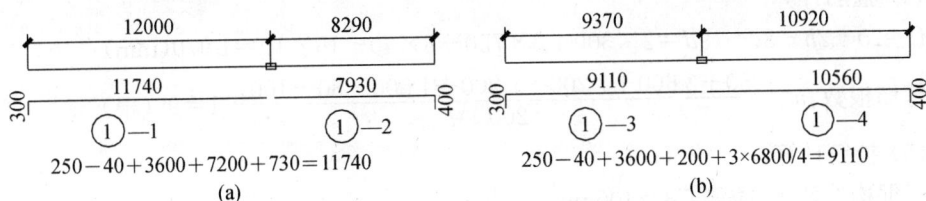

图 6－56　①号钢筋下料示意

①－1 筋：12 000 mm　　　　　　　　　　　　　　　　　　　　　　　　　　(2C20)

①－2 筋：20 290－12 000＝8 290(mm)　　　　　　　　　　　　　　　　　　(2C20)

①－3 筋：250－40＋3 600＋200＋3×6 800/4＋300－2×20＝9 370(mm)　　(2C20)

①－4 筋：20 290－9 370＝10 920(mm)　　　　　　　　　　　　　　　　　　(2C20)

② 号筋：180×2＋3 600＋6 800＝10 760(mm)　　　　　　　　　　　　　　(2C12)

③ 号筋：180＋7 200＋(1 300－40)＝8 640(mm)　　　　　　　　　　　　　(2C12)

④ 号筋：330＋(250－40)＋3 600＋200＋max(3 200/3,6 800/3)－2×22

　　　　＝6 563(mm)　　　　　　　　　　　　　　　　　　　　　　　　(2C22)

⑤ 号筋：2×max(3 200/3,6 800/3)＋400＝4 933(mm)　　　　　　　　　　(2C22)

⑥ 号筋：1 300－40＋400＋ max(1 300,6 800/3)＝3 927(mm)　　　　　　(2C22)

⑦号筋：330＋(250－40)＋3 600＋7 200＋7 200＋(1 500－40－20)＋400－4×22

　　　　＝20 292(mm)

超过定尺长度,钢筋进行连接。为满足钢筋连接区段和接头面积百分率要求。现有 2 根钢筋拟采用图 6－57 (a)进行连接,连接点分别在②、③右侧 2 467(mm)处,正好在 ②-③轴跨中 1/3 净跨 6 800/3＝2 267(mm)处。

另外 2 根钢筋采用图 6－57 (b)进行连接,与上 2 根钢筋断点错开一个连接区段长度 35d＝35×22＝770(mm),满足钢筋连接要求。

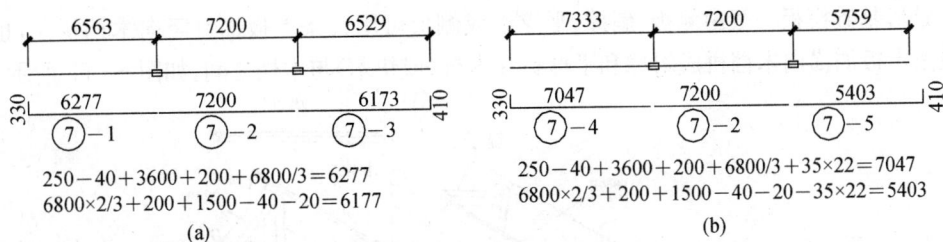

图 6－57　⑦号钢筋下料示意

则有

⑦－1 筋：250－40＋3 600＋200＋6 800/3＋330－2×22＝6 563 mm　　　(2C22)

⑦－2 筋：7 200 mm　　　　　　　　　　　　　　　　　　　　　　　　(4C22)

⑦－3 筋：6 800×2/3＋200＋1 500－40－20－2×22＝6 529(mm)　　　　(2C22)

⑦-4 筋:6 563＋770＝7 333(mm)　　　　　　　　　　　　　　　(2C22)

⑦-5 筋:6 529－770＝5 759(mm)　　　　　　　　　　　　　　　(2C22)

(4) 箍筋计算。

$$L＝2b＋2h－8c＋19d＝2×300＋2×750－8×40＋19×10＝1 970(mm)$$

箍筋根数:$n＝\dfrac{250＋3 600＋7 200＋7 200＋1 500－80－100}{200}＋1＝99(根)$

(5) 拉筋计算。

根据构造要求,拉筋 C8@400 mm。

长度＝300－2×40＋28d＝444(mm)

拉筋根数为 50 根。

2. 底板钢筋计算

(1) 底板受力钢筋。

$$l＝2 000－2×40＝1 920(mm)$$

根数:

$$n＝\frac{L}{@}＋1＝\frac{250＋3 600＋7 200＋7 200＋1 500－2×\min(75,250/2)}{250}＋1＝74(根)(取整)$$

(2) 底板分布钢筋。

梁宽范围内部不再布置底板分布筋,第一根分布筋距离梁边 min(75,分布筋间距/2)位置开始布置,则分布筋根数为:

$$n＝\frac{L}{@}＋1＝\left(\frac{1 000－150－2×\min(75,300/2)}{300}＋1\right)×2＝8(根)(取整)$$

分布钢筋长度:250＋3 600＋7 200＋7 200＋1 500－2×40＝1 9670(mm)按现场9 m、12 m定尺钢筋,增加的接头个数 1 个,则增加搭接长度为 150 mm,实际分布筋长度为19 670＋150＝19 820(mm)。

6.3.2　条形基础模板工程

1. 木模板

条形基础模板一般由侧板、斜撑、平撑组成侧板可用长条木板加钉竖向木档拼制,也可用短条木板加横向木档拼成斜撑和平撑钉在木桩(或垫木)与木档之间,如图 6-58 所示。

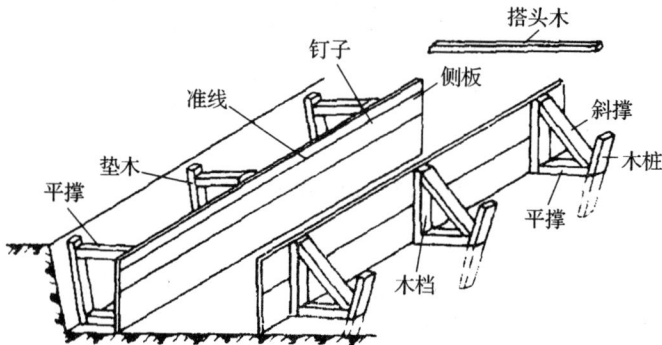

图 6-58　条形基础模板图

（1）条形基础模板安装时，先在基槽底弹出基础边线，再把侧板对准边线垂直竖立，同时用水平尺校正侧板顶面水平，无误后，用斜撑和平撑钉牢。如基础较长，则先立基础两端的两块侧板，校正后，再在侧板上口拉通线、依照通线再立中间的侧板。当侧板高度大于基础台阶高度时，可在侧板内侧按台阶高度弹准线，并每隔 2 m 左右在准线上钉圆钉，作为浇筑混凝土的标志。为了防止浇筑时模板变形，保证基础宽度的准确，应每隔一定距离在侧板上口钉上搭头木。

（2）带有基础梁的条形基础，轿杠布置在侧板上口，用斜撑，吊木将侧板吊在轿杠上。在基槽两边铺设通长的垫板，将轿杠两端搁置在其上，并加垫木楔，以便调整侧板标高，如图 6-59 所示。

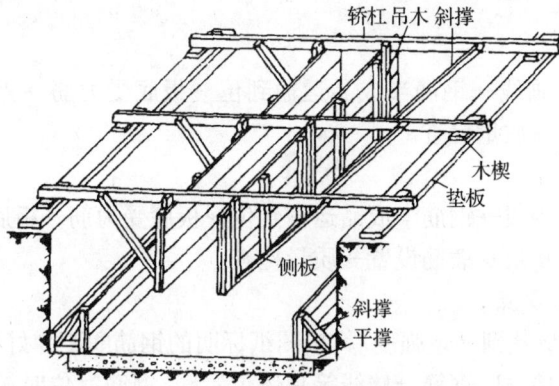

图 6-59　有地梁的条形基础模板

安装时，先按前述方法将基槽中的下部模板安装好，拼好地梁侧板，外侧钉上吊木（间距 800～1 200 mm），将侧板放入基槽内。在基槽两边地面上铺好垫板，把轿杠搁置于垫板上，并在两端垫上木楔。将地梁边线引到轿杠上，拉上通线，再按通线将侧板吊木逐个钉在轿杠上，用线坠校正侧板的垂直，再用斜撑固定，最后用木楔调整侧板上口标高。

2. 组合钢模板

条形基础模板两边侧模，一般可横向配置，模板下端外侧用通长横楞连固，并与预先埋设的锚固件楔紧。竖楞用 $\phi 48 \times 3.5$ mm 钢管，用 U 形钩与模板固连。竖楞上端可对拉固定，如图 6-60(a)所示。

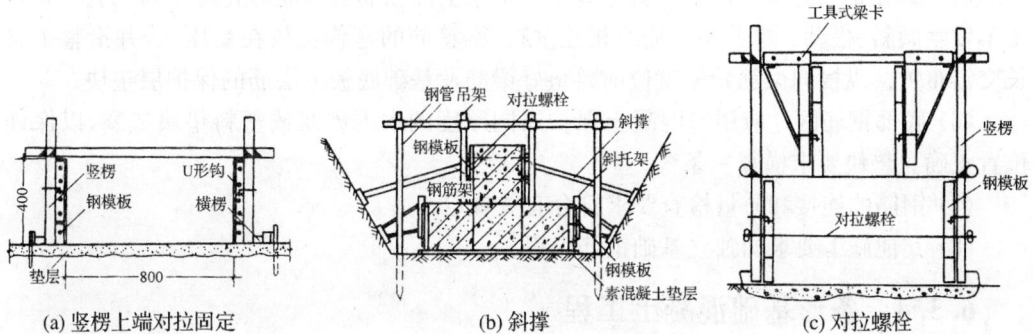

(a) 竖楞上端对拉固定　　(b) 斜撑　　(c) 对拉螺栓

图 6-60　条(阶)形基础支撑示意图

模板安装根据基础边线就地拼模板。将基槽土壁修整后用短木方将钢模板支撑在土壁上。然后在基槽两侧地坪上打入钢管锚固桩,将钢管吊架,使吊架保持水平,用线锤将基础中心引测到水平杆上,按中心线安装模板,用钢管、扣件将模板固定在吊架上,用支撑拉紧模板如图 6-60(b)所示,也可用工具式梁卡支模如图 6-60(c)所示。

阶形基础,可分次支模。当基础大放脚不厚时,可采用斜撑,如图 6-60(b)所示;当基础大放脚较厚时,应按计算设置对拉螺栓,如图 6-60(c)所示,上部模板可用工具式梁卡固定,亦可用钢管吊架固定。

6.3.3　条形基础钢筋工程施工

1. 钢筋安装施工工艺

(1)板式条基。

基础垫层清理→画线→钢筋半成品运输到位→板底受力筋→板底分布筋→钢筋绑扎→垫块→插筋设置→质量检查。

(2)梁板式条基。

基础垫层清理→画线→钢筋半成品运输到位→板底受力筋→板底分布筋→基础梁钢筋就位→钢筋绑扎→垫块→插筋设置→质量检查。

2. 钢筋绑扎施工要点

(1)垫层浇筑完成达到一定强度后,按图纸标明的钢筋间距弹好钢筋位置线,包括基础底板、轴线、基础梁墙、柱、钢筋分档线等具体位置线,钢筋就位时按照钢筋位置线进行摆放钢筋。

(2)钢筋交叉点要逐点绑扎牢固,绑扎点的铁丝扣要成八字形。绑扎后要将丝头压至朝向混凝土内部一侧,不得随意指向外侧。

(3)在 T 字形与十字形交接处的受力钢筋沿一个主要受力方向通长放置,另一方向受力钢筋按照有关施工构造布置。分布钢筋与受力钢筋在交接区搭接 150 mm,在有基础梁的部位,基础底板的分布筋不再布置。

(4)为方便梁钢筋绑扎,一般先搭设临时支撑架(采用钢管搭设,临时架高于梁高200 mm)。待梁筋绑扎完毕后,拆除支撑架,将梁就位。

(5)绑扎基础梁钢筋工艺流程:画梁箍筋间距→摆放箍筋→穿梁底层纵筋→穿梁上层纵筋→绑扎钢筋骨架→撤支架就位骨架。骨架上部纵筋与箍筋绑扎应牢固、到位,使骨架不发生倾斜、松动。箍筋与主筋应相互垂直,梁箍筋的弯钩应放在受压区,并沿整个梁长交错布置。纵横向梁筋骨架就位前要垫好梁筋及基础底板下层筋的保护层垫块。

(6)底部钢筋网片应用与混凝土保护层同厚度的水泥砂浆或塑料垫块垫塞,以保证位置正确。垫块要求横竖一条线。

(7)钢筋的连接和质量检查要求符合有关规定。

(8)其他施工要求同独立基础钢筋工程。

6.3.4　条形基础混凝土工程

条形基础混凝土工程施工要点:

（1）浇筑前准备工作→混凝土浇筑→混凝土振捣→表面修整→混凝土养护。

（2）浇筑前，应根据砼基础顶面的标高在两侧木模上弹出标高线；如采用原槽土模时，应在基槽两侧的土壁上交错打入长 10 cm 左右的标杆，并露出 2～3 cm，标杆面与基础顶面标高平，标杆之间距离约 3 m 左右。

（3）清除垫层上浮土、杂物、木屑等，排除积水；检查垫块设置是否正确，板缝是否漏浆，模板支撑是否牢固，木模浇筑前可先浇水湿润。

（4）根据基础深度分段分层连续浇筑砼，一般不设施工缝。各段、层间应相互衔接，每段间浇注长度控制在 2～3 m 距离，做到逐段逐层呈阶梯型推进。

（5）混凝土振捣采用交错式为宜，浇筑时"快插慢拔"，浇筑完后拍平压实抹光并做好养护。

（6）其他施工要求同独立基础混凝土工程。

6.4　筏形基础工程施工

6.4.1　筏形基础图纸识读

多层和高层建筑，当采用条形基础不能满足建筑上部结构的容许变形和地基承载力时，或当建筑物要求基础具有足够刚度以调节不均匀下沉时，采用筏形基础，如图 6-61 所示。它广泛用于地基承载能力差，荷载较大的多层或高层住宅、办公楼等民用建筑。

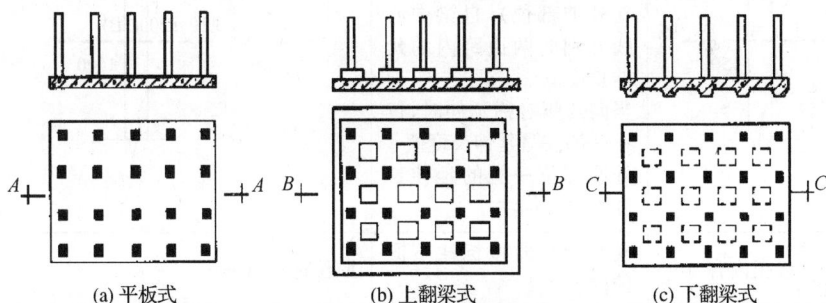

（a）平板式　　　（b）上翻梁式　　　（c）下翻梁式

图 6-61　筏形基础

筏板基础像一个倒置的楼盖，又称为满堂基础。筏式基础分为板式和梁板式两大类。本部分仅介绍梁板式筏形基础。梁板式筏形基础一般由基础（主）梁、基础次梁、基础平板组成。

梁板式筏形基础根据梁底和基础板底的位置关系分为"高板位"（梁顶与板顶一平）、"低板位"（梁底与板底一平）以及"中板位"（板在梁的中部）三种类型，如图 6-62 所示。

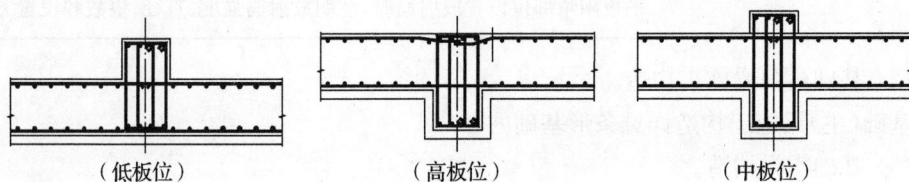

（低板位）　　　　（高板位）　　　　（中板位）

图 6-62　梁板式筏形基础类型

1. 梁板式筏基基础(主)梁、基础次梁平法标注和施工构造

(1) 基础(主)梁和基础次梁平法标注。

基础(主)梁平面注写方式分为集中标注和原位标注。具体标注详见表 6－29 所示。基础次梁的平面注写除编号不同外，其他均与基础梁相同，基础次梁编号为 JCL。

表 6－29　梁板式筏形基础平板集中标注和原位标注

类别	注写形式	表达内容	示例及备注
集中标注	LPBxx	基础平板编号,包括代号与序号	LPB1 梁板式基础平板 1
	$h=xxx$	基础平板厚度	$h=300$ 基础平板厚度 300 mm
	X:B Cxx@xxx; T Cxx@xx; (x,xA,xB) Y:B Cxx@xxx; T Cxx@xxx; (x,xA,xB)	X 向与 Y 向底部与顶部贯通纵筋强度等级、直径、间距(总长度:跨数及有无延伸) 用 B 标注板底部贯通纵筋,以 T 标注板顶部贯通纵筋	X:B C22@150;T C20@150;(5B) Y: B C20@200;T C18@200;(7A) 当贯通纵筋在跨内有两种不同间距时,先注写跨内两端的第一种间距,并在前面注写根数,再注写跨中第二种间距。如: X:B 12C22@200/150; T 10C20@200/150;(5B)
原位标注	Φ××@×××(×,×A,×B) ─ ─ ─ 1500	用中粗虚线注写底部非贯通纵筋强度等级、直径、间距(相同配筋横向布置的跨数及是否布置在外伸部位);自梁中心线分别向两边跨内的延伸长度值 当向两侧对称延伸时,仅在一侧注写延伸长度值 外伸部位一侧的延伸长度可以不标注	Φ10@200(3B) ─ ─ ─ 1500
	修正内容	某部位与原位标注不同的内容	原位标注优先
	在图中注明的其他内容	1. 当在基础平板周边侧面设置纵向构造钢筋时,应在图中注明; 2. 应注明基础平板边缘的封边方式与配筋; 3. 基础平板外伸部位变截面高度时,注明外伸部位 h_1(根部高度)/h_2(尽端高度); 4. 基础平板厚度>2 m 时,注明在平板中部的水平构造钢筋; 5. 当在板中采用拉筋时,注明拉筋的配置及布置方式(双向或梅花双向); 6. 注明混凝土垫层厚度及强度等级。 7. 平板阳角部位设置放射筋时,注明放射筋强度、直径、根数和设置方式

(2) 基础(主)梁施工构造。

基础(主)梁施工构造详见条形基础内容。

(3) 基础次梁构造。

① 基础次梁上部贯通纵筋能通则通,不能满足钢筋定尺要求时,可在在距基础主梁

边 1/4 净跨范围内采用搭接连接、机械连接或焊接,同一连接区段内接头面积百分率不宜大于 50%,当钢筋长度可穿过一连接区到下一连接区并满足连接要求时,宜穿越设置,如图 6-63 所示。

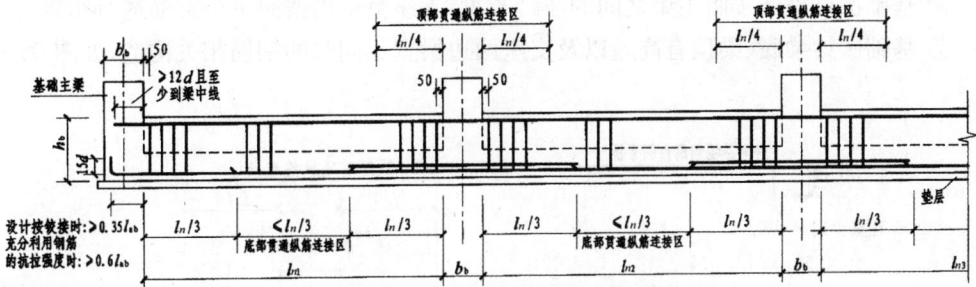

图 6-63 基础次梁纵向钢筋与箍筋构造

② 基础次梁下部贯通纵筋能通则通,不能满足钢筋定尺要求时,可在跨中 1/3 净跨范围内采用搭接、机械连接或焊接,同一连接区段内接头面积百分率不宜大于 50%,如图 6-63 所示。当两相邻跨底部贯通纵筋配置不同时,应将配置较大一跨的底部贯通纵筋越过其标注的跨度终点或起点,伸至配置较小的邻跨的跨中连接区连接。

③ 基础次梁下部非贯通纵筋不多于两排时,中间支座非贯通纵筋自主梁边向跨内延伸长度统一取净跨的 1/3,即 $l_n/3$,$l_n=\max(l_{ni}、l_{ni+1})$。如图 6-63 所示。若基础梁有外伸端,端支座处非贯通纵筋自主梁边向跨内延伸长度取 $\max(l_{n1}/3,l'_n)$,l'_n 为外伸端净长,如图 6-64 所示。

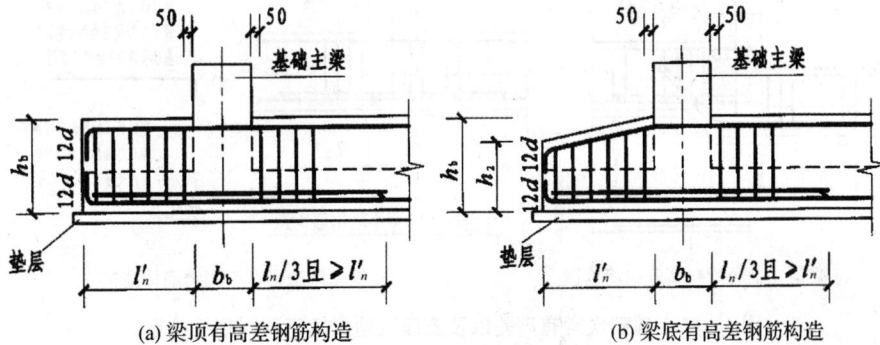

(a) 梁顶有高差钢筋构造   (b) 梁底有高差钢筋构造

图 6-64 基础次梁端部外伸构造

④ 基础次梁下部纵筋在无外伸端锚固如图 6-64 所示。上部纵筋在主梁内锚固 $\geqslant 12d$ 且至少到梁中心线。下部纵筋伸至尽端主梁纵筋内侧弯折 $15d$,且从主梁内边算起水平段长度由设计指定,当设计按铰接时 $\geqslant 0.35l_{ab}$;当充分利用钢筋的抗拉强度时 $\geqslant 0.6l_{ab}$。

⑤ 基础次梁端部外伸部位纵筋构造如图 6-65 所示。基础次梁外伸端上部纵筋伸至梁端向下弯折 $12d$。

当 $l'_n+b_b\leqslant l_a$ 时,基础次梁下部纵筋应伸至尽端主梁纵筋内侧弯折 $15d$,且从主梁内边算起水平段长度由设计指定,当设计按铰接时 $\geqslant 0.35l_{ab}$;当充分利用钢筋的抗拉强度时 $\geqslant 0.6l_{ab}$。否则第一排纵筋伸至端部向上弯折 $12d$,第二排纵筋伸至梁端部第一排纵筋内侧。

⑥ 基础次梁箍筋按照主梁之间的净跨布置,支座范围内按照主梁箍筋进行布置。

⑦ 基础次梁梁底、梁顶有高差以及支座两边梁宽不同时的钢筋相关构造,如图 6-65 所示。

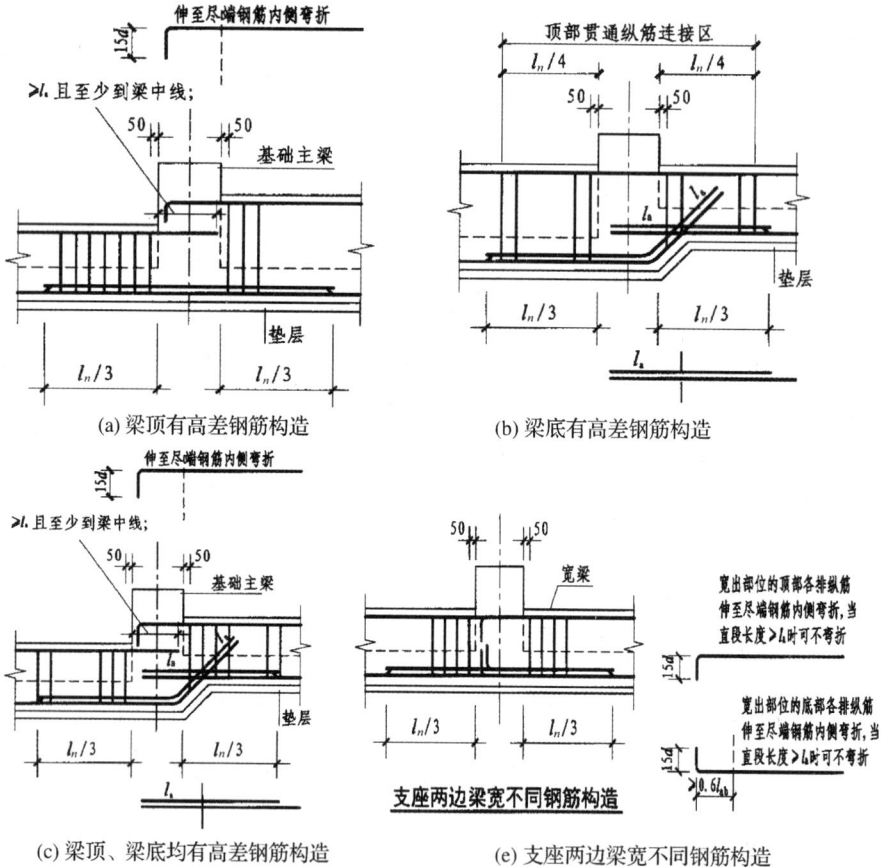

(a) 梁顶有高差钢筋构造　　　　　　(b) 梁底有高差钢筋构造

(c) 梁顶、梁底均有高差钢筋构造　　　(e) 支座两边梁宽不同钢筋构造

图 6-65　基础次梁有高差以及支座两边梁宽不同时钢筋构造

2. 梁板式筏形基础平板平法标注和施工构造

(1)基础平板平法标注。

梁板式筏形基础平板 LPB 的平面注写,分板底部与顶部贯通纵筋的集中标注与板底部附加非贯通纵筋的原位标注两部分。梁板式基础平板标注示意如图 6-66 所示。基础平板集中标注和原位标注内容及注写形式见表 6-29 所示。集中标注在所表达的板区双向均为第一跨(X 与 Y 向)的板上引出(从左至右为 X 向,从下至上为 Y 向)。在进行板区划分时,板厚度相同,底部贯通纵筋和顶部贯通纵筋配置相同时为一板区,否则为另一板区。

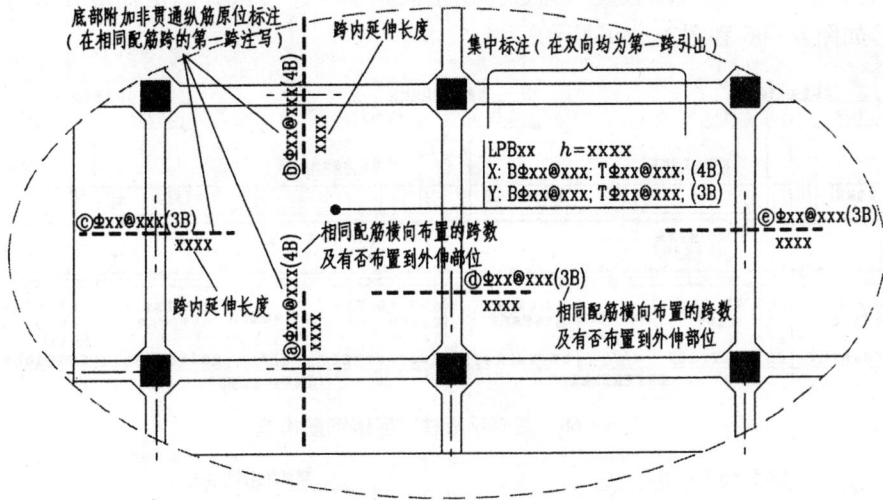

图 6-66 梁板式基础平板标注示意图

（2）施工构造。

① 基础平板底部贯通纵筋与非贯通纵筋布置。

隔一布一示例：当原位注写底部附加非贯通纵筋注写为 Φ 22 @250；底部该跨范围集中标注的底部贯通纵筋为 BΦ 22 @250(5)时，施工时按照底部贯通纵筋与非贯通钢筋"隔一布一"的方式排布钢筋，如图 6-67(a)所示。

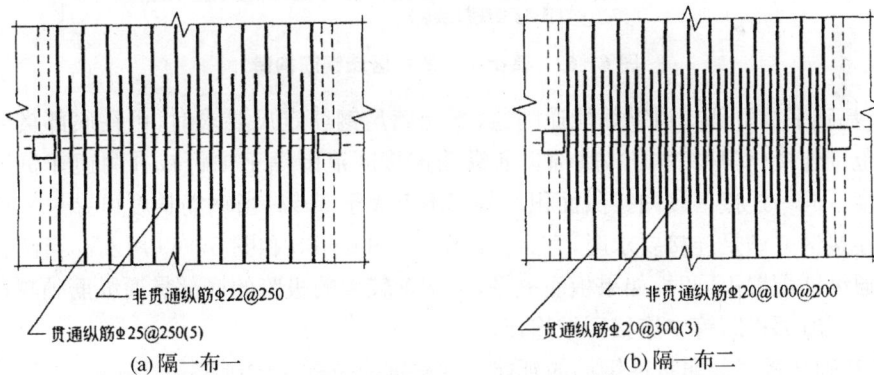

(a)隔一布一   (b)隔一布二

图 6-67 基础底板底部贯通钢筋与非贯通钢筋布置示意

例：当原位注写底部附加非贯通钢筋注写为 Φ 20 @100/200；底部该跨范围集中标注的底部贯通纵筋为 BΦ 20 @300(3)时，施工时按照底部贯通纵筋与非贯通钢筋"隔一布二"的方式排布钢筋，如图 6-67(b)所示。

② 基础平板钢筋构造。

梁板式筏形基础平板钢筋构造分为柱下区域和跨中区域两种部位。柱下区域和跨中区域的长度由设计注明。柱下区域钢筋构造和跨中区域钢筋构造如图 6-68 所示。

A. 基础平板顶部贯通纵筋能通则通，不能满足钢筋定尺要求时，可在在距基础梁（墙或柱）边 1/4 净跨范围内采用搭接连接、机械连接或焊接，同一连接区段内接头面积百分率不宜大于50%,当钢筋长度可穿过一连接区到下一连接区并满足连接要求时,宜穿越设置,如图6-68和图6-69所示。

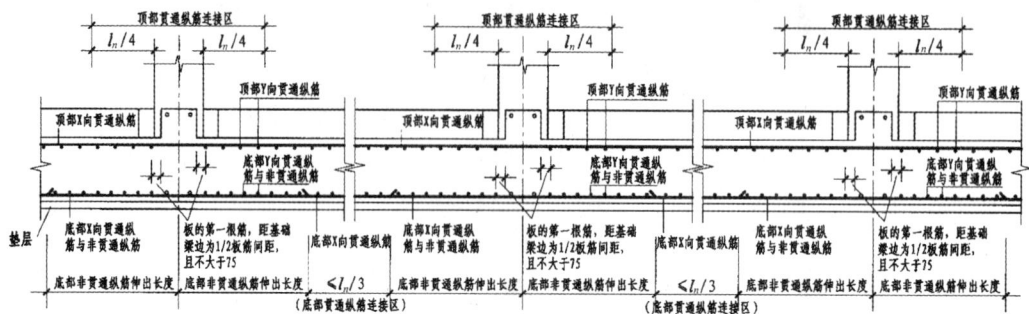

图6-68　基础平板柱下区域钢筋构造

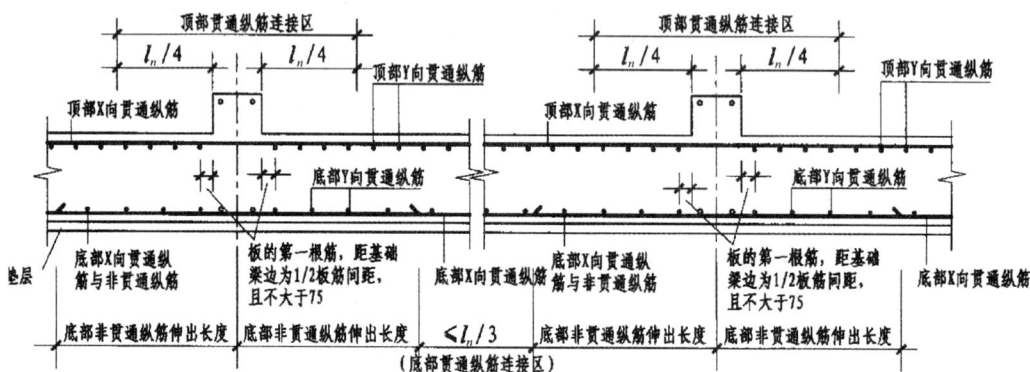

图6-69　基础平板跨中区域钢筋构造

B. 基础平板下部贯通纵筋能通则通,不能满足钢筋定尺要求时,可在底部贯通纵筋连接区范围连接(≤1/3净跨),底部贯通纵筋连接区范围等于轴跨减去两边非贯通纵筋伸出长度。同一连接区段内接头面积百分率不宜大于50%,当钢筋长度可穿过一连接区到下一连接区并满足连接要求时,宜穿越设置,如图6-68和图6-69所示。当两相邻跨底部贯通纵筋配置不同时,如果板底一平,则配置较大的板跨的底部贯通纵筋须越过板区分界线伸至毗邻板跨跨中连接区域连接。

C. 基础平板底部非贯通钢筋的延伸长度根据原位标注的延伸长度确定。

D. 基础平板端部外伸部位钢筋构造如图6-70(a)和图6-70(b)。上部纵筋在一部分在基础梁内锚固≥12d且至少到梁中线,一部分伸至尽端向下弯折12d,具体钢筋数量由设计指定;下部纵筋当从支座内边算起至外伸端头≤l_a时,基础平板下部纵筋应伸至端部后弯折15d,且从梁内边算起水平段长度由设计指定,当设计按铰接时≥0.35l_{ab};当充分利用钢筋的抗拉强度时≥0.6l_{ab}

E. 基础平板端部无外伸构造如图6-70(c)所示。上部纵筋在基础梁内锚固≥12d且至少到梁中线;下部纵筋伸至尽端基础梁纵筋内侧弯折15d,且从基础梁内边算起水平段长度由设计指定,当设计按铰接时≥0.35l_{ab};当充分利用钢筋的抗拉强度时≥0.6l_{ab}。

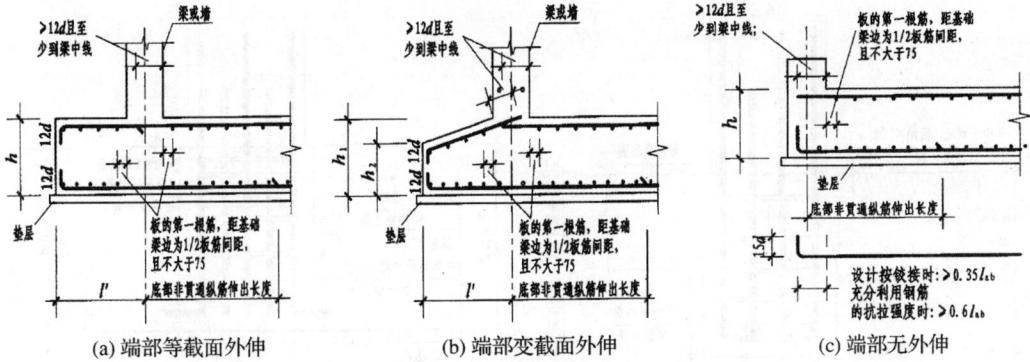

图 6‑70　基础平板 LPB 端部外伸与无外伸钢筋构造

F. 基础平板板底、板顶有高差相关构造如图 6‑71 所示。

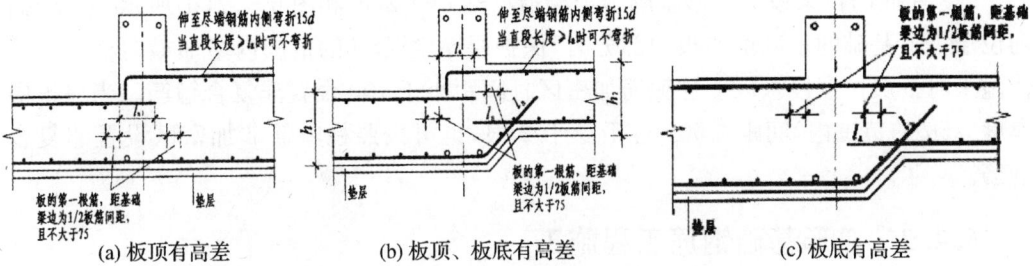

图 6‑71　基础平板板底、板顶有高差构造

3. 柱插筋在筏形基础中的施工构造

（1）柱插筋在平板式筏形基础施工构造和柱插筋在独立基础中的施工构造相同，如图 6‑72 所示。当筏板厚度≥2 m 时施工构造如图 6‑72(b)所示，柱插筋可仅将四角钢筋伸至筏板底部钢筋网上，其余钢筋在筏板内满足锚固长度即可。其中 a 的取值同前。

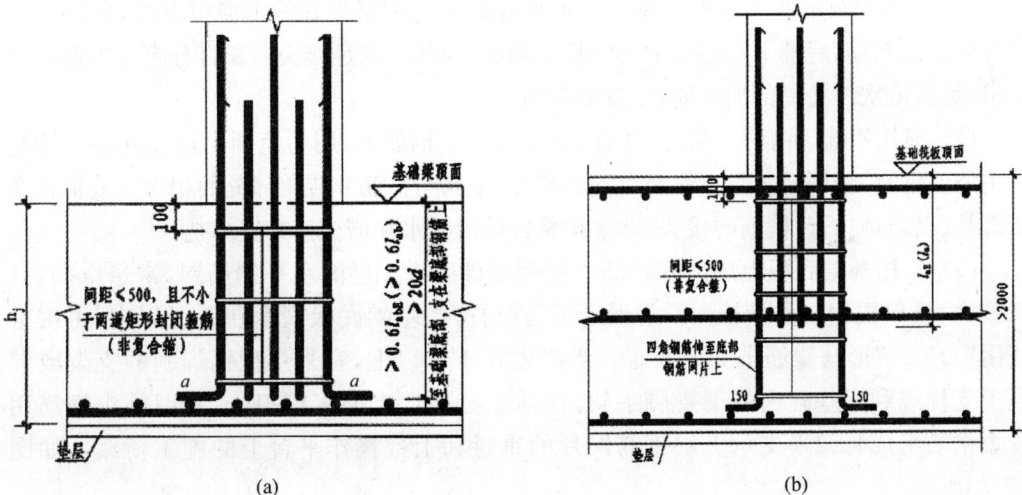

图 6‑72（续）

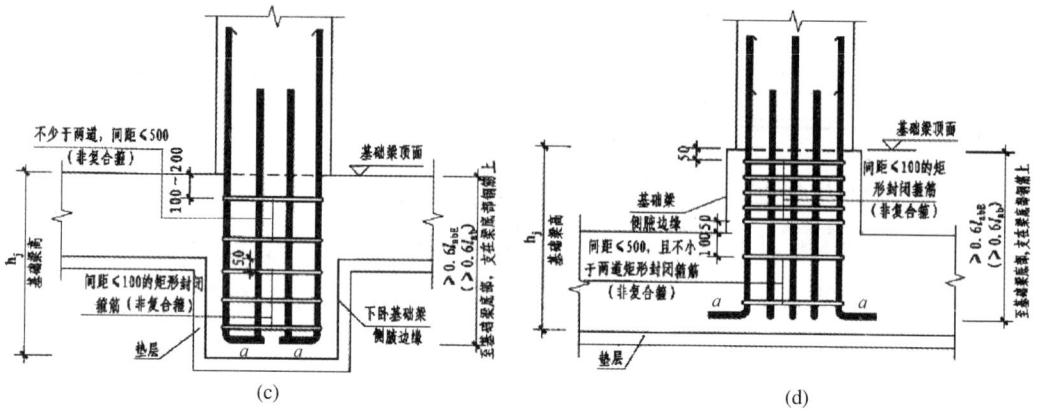

图 6-72 柱插筋在筏形基础中的施工构造

（2）柱插筋在梁板式筏形基础施工构造如图 6-72(c) 和图 6-72(d) 所示。图中插筋位于筏形基础的基础梁非板中部分时，保护层厚度≤5d 的范围内增加横向箍筋。具体施工时一般按照筏板以上柱箍筋加密区且间距小于 100 设置非复合箍筋。当保护层厚度＞5d 的范围内，间距≤500 且不少于 2 根，也可按照柱箍筋非加密区设置非复合箍筋。

6.4.2 筏形基础钢筋工程施工

1. 筏形基础钢筋排布原则

基础平板和基础梁同一层面的交叉钢筋，长向纵筋在下，短向纵筋在上，应按具体设计说明。一般情况下，对于同一层面的基础梁纵筋，受力较小（跨度大）的梁纵筋均在受力较大（跨度小）的梁纵筋下交叉布置，次梁纵筋在主梁纵筋下布置。

2. 钢筋绑扎要点

（1）绑扎基础底板下层网片钢筋。根据在防水保护层弹好的钢筋位置线，先铺下层网片的短向钢筋，后铺下层网片上面的长向钢筋，钢筋应满足接头面积百分率和钢筋连接要求；然后依次绑扎局部加强筋，如放射钢筋。

（2）绑扎基础梁钢筋。在放平的梁下层水平主钢筋上，用粉笔画出箍筋间距。箍筋与主筋要垂直，箍筋转角与主筋交点均要绑扎，主筋与箍筋非转角部分的相交点成梅花交错绑扎（以防顺扣）。箍筋的接头，即弯钩叠合处沿梁水平筋交错布置绑扎。

（3）绑扎基础底板上层网片钢筋。筏型基础底板上层的水平钢筋网，常悬空搁置，高差大，且单根钢筋重量较大。为保证钢筋位置，当基础底板高度在 1 m 以内，可按常规用"凵冂"形马凳筋来支承固定。当高度在 1 m 以上，宜采用型钢焊制的支架或混凝土支柱或利用基础内的钢管脚手架，在适当标高焊上型钢横担，或利用桩头钢筋用废短钢筋组成骨架来支承上层钢筋网片的重量和上部操作平台上的施工荷载。如图 6-73所示。

如图 6-74 为用钢管支撑上部钢筋网片示意图。在上部钢筋网片绑扎完毕后，需置换出水平钢管;为此另取一些垂直钢管通过直角扣件与上部钢筋网片的下层钢筋连接起来(该处需另用短钢筋段加强),替换了原支撑体系,如图 6－74(b)所示。在混凝土浇筑过程中,逐步抽出垂直钢管,如图 6－74(c)所示。此时,上部荷载可由附近的钢管及上、下端均与钢筋网焊接的多个拉结筋来承受。由于混凝土不断浇筑与凝固,拉结筋细长比减少,提高了承载力。

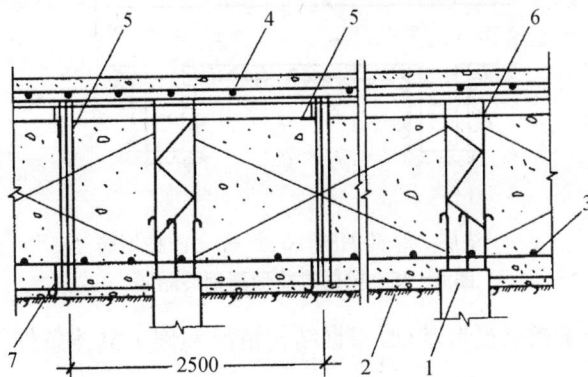

1-灌注桩　2-垫层　3-底层钢筋
4-顶层钢筋　5-L75 mm×6 mm 角钢支承架
6-φ25 钢筋支承架　7-垫层上预埋短钢筋头或角钢

图 6－73　钢筋网的支承

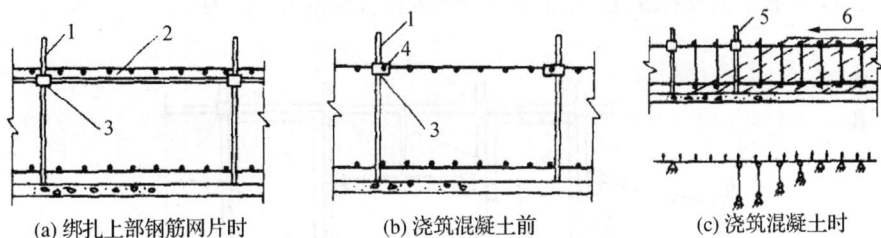

(a) 绑扎上部钢筋网片时　　(b) 浇筑混凝土前　　(c) 浇筑混凝土时

1-垂直钢管　2-水平钢管　3-直角扣件
4-下层水平钢筋　5-待拔钢管　6-混凝土浇筑方向

图 6－74　厚片筏上部钢筋网片的钢管临时支撑

钢筋支撑设置好后,按照钢筋布置原则,依次布置和绑扎上层钢筋网片长向钢筋,上层钢筋网短向钢筋,同时钢筋应满足接头面积百分率和钢筋连接要求。

(4) 绑扎柱或墙体插筋及其他。根据放好的柱和墙体位置线,将暗柱和墙体插筋绑扎就位,并与底板钢筋固定牢靠,钢筋接头要求满足有关要求;根据设计要求设置保护层垫块,保护层垫块一般按照间距1 000 mm左右呈梅花型布置。

(5) 钢筋绑扎好后做好成品保护,并注意保护防水层。

(6) 钢筋施工中其他未尽事宜详见独立基础部分。

6.4.3　筏形基础模板工程施工

(1) 对于平板式筏形基础,只需支设基础平板侧模、斜撑、木桩即可,侧模的支设。

（2）对于高板位梁板式筏形基础，一般梁侧模采取在垫层上两侧砌半砖代替钢（或木）侧模与垫层形成一个砖壳子，俗称砖胎膜，如图6-72所示。

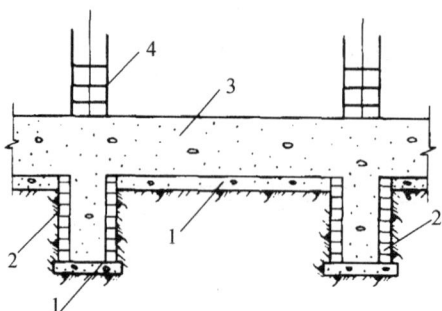

1-垫层　2-砖胎膜　3-底板　4-柱钢筋
图6-75　梁板式筏形基础砖胎膜

（3）对于低板位梁板式筏形基础，根据结构情况和施工具体条件及要求采用以下两种方法：

① 先在垫层上绑扎底板梁的钢筋和上部柱插筋，先浇筑底板混凝土，待达到25%以上强度后，再在底板上支梁侧模板，浇筑完梁部分混凝土；

② 采用底板和梁钢筋、模板一次同时支好，梁侧模板用混凝土支墩或钢支脚支承，并固定牢固，混凝土一次连续浇筑完成。梁板式筏形基础当梁在底板下时，模板的支设多用组合钢模板，支承在钢支撑架上，用钢管脚手架固定，如图6-76所示。

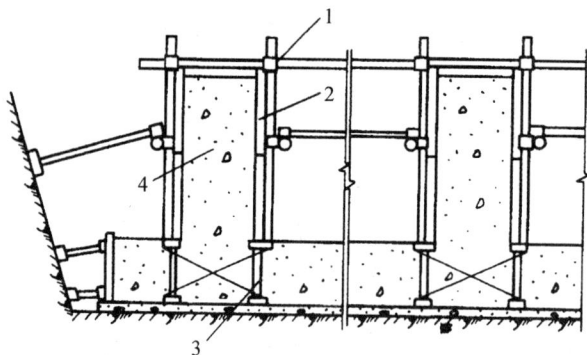

1-钢管支架　2-组合钢模版　3-钢支撑架　4-基础梁
图6-76　梁板式筏形基础钢管支架支模

（4）模板工程其他未尽事宜详见独立基础。

6.4.4　筏形基础混凝土工程

1. 筏形基础混凝土施工要点

（1）筏形基础施工中由于混凝土用量比较大，基础的整体性要求高，一般按大体积混凝土施工。施工时要求混凝土连续浇筑，一气呵成。施工工艺上应做到分层浇筑、分层捣实，但又必须保证上下层混凝土在初凝之前结合好，不致形成施工缝。

（2）混凝土浇筑方案应根据整体性要求、结构大小、钢筋疏密、混凝土供应等具体情况，选用如下三种方式：

① 全面分层。如图 6-77(a)所示，在整个基础内全面分层浇筑混凝土，要做到第一层全面浇筑完毕回来浇筑第二层时，第一层浇筑的混凝土还未初凝，如此逐层进行，直至浇筑好。这种方案适用于结构的平面尺寸不太大，施工时从短边开始，沿长边进行较适宜。

② 分段分层。如图 6-77(b)所示，适宜于厚度不太大而面积或长度较大的结构。混凝土从底层开始浇筑，进行一定距离后回来浇筑第二层，如此依次向前浇筑以上各分层。

③ 斜面分层。如图 6-77(c)所示，适用于结构的长度超过厚度的三倍。振捣工作应从浇筑层的下端开始，逐渐上移，以保证混凝土施工质量。

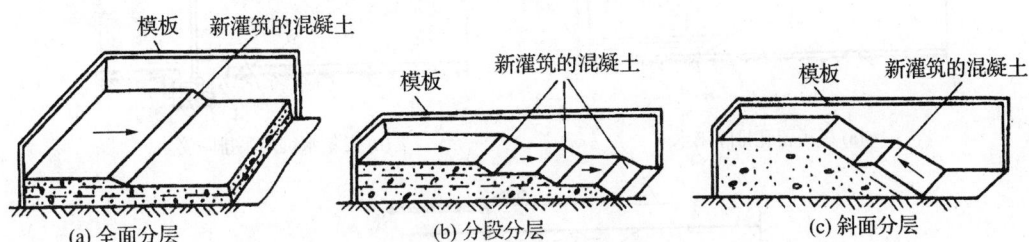

图 6-77 大体积基础浇筑方案

（3）混凝土施工时具体每层的厚度与振捣方法、配筋状况、结构部位、混凝土性质等因素有关，其最大厚度不得超过表 6-30 的规定。

表 6-30 混凝土浇筑分层厚度　　　　单位：mm

捣实混凝土的方法		浇筑层的厚度
插入式振捣		振捣器作用部分长度的 1.25 倍
表面振动		200
人工捣固	在基础、无筋混凝土或配筋稀疏的结构中	250
	在梁、墙板、柱结构中	200
	在配筋密列的结构中	150
轻骨料混凝土	插入式振捣器	300
	表面振动（振动时需加荷）	200

（4）浇筑混凝土所采用的方法，应采用适当措施保证混凝土在浇筑时不发生离析现象。

（5）混凝土振捣。根据混凝土泵送时自然形成的坡度，在每个浇筑带前、后、中部不停振捣,振捣工要求认真负责,仔细振捣,以保证混凝土振捣密实。振捣时,要快插慢拔,分层浇筑混凝土振捣上层时,应插入下层混凝土 50 mm 左右,以消除两层混凝土之间的接缝,同时必须在下层混凝土初凝以前完成上层混凝土的浇筑。

(6) 由于混凝土用量大,混凝土入模分层浇筑振捣后其表面常聚积一层游离水(浮浆层),它对混凝土危害极大,不但会损害各层之间的黏结力,造成混凝土强度不均,影响混凝土强度,并极易出现夹层、沉降缝和表面塑性裂缝,因此在浇筑过程中必须妥善处理,排除泌水,以提高混凝土质量,常用处理方法如图 6-78 所示。

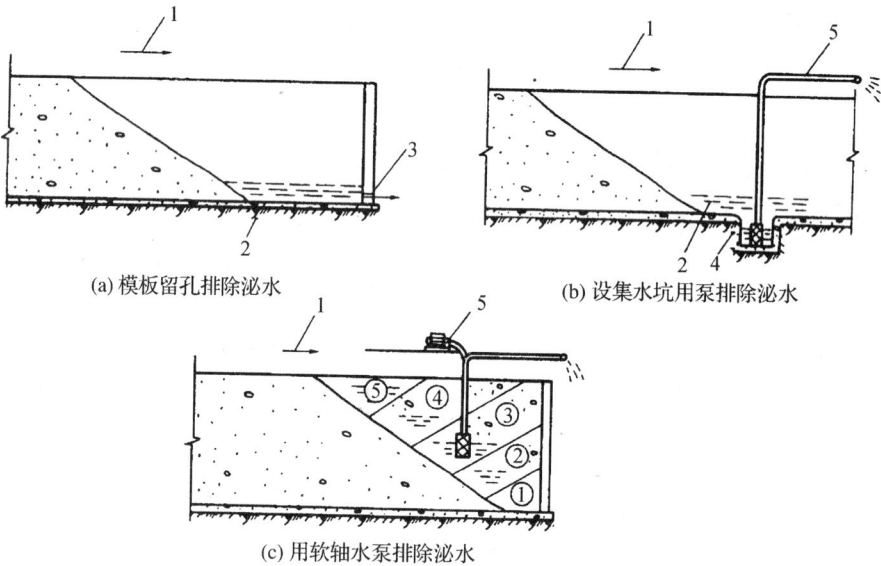

(a) 模板留孔排除泌水

(b) 设集水坑用泵排除泌水

(c) 用软轴水泵排除泌水

1-浇筑方向　2-泌水　3-模板留孔　4-集水坑　5-软轴水泵
①、②、③、④、⑤-浇筑次序

图 6-78　混凝土泌水处理

(7) 浇注完毕后 3～12 小时内做好表面覆盖和洒水养护,一般每天不少于 2 次洒水,并不少于 7 d(有缓凝剂或抗渗混凝土不少于 14 d),必要时采取保温措施,并防止浸泡地基。

(8) 混凝土强度达到 1.2 MPa 以上时,方可行人和进行下道工序。待混凝土达到设计强度的 25% 以上时可拆除侧模。当混凝土达到设计强度的 30% 时也可进行基坑回填,回填时在四周同时进行,并按照基底排水方向由高到低进行。

2. 后浇带施工

(1) 当筏板基础长度很长(40 m 以上),应考虑在中部适当部位留设贯通后浇带,以避免出现温度、收缩裂缝和便于进行施工分段流水作业。

(2) 基础底板和基础梁后浇带留筋方式和宽度如图 6-79(a)和图 6-79(b)所示。当地下水位较高且有较大压力时,后浇带下抗水压垫层、后浇带超前止水构造如图 6-79(c)和图 6-79(d)所示。

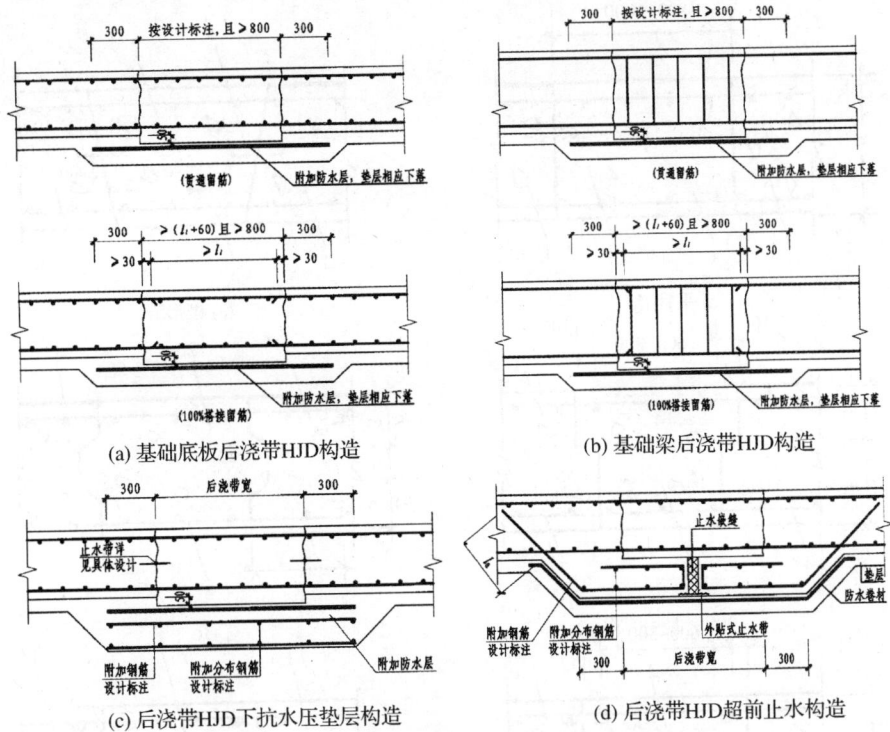

(a) 基础底板后浇带HJD构造

(b) 基础梁后浇带HJD构造

(c) 后浇带HJD下抗水压垫层构造

(d) 后浇带HJD超前止水构造

图 6-79 基础底板和基础梁后浇带构造

(3) 后浇带的断面形式如图 6-80 所示。后浇带的断面形式应考虑浇注混凝土后连接牢固,一般应避免留直缝。对于板,可留斜缝;对于梁及基础,可留企口缝,可根据结构断面情况确定。对有防水抗渗要求的地下室还应留设止水带,以防后浇带处渗水。

(4) 基础后浇带处的垫层应加厚,加厚范围如图 6-79 所示。垫层顶面应做防水层。当外墙留设后浇带时,外墙外侧在上述范围内也应作防水层,并用强度等级为 M5 的水泥砂浆砌半砖厚保护。

(5) 后浇带宽度一般为 800~1 000 mm,后浇带处受力钢筋必须贯通,不许断开。伸缩后浇带混凝土宜在其两侧混凝土浇灌完毕 2 个月后,用高于两侧强度一级或两级的半干硬性混凝土或微膨胀混凝土(掺水泥用量 12% 的 U 型膨胀剂,简称 UEA)灌筑密实,使连成整体,并做好混凝土振捣。后浇带混凝土要加强养护,养护时间一般至少14 d。

(6) 带裙房的高层建筑筏形基础,当高层建筑与相连的裙房之间不设置沉降缝时,宜在裙房一侧设置沉降后浇带,当沉降实测值和计算确定的后期沉降差满足设计要求后,方可进行后浇带混凝土浇筑。当高层建筑基础面积满足地基承载力和变形要求时,后浇带宜设置在与高层建筑相邻裙房的第一跨内。

(7) 基础后浇带的浇筑,考虑到补偿收缩混凝土的膨胀效应,当后浇带的长度大于50 m时,混凝土要分两次浇筑,时间间隔为 5~7 d。混凝土浇筑后,在硬化前 1~2 h,应抹压,以防裂缝的产生。

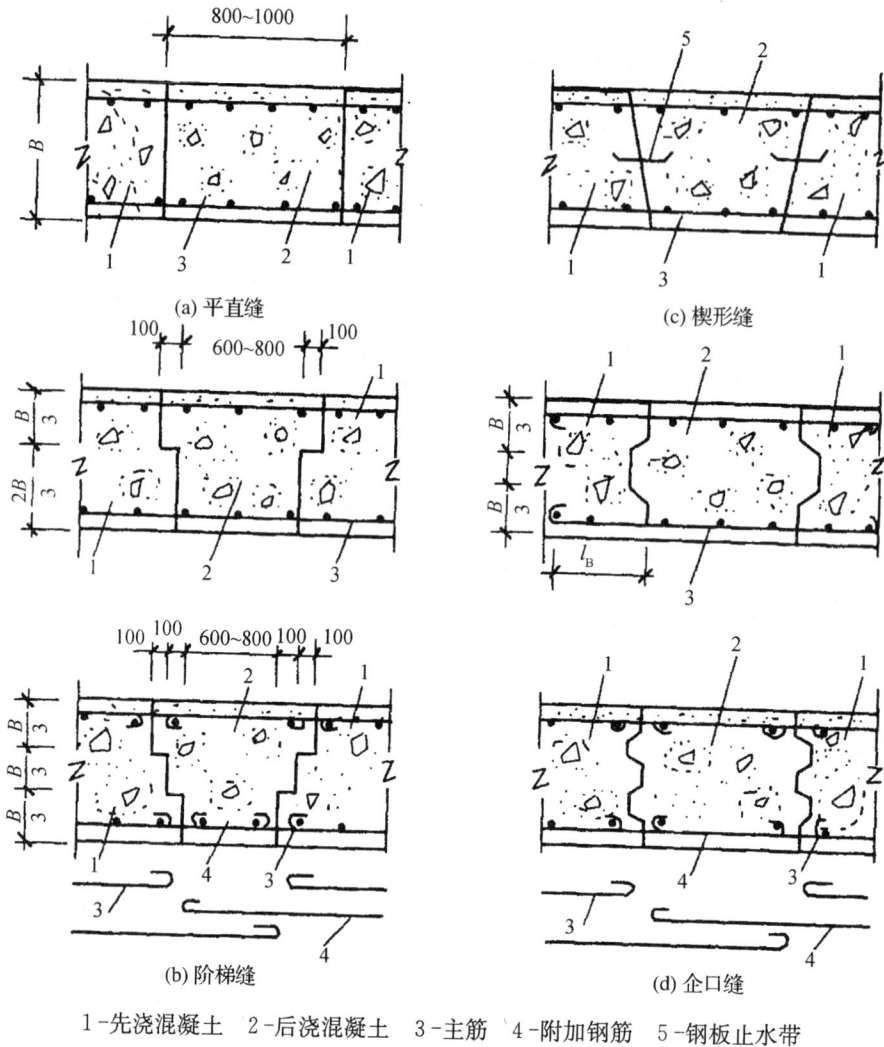

(a) 平直缝

(c) 楔形缝

(b) 阶梯缝

(d) 企口缝

1-先浇混凝土　2-后浇混凝土　3-主筋　4-附加钢筋　5-钢板止水带

图 6-80　后浇带形式

（8）后浇带施工时两侧可采用钢筋支架单层钢丝网或单层钢板网隔断，网眼不宜太大，防止漏浆。若网眼过大，可在网外粘贴一层塑料薄膜，并支挡固定好，保证不跑浆。

（9）对采用钢丝网模板的垂直施工缝，当混凝土达到初凝时用压力水冲洗，清除浮浆、碎片并使冲洗部位露出骨料，同时将钢丝网片冲洗干净。当混凝土终凝后，薄膜可撕去，钢筋支架亦可拆除，铅丝网可拆除或留在混凝土内。当后浇混凝土时，应将其表面浮浆剔除。在后浇带混凝土浇筑前应清理表面。

3. 施工缝留设与处理

由于施工技术和施工组织上的原因，不能连续将结构整体浇筑完成，并且间歇的时间预计将超出规定的时间时，应预先选定适当的部位设置施工缝。施工缝的位置应设置在结构受剪力较小且便于施工的部位。留缝应符合下列规定：

(1) 柱、墙施工缝可留设在基础、楼层结构顶面,柱施工缝与结构上表面的距离宜为 0~100 mm,墙施工缝与结构上表面的距离宜为 0~300 mm。

(2) 柱、墙施工缝也可留设在楼层结构底面,施工缝与结构下表面的距离宜为 0~50 mm;当板下有梁托时,可留设在梁托下 0~20 mm。

(3) 筏形基础垂直施工缝应留设在平行于平板式基础短边的任何位置且不应留设在柱角范围。梁板式基础垂直施工缝应留设在次梁跨度中间的 1/3 范围内。

(4) 墙施工缝宜留置在门洞口过梁跨中 1/3 范围内,也可留在纵横墙的交接处。

(5) 楼梯施工缝留设在楼梯段跨中 1/3 无负弯矩的范围,且留槎垂直于模板面。

(6) 设备基础水平施工缝应低于地脚螺栓底端,与地脚螺栓底端的距离应大于 150 mm;当地脚螺栓直径小于 30 mm 时,水平施工缝可留设在深度不小于地脚螺栓埋入混凝土部分总长度的 3/4 处;设备基础垂直施工缝与地脚螺栓中心线的距离不应小于 250 mm,且不应小于螺栓直径的 5 倍。

(7) 箱形基础的施工缝如图 6-81 所示,基础底板、顶板与外墙的水平施工缝(也可用于地下室外墙)应在底板上部 300~500 mm 范围内和无梁楼板下部 30~50 mm 处,接缝宜设钢板、橡胶止水带或凸形企口缝或在水平施工缝外贴防水层;底板与内墙的施工缝宜设在底板与内墙交接处;顶板与内墙的水平施工缝位置应视剪力墙插筋的长短而定,一般在 1 000 mm 以内即可;外墙水平施工缝形式如图 6-82 所示。

箱型基础外墙垂直施工缝可设在离转角 1 000 mm 处;内隔墙可在内墙与外墙交接处留设施工缝,内墙本身一般不再留垂直施工缝。外墙垂直施工缝宜用凹缝,内墙水平与垂直缝多用平缝。

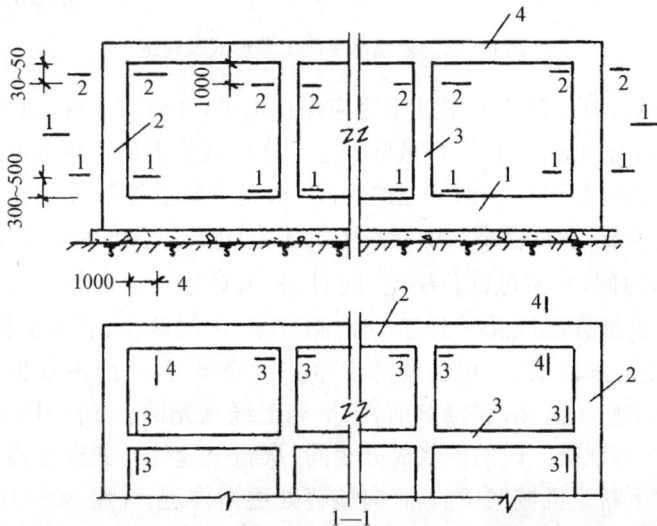

1-底板　2-外墙　3-内隔墙　4-顶板
1-1、2-2…施工缝位置

图 6-81 箱形基础施工缝位置留设

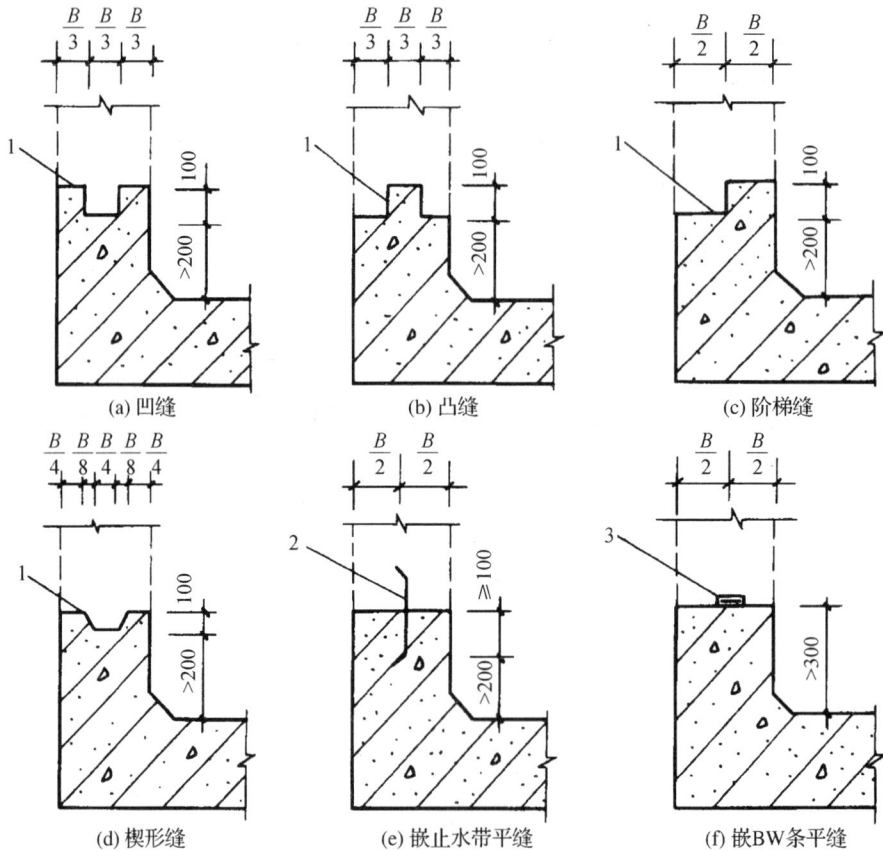

(a) 凹缝　　　　　　　　(b) 凸缝　　　　　　　　(c) 阶梯缝

(d) 楔形缝　　　　　　　(e) 嵌止水带平缝　　　　(f) 嵌BW条平缝

图 6-82　外墙水平施工缝形式及构造

（8）施工缝的处理。所有水平施工缝应保持水平，并做成毛面，垂直缝处应支模浇筑，施工缝处的钢筋均应留出，不得截断；施工缝位置附近回弯钢筋时，要做到钢筋周围的混凝土不受松动和损坏。钢筋上的油污、水泥砂浆及浮锈等杂物也应清除；在施工缝处继续浇筑混凝土时，已浇筑的混凝土抗压强度不应小于 $1.2\ \mathrm{N/mm^2}$。混凝土达到 $1.2\ \mathrm{N/mm^2}$ 的时间，可通过试验决定，同时，必须对施工缝进行必要的处理；在已硬化的混凝土表面上继续浇筑混凝土前，应清除垃圾、水泥薄膜、表面上松动砂石和软弱混凝土层，同时还应加以凿毛，用水冲洗干净并充分湿润，一般不宜少于 24 h，残留在混凝土表面的积水应予清除；在浇筑前，水平施工缝宜先铺上 10～15 mm 厚的水泥砂浆一层，其配合比与混凝土内的砂浆成分相同；从施工缝处开始继续浇筑时，要注意避免直接靠近缝边下料。机械振捣前，宜向施缝处逐渐推进，并距 80～100 cm 处停止振捣，但应加强对施工缝接缝的捣实工作，使其紧密结合。

6.4.5　大体积混凝土裂缝的防止

按照规范，大体积混凝土是指混凝土结构实体最小几何尺寸不小于 1 m 的大体量混凝土或预计会因混凝土胶凝材料水化引起的温度变化和收缩变化而导致有混凝土产生害裂缝。大体积混凝土施工中裂缝的防止与控制是施工中的重点和难点。筏形基础、箱型基础由于结构截面大，水泥用量大，一般属于大体积混凝土施工。

1. 控制裂缝开展的方法

为了控制现浇钢筋混凝土贯穿裂缝的开展常采用的方法有如下三种：

(1) "放"的方法。

减小约束体与被约束体之间的相互制约，以设置永久性伸缩缝的方法，将超长的现浇钢筋混凝土结构分成若干段，以期释放大部分变形，减小约束应力。

【相关知识】

我国《混凝土结构设计规范》规定：现浇剪力墙结构、现浇框架结构，处于室内或土中条件下的伸缩缝间距分别为 45 m 和 55 m。

目前大多数国家也广泛采用设置永久性伸缩缝作为控制裂缝开展的主要方法，其伸缩缝间距为 30～40 m，个别为 10～20 m。

(2) "抗"的方法。

采取措施减小被约束体与约束体之间的相对温差，改善配筋，减少混凝土收缩，提高混凝土抗拉强度等，以抵抗温度收缩变形和约束应力。

(3) "抗""放"结合的方法。

在施工期间设置作为临时伸缩缝的"后浇带"，将结构分成若干段，可有效削减温度收缩应力。在施工后期，将若干段浇筑成整体，以承受约束应力。

除采用"后浇带"方法外，在某些工程中还采用"跳仓法"施工。即将整个结构按垂直施工缝分段，间隔一段，浇筑一段。跳仓的最大分块尺寸不宜大于 40 m，跳仓间隔施工的时间不宜小于 7 d 的间歇后再浇筑成整体，这样可削弱一部分施工初期的温差和收缩作用。跳仓接缝处按施工缝的要求设置和处理。

2. 防止温度和收缩裂缝的技术措施

(1) 控制混凝土温升。

① 选用中热或低热的水泥品种，可减少水化热，使混凝土减少升温，大体积混凝土施工常用矿渣硅酸盐水泥。为减少水泥用量，降低水化热，利用混凝土的后期强度，并专门进行混凝土配合比设计，征得设计单位同意，混凝土可采用后期 45 d、60 d 或 90 d 强度替代 28 d 设计强度，这样可使每立方米混凝土的水泥用量减少 40～70 kg/m³ 左右，混凝土的水化热温升相应减少 4～7℃。

② 外掺剂。在混凝土中可掺加复合型外加剂和粉煤灰，以减少绝对用水量和水泥用量，改善混凝土和易性与可泵性，延长缓凝时间。耐久性要求较高或寒冷地区的大体积混凝土，宜采用引气剂或引气减水剂。

③ 粗细骨料选择。采用以自然连续级配的粗骨料配制混凝土，因其具有较好的和易性、较少的用水量和水泥用量以及较高的抗压强度。优先选用 5～40 mm 石子，减少混凝土收缩。含泥量＜1%，符合筛分曲线要求，骨料中针状和片状颗粒含量＜15%（重量比）。细骨料的采用以中粗砂为宜，含泥量＜2%，这样可减少用水量，水泥用量可相应减少，这样就降低了混凝土的温升和减少了混凝土的收缩。

④ 控制新鲜混凝土的出机温度。混凝土中的各种原材料，尤其是石子与水，对出机

温度影响最大。在气温较高时,宜在砂石堆场设置简易遮阳棚,必要时可采用向骨料喷水等措施。

⑤ 控制浇筑入模温度。土建工程的大体积钢筋混凝土施工中,浇筑温度对结构物的内外温差影响不大,因此对主要受早期温度应力影响的结构物,没有必要对浇筑温度控制过严。但是考虑到对混凝土有利的养护温度,温度过高会引起较大的干缩以及给混凝土的浇筑带来不利的影响,适当限制浇筑温度是合理的。建议最高浇筑温度控制在 40℃ 以下为宜。

提示:夏季施工时,在泵送时采取降温措施,防止混凝土入模温度升高。如在搅拌筒上搭设遮阳棚,在水平输送管道上加铺草包喷水。冬季施工时,对结构厚度在 1.0 m 以上的大体积混凝土,一般宜在正温搅拌和正温浇筑,并靠自身的水化热进行蓄热保温。

(2)延缓混凝土降温速率。

大体积混凝土浇筑后,为了减少升温阶段内外温差,防止产生裂缝,给予正当的保温养护和潮湿养护很重要。在潮湿条件下可防止混凝土表面脱水产生干缩裂缝,使水泥顺利进行水化,提高混凝土的极限拉伸值。对混凝土进行保湿和保温养护,可使混凝土的水化热降温速率延缓,减小结构内外温差,防止产生过大的温度应力和产生温度裂缝。

对大面积的底板面,一般可采用先铺一层塑料薄膜后铺二层草包作保温保湿养护。草包应叠缝。养护必须根据混凝土内表温差和降温速率,及时调整养护措施。

蓄水养护亦是一种较好的方法,但水温应是混凝土中心最高温度减去允许的内外温差。

根据工程的具体情况,尽可能多养护一段时间,拆模后应立即用土或再覆盖草包保护,同时预防近期骤冷气候影响,以便控制内表温差,防止混凝土早期和中期裂缝。

(3)减少混凝土收缩,提高混凝土的极限拉伸值。

① 混凝土配合比。

采用集料泵送混凝土,砂率应在 40%～45% 之间,在满足可泵性前提下,尽量降低砂率。坍落度在满足泵送条件下尽量选用小值,以减少收缩变形。

② 混凝土的施工。

混凝土浇筑顺序的安排,采用薄层连续浇筑,以利散热,不出现冷缝为原则;采用二次振捣工艺,以提高混凝土密实度和抗拉强度,对大面积的板面要进行拍打振实,去除浮浆,实行二次抹面,以减少表面收缩裂缝;混凝土在浇筑振捣过程中的泌水应予以排除,根据土建工程大体积混凝土的特点和施工经验,监测混凝土中心与表面的温差值,用测温技术进行信息化施工,全面了解混凝土在强度发展过程中内部的温度场分布状况,并且根据温度梯度变化情况,定性、定量地指导施工,控制降温速率,控制裂缝的出现。

(4)设计构造上的改善。

在底板外约束较大的部位应设置滑动层,在结构应力集中的部位,宜加抗裂钢筋,作局部加强处理,在必须分段施工的水平施工缝部位增设暗梁,防止裂缝开展等。

（5）施工监测。

为了解大体积混凝土水化热造成不同深度处温度场的变化规律,随时监测混凝土内部温度情况,以便有效地采取相应技术措施确保工程质量,采用在混凝土内不同部位埋设温度传感器,用混凝土温度监测仪,进行施工全过程的跟踪和监测。

6.5 箱形基础施工

箱形基础是由钢筋混凝土底板、顶板、外墙和一定数量的内隔墙构成一封闭空间的整体箱体,如图 6-83 所示,基础中空部分可在内隔墙开门洞作地下室。它具有整体性好,刚度大,不均匀沉降低及抗震能力强等特点。适用于地基土软,建筑平面形状简单、荷载较大或上部结构分布不均的高层建筑。目前在城市高层建筑中应用较为广泛。箱形基础有关构造如下:

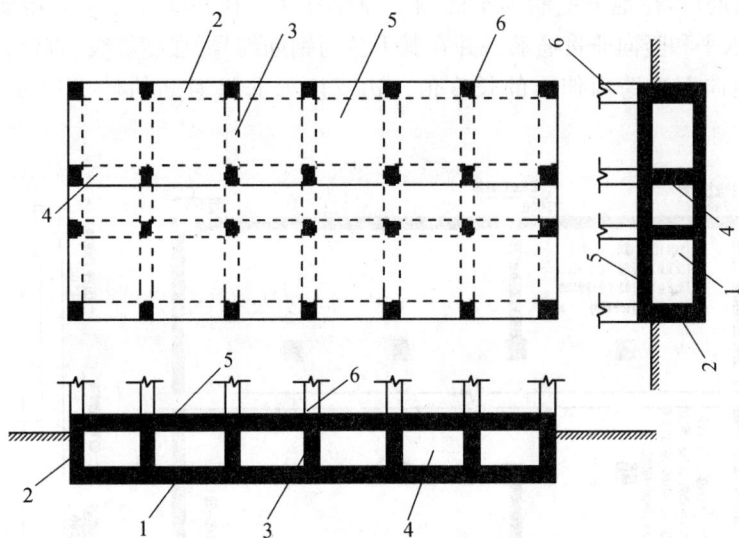

1-底板 2-外墙 3-内横隔墙 4-内纵隔墙 5-顶板 6-柱

图 6-83 箱形基础

6.5.1 箱形基础平法标注

箱形基础构件分为箱形基础底板、顶板、中层楼板、箱基外墙、内墙、墙梁、箱基洞口上下过梁等。

箱形基础底板平法表达和施工参照筏形基础部分内容;除箱基外墙外,其余构件均可参照上部结构剪力墙结构施工。请参照上部结构施工内容学习,这里不再叙述。

箱基外墙往往同时作为结构的地下室外墙使用,16G101-1 中对地下室外墙的构造进行了介绍。地下室外墙因受力原理与上部结构的剪力墙有很大的不同,它主要是承受外侧的土压力和水压力,所以又称挡土墙,外侧钢筋配置时往往有加强筋,与内侧配筋不同,而上部结构的剪力墙内外侧配筋通常情况下是相同的。

地下室外墙平面注写包括集中标注墙体编号、厚度、贯通筋、拉筋等和原位标注附加非贯通筋两部分。当没有附加非贯通筋时,仅作集中标注。如图 6-84 所示。

地下室外墙的集中标注:

(1) 外墙编号为包括代号、序号、墙身长度(注写 xx-xx 轴),表示为 DWQXX。

(2) 外墙厚度:bw=xxx

(3) 分别以 OS、IS 代表外墙外侧和内侧贯通筋。其中水平贯通筋以 H 打头,竖向贯通筋以 V 打头。以 tb 打头注写拉筋直径、强度等级和间距,并注明"双向"或"梅花双向"。

如图 6-84 所示中轴线上的 DWQ1 标注表示为:1 号外墙,长度范围为①~⑥轴之间,墙后 300,外侧水平贯通筋为Φ18@200,竖向贯通筋Φ20@200;内侧水平贯通筋为Φ16@200,竖向贯通筋Φ18@200;双向拉筋为 A6,水平间距 400,竖向间距 400。

地下室外墙的原位标注主要表示在外墙外侧配置的水平贯通筋或竖向贯通筋。当配置水平非贯通筋时,在地下室墙体平面图上原位标注。在外墙外侧绘制粗实线,分别以 H 和 V 代表水平和竖向非贯通筋。并在其上注写钢筋编号、强度等级、直径、分布间距以及自支座中线向两边跨内伸出的长度值。边支座处非贯通筋的伸出长度从支座边缘算起。

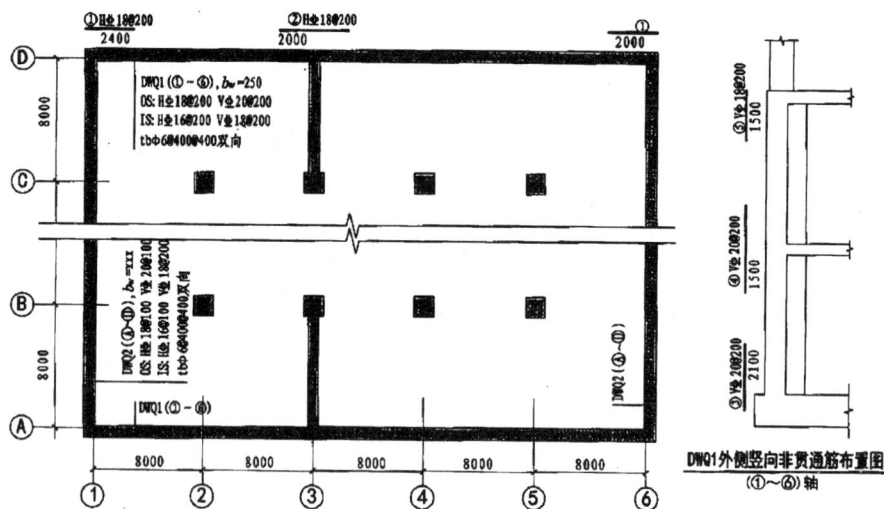

图 6-84 -9.030~4.500 地下室外墙平法施工图

6.5.2 箱形基础外墙施工构造

(1) 箱形基础外墙水平钢筋施工构造如图 6-85 所示,竖向钢筋施工构造如图 6-86 所示。

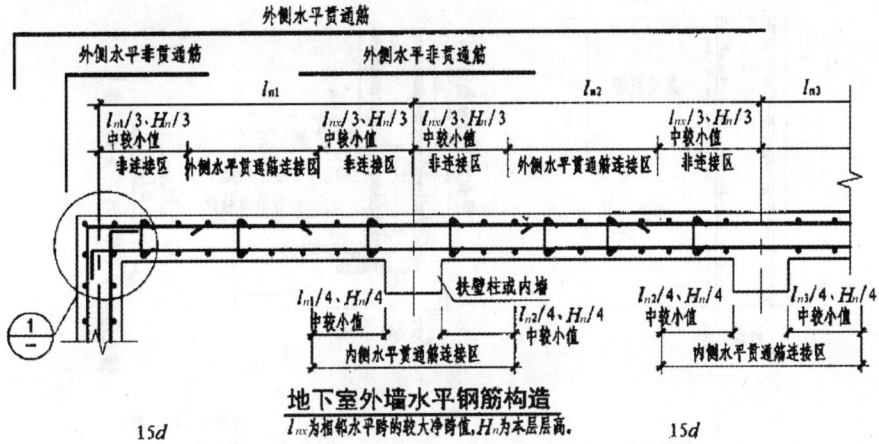

ln𝑥 为相邻水平跨的较大净跨值，H𝑛 为本层层高

图 6‑84 箱形基础外墙水平钢筋施工构造

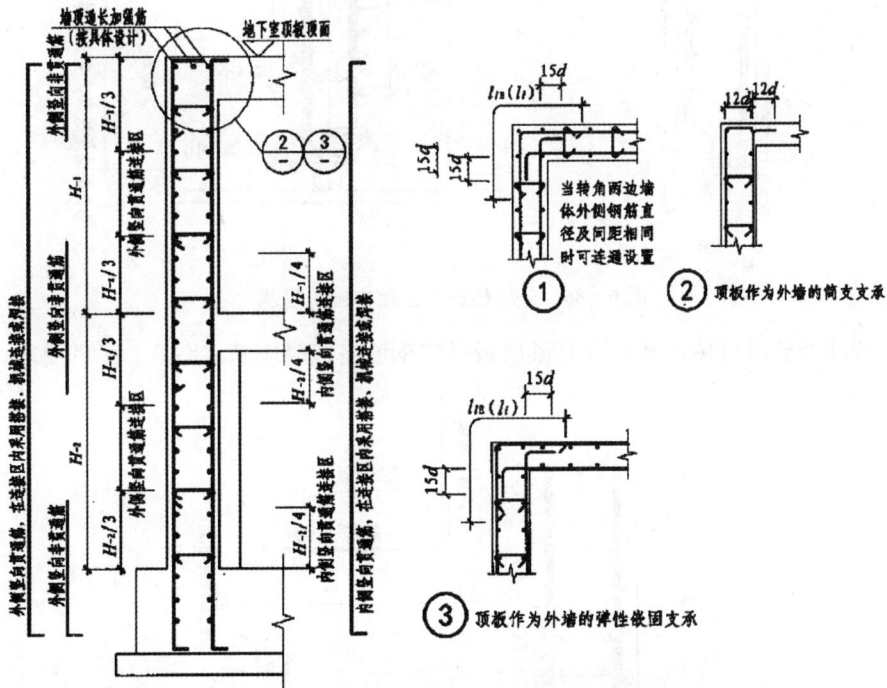

图 6‑85 箱形基础外墙竖向钢筋施工构造

（2）地下室外墙与基础的连接。

① 当墙位于箱基或筏基边部时插筋构造如图 6‑86 所示；插筋位于筏形基础的基础梁非板中部分时，保护层厚度≤5d 的部位应设置附加水平钢筋，该附加横向水平钢筋也可与梁的箍筋绑轧（构造及要求与梁的抗扭腰筋相同。）在上述部位当保护层厚度＞5d 时不设附加水平钢筋。图中的为锚固钢筋最大直径。

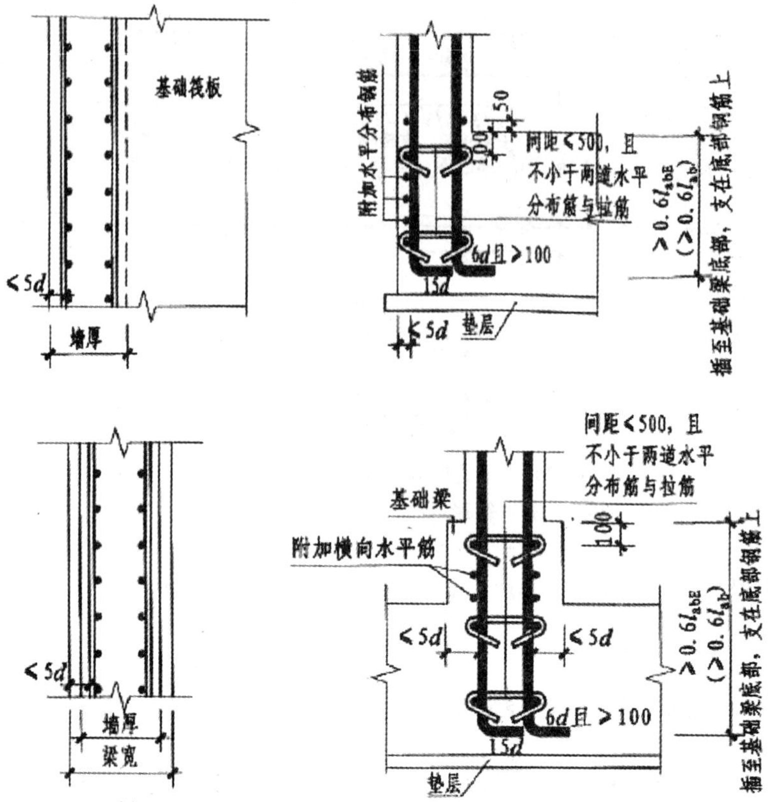

图 6‑86 外墙插筋在基础中施工构造

② 若涉及要求外侧墙插筋与基础底板纵向钢筋搭接时应满足图 6‑87 的要求。

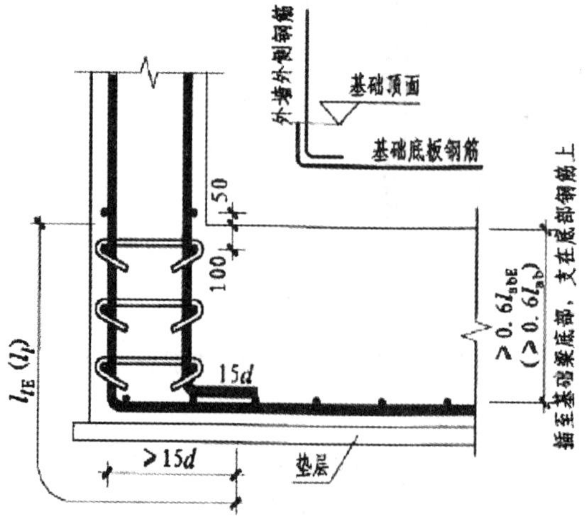

图 6‑87 墙插筋与基础底板钢筋搭接构造

6.5.3 箱形基础施工要点

（1）箱形基础开挖深度大，挖土卸载后，土中压力减小，土的弹性效应有时会使基坑坑面土体回弹变形，基坑开挖到设计基底标高经验收后，应随即浇注垫层和箱形基础底板，防止地基土被破坏。冬期施工时，应采取有效措施，防止坑底土的冻胀。

（2）箱基模板一般采用底板先支模施工。模板一般宜横排。接缝错开布置。当高度符合主钢模板块时，模板亦可竖排。要特别注意施工缝止水带及对拉螺栓的处理，一般不宜采用可回收的对拉螺栓如图 6-88 所示。

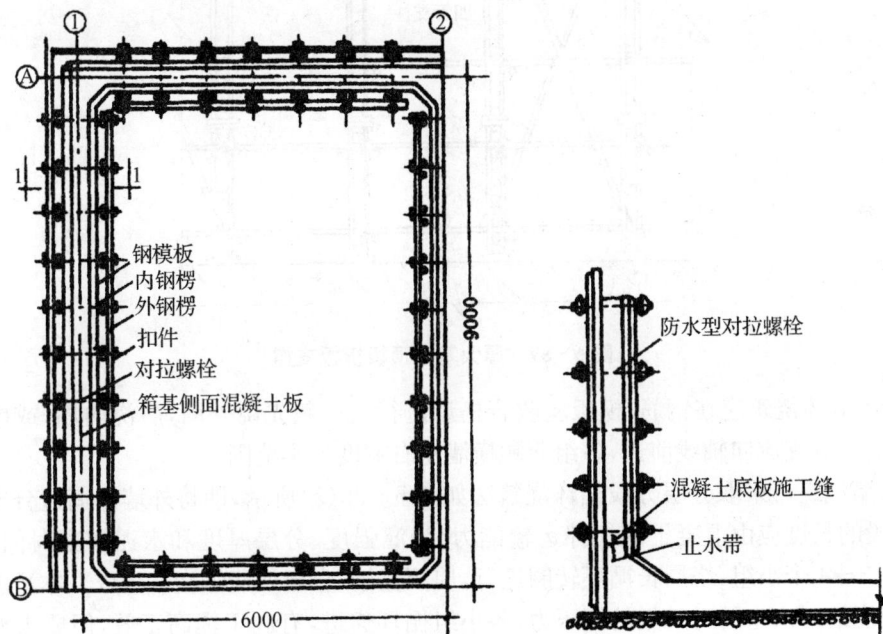

钢模板
内钢楞
外钢楞
扣件
对拉螺栓
箱基侧面混凝土板

防水型对拉螺栓

混凝土底板施工缝
止水带

6000
9000

图 6-88 箱型基础底板模板支设

（3）基础墙外部模板宜采用大块模板组装，内壁用定型模板；墙采用穿墙对拉螺栓控制墙体截面尺寸，应优先采用组合式对拉螺栓。

（4）基础的顶板往往与墙和基础形成整体，厚度较大，因此要根据空间、板厚和荷载情况选用不同的支顶方法。一般顶板厚度超过 0.5 m 时，可采用四管支柱支顶如图 6-89 所示，间距在 1 500～2 000 mm。柱结系杆可采用 $\phi48\times3.5$ 钢管。主次梁可采用型钢，其规格根据计算确定。

（5）箱形基础底板混凝土浇筑一般按大体积混凝土施工。一般可沿长方向分 2～3 个区，由一端向另一端分层推进，分层均匀下料。当底面积大或底板呈正方形，宜分段分组浇筑，当底板厚度小于 50 cm，可不分层，采用斜面赶浆法浇筑；当底板厚度等于或大于 50 cm，宜水平分层或斜面分层浇筑，每层厚 25～30 cm，分层用插入式或平板式振捣器捣固密实，同时应注意各区、组搭接处的振捣，防止漏振，每层应在水泥初凝时间内浇筑完成，以保证混凝土的整体性和强度，提高抗裂性。

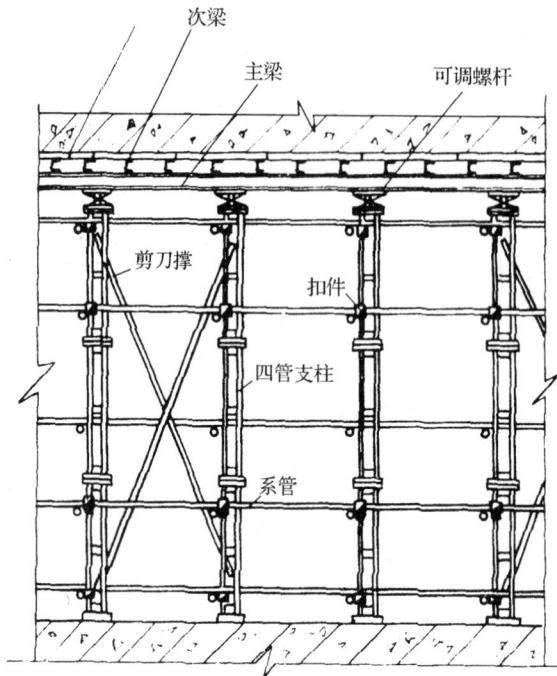

图 6 - 89 厚大基础顶板模板支撑

（6）墙体浇筑应在钢筋、模板验收合格后进行。一般先浇外墙，后浇内墙，或内外墙同时浇筑，分支流向轴线前进，各组兼顾横墙左右宽度各半范围。

外墙浇筑可采取分层分段循环浇筑法如图 6 - 90(a)所示，即将外墙沿周边分成若干段，分段的长度应由混凝土的搅拌运输能力、浇灌强度、分层厚度和水泥初凝时间而定。一般分 3～4 个小组，绕周长循环转圈进行，周而复始，直至外墙体浇筑完成。本法能减少混凝土浇筑时产生的对模板的侧压力，各小组循环递进，有利于提高工效，但要求混凝土输送和浇筑过程均匀连续，劳动组织严密。

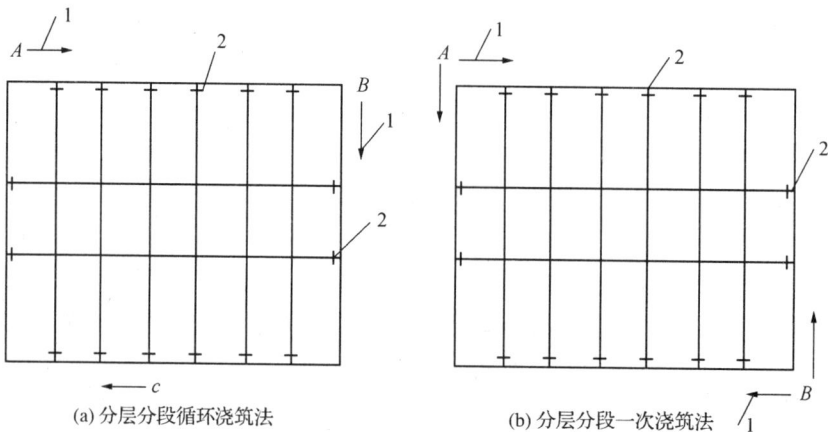

(a) 分层分段循环浇筑法   (b) 分层分段一次浇筑法

1-浇筑方向 2-施工缝

图 6 - 90 外墙混凝土浇筑方法

当周边较长,工程量较大,亦可采取分层分段一次浇筑法,如图 6 - 90(b)所示,即由 2~6 个浇筑小组从一点开始,混凝土分层浇筑,每两组相对应向后延伸浇筑,直至同边闭合。本法每组有固定的施工段,有利于提高质量,对水泥初凝时间控制没有什么要求,但混凝土一次浇到墙体全高,模板侧压力大,要求模板牢固。

(7) 箱形基础混凝土浇筑完后,要加强覆盖,并浇水养护;冬期要保温,防止温差过大出现裂缝,以保证结构使用和防水性能。

(8) 箱形基础施工完毕后,应防止长期暴露,要抓紧基坑的回填土。回填时要在相对的两侧或四周同时均匀进行,分层夯实;停止降水时,应验算箱形基础的抗浮稳定性;地下水对基础的浮力,一般不考虑折减,抗浮稳定系数不宜小于 1.20,如不能满足时,必须采取有效措施,防止基础上浮或倾斜,地下室施工完成后,方可停止降水。

复习及思考题

1. 钢筋下料长度计算时为什么要考虑弯曲调整值和弯钩增加长度?

2. 独立基础底板钢筋上下位置是怎样布置的? 为什么?

3. 钢筋的连接方式有几种? 钢筋连接有什么要求?

4. 基础插筋是如何计算的?

5. 对比基础联系梁、基础梁、基础次梁以及筏形基础中基础平板施工构造,通过画图或列表方式表达他们之间的相同点和不同点。

6. 在进行模板支设时注意什么问题? 模板拆除注意什么?

7. 如何保证混凝土浇筑质量?

8. 大体积混凝土浇筑方式有哪些? 防止温度和收缩裂缝的技术措施有哪些?

9. 为什么要留设施工缝和后浇带? 他们的留设位置在哪? 施工构造如何?

模块七　桩基础施工

7.1　桩基础基础知识

当建筑场地的浅层土质不能满足建筑物对地基承载力和变形的要求，又不适宜采取地基加固处理措施或不经济时，通常采用桩基础等深基础形式。

深基础主要有桩基础、沉井、地下连续墙等形式，其中，桩基础以承载力高、沉降小、施工方便、造价低等特点得到十分广泛的应用。

桩基础由位于土中的桩身和位于桩身顶部的承台组成，如图 7-1 所示。上部结构的荷载通过墙或柱传给承台，再由承台传给桩。桩受力后必然下沉，而位于桩端和桩侧的土层竭力阻止桩的下沉，从而吸收并承担了全部的荷载。

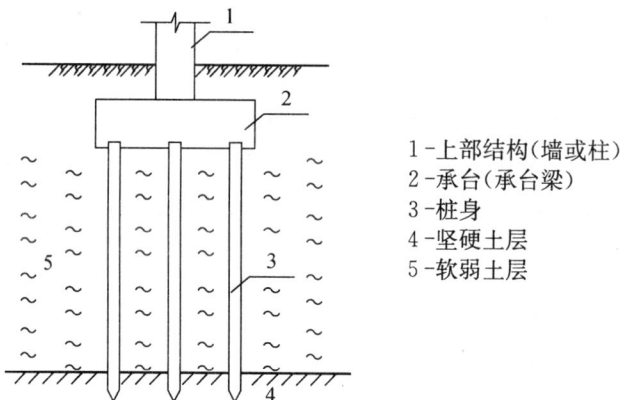

1—上部结构(墙或柱)
2—承台(承台梁)
3—桩身
4—坚硬土层
5—软弱土层

图 7-1　桩基础的组成

7.1.1　桩基础分类

按照《建筑桩基技术规范》(JGJ 94—2008)，桩基础分类主要有以下几种：

1. 按承载性状分类

(1) 摩擦型桩：摩擦型桩又分为摩擦桩和端承摩擦桩。摩擦桩是指在承载能力极限状态下，桩顶竖向荷载由桩侧阻力承受，桩端阻力小到可忽略不计；端承摩擦桩是指在承载能力极限状态下，桩顶竖向荷载主要由桩侧阻力承受。

(2) 端承型桩：端承型桩又分为端承桩和摩擦端承桩。端承桩是指在承载能力极限状态下，桩顶竖向荷载由桩端阻力承受，桩侧阻力小到可忽略不计；摩擦端承桩是指在承载能力极限状态下，桩顶竖向荷载主要由桩端阻力承受。

2. 按桩径大小分类

按桩径大小不同分为小直径桩($d \leqslant 250$ mm)、中等直径桩(250 mm$< d <800$ mm)、和大直径桩($d \geqslant 800$ mm)。

3. 按承台底面相对位置

按承台底面相对位置分为低承台桩和高承台桩。低承台桩是指承台埋设于室外地坪以下的桩基础;工业与民用建筑中的桩基础几乎均为低承台桩;高承台桩是指承台埋设于室外地坪以上的桩基础,高承台桩一般在水工建筑或岸边的港工建筑采用。

4. 按成桩的施工方法分

按成桩的施工方法分为预制桩和灌注桩。预制桩是在工厂或施工现场制成的各种材料、各种形式的桩(如木桩、混凝土方桩、预应力混凝土管桩、钢桩等),用沉桩设备将桩打入、压入或振入土中。我国建筑施工领域采用较多的预制桩主要是混凝土预制桩和钢桩两大类。灌注桩系指在施工现场成孔、放置钢筋笼、就地灌注混凝土的桩。按成孔方法分有沉管灌注桩、钻孔灌注桩和挖孔灌注桩等几大类。

7.1.2 桩基承台构造

桩基础承台常见形式有矩形多桩承台、等边三桩承台等形式。柱下单排桩在桩顶两个互相垂直的方向上或双排桩承台短向设置承台梁,以利于荷载的传递,如图 7-2 所示。

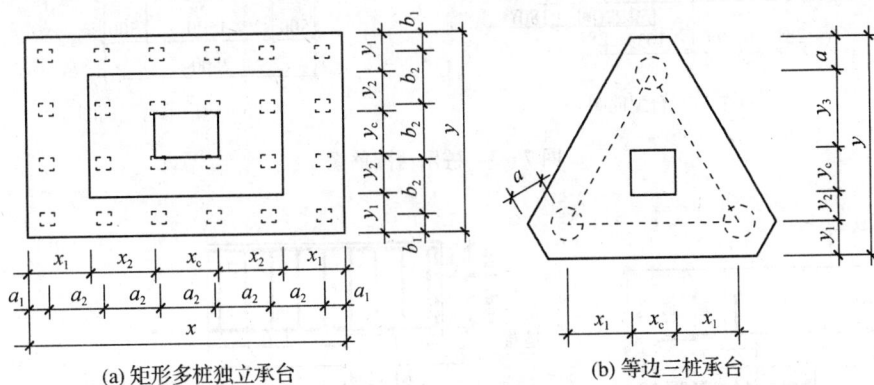

(a) 矩形多桩独立承台　　　　　　　(b) 等边三桩承台

图 7-2 桩基承台类型

(1) 承台混凝土材料及其强度等级应符合结构混凝土耐久性的要求和抗渗要求。承台底面钢筋的混凝土保护层厚度,当有混凝土垫层时,不应小于 50 mm,无垫层时不应小于 70 mm;此外尚不应小于桩头嵌入承台内的长度。

(2) 独立柱下桩基承台的最小宽度不应小于 500 mm,边桩中心至承台边缘的距离不应小于桩的直径或边长,且桩的外边缘至承台边缘的距离不应小于 150 mm。对于墙下条形承台梁,桩的外边缘至承台梁边缘的距离不应小于 75 mm。承台的最小厚度不应小于 300 mm。高层建筑平板式和梁板式筏形承台的最小厚度不应小于 400 mm,墙下布桩的剪力墙结构筏形承台的最小厚度不应小于 200 mm。高层建筑箱形承台的构造应符合《高层建筑筏形与箱形基础技术规范》(JGJ 6—2011)的规定。

(3) 承台的配筋。柱下独立桩基承台纵向受力钢筋应通长配置,如图 7-3(b)所示,对四桩以上(含四桩)承台宜按双向均匀布置,对三桩的三角形承台应按三向板带均匀布置,且最里面的三根钢筋围成的三角形应在柱截面范围内,如图 7-3(a)所示。承台纵向钢筋锚固长度如图 7-4(a)所示。承台纵向受力钢筋的直径不应小于 12 mm,间距不应大于 200 mm。

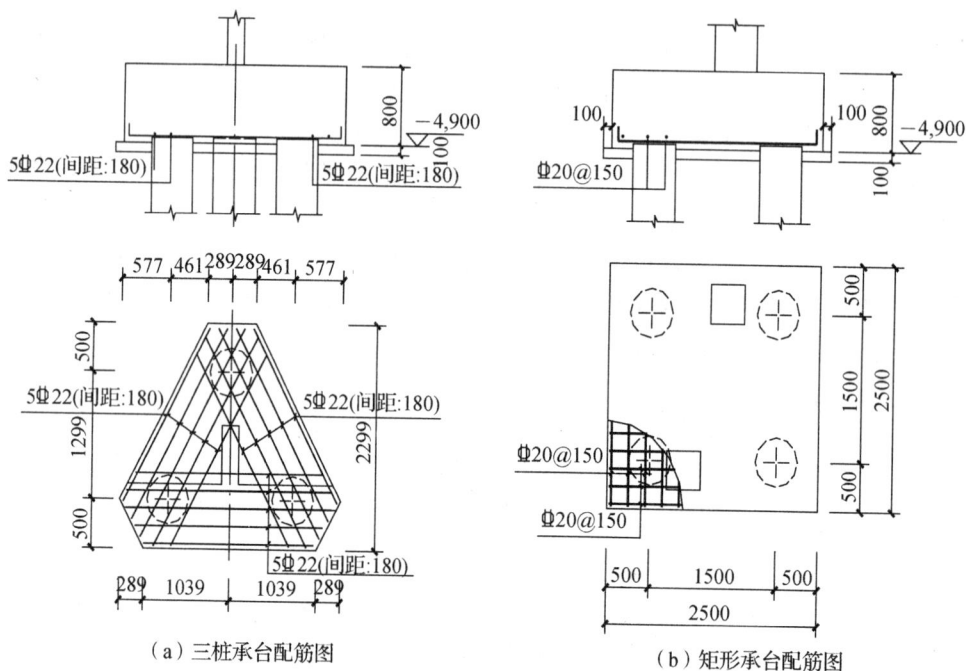

（a）三桩承台配筋图　　（b）矩形承台配筋图

图 7-3　桩承台配筋图

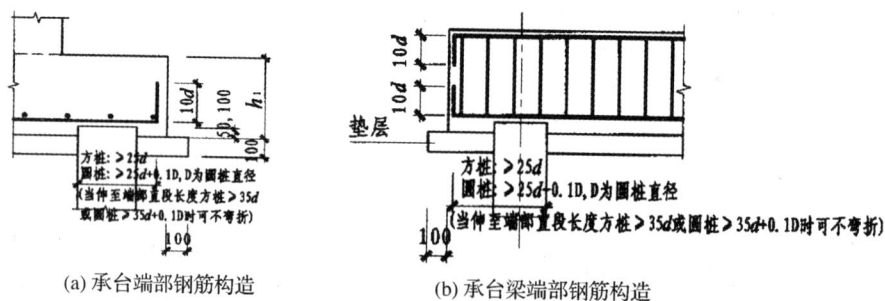

(a) 承台端部钢筋构造　　(b) 承台梁端部钢筋构造

图 7-4　承台及承台梁端部钢筋构造

条形承台梁的纵向主筋应符合现行《混凝土结构设计规范》(GB 50010—2010)的规定,主筋直径不应小于 12 mm,架立筋直径不应小于 10 mm,箍筋直径不应小于 6 mm。承台梁端部纵向受力钢筋的锚固长度如图 7-4(b)所示。

筏形承台板或箱形承台板在纵横两个方向的下层钢筋配筋率不宜小于 0.15%;上层钢筋应按计算配筋率全部连通。当筏板的厚度大于 2 000 mm 时,宜在板厚中间部位设置直径不小于 12 mm、间距不大于 300 mm 的双向钢筋网。

（4）桩与承台施工连接构造。桩嵌入承台内的长度对中等直径桩不宜小于 50 mm；对大直径桩不宜小于 100 mm。灌注桩顶构造,有直锚、斜锚(75 度)和弯折锚固。当承台高度不能满足直锚时,灌注桩纵筋伸至承台顶弯折 15d,(垂直段长度≥0.6l_{ab}且≥20d,这是对设计的要求)。

（5）承台与承台之间的连接。一柱一桩时,应在桩顶两个主轴方向上设置联系梁。当桩与柱的截面直径之比大于 2 时,可不设联系梁;两桩桩基的承台,应在其短向设置联系梁;有抗震设防要求的柱下桩基承台,宜沿两个主轴方向设置联系梁;联系梁顶面宜与承台顶面位于同一标高。联系梁宽度不宜小于 250 mm,其高度可取承台中心距的1/10～1/15,且不宜小于 400 mm。联系梁配筋应按计算确定,梁上下部配筋不宜小于 2 根直径 12 mm 钢筋;位于同一轴线上的联系梁纵筋宜通长配置。

7.2 钢筋混凝土预制桩施工

混凝土预制桩是在工厂或现场预制成形后,用锤击、振动打入、静力压桩等方式送入土中的桩。钢筋混凝土预制桩截面可做成正方形、圆形等形状,为减轻自重,可做成空心。

7.2.1 预制桩制作、吊装、运输及堆放

混凝土预制桩的截面边长不应小于 200 mm;预应力混凝土预制实心桩的截面边长不宜小于 350 mm。预制桩的桩尖可将主筋合拢焊在桩尖辅助钢筋上,对于持力层为密实砂和碎石类土时,宜在桩尖处包以钢钣桩靴,加强桩尖。预制桩的桩身配筋应按吊运、打桩及桩在使用中的受力等条件计算确定。预应力混凝土空心桩按截面形式可分为管桩、空心方桩,按混凝土强度等级可分为预应力高强混凝土(PHC)桩、预应力混凝土(PC)桩。预应力混凝土空心桩采用成套钢管模胎在工厂用离心法制成,如图7-5所示。

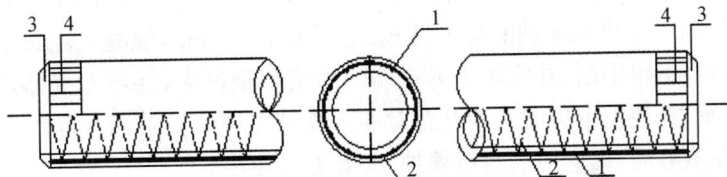

1-预应力钢筋 2-螺旋箍筋 3-端头板 4-钢套箍
图 7-5 预应力混凝土空心管桩

预制桩的单根桩的最大长度主要取决于运输条件和打桩架的高度,一般不超过30 m。如桩长超过 30 m,可将桩分成几段预制,但是每根桩的接头数量不宜超过 3 个。在打桩过程中进行接桩处理。

1. 间隔重叠法预制桩制作程序

现场制作场地压实、整平→场地地坪作三七灰土或浇筑混凝土→支模→绑扎钢筋骨

架、安设吊环→浇筑混凝土→养护至30%强度拆模→支间隔端头模板、刷隔离剂、绑钢筋→浇筑间隔桩混凝土→同法间隔重叠制作第二层桩→养护至70%强度起吊→达100%强度后运输、堆放。

2. 间隔重叠法预制桩制作方法

（1）混凝土预制桩可在工厂或施工现场预制，预制场地必须平整、坚实。制桩模板宜采用钢模板，模板应具有足够刚度，并应平整，尺寸应准确。制桩时桩头部分使用钢模堵头板，并与两侧模板相互垂直，桩与桩间用塑料薄膜、油毡、水泥袋纸或刷废机油、滑石粉隔离剂隔开。邻桩与上层桩的混凝土须待邻桩或下层桩的混凝土达到设计强度的30%以后进行，用间隔重叠法生产时重叠层数一般不应超过四层，如图7-6所示。

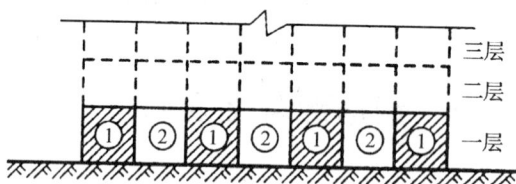

图 7-6 重叠间隔制桩示意图

（2）长桩可分节制作，单节长度应满足桩架的有效高度、制作场地条件、运输与装卸能力等方面的要求，并应避免在桩尖接近硬持力层或桩尖处于硬持力层中接桩。

（3）桩中的钢筋应严格保证位置的正确，桩尖应对准纵轴线，钢筋骨架主筋连接宜采用对焊和电弧焊，当钢筋直径不小于20 mm时，宜采用机械接头连接。主筋接头配置在同一截面内的数量，当采用对焊或电弧焊时，对于受拉钢筋，不得超过50%；相邻两根主筋接头截面的距离应大于35d（主筋直径），并不应小于500 mm；必须符合现行行业标准《钢筋焊接及验收规程》（JGJ18—2012）和《钢筋机械连接通用技术规程》（JGJ 107—2010）。

（4）预制桩的混凝土强度等级不宜低于C30；预应力混凝土实心桩的混凝土强度等级不应低于C40；预制桩纵向钢筋的混凝土保护层厚度不宜小于30 mm。粗骨料宜用5～40 mm碎石或卵石，用机械拌制混凝土，坍落度不大于60 mm，混凝土浇筑应由桩顶向桩尖方向连续浇筑，不得中断，并应防止另一端的砂浆积聚过多，并用振捣器仔细捣实。接桩的接头处要平整，使上下桩能互相贴合对准。浇筑完毕应护盖洒水养护不少于7 d，如用蒸汽养护，在蒸养后，尚应适当自然养护，30 d方可使用。

3. 起吊、运输和堆放

当桩的混凝土达到设计强度标准值的70%后方可起吊，吊点应系于设计规定之处，如无规定，应按吊桩弯距最小的原则确定吊点位置，可按图7-7所示位置设置吊点起吊。在吊索与桩间应加衬垫，起吊应平稳提升，采取措施保护桩身质量，防止撞击和受振动。

桩运输时的强度应达到设计强度标准值的100%。装载时桩支承应按设计吊钩位置或接近设计吊钩位置叠放平稳并垫实，支撑或绑扎牢固，以防运输中晃动或滑动。

预应力混凝土空心桩的堆放应符合下列规定：堆放场地应平整坚实，排水良好，最下

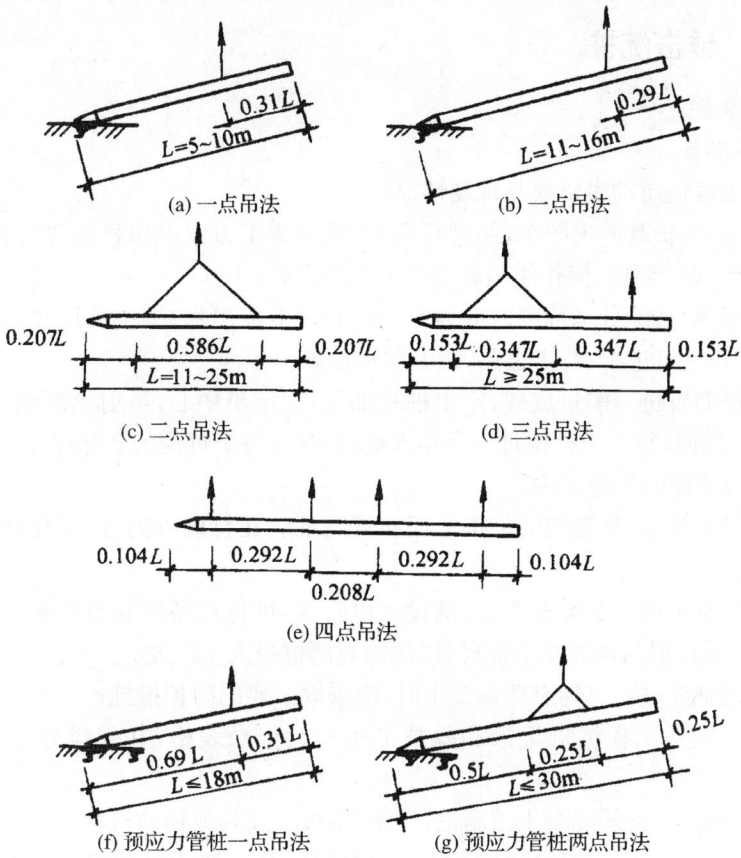

(a) 一点吊法　　L=5~10m　0.31L

(b) 一点吊法　　L=11~16m　0.29L

(c) 二点吊法　0.207L　0.586L　0.207L　L=11~25m

(d) 三点吊法　0.153L　0.347L　0.347L　0.153L　L≥25m

(e) 四点吊法　0.104L　0.292L　0.292L　0.104L　0.208L

(f) 预应力管桩一点吊法　0.69L　0.31L　L≤18m

(g) 预应力管桩两点吊法　0.5L　0.25L　L≤30m　0.25L

图 7-7　预制桩吊点位置

层与地面接触的垫木应有足够的宽度和高度。堆放时桩应稳固,不得滚动;桩应按不同规格、长度及施工流水顺序分别堆放;当场地条件许可时,宜单层堆放;当叠层堆放时,外径为 500~600 mm 的桩不宜超过 4 层,外径为 300~400 mm 的桩不宜超过 5 层;叠层堆放桩时,应在垂直于桩长度方向的地面上设置 2 道垫木,垫木应分别位于距桩端 0.2 倍桩长处的同一横断面上,各层垫木应上下对齐,并支承平稳。如图 7-8 所示。底层最外缘的桩应在垫木处用木楔塞紧;垫木宜选用耐压的长木枋或枕木,不得使用有棱角的金属构件。

图 7-8　预制桩堆放示意图

7.2.2 锤击沉桩

1. 施工准备

(1) 技术准备。

① 核对工程地质勘察资料与现场情况；

② 学习、熟悉桩基施工图纸，并进行会审；编制施工方案经审批后进行技术交底，特别是地质情况、设计要求、操作规程和安全措施的交底；

③ 整平场地，清除桩基范围内的高空、地面、地下障碍物；架空高压线距打桩架不得小于 10 m；修设桩机进出、行走道路，做好排水措施；

④ 按图纸布置进行测量放线，定出桩基轴线，先定出中心，再引出两侧，并将桩的准确位置测设到地面，每一个桩位打一个小木桩；并测出每个桩位的实际标高，场地外设 2～3 个水准点，以便随时检查之用。

⑤ 检查桩的质量，将需用的桩按平面布置图堆放在打桩机附近，不合格的桩不能运至打桩现场。

⑥ 检查打桩机设备及起重工具；铺设水电管网，进行设备架立组装和试打桩。在桩架上设置标尺或在桩的侧面画上标尺，以便能观测桩身入土深度；

⑦ 打桩场地建(构)筑物有防震要求时，应采取必要的防护措施；

⑧ 准备好桩基工程沉桩记录和隐蔽工程验收记录表格，并安排好记录和监理人员等。

(2) 材料准备。钢筋混凝土预制桩、焊条、钢板以及其他辅助机具。

(3) 施工机具准备。打桩机械设备一般由桩锤、桩架和为桩锤提供动力的附属设备等三部分组成。

① 桩锤是锤击沉桩的主要设备，有落锤、柴油锤、振动锤、蒸汽锤等。目前应用最多的是柴油锤。施工前首先应根据施工条件选择桩锤的类型，然后决定锤重，一般锤重大于桩重的 1.5～2 倍时效果较为理想(桩重大于 2 t 时可采用比桩轻的锤，但不宜小于桩重的 75%)，锤击沉桩时力求采用"重锤轻击"。

② 桩架是打桩起重和导向设备。常用桩架有履带式和多功能式。桩架的高度可按桩长需要分节组装，每节长 3～4 m。桩架的高度选择一般按照"桩长＋滑轮组高＋桩锤长度＋桩帽长度＋起锤移位高度(取 1～2 m)"等决定。一般情况，当单根桩长小于等于24 m，桩架高度大于等于 30 m；当单根桩长小于等于 26 m，桩架高度大于等于 34 m；当单根桩长小于等于 30 m，桩架高度大于等于 40 m；

③ 动力装置。动力装置的配置取决于所选的桩锤，包括启动桩锤用的动力设施。

④ 送桩器及衬垫。送桩器宜做成圆筒形，并应有足够的强度、刚度和耐打性。送桩器长度应满足送桩深度的要求，弯曲度不得大于 1/1 000；送桩器上下两端面应平整，且与送桩器中心轴线相垂直；送桩器下端面应开孔，使空心桩内腔与外界连通；送桩器应与桩匹配。套筒式送桩器下端的套筒深度宜取 250～350 mm，套管内径应比桩外径大 20～30 mm，插销式送桩器下端的插销长度宜取 200～300 mm，杆销外径应比(管)桩内径小20～30 mm。对于腔内存有余浆的管桩，不宜采用插销式送桩器。

送桩作业时,送桩器与桩头之间应设置1～2层麻袋或硬纸板等衬垫,内填弹性衬垫压实。

2. 施工工艺

桩进入施工作业区后,按图7-9所示的顺序施工。

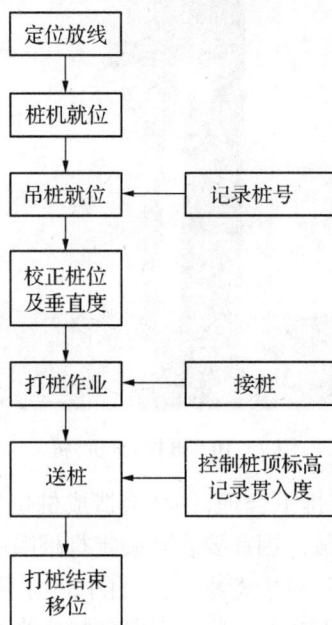

图7-9　桩施工工艺过程

3. 施工要点

(1)定位放线。将基准点设在施工场地外,并用混凝土加以固定保护,依据基准点利用全站仪或钢尺配合经纬仪测量放线,桩位测量放线误差对群桩控制在20 mm以内,对单排桩控制在10 mm以内。放线经自检合格,报监理单位联合验收合格后方可施工。

(2)桩机就位。打桩机就位后,检查桩机的水平度及导杆的垂直度,桩机须平稳,控制导杆垂直度≤0.5%的高度,通过基准点或相邻桩位校核桩位。

(3)吊桩就位。先拴好吊桩用的钢丝绳和索具,然后应用索具捆绑在桩上端吊环附近处,一般不宜超过300 mm,再启动机器起吊预制桩,使桩尖垂直或按设计要求的斜角准确地对准预定的桩位中心,缓缓放下插入土中,位置要准确,再在桩顶扣好桩帽或桩箍,即可除去索具。

(4)稳桩,校正桩位及垂直度。桩尖插入桩位后,先用落距较小冷锤1～2次,桩入土一定深度,再调整桩锤、桩帽、桩垫及打桩机导杆,使之与打入方向成一直线,并使桩稳定。10 m以内短桩可用线坠双向校正;10 m以上或打接桩必须经纬仪双向校正,不得用目测。打斜桩时必须用角度仪测定、校正角度。观测仪器应设在不受打桩机移动及打桩作业影响的地点,并经常与打桩机成直角移动。桩插入土时垂直度偏差不得超过0.5%。桩在打入前,应在桩的侧面或桩架上设置标尺,以便在施工中观测、记录。

（5）开锤打桩，如图 7-10 所示。

图 7-10　开捶打（沉）桩

① 打桩顺序。打桩顺序安排不合理，往往会造成桩位偏移、上拔，地面隆起过多，邻近建筑物和地下管线破坏等事故。因此要合理确定打桩顺序。

A. 若桩距小于 4 倍桩直径，对于密集群桩，自中间向两个方向或向四周对称施打，当一侧毗邻建筑物时，由毗邻建筑物处向另一方向施打。当基坑较大时，应将基坑分为数段，而后在各段范围内分别进行，如图 7-11 所示，但打桩应避免自外向内，或从周边向中间进行，以避免中间土体被挤密，桩难打入，或虽勉强打入，但使邻桩侧移或上冒。

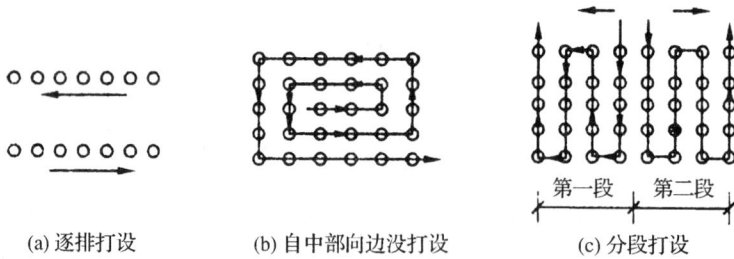

(a) 逐排打设　　(b) 自中部向边没打设　　(c) 分段打设

图 7-11　打桩顺序和土体挤密情况

B. 对桩底标高不一的桩，宜先深后浅；对不同规格的桩，宜先大后小，先长后短；先群桩后单桩；先低精度桩后高精度桩。

C. 若桩距大于或等于 4 倍桩直径，则与打桩顺序无关。

打桩应用适合桩头尺寸的桩帽和弹性垫层，以缓和打桩时的冲击。桩帽用钢板制成，并用垫木、麻袋、草垫等承托。桩帽或送桩帽与桩周围的间隙应为 5～10 mm。打桩时桩锤、桩帽或送桩帽应和桩身在同一中心线上。

② 打桩。开动机器打桩。一般采用重锤低击（锤的重量大而落距小），开始时控制油门处于很小的位置，待桩入土一定深度稳定后，逐渐加大油门按要求落距沉桩。采用"重

锤轻击"使桩极易打入土中,不会打坏桩头,也不会产生桩身回跃(回弹);桩锤过轻时,则会出现"轻锤高击",极易损坏桩头,桩也难以打入土中。

(6) 接桩形式和方法。混凝土预制长桩,受运输条件和打(沉)桩架高度限制,一般分成数节制作,分节打入,现场接桩。桩的连接可采用焊接、法兰连接或机械快速连接(螺纹式、啮合式),如图7-12所示。

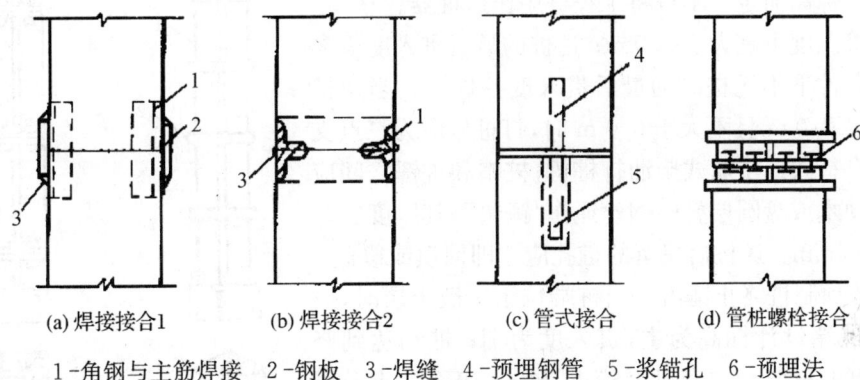

(a) 焊接接合1　　(b) 焊接接合2　　(c) 管式接合　　(d) 管桩螺栓接合

1-角钢与主筋焊接　2-钢板　3-焊缝　4-预埋钢管　5-浆锚孔　6-预埋法

图7-12　桩的接头型式

焊接接桩的钢钣宜采用低碳钢,焊条宜采用 E43;并应符合《建筑钢结构焊接技术规程》(JGJ 81—2008)要求。接头宜采用探伤检测,同一工程检测量不得少于 3 个接头;法兰接桩的钢钣和螺栓宜采用低碳钢。

焊接接桩应符合(JGJ 81—2008)的规定外,尚应符合下列规定:下节桩段的桩头宜高出地面 0.5 m;下节桩的桩头处宜设导向箍。接桩时上下节桩段应保持顺直,错位偏差不宜大于 2 mm。接桩就位纠偏时,不得采用大锤横向敲打;桩对接前,上下端板表面应采用铁刷子清刷干净,坡口处应刷至露出金属光泽;焊接宜在桩四周对称地进行,待上下桩节固定后拆除导向箍再分层施焊,焊接层数不得少于 2 层,第一层焊完后必须把焊渣清理干净,方可进行第二层(的)施焊,焊缝应连续、饱满;焊好后的桩接头应自然冷却后方可继续锤击,自然冷却时间不宜少于 8 min;严禁采用水冷却或焊好即施打;雨天焊接时,应采取可靠的防雨措施;焊接接头的质量检查,对于同一工程探伤抽样检验不得少于 3 个接头。

采用机械快速螺纹接桩的操作与质量应符合下列规定:安装前应检查桩两端制作的尺寸偏差及连接件,无受损后方可起吊施工,其下节桩端宜高出地面 0.8 m;接桩时,卸下上下节桩两端的保护装置后,应清理接头残物,涂上润滑脂;应采用专用接头锥度对中,对准上下节桩进行旋紧连接;可采用专用链条式扳手进行旋紧(臂长 1 m 卡紧后人工旋紧再用铁锤敲击板臂),锁紧后两端板尚应有 1~2 mm 的间隙。

采用机械啮合接头接桩的操作与质量应符合下列规定:将上下接头钣清理干净,用扳手将已涂抹沥青涂料的连接销逐根旋入上节桩Ⅰ型端头钣的螺栓孔内,并用钢模板调整好连接销的方位;剔除下节桩Ⅱ型端头钣连接槽内泡沫塑料保护块,在连接槽内注入沥青涂料,并在端头钣面周边抹上宽度 20 mm、厚度 3 mm 的沥青涂料;当地基土、地下水含中等以上腐蚀介质时,桩端钣板面应满涂沥青涂料;将上节桩吊起,使连接销与Ⅱ型端头钣上各连接口对准，随即将连接销插入连接槽内；加压使上下节桩的桩头钣接触，接桩完成。

（7）送桩。当桩顶打至接近地面需要送桩时，应测出桩的垂直度并检查桩顶质量，合格后应及时送桩。送桩可用钢筋混凝土或钢材制作，如图7-13所示，长度应视桩顶标高而定。不得将工程桩用作送桩器。

送桩深度不宜大于2.0 m；送桩的最后贯入度应参考相同条件下不送桩时的最后贯入度并修正。当送桩深度超过2.0 m且不大于6.0 m时，打桩机应为三点支撑履带自行式或步履式柴油打桩机；桩帽和桩锤之间应用竖纹硬木或盘圆层叠的钢丝绳作"锤垫"，其厚度宜取150~200 mm。送桩后遗留的桩孔应立即回填或覆盖。

（8）预制桩终止锤击。当桩端位于一般土层时，应以控制桩端设计标高为主，贯入度为辅；桩端达到坚硬、硬塑的黏性土、中密以上粉土、砂土、碎石类土及风化岩时，应以贯入度控制为主，桩端标高为辅；贯入度已达到设计要求而桩端标高未达到时，应继续锤击3阵，并按每阵10击的贯入度确认，必要时，施工控制贯入度应通过试验确定不应大于设计规定的数值。

当遇到贯入度剧变，桩身突然发生倾斜、位移或有严重回弹、桩顶或桩身出现严重裂缝、破碎等情况时，应暂停打桩，并分析原因，采取相应措施。

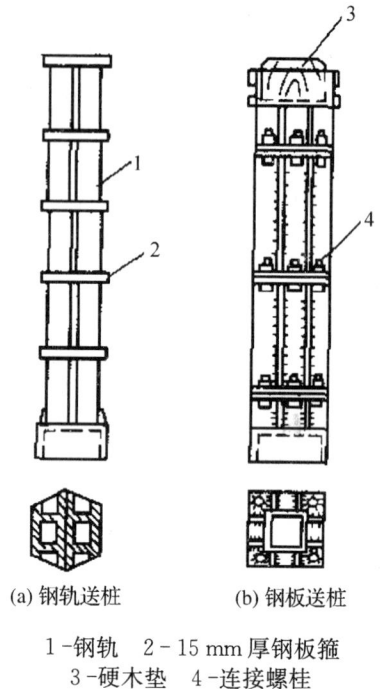

(a) 钢轨送桩　(b) 钢板送桩

1-钢轨　2-15 mm厚钢板箍
3-硬木垫　4-连接螺桂

图7-13　钢送桩构造

7.2.3　静压桩施工

静力压桩是指在均匀软弱土中利用压桩架的自重和配重通过卷扬机的牵引传至桩顶，将桩逐节压入土中的一种施工方法。其压桩原理是以桩机本身的重量和桩机上的配重作为反作用力，以克服压桩过程中的桩侧摩阻力和桩端阻力。该法主要应用于软土、一般黏性土地基。其优点为无噪声、无振动、对邻近建筑及周围环境影响小，适合于在城市，尤其是居民密集区施工。

1. 施工准备

（1）技术准备。同打入式预制桩施工要求。

（2）材料准备。钢筋混凝土预制桩。

（3）施工机具准备。静压桩机、轮胎式起重机、运输载重汽车等。

静压桩机分机械式和液压式两种，其中液压式压桩机应用较为广泛。图7-14为全液压式静压桩机。国内常用的有YZY系列和ZYJ系列液压静力压桩机。静压桩机的选择应综合考虑桩的截面、长度穿越土层和桩端土的特性，单桩承载力及布桩密度等因素。

图 7 - 14　全液压式静力压桩机

2. 施工工艺

施工程序为：测量定位→压桩机就位→吊桩、插桩→桩身对中调直→静压沉桩→接桩→再静压沉桩→送桩→终止压桩→检查验收→转移桩基。如图 7 - 15 所示。

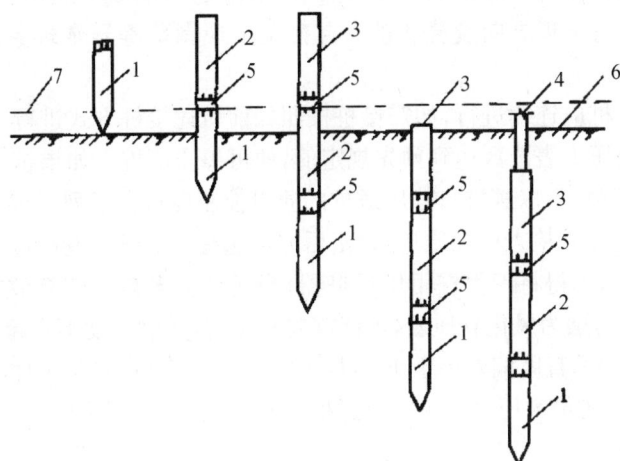

(a)准备压第一段桩　　(c)接第三段桩　　(e)采用送桩压桩完毕
(b)接第二段桩　　(d)整根桩压至地面完毕

1-第一段桩　2-第二段桩　3-第三段桩
4-送桩　5-桩接头处　6-地面线　7-压桩架操作平台线

图 7 - 15　静压桩工艺程序示意图

3. 施工要点

(1) 桩机就位。压桩时，桩机就位系利用行走装置完成，它是由横向行走（短船行走）和回转机构组成。把船体当作铺设的轨道，通过横向和纵向油缸的伸程和回程使桩机实现步履式的横向和纵向行走。

(2) 吊桩、插桩。静压预制桩每节长度一般在 12 m 以内，插桩时先用起重机吊运或用汽车运至桩机附近，再利用桩机上自身设置的工作吊机将预制混凝土桩吊入夹持器中，夹持油缸将桩从侧面夹紧，即可开动压桩油缸。

(3) 静压沉桩。压桩顺序宜根据场地工程地质条件确定，并应符合下列规定：对于场地地层中局部含砂、碎石、卵石时,宜先对该区域进行压桩;当持力层埋深或桩的入土深度差别较大时,宜先施压长桩后施压短桩。

压桩时先将桩压入土中 1 m 左右后停止,调整桩在两个方向的垂直度后,第一节桩下压时垂直度偏差不应大于 0.5%;压桩油缸继续伸长把桩压入土中,伸长完后,夹持油缸回程松夹,压桩油缸回程,重复上述动作可实现连续压桩操作,直至把桩压入预定深度土层中。

压桩过程中应测量桩身的垂直度。当桩身垂直度偏差大于 1% 的时,应找出原因并设法纠正;当桩尖进入较硬土层后,严禁用移动机架等方法强行纠偏。压桩时宜将每根桩一次性连续压到底,且最后一节有效桩长不宜小于 5 m;抱压力不应大于桩身允许侧向压力的 1.1 倍。

在压桩过程中要认真记录桩入土深度和压力表读数的关系,以判断桩的质量及承载力。当压力表读数突然上升或下降时,要停机对照地质资料进行分析,判断是否遇到障碍物或产生断桩现象等。出现下列情况之一时,应暂停压桩作业,并分析原因,采取相应措施:压力表读数显示情况与勘察报告中的土层性质明显不符;桩难以穿越具有软弱下卧层的硬夹层;实际桩长与设计桩长相差较大;出现异常响声;压桩机械工作状态出现异常;桩身出现纵向裂缝和桩头混凝土出现剥落等异常现象;夹持机构打滑;压桩机下陷。

(4)接桩。压桩应连续进行,如需接桩按照如前所述接桩方式进行。

(5)送桩。当压力表读数达到预先规定值,便可停止压桩。如果桩顶接近地面,而压桩力尚未达到规定值,可以送桩。静压送桩的质量控制应符合下列规定:

测量桩的垂直度并检查桩头质量,合格后方可送桩,压、送作业应连续进行;送桩应采用专制钢质送桩器,不得将工程桩用作送桩器;当场地上多数桩的有效桩长 L 小于或等于 15 m 或桩端持力层为风化软质岩,可能需要复压时,送桩深度不宜超过 1.5 m;除满足上条规定外,当桩的垂直度偏差小于 1%,且桩的有效桩长大于 15 m 时,静压桩送桩深度不宜超过 8 m;送桩的最大压桩力不宜超过桩身允许抱压压桩力的 1.1 倍。

(6)终止压桩。

终压条件应符合下列规定:应根据现场试压桩的试验结果确定终压力标准;终压连续复压次数应根据桩长及地质条件等因素确定。对于入土深度大于或等于 8 m 的桩,复压次数可为 2~3 次;对于入土深度小于 8 m 的桩,复压次数可为 3~5 次;稳压压桩力不得小于终压力,稳定压桩的时间宜为 5~10 s。

7.2.4 预制桩质量检查与验收

根据《建筑地基基础工程施工质量验收规范》(GB 50202—2002),桩基质量检查内容如下:

(1)桩基工程应进行桩位、桩长、桩径、桩身质量和单桩承载力的检验。

(2)施工前应严格对桩位进行检验。打(沉)入桩的桩位偏差按表 7-1 所示控制。斜桩倾斜度的偏差不得大于倾角正切值的 15%(倾斜角指桩的纵向中心线与铅垂线间的夹角)

桩基工程的桩位验收,除设计有规定外,应按下述要求进行:当桩顶设计标高与施工场地标高相同时,桩位验收应在施工结束后进行。当桩顶设计标高低于施工场地标高,送桩后无法对桩位进行检查时,对打入桩可在每根桩桩顶沉至场地标高时,进行中间验收,待全部桩施工结束,承台或底板开挖到设计标高后,再做最终验收。

表7-1　预制桩(RHC桩、钢桩)桩位的允许偏差

项次	项目	允许偏差/mm
1	盖有基础梁的桩: 1. 垂直基础梁的中心线 2. 沿基础梁的中心线	$100+0.01H$ $150+0.01H$
2	桩数为1～3根桩基中的桩	100
3	桩数为4～16根桩基中的桩	1/2桩径或边长
4	桩数大于16根桩基中的桩: 1. 最外边的桩 2. 中间桩	1/3桩径或边长 1/2桩径或边长

注:H为施工现场地面标高与桩顶设计标高的距离。

(3)桩在现场预制时,施工前应对原材料、钢筋骨架、混凝土强度进行检查;采用工厂生产的成品桩时,桩进场后应进行外观及尺寸检查。静压桩还应对压桩用的压力进行检查。

(4)施工中对混凝土预制桩应检查桩体垂直度、沉桩情况、桩顶完整状况、接桩质量等,对静压桩应检查压力、桩垂直度、接桩间歇时间、桩的连接质量及压入深度等。重要工程应对电焊接桩的接头做10%的探伤检查。

(5)施工结束后,应对承载力及桩体质量做检验。

对承载力的检查。在预制桩桩身强度达到设计要求的前提下,同时满足以下时间要求:对于砂类土,不应少于7天;对于粉土和黏性土,不应少于15天;对于淤泥或淤泥质土,不应少于25天,待桩身与土体的结合基本趋于稳定,才能进行试验。

桩的静载试验检测数量应不小于总桩数的1%,且不小于3根;当总桩数少于50根时,应不少于2根。

桩身质量检测数量,对多节打入桩不应少于桩总数的20%,且不得少于10根,每个柱子承台不得少于1根。

(6)钢筋混凝土预制桩的质量检验标准应符合表7-2的规定。静力压桩质量检验标准见表7-3所示。

表7-2　钢筋混凝土预制桩的质量检验标准

项目	序号	检查项目	允许偏差或允许值		检查方法
			单位	数值	
主控项目	1	桩体质量检验	按基桩检测技术规范		按基桩检测技术规范
	2	桩位偏差	见表7-1		用钢尺量
	3	承载力	按基桩检测技术规范		按基桩检测技术规范

项目	序号	检查项目	允许偏差或允许值		检查方法
			单位	数值	
一般项目	1	砂、石、水泥、钢筋等原材料(现场预制时)	符合设计要求		查出厂质保文件或抽样送检
	2	混凝土配合比及强度(现场预制时)	符合设计要求		检查称量及查试块记录
	3	成品桩外形	表面平整,颜色均匀,掉角深度<10 mm,蜂窝面积小于总面积0.5%		直观
	4	成品桩裂缝(收缩裂缝或起吊、装运、堆放引起的裂缝)	深度<20 mm,宽度<0.25 mm,横向裂缝不超过边长的一半		裂缝测定仪,该项在地下水有侵蚀地区及锤击数超过500击的长桩不适用
	5	成品桩尺寸: 横截面边长 桩顶对角线差 桩尖中心线 桩身弯曲矢高 桩顶平整度	mm mm mm mm	±5 <10 <10 <l/1 000 <2	用钢尺量 用钢尺量 用钢尺量 用钢尺量(l为桩长) 水平尺量
	6	电焊接桩:焊缝质量 电焊结束后停歇时间 上下节平面偏差 节点弯曲矢高	无气孔、无焊瘤、无裂缝 min mm	 >1.0 <10 <l/1 000	直观 直观 秒表测定 用钢尺量 尺量(l为两桩节长)
	7	硫磺胶泥接桩: 胶泥浇筑时间 浇筑后停歇时间	min min	<2 >7	秒表测定 秒表测定
	8	桩顶标高	mm	±50	水准仪
	9	停锤标准	设计要求		现场实测或查沉桩记录

表 7-3 静力压桩质量检验标准

项目	序号	检查项目	允许偏差或允许值		检查方法
			单位	数值	
主控项目	1	桩体质量检验	按基桩检测技术规范		按基桩检测技术规范
	2	桩位偏差	见表 7-1		用钢尺量
	3	承载力	按基桩检测技术规范		按基桩检测技术规范

项目	序号	检查项目	允许偏差或允许值		检查方法
			单位	数值	
一般项目	1	成品桩质量:外观 外形尺寸 强度	表面平整,颜色均匀,掉角深度<10 mm,蜂窝面积小于总面积0.5% 见表7-1 满足设计要求		直观 见表7-1 查出厂质保证明或钻芯试压
	2	硫磺胶泥质量(半成品)	设计要求		查出厂质保证明或抽样送检
	3	接桩 电焊接桩:焊缝质量	见钢桩质检标准		见钢桩施工质量检验标准
		电焊结束后停歇时间	min 秒表测定	>1.0	
		硫磺胶泥接桩: 胶泥浇筑时间 浇筑后停歇时间	min min	<2 >7	秒表测定 秒表测定
	4	电焊条质量	设计要求		查产品合格证书
	5	压桩压力(设计有要求时)	%	±5	查压力表读数
	6	接桩时上下节平面偏差 接桩时节点弯曲矢高	mm	<10 <l/1 000	用钢尺量 尺量(l为两节桩长)
	7	桩顶标高	mm	±50	水准仪

7.3　混凝土灌注桩施工

　　混凝土土灌注桩是直接在施工现场桩位上成孔,然后在孔内安放钢筋笼、浇注混凝土成桩。与预制桩相比,具有施工低噪音、低振动、桩长和直径可按设计要求变化自如、桩端能可靠地进入持力层或嵌入岩层、挤土影响小、含钢量低等特点。

　　灌注桩按成孔方法分为机械成孔和人工挖孔。常见机械成孔方法有泥浆护壁成孔灌注桩、钻孔成孔灌注桩、套管成孔灌注桩和爆扩成孔灌注桩。本部分仅对泥浆护壁成孔灌注桩、套管成孔灌注桩、人工挖孔灌注桩和螺旋钻孔灌注桩的施工进行介绍。

7.3.1　泥浆护壁成孔灌注桩

　　泥浆护壁成孔灌注桩是在成孔机械成孔时,用泥浆保护孔壁防止塌孔,并利用泥浆的循环带出部分渣土。宜用于地下水位以下的黏性土、粉土、砂土、填土、碎石土及风化岩层;成孔机械有冲击钻机、回转钻机、潜水钻机等。

　　1. 施工工艺

　　泥浆护壁成孔灌注桩施工工艺如图7-16所示,具体为:场地平整→桩位放线,开挖浆池、浆沟→护筒埋设→钻机就位,孔位校正→钻孔,泥浆循环,清除废浆、泥渣→清孔换浆→终孔验收→下钢筋笼和钢导管→二次清孔→水下混凝土灌注→成桩养护。

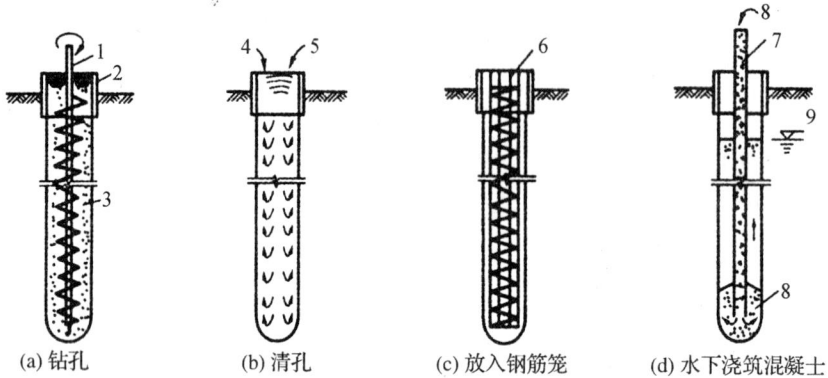

(a) 钻孔　　　　　　(b) 清孔　　　　　(c) 放入钢筋笼　　　(d) 水下浇筑混凝土

1-钻机　2-护筒　3-泥浆护壁　4-压缩空气　5-清水
6-钢筋笼　7-导管　8-混凝土　9-地下水位

图 7-16　泥浆护壁成孔灌注桩施工工艺流程图

2. 施工要点

(1) 桩位放线。将基准点设在施工场地外,并用混凝土加以固定保护,依据基准点利用全站仪或钢尺配合经纬仪测量放线,桩位测量放线误差控制在 20 mm 以内,放线经自检合格,报监理单位联合验收合格后方可施工。

(2) 埋设护筒。护筒是埋置在钻孔口处的圆筒。护筒在施工中起引导钻头方向;提高孔内泥浆水头,防止塌孔,如图 7-17 所示。固定桩孔位置、保护孔口的作用。因此,护筒位置应埋设准确并保持稳定。护筒中心与桩位中心的偏差不得大于 50 mm。

护筒一般是用 4～8 mm 钢板制作,其内径应大于钻头直径,回转钻机成孔时,宜大于 100 mm 冲击钻机成孔时,宜大于 200 mm 以利钻头升降。护筒与坑壁之间用黏土分层填实,以防漏水。

护筒的埋设深度在黏性土中不宜小于 1.0 m;砂土中不宜小于 1.5 m。护筒下端外侧应采用黏土填实;其高度尚应满足孔内泥浆面高度的要求;护筒顶面应高出地面 0.4～0.6 m,在水面施工时应高出水面 1～2 m;如孔内有承压水,护筒的埋置深度应超过稳定后的承压水为 2.0 m 以上。

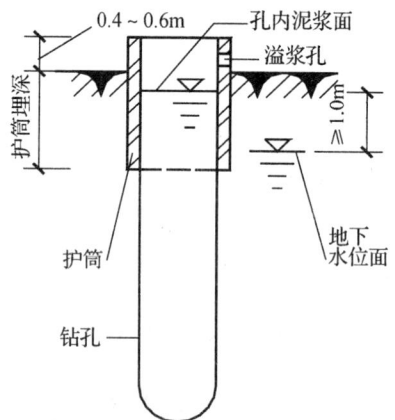

图 7-17　护筒埋设示意图

(3) 泥浆配备。制备泥浆的方法应根据土质条件确定:在黏性土中成孔时可在孔中注入清水,钻机旋转时,切削土屑与水拌和,用原土造浆护壁;在其他土中成孔时,泥浆制备应选用高塑性黏土或膨润土。

泥浆的作用是将钻孔内不同土层中的空隙渗填密实,使孔内渗漏水达到最低限度,并保持孔内维持着一定的水压以稳定孔壁。因此在成孔过程中严格控制泥浆的相对密度很重要。施工中应经常测定泥浆相对密度,并定期测定黏度、含砂率和胶体率等指标,及时调整。废弃的泥浆、泥渣应妥善处理。

(4) 成孔施工。泥浆护壁成孔灌注桩有潜水钻成孔、回转钻成孔、冲击钻成孔和冲抓钻成孔等多种方式,这里主要介绍冲击钻成孔和潜水钻成孔。

① 冲击钻成孔。冲击钻成孔是用冲击式钻机或卷扬机悬吊冲击钻头(又称冲锤)上下往复冲击,将硬质土或岩层破碎成孔,部分碎渣和泥浆挤入孔壁中,大部分成为泥渣,用掏渣筒掏出的一种成孔方法,如图7-18所示。

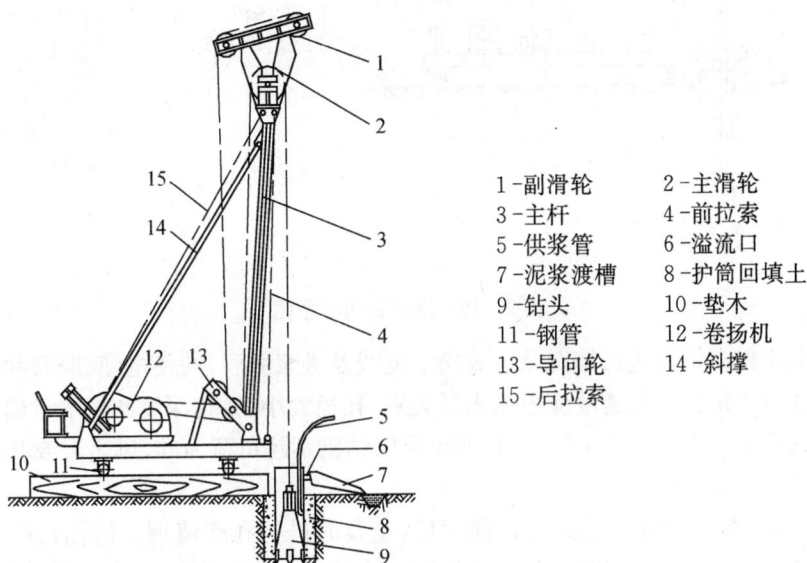

1-副滑轮　　2-主滑轮
3-主杆　　　4-前拉索
5-供浆管　　6-溢流口
7-泥浆渡槽　8-护筒回填土
9-钻头　　　10-垫木
11-钢管　　　12-卷扬机
13-导向轮　　14-斜撑
15-后拉索

图7-18　冲击钻机示意图

冲击钻成孔时,应低锤密击,如表土为淤泥、细砂等软弱土层,可加黏土块夹小片石反复冲击造壁,孔内泥浆面应保持稳定。直至孔深达护筒下3~4 m后,才加快速度,加大冲程,转入正常连续冲击。进入基岩后,应采用大冲程、低频率冲击,当发现成孔偏移时,应回填片石至偏孔上方300~500 mm处,然后重新冲孔;当遇到孤石时,可预爆或采用高低冲程交替冲击,将大孤石击碎或挤入孔壁;每钻进4~5 m应验孔一次,在更换钻头前或容易缩孔处,均应验孔;进入基岩后,非桩端持力层每钻进300~500 mm和桩端持力层每钻进100~300 m时,应清孔取样一次;并应做记录。

② 潜水钻成孔。潜水钻成孔系用潜水电钻机构中的密封的电动机、变速机构、直接带动钻头在泥浆中旋转削土,同时用泥浆泵压送高压泥浆(或用水泵压送清水),使从钻头底端射出,与切碎的土颗粒混合,以正循环或反循环方式排除泥渣,如此连续钻进,直至形成需要深度的桩孔,如图7-19所示。

桩架就位后,将电钻吊入护筒内,应关好钻架底层的铁门。启动砂石泵,使电钻空转,待泥浆输入钻孔后,开始钻进。钻进中要始终保持泥浆液面高于地下水位1.0 m以上,以起护壁、携渣、润滑钻头、降低钻头发热、减少钻进阻力等作用。

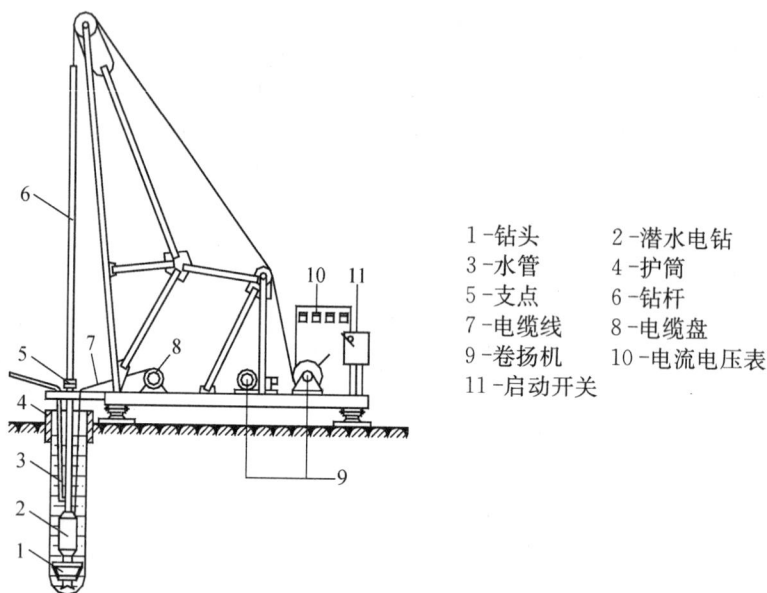

1-钻头　　　2-潜水电钻
3-水管　　　4-护筒
5-支点　　　6-钻杆
7-电缆线　　8-电缆盘
9-卷扬机　　10-电流电压表
11-启动开关

图 7-19　潜水钻机示意图

钻进中应根据钻速进尺情况及时放松电缆线及进浆胶管,并使电缆、胶管和钻杆下放速度同步进行。钻孔进尺速度应根据土层类别、孔径大小、钻孔深度和供水量确定。对于淤泥和淤泥质土不宜大于 1 m/min,其他土层以钻机不超负荷为准,风化岩或其他硬土层以钻机不产生跳动为准。

(5) 清孔换浆。当钻孔达到设计深度后,应及时进行孔底清理。清孔目的是清除孔底沉渣和淤泥,控制循环泥浆比重,为水下混凝土灌注创造条件。

对于孔壁土质较好不易塌孔的桩孔,可用空气吸泥机清孔,气压为 0.5 MPa,被搅动的泥渣随着管内形成的强大高压气流向上涌,从喷口排出,直至孔口喷出清水为止;对于稳定性差的孔壁应用泥浆(正、反)循环法或掏渣筒清孔、排渣。用原土造浆的钻孔,可使钻机空转不进尺,同时注入清水,等孔底残余的泥块已磨浆,排出泥浆比重降至 1.1 左右(以手触泥浆无颗粒感觉),即可认为清孔已合格。对注入制备泥浆的钻孔,可采用换浆法清孔,至换出泥浆比重小于 1.15~1.25 为合格。清孔过程中,必须及时补给足够的泥浆,以保持浆面稳定。

清孔后,孔底 500 mm 内泥浆比重应小于 1.25,含砂率≤8%,8%;黏度不得大于 28 s;孔底残留沉渣厚度应符合下列规定:对端承型桩,不应大于 50 mm;对摩擦型桩,不应大于 100 mm;对抗拔、抗水平力桩,不应大于 200 mm。

① 正循环排泥法。如图 7-20(a)所示,当设在泥浆池中的潜水泥浆泵,将泥浆和清水从位于钻机中心的送水管射向钻头后,下放钻杆至土面钻进,钻削下的土屑被钻头切碎,与泥浆混合在一起,待钻至设计深度后,潜水电钻停转,但泥浆泵仍继续工作,因此,泥浆携带土屑不断溢出孔外,流向沉淀池,土屑沉淀后,多余泥浆再溢向泥浆池,形成排泥正循环过程。

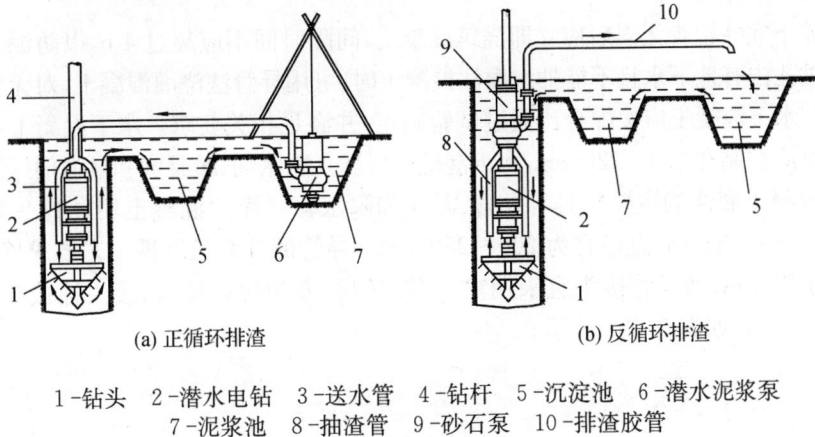

(a) 正循环排渣　　　　　　　　(b) 反循环排渣

1-钻头　2-潜水电钻　3-送水管　4-钻杆　5-沉淀池　6-潜水泥浆泵
7-泥浆池　8-抽渣管　9-砂石泵　10-排渣胶管

图 7-20　循环排渣方式

正循环排泥过程,需孔内泥浆比重达到 1.1～1.15 后,方可停泵提升钻机,然后钻机迅速移位,再进行下道工序。

② 反循环排泥法。如图 7-20(b) 所示,排泥浆用砂石泵与潜水电钻连接在一起。钻进时先向孔中注入泥浆,采用正循环钻孔,当钻杆下降至砂石泵叶轮位于孔口以下时,启动砂石泵,将钻削下的土屑通过排渣胶管排至沉淀池,土屑沉淀后,多余泥浆溢向泥浆池,形成排泥反循环过程。

钻机钻孔至设计深度后,即可关闭潜水电钻,但砂石泵仍需继续排泥,直至孔内泥浆比重达到 1.1～1.15 为止。与正循环排泥法相比,反循环排泥法无需借助钻头将土屑切碎搅拌成泥浆,而直接通过砂石泵排土,因此钻孔效率更高。对孔深大于 30 m 的端承型桩,宜采用反循环排泥法。

③ 抽渣筒法是用一个下部带活门的钢筒,将其放到孔底,做上下来回活动,提升高度在 2 m 左右,当抽筒向下活动时,活门打开,残渣进入筒内;向上运动时,活门关闭,可将孔内残渣抽出孔外,如图 7-21 所示。排渣时,必须及时向孔内补充泥浆,以防亏浆造成孔内坍塌。

(6) 下钢筋笼,浇混凝土。清孔完毕后,应立即吊放钢筋笼,并固定在孔口钢护筒上,及时进行水下混凝土浇注。钢筋笼埋设前应在其上设置定位钢筋环,混凝土垫块或于孔中对称设置 3～4 根导向钢筋,以确保保护层厚度。钢筋笼吊放入孔时,不得碰撞孔壁。同时固定在护筒上,以防钢筋笼受混凝土上

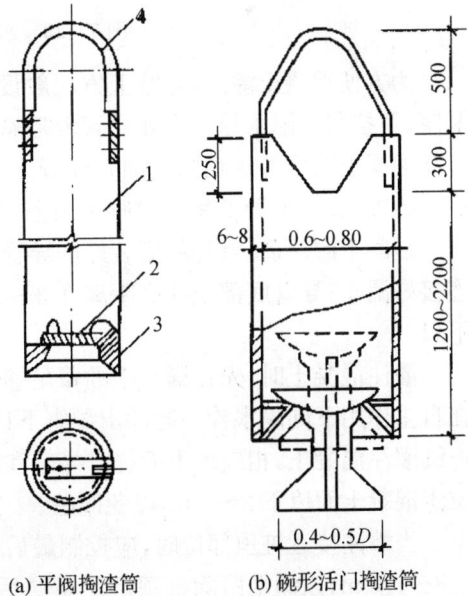

(a) 平阀掏渣筒　　　(b) 碗形活门掏渣筒

1-筒体　2-平阀　3-切削管袖　4-提环

图 7-21　掏渣筒

浮力的影响而上浮。

钢筋笼下完并检查无误后应立即浇筑混凝土,间隔时间不应超过 4 h,以防泥浆沉淀和坍孔。对桩孔内有地下水且不能抽水灌注混凝土时,可用导管法浇灌混凝土,对无水桩孔可直接浇筑。水下混凝土应按配合比通过试验确定,并满足相关要求。水下混凝土不应低于 C20,坍落度应控制在 180～220 mm,水下混凝土可掺入减水剂、缓凝剂和早强剂等外加剂。

水下混凝土灌注的主要机具有导管、漏斗和隔水栓。灌注混凝土用导管一般由无缝钢管制成,壁厚≥3 mm,直径宜为 200～250 mm。导管的分节长度视工艺要求确定,底管长度不宜小于 4 m,两导管接头宜采用法兰或双螺纹方扣快速接头,接头连接要求紧密,不得漏浆、漏水。如图 7 - 22 所示。

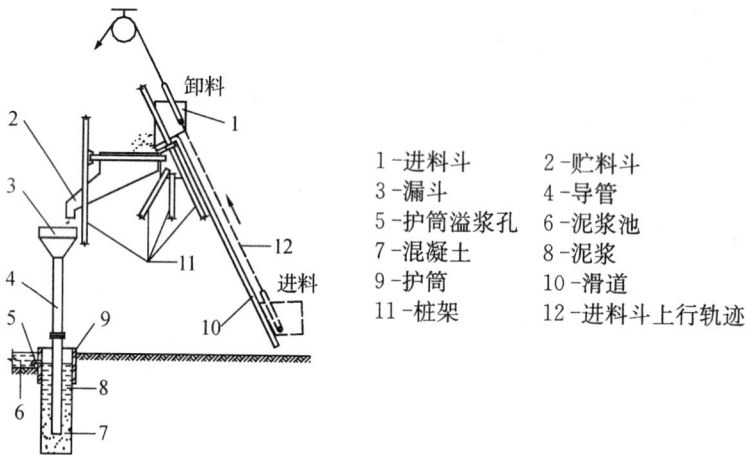

1-进料斗　　　2-贮料斗
3-漏斗　　　　4-导管
5-护筒溢浆孔　6-泥浆池
7-混凝土　　　8-泥浆
9-护筒　　　　10-滑道
11-桩架　　　 12-进料斗上行轨迹

图 7 - 22　水下混凝土灌注示意图

为方便混凝土灌注,导管上方一般设有漏斗。漏斗可用 4～6 mm 钢板制作,要求不漏浆、不挂浆。隔水栓为设在导管内阻隔泥浆和混凝土直接接触的构件。隔水栓常用与桩身混凝土强度等级相同的细石混凝土制作,呈圆柱形,直径比导管内径小20 mm,高度比直径大 50 mm,顶部采用橡胶垫圈密封。

混凝土灌注前,宜先将安装好的导管吊入桩孔内,导管顶部应高出泥浆面,且于顶部连接好漏斗;导管底部至孔底距离 0.3～0.5 m,管内安设隔水栓,通过细钢丝悬吊在导管下口。

灌注混凝土时,先在漏斗中贮藏足够数量的混凝土,剪断隔水栓提吊钢丝后,混凝土在自重作用下同隔水栓一起冲出导管下口,并将导管底部埋入混凝土 0.8 m 以上。然后连续灌注混凝土,相应地不断提升导管和拆除导管,提升速度不宜过快,应保证导管底部位于混凝土面以下 2～6 m,以免断桩。

当灌注接近桩顶部位时,应控制最后一次灌注量,使得桩顶的灌注标高高出设计标高 0.8～1.0 m,以满足凿除桩顶部泛浆层后桩顶标高能达到其设计值。凿桩头后,还必须保证暴露的桩顶混凝土强度达到其设计值。

7.3.2　沉管灌注桩施工

用锤击打桩机,将带活瓣桩尖或设置钢筋混凝土预制桩尖(靴)的钢管锤击沉入土中,然后边灌注混凝土边用卷扬机拔管成桩。适于黏性土、粉土、稍密的砂土及杂填土层中使用,但不能用于密实的中粗砂、砂砾石、漂石层中使用。按照沉管打入方式不同各有锤击沉管和振动沉管灌注桩。本部分仅介绍锤击沉管灌筑桩。

1. 锤击沉管桩施工工艺

锤击沉管桩施工工艺如图 7-23 所示。

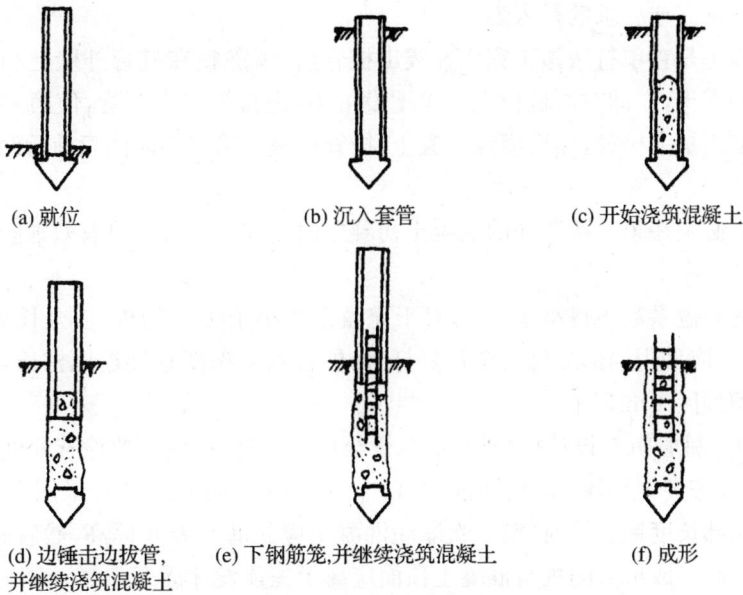

(a) 就位　　　　　　(b) 沉入套管　　　　　(c) 开始浇筑混凝土

(d) 边锤击边拔管,　　(e) 下钢筋笼,并继续浇筑混凝土　　(f) 成形
并继续浇筑混凝土

图 7-23　锤击沉管灌筑桩成桩工艺

2. 锤击沉管施工要点

(1) 桩机就位。就位后吊起桩管,对准预先埋好的预制钢筋混凝土桩尖,如图 7-24 所示,放置麻(草)绳垫于桩管与桩尖连接处,以作缓冲层和防地下水进入,然后缓慢放入桩管,套入桩尖压入土中。

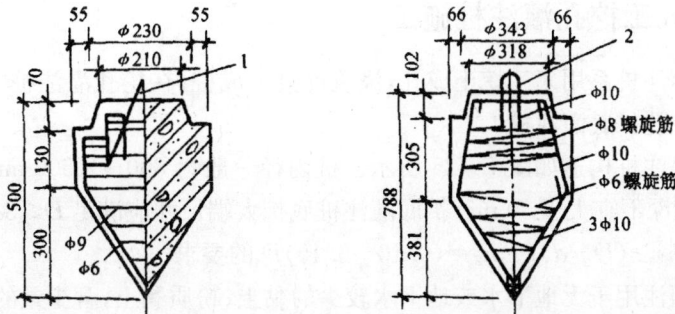

1-吊钩 1φ6 mm　2-吊环 1φ10 mm

图 7-24　钢筋混凝土预制桩尖构造

（2）沉管。上端扣上桩帽先用低锤轻击，观察无偏移，才正常施打，直至符合设计要求深度，如沉管过程中桩尖损坏，应及时拔出桩管，用土或砂填实后另安桩尖重新沉管。

锤击沉管灌注桩施工有单打法、复打法或反插法。

单打法是指先将桩机就位，利用卷扬机吊起桩管，垂直套入预先埋设在桩位上的预制钢筋混凝土桩尖上（采用活瓣桩尖时，需将活瓣合拢），借助桩管自重将桩尖垂直压入土中一定深度。预制桩尖与桩管接口处应垫以稻草绳或麻绳垫圈，以防地下水渗入桩管。检查桩管、桩锤和桩架是否处于同一垂线上，在桩管垂直度偏差≤5%后，即可于桩管顶部安设桩帽，起锤沉管。锤击时，宜先低锤轻击，观察桩管无偏差后，方进入正式施打，直至将桩管沉至设计标高或要求的贯入度。

复打法施工是在单打法施工完毕并拔出桩管后，清除粘在桩管外壁上和散落在桩孔周围地面上的泥土，立即在原桩位上再次埋设桩尖，进行第二次沉管，使第一次灌注的混凝土向四周挤压扩大桩径，然后灌注混凝土，拔管成桩。施工中应注意前后两次沉管轴线应重合。

复打施工必须在第一次灌注的混凝土初凝之前完成。复打法可有效地防止颈缩和断桩质量事故。

混凝土的充盈系数不得小于1.0；对于充盈系数小于1.0的桩，应全长复打，对可能断桩和缩颈桩，应采用局部复打。全长复打时，桩管入土深度宜接近原桩长，局部复打应超过断桩或缩颈区1 m以上。

（3）上料。桩管沉至设计标高后，应沉管至设计标高后，应立即检查和处理桩管内的进泥、进水和吞桩尖等情况，并立即灌注混凝土；混凝土的坍落度宜采用80～100 mm。当桩身配置局部长度钢筋笼时，第一次灌注混凝土应先灌至笼底标高，然后放置钢筋笼，再灌至桩顶标高。成桩后的桩身混凝土顶面应高于桩顶设计标高500 mm以内。

（4）拔管。当混凝土灌满桩管后，即可上拔桩管，一边拔管，一边锤击混凝土。第一次拔管高度应以能容纳第二次灌入的混凝土量为限，不应拔得过高。在拔管过程中应采用测锤或浮标检测混凝土面的下降情况；拔管速度应保持均匀，对一般土层拔管速度宜为1 m/min，在软弱土层和软硬土层交界处拔管速度宜控制在0.3～0.8 m/min；拔管过程中，应继续向桩管内灌注混凝土，保持管内混凝土量略高于地面，直至桩管全部拔出地面为止。

7.3.3 人工挖孔灌注桩施工

人工挖孔灌注桩系用人工挖土成孔，浇筑混凝土成桩；在挖孔灌注桩的基础上，扩大桩底尺寸形成挖孔扩底灌注桩。

人工挖孔灌注桩构造如图7-25所示。桩内径一般为800～2 500 mm，最大直径可达3 500 mm；孔深不宜大于30 m。扩底灌注桩底扩大端尺寸应满足$D \leqslant 3d$，$(D-d)/2$：$h=0.33 \sim 0.5$，$h_1 \geqslant (D-d)/4$，$h_2 = (0.10 \sim 0.15)D$的要求。

人工挖孔灌注用于无地下水或地下水较少的黏土、粉质黏土，含少量的砂、砂卵石、姜结石的黏土层采用，特别适于黄土层。在地下水位较高，有承压水的砂土层、滞水层、厚度较大的流塑状淤泥、淤泥质土层中不得选用人工挖孔灌注桩。

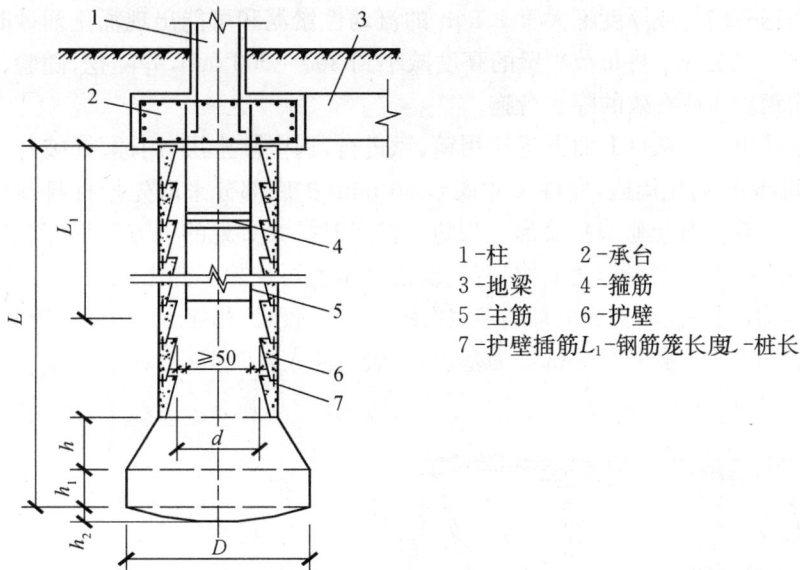

1—柱　　　2—承台
3—地梁　　4—箍筋
5—主筋　　6—护壁
7—护壁插筋 L_1—钢筋笼长度 L—桩长

图 7-25　人工挖孔桩构造图

1. 施工工艺

场地整平→放线、定桩位→挖第一节桩孔土方→支模浇灌第一节混凝土护壁→在护壁上二次投测标高及桩位十字轴线→安装活动井盖、垂直运输架、起重电动葫芦或卷扬机、活底吊土桶、排水、通风、照明设施等→第二节桩身挖土→清理桩孔四壁、校核垂直度和直径→拆上节模板、支第二节模板,浇筑第二节混凝土护壁→重复挖土、支模、浇筑混凝土护壁工序等循环作业直至设计深度→检查持力层→清理虚土、检查尺寸→吊放钢筋笼→浇筑混凝土。

2. 施工要点

(1) 人工挖孔桩当桩净距小于 2.5 m 时,应采用间隔开挖。相邻排桩跳挖的最小施工净距不得小于 4.5 m。

(2) 为防止坍孔和保证操作安全,人工挖孔桩多采用混凝土护壁。混凝土护壁的厚度不应小于 100 mm,混凝土强度等级不应低于桩身混凝土强度等级,并应振捣密实;护壁应配置直径不小于 8 mm 的构造钢筋,竖向筋应上下搭接或拉接。上下节护壁的搭接长度不得小于 50 mm;每节护壁均应在当日连续施工完毕;护壁混凝土必须保证振捣密实,应根据土层渗水情况使用速凝剂。

(3) 人工挖孔桩第一节井圈护壁应符合下列规定:井圈中心线与设计轴线的偏差不得大于 20 mm;井圈顶面应比场地高出 100~150 mm,壁厚应比下面井壁厚度增加 100~150 mm。

(4) 护壁施工采取一节组合式钢模板拼装而成,拆上节支下节,循环周转使用。模板用 U 形卡连接,上下设两半圆组成的钢圈顶紧,不另设支撑。混凝土用吊桶运输人工浇筑,上部留 100 mm 高作浇灌口,拆模后用砌砖或混凝土堵塞,灌注混凝土 24 h 之后才能拆除护壁模板;发现护壁有蜂窝、漏水现象时,应及时补强;同一水平面上的井圈任意直径的极差不得大于 50 mm。

（5）当遇有局部或厚度不大于 1.5 m 的流动性淤泥和可能出现涌土涌砂时,护壁施工可按下列方法处理:将每节护壁的高度减小到 300～500 mm,并随挖、随验、随灌注混凝土;采用钢护筒或有效的降水措施。

（6）挖孔由人工从自上而下逐层用镐、锹进行,遇坚硬土层,用锤、钎破碎,挖土次序为先挖中间部分,后挖周边,允许尺寸误差 50 mm,扩底部分采取先挖桩身圆柱体,再按扩底尺寸从上到下削土修成扩底形。为防止扩底时扩大头处的土方坍塌,宜采取间隔挖土措施,留 4～6 个土肋条作为支撑,待浇筑混凝土前再挖除。弃土装入活底吊桶或箩筐内。垂直运输,用手摇辘轳或电动葫芦,如图 7 - 26 所示。吊至地面上后,用机动翻斗车或手推车运出。人工挖孔桩底部如为基岩,一般应伸入岩面 150～200 mm。

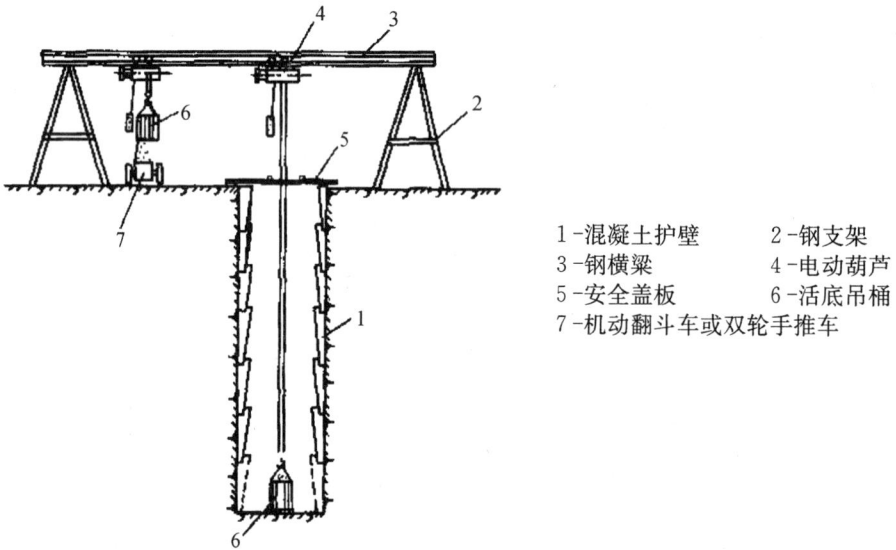

1-混凝土护壁　　　2-钢支架
3-钢横梁　　　　　4-电动葫芦
5-安全盖板　　　　6-活底吊桶
7-机动翻斗车或双轮手推车

图 7 - 26　挖孔灌注桩成孔设备及工艺

（7）第一节护壁筑成后,将桩孔中轴线控制点引回到护壁上,并进一步复核无误后,作为确定地下和节护壁中心的基准点,同时用水准仪把相对水准标高标定在第一节孔圈护壁上。

（8）逐层向下循环作业至桩底,对需要扩底的进行扩底,检查验收合格后用起重机吊起钢筋笼沉入桩孔就位,用挂钩钩住最上面一根加强箍,用槽钢做横担,将钢筋笼吊挂在井壁上口,控制好钢筋笼标高及保护层厚度,起吊时防止钢筋笼变形和碰撞孔壁。钢筋笼太长时可分节起吊在孔口进行垂直焊接。

（9）人工挖孔浇筑混凝土必须用溜槽;必须通过溜槽;当落距超过 3 m 时,应采用串筒,串筒末端距孔底高度不宜大于 2 m。桩孔深度超过 12 m 时宜采用混凝土导管连续分层浇灌,振捣密实。

当孔内渗水较大时应预先采取降水、止水措施或采用导管法灌注水下混凝土。

（10）人工挖孔桩施工中 孔内必须设置应急软爬梯供人员上下;使用的电葫芦、吊笼等应安全可靠,并配有自动卡紧保险装置,不得使用麻绳和尼龙绳吊挂或脚踏井壁凸缘上下。电葫芦宜用按钮式开关,使用前必须检验其安全起吊能力;每日开工前必须检测井下的有毒、有害气体,并应有足够的安全防范措施。当桩孔开挖深度超过 10 m 时,应有专门向井下送风的设备,风量不宜少于 25 L/s;孔口四周必须设置护栏,护栏高度宜为 0.8 m;挖出的土石方应及时运离孔口,不得堆放在孔口周边 1 m 范围内。

7.3.4　螺旋钻孔灌注桩

螺旋钻孔灌注桩是利用电动机带动钻杆转动,使钻头螺旋叶片旋转削土,土块随螺旋叶片上升排出孔口,至设计深度后,进行孔底清理。清孔的方法是在原深处空转,然后停止回转,提钻卸土或用清孔器清土。目前使用比较广泛的为长螺旋钻,钻孔直径 350~400 mm;孔深可达 10~20 m。

在软塑土层含水量大时,可用疏纹叶片钻杆,以便较快地钻进。在可塑或硬塑黏土中,或含水量较小的砂土中应用密纹叶片钻杆,以便缓慢、均匀、平稳地钻进。

螺旋钻孔机由动力箱(内设电动机)、滑轮组、螺旋钻杆、龙门导架及钻头等组成,如图 7-27 所示。常用钻头类型有平底钻头、耙式钻头、筒式钻头和锥底钻头四种,如图 7-28 所示。

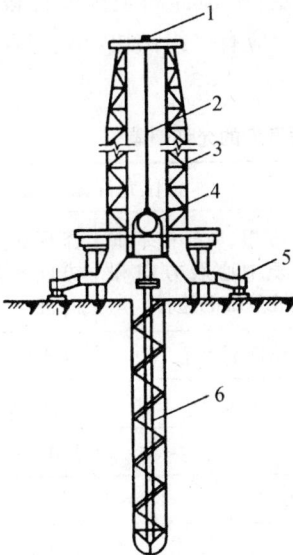

1-导向滑轮　2-钢丝绳　3-龙门导架
4-动力箱　5-千斤顶支腿　6-螺旋钻杆
图 7-27　螺旋钻机示意图

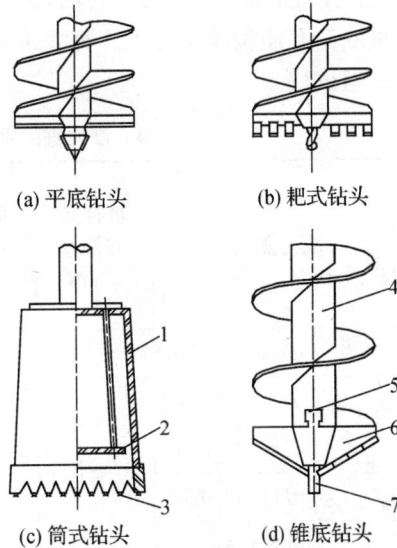

1-筒体　2-推土盘
3-八角硬质合金钻头　4-螺旋钻杆
5-钻头接头　6-切削刀　7-导向尖
图 7-28　钻头类型示意图

1. 施工工艺

螺旋钻孔灌注桩施工工艺流程为:场地清理→测设桩位→钻机就位→取土成孔→清除孔底沉渣→成孔质量检查→安放钢筋笼→安置孔口护孔漏斗→浇筑混凝土→拔出漏斗成桩。

2. 施工要点

(1) 钻机就位时,必须保持机身平稳,确保施工中不发生倾斜、位移;使用双侧吊线坠的方法或使用经纬仪校正钻杆垂直度;垂直度控制偏差不超过 1%。安装有筒式出土器的钻机,为便于钻头迅速、准确地对准桩位,可在桩位上放置定位网环。

(2)调直机架钻杆,对准桩位,开动机器钻进、出土达到控制深度后停钻,提钻。

(3)钻至设计深度后,进行孔底清理。清孔的方法是在原深处空转,然后停止回转,提钻卸土或用清孔器清土。

(4)用测深绳或手提灯测量孔深及虚土厚度,成孔深度和虚土厚度应符合设计要求;检查成孔垂直度、检查孔壁有无胀缩、塌陷等现象;经过成孔质量检查后,应按表逐项填好桩孔施工记录。然后盖好孔口盖板,移走钻孔机到下一桩位,禁止在盖板上行车走人。

(5)移走盖孔盖板,再次复查孔深、孔径、孔壁、垂直度及孔底虚土厚度;下放钢筋笼。具体要求同前。

(6)混凝土浇筑要求同人工挖孔灌注桩。

7.3.5 灌注桩质量检查与验收

根据《建筑地基基础工程质量验收规范》(《GB 50202—2002》),灌注桩质量检查内容如下:

(1)灌注桩的桩位偏差必须符合表 7-4 的规定,桩顶标高至少要比设计标高高出 0.5 m,桩底清孔质量满足要求。每灌筑 50 m^3 混凝土应有一组试块,小于 50 m^3 的桩应每根桩有一组试块。

表 7-4 灌注桩的平面位置和垂直度的允许偏差

序号	成孔方法		桩径允许偏差/mm	垂直度允许偏差/%	桩位允许偏差/mm	
					1~3 根、单排桩基垂直于中心线方向和群桩基础的边桩	条形桩基沿中心线方向和群基础的中间桩
1	泥浆护壁钻孔桩	$D \leqslant 1\,000$ mm	±50	<l	$D/6$ 且不大于 100	$D/4$ 且不大于 150
		$D > 1\,000$ mm	±50		$100 + 0.01H$	$150 + 0.01H$
2	套管成孔灌筑桩	$D \leqslant 500$ mm	−20	<l	70	150
		$D > 500$ mm			100	150
3	干成孔灌注桩		−20	<l	70	150
4	人工挖孔桩	混凝土护壁	+50	<0.5	50	150
		钢套管护壁	+50	<l	100	200

注:1. 桩径允许的负值是指个别断面。

2. 采用复打、反插法施工的桩允许偏差不受上表限制。

3. H 为施工现场地面标高与桩顶设计标高的距离,D 为设计桩径。

(2)施工前应对水泥、砂、石子(如现场搅拌)、钢材等原材料进行检查,对施工组织设计中制定的施工顺序、监测手段(包括仪器、方法)也应检查。

(3)施工中应对成孔、清渣、放置钢筋笼、灌注混凝土等进行全过程检查,人工挖孔桩尚应复验孔底持力层土(岩)性。嵌岩桩必须有桩端持力层的岩性报告。

（4）施工结束后，应检查混凝土强度，并应做桩体质量及承载力的检验。

对于地基基础设计等级为甲级或地质条件复杂，成桩质量可靠性低的灌注桩，应采用静载荷试验的方法进行检验，检验桩数不应少于总数的1%，且不应少于3根，当总桩数少于50根时，不应少于2根。

对设计等级为甲级或地质条件复杂，成检质量可靠性低的灌注桩，抽检数量不应少于总数的30%，且不应少于20根；其他桩基工程的抽检数量不应少于总数的20%，且不应少于10根。

（5）混凝土灌注桩的质量检验标准应符合表7-5和表7-6的规定。

表7-5　混凝土灌注桩钢筋笼质量检验标准

项　目	序号	检查项目	允许偏差或允许值		检查方法
			单位	数值	
主控项目	1	主筋间距	mm	±10	用钢尺量
	2	长度	mm	±100	用钢尺量
一般项目	1	钢筋材质检验	设计要求		抽样送检
	2	箍筋间距	mm	±20	用钢尺量
	3	直径	mm	±10	用钢尺量

表7-6　混凝土灌注桩质量检验标准

项目	序号	检查项目	允许偏差或允许值		检查方法
			单位	数值	
主控项目	1	桩位	见表7-4		基坑开挖前量护筒，开挖后量桩中心
	2	孔深	mm	+300	只深不浅，用重锤测，或测钻杆、套管长度，嵌岩桩应确保进入设计要求的嵌岩深度
	3	桩体质量检验	按基桩检测技术规范，如岩芯取样，大直径嵌岩桩应钻至桩尖下50 cm		按基桩检测技术规范
	4	混凝土强度	设计要求		试块报告或钻芯取样送检
	5	承载力	按基桩检测技术规范		按基桩检测技术规范
一般项目	1	垂直度	见表7-4		测套管或钻杆，或用超声波探测。在施工时吊垂球
	2	桩径	见表7-4		井径仪或超声波检测，在施工时用尺量，人工挖孔桩不包括内衬厚度
	3	泥浆比重（黏土或砂性土中）	t/m³	1.15～1.20	用比重计测，清孔后在距孔底50 cm处取样

（续表）

项目	序号	检查项目	允许偏差或允许值		检查方法
			单位	数值	
一般项目	4	泥浆面标高（高于地下水位）	m	0.5～1.0	目测
	5	沉渣厚度	mm mm	≤50 ≤100	用沉渣仪或重锤测量
	6	混凝土坍落度： 水下灌注 干施工	mm mm	180～220 70～100	坍落度仪
	7	钢筋笼安装深度	mm	±100	用钢尺量
	8	混凝土充盈系数		>1	检查每根桩的实际灌入量
	9	桩顶标高	mm	+30，-50	水准仪，需扣除桩顶浮浆层及劣质桩体

7.3.6 灌注桩施工常见问题及预防措施

1. 成孔常见问题及预防措施

（1）塌孔。预防措施：根据不同地层，控制使用好泥浆指标。在回填土、松软层及流沙层钻进时，严格控制速度。地下水位过高，应升高护筒，加大水头。地下障碍物处理时，一定要将残留的砼块处理清除。孔壁坍塌严重时，应探明坍塌位置，用砂和黏土混合回填至坍塌孔段以上 1～2 m 处，捣实后重新钻进。

（2）缩径。预防措施：钻头直径应满足成孔直径要求，并应经常检查，及时修复。易缩径孔段钻进时，可适当提高泥浆的黏度。对易缩径部位也可采用上下反复扫孔的方法来扩大孔径。

（3）桩孔偏斜。预防措施：保证施工场地平整，钻机安装平稳，机架垂直，并注意在成孔过程中定时检查和校正。钻头、钻杆接头逐个检查调正，不能用弯曲的钻具。在坚硬土层中不强行加压，应吊住钻杆，控制钻进速度，用低速度进尺。对地下障碍预先处理干净。对已偏斜的钻孔，控制钻速，慢速提升，下降往复扫孔纠偏。

2. 安装钢筋笼常见问题及预防措施

（1）钢筋笼安装与设计标高不符。预防措施：钢筋笼制作完成后，注意防止其扭曲变形，钢筋笼入孔安装时要保持垂直，砼保护层垫块设置间距不宜过大，吊筋长度精确计算，并在安装时反复核对检查。

（2）钢筋笼的上浮。钢筋笼上浮的预防措施：严格控制砼质量，坍落度控制在 20±2 cm，砼和易性要好。砼进入钢筋笼后，砼上升不宜过快，导管在砼内埋深不宜过大，严格按照规范控制在 2～6 m 之间，提升导管时，不宜过快，防止导管钩钢筋笼，将其带上等。

3. 水下砼灌注常见问题及预防措施

（1）堵管。预防措施：商品砼必须由具有资质，质量保证有信誉的厂家供应，砼的级配与搅拌必须保证砼的和易性、水灰比、坍落度及初凝时间满足设计或规范要求,现场抽查每车砼的坍落度必须控制在钻孔灌注桩施工规范允许的范围以内。灌注用导管应平直,内壁光滑不漏水。

(2)桩顶部位疏松。预防措施:首先保证一定高度的桩顶留长度。因受沉渣和稠泥浆的影响,极易产生误测。因此可以用一个带钢管取样盒的探测,只有取样盒中捞起的取样物是砼而不是沉淀物时,才能确认终灌标高已经达到。

(3)桩身砼夹泥或断桩。预防措施:成孔时严格控制泥浆密度及孔底沉淤,第一次清孔必须彻底清除泥块,砼灌注过程中导管提升要缓慢,特别到桩顶时,严禁大幅度提升导管。严格控制导管埋深,单桩砼灌注时,严禁中途断料。拔导管时,必须进行精确计算控制拔管。

复习及思考题

1. 摩擦型桩和端承型桩受力上有何区别? 施工中应如何控制桩的入土深度?
2. 打桩顺序与哪些因素有关? 如何确定打桩顺序?
3. 接桩方法有哪些? 有什么要求?
4. 试述锤击沉管灌注桩的施工工艺?
5. 人工挖孔桩施工时有哪些安全措施?
6. 灌注桩施工常见质量问题有哪些?

模块八　地基处理

8.1　概　述

软弱地基是指主要由淤泥、淤泥质土、冲填土、杂填土或其他高压缩性土层构成的地基。另外,在建筑地基的局部范围内有此类高压缩性土层时,应按局部软弱土层考虑。这类土的工程性质是压缩性高、强度低,用作建筑物的地基时,不能满足地基承载力和变形的基本要求。

地基处理是指通过物理、化学或生物等处理方法,改善天然地基土的工程性质,提高地基承载力,改善变形特性及渗透性质,达到满足建筑物上部结构对地基稳定和变形的要求。地基处理的方法很多,本章将主要介绍目前工程建设中应用较多的机械压实法、换土垫层法、强夯法、排水固结法、挤密法和振冲法。

8.2　换填垫层法

换填垫层法是指将基础底面以下一定范围内的软弱土层挖去,然后以质地坚硬、强度较高、性能稳定、具有抗侵蚀性的砂石、粉质黏土、灰土、粉煤灰、矿渣、等材料分层充填,并分层压实。

8.2.1　灰土垫层

灰土垫层是将基础底面下要求范围内的软弱土层挖去,用一定比例的石灰与土,在最优含水量情况下,充分拌和,分层回填夯实或压实而成。灰土垫层具有一定的强度、水稳性和抗渗性,施工工艺简单,费用较低,是一种应用广泛、经济、实用的地基加固方法。适于加固深不超过 3 m 的软弱土、湿陷性黄土、杂填土等,还可用作结构的辅助防渗层。

1. 材料要求

(1) 土料。土料宜用粉质黏土,不宜使用块状黏土,且不得含有松软杂质。土内有机质含量不得超过 5%,且不得含有冻土和膨胀土。当含有碎石时,其最大粒径不宜大于 50 mm。用于湿陷性黄土或膨胀土地基的粉质黏土垫层,土料中不得夹有砖、碎石或石块等。土料应过筛,最大粒径不得大于 15 mm。

(2) 石灰。应用Ⅲ级以上新鲜的块灰,含 CaO、MgO 愈高愈好,使用前 1~2 d 消解并过筛,其颗粒不得大于 5 mm,且不应夹有未熟化的生石灰块粒及其他杂质,也不得含有过多的水分。石灰应送实验室进行复试,其中 CaO、MgO 含量要满足规范规定。

除有特殊要求外,一般石灰与土按 3∶7 或 2∶8 的体积比配合。多用人工翻拌(工程较大用机械拌和如铲运机),不少于 3 遍,使其达到均匀,颜色一致,并适当控制含水量,现场以手握成团,两指轻捏即散为宜,含水量宜控制在最优含水量±2％范围内,最优含水量通过土的压实试验确定。如含水分过多或过少时,应稍晾干或洒水湿润,如有球团应打碎,要求随拌随用。

2. 施工工艺方法要点

(1) 施工工艺流程:清表验槽→原土压实→灰土拌和→摊铺第一层→压实→验收合格→后铺第二层→压实→第三次→……→整体验收合格。

(2) 对基槽(坑)应先验槽,并做隐蔽验收记录。消除松土,并打两遍底夯,要求平整干净。如有积水、淤泥应晾干;局部有软弱土层或孔洞,应及时挖除后用灰土分层回填夯实。

(3) 铺灰应分段分层夯筑,每层虚铺厚度可参见表 8-1 所示,夯实机具可根据工程大小和现场机具条件,用人力或机械夯打或碾压,夯压遍数按设计要求的干密度由试夯(或碾压)确定,一般不少于 4 遍。人工打夯应一夯压半夯,夯夯相接,行行相接,纵横交叉。

表 8-1　灰土最大虚铺厚度

夯实机具种类	重量/t	虚铺厚度/mm	备　注
石夯、木夯	0.04～0.08	200～250	人力送夯,落距 400～500 mm,一夯压半夯,夯实后约 80～100 mm 厚
小型夯实机械	0.12～0.4	200～250	蛙式夯机、柴油打夯机,夯实后约 100～150 mm 厚
压路机	6～10	200～300	双轮

(4) 灰土分段施工时,不得在墙角、柱基及承重窗间墙下接缝,上下两层的接缝距离不得小于 500 mm,接缝处应夯压密实,并作成直槎,如图 8-1(a)所示。当灰土垫层高度不同时,应做成阶梯形,每阶宽不少于 500 mm,如图 8-1(b)所示,并按先深后浅的顺序施工;对作辅助防渗层的灰土,应将地下水位以下结构包围,并处理好接缝,同时注意接缝质量,每层虚土从留缝处往前延伸 500 mm,夯实时应夯过接缝 300 mm 以上;接缝时,用铁锹在留缝处垂直切齐,再铺下段夯实。

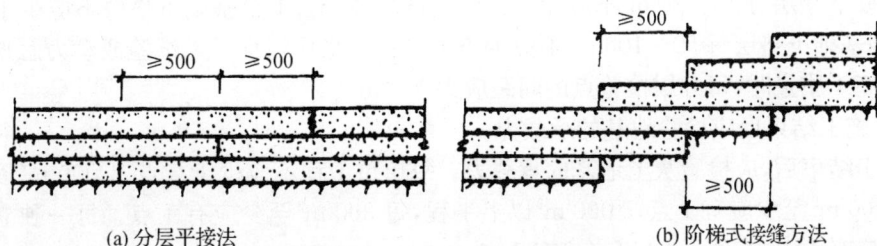

(a) 分层平接法　　　　　　　　(b) 阶梯式接缝方法

图 8-1　灰土分层施工接缝处理

(5) 灰土应当日铺填夯压,入槽(坑)灰土不得隔日夯打。夯实后的灰土 3 d 内不得受水浸泡,并及时进行基础施工与基坑回填,或在灰土表面作临时性覆盖,避免日晒雨淋。

雨季施工时,应采取适当防雨、排水措施,以保证灰土在基槽(坑)内无积水的状态下进行。刚打完的灰土,如突然遇雨,应将松软灰土除去,并补填夯实;稍受湿的灰土可在晾干后补夯。

(6)冬期施工,必须在基层不冻的状态下进行,土料应覆盖保温,冻土及夹有冻块的土料不得使用;已熟化的石灰应在次日用完,以充分利用石灰熟化时的热量,当日拌和灰土应当日铺填夯完,表面应用塑料面及草袋覆盖保温,以防灰土垫层早期受冻降低强度。

3. 质量验收与质量检查方法

(1)灰土垫层地基的质量验收标准如表8-2所示。

表8-2 灰土地基质量检验标准

项目	序	检查项目	允许偏差或允许值		检查方法
			单位	数值	
主控项目	1	地基承载力	设计要求		载荷试验或按规定方法
	2	配合比	设计要求		按拌和时的体积比
	3	压实系数	设计要求		现场实测
一般项目	1	石灰粒径	mm	≤5	筛分法
	2	土料有机质含量	%	≤5	试验室焙烧法
	3	土颗粒粒径	mm	≤15	筛分法
	4	含水量(与要求的最优含水量比较)	%	±2	烘干法
	5	分层厚度偏差(与设计要求比较)	mm	±50	水准仪

(2)质量控制。

① 施工前应检查原材料,如灰土的土料、石灰以及配合比、灰土拌匀程度。

② 施工过程中应检查分层铺设厚度,分段施工时上下两层的搭接长度,夯实时加水量、夯压遍数、压实系数等。

③ 垫层压实系数一般采用环刀法、标准贯入试验或动力触探贯入测定。灰土垫层一般采用环刀法。环刀取样检测灰土的干密度,除以试验的最大干密度求得压实系数。采用环刀法检验垫层的施工质量时,取样点应位于每层厚度的2/3深度处。检验点数量,对条形基础下垫层每10~20 m不应少于1个点;独立柱基、单个基础下垫层不应少于1个点;其他基础下垫层每50~100 m²不应少于1个点。采用标准贯入试验或动力触探检验垫层的施工质量时,每分层检验点的间距应大于4 m。

④ 施工结束后应检验地基的承载力。

施工结束后,应检验灰土地基的承载力。每单位工程不应少于3点,1 000 m²以上工程,每100 m²至少应有1点,3 000 m²以上工程,每300 m²至少应有1点。每一独立基础下至少应有1点,基槽每20延米应有1点。

8.2.2 砂及砂石垫层

砂及砂石垫层地基是用夯实的砂或砂砾石(碎石)混合物替换基础下部一定厚度的软

土层,以提高基础下部地基强度、承载力、减小沉降量的作用,砂石垫层如图 8-2 所示。由于垫层材料透水性好,软土层受压后,垫层可作为良好的排水面,使水迅速排出;另外不易产生毛细现象,可以防止寒冷地区土中结冻造成冻胀,也可消除膨胀土的胀缩作用。

砂及砂石垫层适于处理 3.0 m 以内的软弱土、透水性强的地基;不宜用于加固湿陷性黄土地基及渗透系数小的黏性土地基。

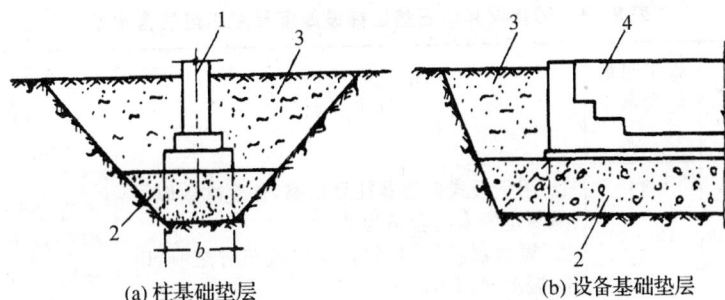

(a) 柱基础垫层　　　　　　　　(b) 设备基础垫层

1-柱基础　2-砂或砂石垫层　3-回填土　4-设备基础
α-砂或砂石垫层自然倾斜角(休止角)　b-基础宽度

图 8-2　砂石垫层

1. 材料要求

(1) 砂及砂石垫层为砂或砂石混合物。砂石宜选用碎石、卵石、角砾、圆砾、砾砂、粗砂、中砂或石屑(粒径小于 2 mm 的部分不应超过总重的 45%),应级配良好,不含植物残体、垃圾等杂质,含泥量小于 5%。

(2) 砂宜用颗粒级配良好、质地坚硬的中砂或粗砂。砂石的最大粒径不宜大于 50 mm。当使用粉细砂或石粉(粒径小于 0.075 mm 的部分不超过总重的 9%)时,应掺入不少于总重 30% 的碎石或卵石,但要分布均匀。砂中有机质含量不超过 5%,含泥量应小于 5%,兼作排水垫层时,含泥量不得超过 3%。

2. 施工工艺方法要点

(1) 铺设垫层前应验槽,将基底表面浮土、淤泥、杂物清除干净,两侧应设一定坡度,防止振捣时塌方。

(2) 人工级配的砂砾石,应先将砂、卵石拌和均匀后,再铺夯压实。当地下水位较高或在饱和的软弱地基上铺设垫层时,应在基坑内及外侧四周排水工作,防止砂垫层泡水引起砂流失。或将地下水降至坑底 500 mm 以下。

(3) 垫层底面标高不同时,土面应挖成阶梯或斜坡搭接,并按先深后浅的顺序施工,搭接处应夯压密实。分段铺设时,接头应做成斜坡或阶梯形搭接,每层错开 0.5~1.0 m,并注意充分捣实。

(4) 垫层铺设时,严禁扰动垫层下卧层及侧壁的软弱土层,防止被践踏、受冻或受浸泡,降低其强度。如垫层下有厚度较小的淤泥或淤泥质土层,在碾压荷载下抛石能挤入该层底面时,可采取挤淤处理。先在软弱土面上堆填块石、片石等,然后将其压入以置换和挤出软弱土,再做垫层。基底为软土时应在与土面接触处铺设 150~300 mm 厚的砂垫层或铺一层土工织物,以防止软弱土层表面的局部破坏,同时必须防止基坑边坡坍土混入垫层。

（5）垫层应分层铺设,分层夯或压实,控制每层砂垫层的铺设厚度。每层铺设厚度、砂石最优含水量控制及施工机具、方法的选用参见表8-3所示。夯实、碾压变数、振实时间应通过试验确定。砂垫层一般采用平板式振动器,插入式振捣器等设备,砂石垫层一般采用振动碾、木夯或机械夯。用细砂作垫层材料时,不宜使用振捣法或水撼法,以免产生液化现象。

表8-3 砂垫层和砂石垫层铺设厚度及施工最优含水量

捣实方法	每层铺设厚度/mm	施工时最优含水量/%	施 工 要 点	备 注
平振法	200~250	15~20	1. 用平板式振捣器往复振捣,往复次数以简易测定密实度合格为准 2. 振捣器移动时,每行应搭接三分之一,以防振动面积不搭接	不宜使用干细砂或含泥量较大的砂铺筑砂垫层
插振法	振捣器插入深度	饱和	1. 用插入式振捣器 2. 插入间距可根据机械振幅大小决定 3. 不用插至下卧黏性土层 4. 插入振捣完毕,所留的孔洞应用砂填实 5. 应有控制地注水和排水	不宜使用干细砂或含泥量较大砂铺筑砂垫层
水撼法	250	饱和	1. 注水高度略超过铺设面层 2. 用钢叉摇撼捣实,插入点间距100 mm左右 3. 有控制地注水和排水 4. 钢叉分四齿,齿的间距30 mm,长300 mm,木柄长900 mm	湿陷性黄土、膨胀土、细砂地基上不得使用
夯实法	150~200	8~12	1. 用木夯或机械夯 2. 木夯重40 kg,落距400~500 mm 3. 一夯压半夯,全面夯实	适用于砂石垫层
碾压法	150~350	8~12	6~10 t压路机往复碾压;碾压次数以达到要求密实度为准,一般不少于4遍,用振动压实机械,振动3~5 min	适用于大面积的砂石垫层,不宜用于地下水位以下的砂垫层

（6）地下水位高于基坑底面时,宜采取将排水措施。注意边坡稳定,以防止塌土混入砂石垫层中。

（7）当采用水撼法或插振法施工时,以振捣棒振幅半径的1.75倍为间距(一般为400~500 mm)插入振捣,依次振实,以不再冒气泡为准,直至完成;同时应采取措施做到有控制地注水和排水。垫层接头应重复振捣,插入式振动棒振完所留孔洞应用砂填实;在振动首层的垫层时,不得将振动棒插入原土层或基槽边部,以避免使软土混入砂垫层而降低砂垫层的强度。

（8）垫层铺设完毕,应即进行下道工序施工,严禁小车及人在砂层上面行走,必要时应在垫层上铺板行走。

8.2.3　质量验收与质量检查方法

1. 砂及砂石垫层的质量验收标准

砂及砂石垫层的质量验收标准如表 8-4 所示。

表 8-4　砂及砂石地基质量检验标准

项目	序	检查项目	允许偏差或允许值		检查方法
			单位	数值	
主控项目	1	地基承载力	设计要求		载荷试验或按规定方法
	2	配合比	设计要求		检查拌和时的体积比或重量比
	3	压实系数	设计要求		现场实测
一般项目	1	砂石料有机质含量	%	≤5	焙烧法
	2	砂石料含泥量	%	≤5	水洗法
	3	石料粒径	mm	100	筛分法
	4	含水量(与最优含水量比较)	%	±2	烘干法
	5	分层厚度(与设计要求比较)	mm	±50	水准仪

2. 质量控制

(1) 施工前应检查砂、石等原材料质量及砂、石拌和均匀程度。

(2) 施工过程中必须检查分层厚度,分段施工时搭接部分的压实情况、加水量、压实遍数、压实系数。

砂石垫层可用贯入测定法检验压实系数。贯入测定法以达到设计要求压实系数所对应的贯入度为合格。贯入度测定方法应先将垫层表面的砂刮去 3 cm 左右,并用贯入仪、钢筋或钢叉等以贯入度大小检查砂垫层的质量。在检验前首先应先根据砂石垫层的控制干密度进行相关试验,以确定贯入度值。

钢筋贯入法是用直径 20 mm、长 1 250 mm 的平头钢筋,自 700 mm 高处自由落下,插入深度以不大于通过试验所确定的贯入度数值为合格。钢叉贯入法用水撼法使用的钢叉,自 500 mm 高处自由落下,插入深度不大于根据该砂的控制干密度测定的深度为合格。

(3) 施工结束后,应检查砂及砂石地基的承载力。

8.2.4　垫层设计要求

1. 垫层厚度

如图 8-3 所示,垫层厚度应根据需置换软弱土层的深度或下卧土层的承载力确定,即垫层底面处土的自重应力与附加应力之和不大于同一标高处软弱土层的容许承载力。厚度宜为 0.5 m～3.0 m。其验算表达式为:

$$p_z + p_{cz} \leqslant f_{az} \tag{8-1}$$

式中，p_z 为相应于作用的标准组合时，垫层底面处的附加压力值，kPa；p_{cz} 为垫层底面处土的自重压力值，kPa；f_{az} 为垫层底面处经深度修正后的地基承载力特征值，kPa。

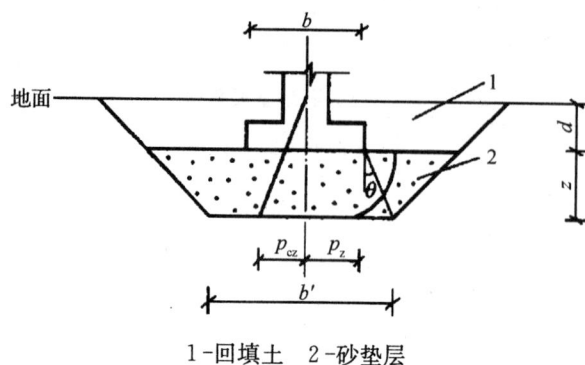

1-回填土　2-砂垫层

图 8-3　垫层内压力分布

垫层底面处的附加压力值 p_z 可分别按(8-2)和(8-3)式计算：

条形基础：

$$p_z = \frac{b(p_k - p_c)}{b + 2z\tan\theta} \tag{8-2}$$

矩形基础：

$$p_z = \frac{bl(p_k - p_c)}{(b + 2z\tan\theta)(l + 2z\tan\theta)} \tag{8-3}$$

式中，b 为矩形基础或条形基础底面的宽度，m；l 为矩形基础底面的长度，m；p_k 为相应于作用的标准组合时，基础底面处的平均压力值，kPa；p_c 为基础底面处土的自重压力值，kPa；z 为基础底面下垫层的厚度，m；θ 为垫层(材料)的压力扩散角，°，宜通过试验确定，无试验资料时，可按表 8-5 采用。

表 8-5　压力扩散角 θ　　　　　　单位：°

z/b	中砂、粗砂、砾砂、圆砾、角砾、石屑、卵石、碎石、矿渣	粉质黏土、粉煤土	灰土
0.25	20	6	28
≥0.50	30	23	28

注：1. 当 $z/b<0.25$ 时，除灰土取 28°外，其余材料均取 0°，必要时，宜由试验确定；

　　2. 当 $0.25<z/b<0.5$ 时，θ 值可内插取得；

　　3. 土工合成材料加筋垫层其压力扩散角宜由现场静载荷试验确定。

2. 垫层底面宽度

(1) 垫层底面的宽度应满足基础底面应力扩散的要求，可按下式确定：

$$b' \geqslant b + 2z\tan\theta \tag{8-4}$$

式中，b' 为垫层底面宽度，m；θ 为压力扩散角，可按表 8-5 取值；当 $z/b<0.25$ 时，仍按表 8-5 中 $z/b=0.25$ 取值。

（2）垫层顶面每边超出基础底边缘不应小于 300 mm，且从垫层底面两侧向上，按基坑开挖的经验及要求放坡。

（3）整片垫层底面的宽度可根据施工的要求适当加宽。

3．垫层的其他设计要求

（1）垫层的压实标准。垫层的压实标准可按表 8－6 选用。矿渣垫层的压实系数可根据满足承载力设计要求的试验结果，按最后两遍压实的压陷差确定。

表 8－6　各种垫层的压实标准

施工方法	换填材料类别	压实数 λ_c
碾压、振密或夯实	碎石、卵石	≥0.97
	砂夹石（其中碎石、卵石占全重的 30%～50%）	
	土夹石（其中碎石、卵石占全重的 30%～50%）	
	中砂、粗砂、砾砂、角砾、圆砾、石屑	
	粉质黏土	
	灰土	≥0.95
	粉煤灰	

注：1. 压实系数 λ_c 为土的控制干密度 ρ_d 与最大干密度 $\rho_{d,max}$ 的比值；土的最大干密度宜采用击实试验确定，碎石或卵石的最大干密度可取 2.1～2.2 g/cm³；

　　2. 表中压实系数 λ_c 系使用轻型击实试验测定土的最大干密度 $\rho_{d,max}$ 时给出的压实控制标准，采用重型击实试验，对粉质黏土、灰土、粉煤灰及其他材料压实标准应为压实系数 $\lambda_c \geq 0.94$。

（2）垫层的承载力。垫层的承载力宜通过现场载荷试验确定。对一般工程，当无试验资料时，可按表 8－7 选用。

表 8－7　各种垫层的承载力

施工方法	换填材料类别	压实系数 λ_c	承载力标准值 f_k/kPa
碾压或振密	碎石、卵石	0.94～0.97	200～300
	砂夹石（其中碎石、卵石占全重的 30%～50%）		200～250
	土夹石（其中碎石、卵石占全重的 30%～50%）		150～200
	中砂、粗砂、砾砂		150～200
	黏性土和粉土（$8 < I_p < 14$）		130～180
	灰土	0.93～0.95	200～250
重锤夯实	土或灰土	0.93～0.95	150～200

8.3　预压法

预压法是指在建（构）筑物建造前，先在拟建场地上一次性连续施加或分级施加荷载，使土体中孔隙水排出,孔隙体积变小,土体得到固结,抗剪强度增加,从而提高地基承载力和稳定性的一种地基处理方法。

目前普遍采用的是堆载预压、真空预压,或联合使用堆载预压和真空预压。此外也有采用降水预压和电渗排水预压的方法,但目前采用较少。

8.3.1 砂井堆载预压

(1) 加固机理。由于黏土的孔隙很细小,其排水固结过程十分缓慢。一般黏土的渗透系数约为 $10^{-7} \sim 10^{-9}\,\mathrm{cm/s}$,而砂的渗透系数则达到 $10^{-2} \sim 10^{-3}\,\mathrm{cm/s}$,两者相差很大。

当地基黏土层厚度很大时,为加速固结,除了堆载预压外,可在土中用钢管打孔,再向孔中灌砂来设置砂井作为竖向排水通道,并在砂井顶部设置砂垫层作为水平排水通道,这样,土体孔隙中的水就能较快地通过砂井和砂垫层排出,从而加速土体固结,使地基得到加固,如图8-4所示。

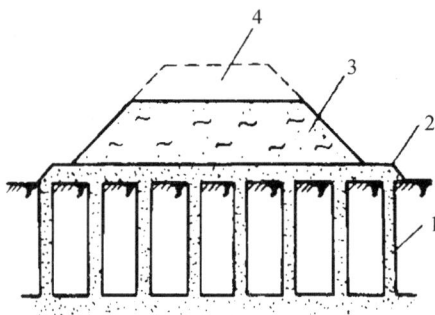

1-砂井　2-砂垫层　3-永久性填土　4-临时超载填土

图8-4　砂井堆载预压

(2) 特点。砂井堆载预压的特点是方法简单,施工便利,造价低廉。

(3) 设计要点。堆载预压地基处理的设计应包括下列内容。

① 选择塑料排水带或砂井,确定其断面尺寸、间距、排列方式和深度。

② 确定预压区范围、预压荷载大小、荷载分级、加载速率和预压时间。

③ 计算堆载荷载作用下地基土的固结度、强度增长、稳定性和变形。

(4) 砂井的直径和间距。砂井的直径和间距由黏性土层的固结特性和施工期限确定。一般情况下,砂井的直径和间距取细而密时,其固结效果较好,常用直径为 $300 \sim 500\,\mathrm{mm}$。井径不宜过大或过小,过大不经济,过小施工易造成灌砂率不足、缩颈或砂井不连续等质量问题。砂井的间距一般按经验由井径比 $n = d_e/d_w = 6 \sim 8$ 确定(d_e 为每个砂井的有效影响范围的直径;d_w 为砂井直径)。

(5) 砂井长度。砂井长度的选择与土层分布、地基中附加应力的大小、施工期限和条件等因素有关。当软土层不厚、底部有透水层时,砂井应尽可能穿透软土层;如软土层较厚,但有砂层或砂透镜体,砂井应尽可能打至砂层或砂透镜体。当黏土层很厚,其中又无透水层时,可按地基的稳定性及建筑物变形要求处理的深度来决定。按稳定性控制的工程,如路堤、土坝、岸坡、堆料场等,砂井深度应通过稳定分析确定,砂井长度应超过最危险滑弧面的深度 2 m。从沉降考虑,砂井长度应穿过主要的压缩层。砂井长度一般为 10~20 m。

(6) 砂井的布置和范围。排水竖井可采用等边三角形或正方形排列的平面布置。砂井的有效排水范围为正六边形,而正方形排列时则为正方形,如图 8-5 中虚线所示。并应符合下列规定:

等边三角形排列时,

$$d_e = 1.05l \tag{8-5}$$

正方形排列时,

$$d_e = 1.13l \tag{8-6}$$

式中,d_e 为竖井的有效排水直径;l 为竖井的间距。

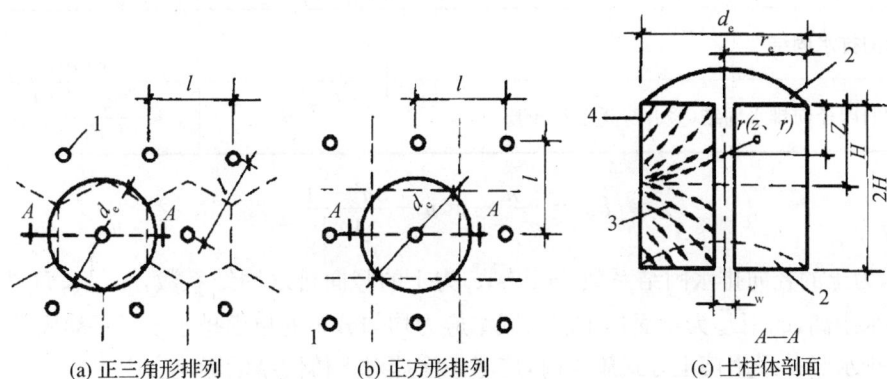

(a) 正三角形排列   (b) 正方形排列   (c) 土柱体剖面

1-砂井 2-排水面 3-水流途径 4-无水流经过此界线

图 8-5 砂井平面布置及影响范围土柱体剖面

砂井的布置范围,宜比建筑物基础范围稍大为佳,因为基础以外一定范围内地基中仍然产生由于建筑物荷载而引起的压应力和剪应力。如能加速基础外地基土的固结,对提高地基的稳定性和减小侧向变形以及由此引起的沉降均有好处。扩大的范围可由基础的轮廓线向外增大 2~4 m。

(7) 预压荷载大小、范围、加载速率。

① 预压荷载大小应根据设计要求确定;对于沉降有严格限制的建筑,可采用超载预压法处理,超载量大小应根据预压时间内要求完成的变形量通过计算确定,并宜使预压荷载下受压土层各点的有效竖向应力大于建筑物荷载引起的相应点的附加应力。

② 预压荷载顶面的范围应不小于建筑物基础外缘的范围。

③ 加载速率应根据地基土的强度确定;当天然地基土的强度满足预压荷载下地基的稳定性要求时,可一次性加载;如不满足应分级逐渐加载,待前期预压荷载下地基土的强度增长满足下一级荷载下地基的稳定性要求时方可加载。

(8) 固结度。一级或多级等速加载条件下,当固结时间为 t 时,对应总荷载的地基平均固结度可按下式计算:

$$\overline{U}_t = \sum_{i=1}^{n} \frac{q_i}{\sum \Delta p} \Big[(T_i - T_{i-1}) - \frac{\alpha}{\beta} e^{-\beta t} (e^{\beta T_i} - e^{\beta T_{i-1}}) \tag{8-7}$$

式中，$\overline{U}_t$ 为 t 时间地基的平均固结度；q_i 为第 i 级荷载的加载速率，kPa/d；$\sum \Delta p$ 为各级荷载的累加值，kPa；T_i、T_{i-1} 分别为第 i 级荷载加载的起始和终止时间（从零点起算），(d)，当计算第 i 级荷载加载过程中某时间的固结度时，T_i 改为 t；α、β 为参数，根据地基土排水固结条件按表 8-8 采用。对竖井地基，表中所列 β 为不考虑涂抹和井阻影响的参数值。

表 8-8　α、β 参数

排水固结条件	α	β
竖向排水固结 $\overline{U}_z > 30\%$	$\dfrac{8}{\pi^2}$	$\dfrac{\pi^2 c_v}{4H^2}$
向内径向排水固结	1	$\dfrac{8c_h}{F_n d_e^2}$
竖向和向内径向排水固结（竖井穿透受压土层）	$\dfrac{8}{\pi^2}$	$\dfrac{8c_h}{F_n d_e^2} + \dfrac{\pi^2 c_v}{4H^2}$

$$F_n = \frac{n^2}{n^2 - 1} \ln n - \frac{3n^2 - 1}{4n^2}$$

式中，c_h 为土的径向排水固结系数，cm^2/s；c_v 为土的竖向排水固结系数，cm^2/s；H 为土层竖向排水距离，cm；$\overline{U}_z$ 为双面排水层或固结应力均匀分布的单面排水土层平均固结度。

当排水竖井采用挤土方式施工时，应考虑涂抹对土体固结的影响。

对排水竖井未穿透受压土层的情况，竖井范围内土层的平均固结度和竖井底面以下受压土层的平均固结度，以及通过预压完成的变形量均满足设计要求。

堆载预压处理地基设计的平均固结度不宜小于 90%，且应在现场监测的变形速率明显变缓时方可卸载。

(9) 强度增长。

计算预压荷载下饱和黏性土地基中某点的抗剪强度时，应考虑土体原来的固结状态。对正常固结饱和黏性土地基，某点某一时间的抗剪强度可按下式计算：

$$\tau_{ft} = \tau_{f0} + \Delta \sigma_z U_t \tan \varphi_{cu} \tag{8-8}$$

式中，τ_{ft} 为 t 时刻，该点土的抗剪强度，kPa；τ_{f0} 为地基土的天然抗剪强度，kPa；$\Delta \sigma_z$ 为预压荷载引起的该点的附加竖向应力，kPa；U_t 为该点土的固结度；φ_{cu} 为三轴固结不排水压缩试验求得的土的内摩擦角，°。

(10) 变形计算。预压荷载下地基最终竖向变形量的计算可取附加应力与土自重应力的比值为 0.1 的深度作为受压层的计算深度，可按式(8-9)计算：

$$s_f = \xi \sum_{i=1}^{n} \frac{e_{0i} - e_{1i}}{1 + e_{0i}} h_i \tag{8-9}$$

式中，s_f 为最终竖向变形量，m；e_{0i} 为第 i 层中点土自重应力所对应的孔隙比，由室内固结

试验 $e-p$ 曲线查得；e_{1i} 为第 i 层中点土自重应力与附加应力之和所对应的孔隙比，由室内固结试验 $e-p$ 曲线查得；h_i 为第 i 层土层厚度，m；ξ 为经验系数，可按地区经验确定。无经验时对正常固结饱和黏性土地基可取 $\xi=1.1\sim1.4$。荷载较大或地基软弱土层厚度较大时应取较大值。

（11）构造要求。

① 预压地基处理应在地表铺设与排水竖井相连的砂垫层，厚度不应小于 500 mm。砂垫层砂料宜用中粗砂，黏粒含量不宜大于 3%，砂料中可含有少量粒径大于 50 mm 的砾石；砂垫层的干密度应大于 1.5 g/cm³，渗透系数应大于 1×10^{-2} cm/s。

② 在预压区边缘应设置排水沟，在预压区内宜设置与砂垫层相连的排水盲沟，排水盲沟的间距不宜大于 20 m。

③ 砂井的砂料应选用中粗砂，其黏粒含量不应大于 3%。

（12）施工要点。

① 灌砂井砂中的含水量应加以控制，对饱和水的土层，砂可采用饱和状态；对非饱和土和杂填土，或能形成直立孔的土层，含水量可采用 7%～9%。

② 砂井的灌砂量，应按井孔的体积和砂在中密状态时的干密度计算，实际灌砂量不得小于计算值的 95%。

③ 采用锤击法沉桩管，管内砂子亦可用吊锤击实，或用空气压缩机向管内通气（气压为 0.4～0.5 MPa）压实。

④ 打砂井顺序应从外围或两侧向中间进行，如砂井间距较大可逐排进行。打砂井后基坑表层会产生松动隆起，应进行压实。

（13）质量检验。

① 排水竖井处理深度范围内和竖井底面以下受压土层，经预压所完成的竖向变形和平均固结度应满足设计要求。

② 应对预压的地基土进行原位和室内土工试验。

③ 原位试验可采用十字板剪切试验或静力触探，检验深度不应小于设计处理深度。原位试验和室内土工试验，应在卸载后 3～5 d 进行。检验数量按每个处理分区不少于 6点进行检测，对于堆载斜坡处应增加检验数量。

④ 预压处理后的地基承载力应按《建筑地基处理设计规范》确定。检验数量按每个处理分区不少于 3 点进行检测。

⑤ 堆载预压地基质量标准如表 8-9 所示。

表 8-9　预压地基和塑料排水带质量检验标准

项	序	检查项目	允许偏差或允许值		检查方法
			单位	数值	
主控项目	1	预压载荷	%	≤2	水准仪
	2	固结度（与设计要求比）	%	≤2	根据设计要求采用不同方法
	3	承载力或其他性能指标	设计要求		按规定方法

项目	序	检查项目	允许偏差或允许值		检查方法
			单位	数值	
一般项目	1	沉降速率(与控制值比)	％	±10	水准仪
	2	砂井或塑料排水带位置	mm	±100	用钢尺量
	3	砂井或塑料排水带插入深度	mm	±200	插入时用经纬仪检查
	4	插入塑料排水带时的回带长度	mm	≤500	用钢尺量
	5	塑料排水带或砂井高出砂垫层距离	mm	≥200	用钢尺量
	6	插入塑料排水带的回带根数	％	<5	目测

注:1. 本表适用于砂井堆载、袋装砂井堆载、塑料排水带堆载预压地基及真空预压地基的质量检验。

2. 砂井堆载、袋装砂井堆载预压地基无一般项中的4、5、6。

3. 如真空预压,主控中预压载荷的检查为真空度降低值<2％。

8.3.2 真空预压

(1)加固机理。真空预压法是以大气压力作为预压载荷,它是先在需加固的软土地基表面铺设一层透水砂垫层或沙砾层,再在其上覆盖一层不透气的塑料薄膜或橡胶布,四周密封好与大气隔绝,在砂垫层内埋设渗水管道,然后与真空泵连通进行抽气,使透水材料保持较高的真空度,在土的孔隙水中产生负的孔隙水压力,将土中孔隙水和空气逐渐吸出,从而使土体固结,如图8-6所示。对于渗透系数小的软黏土,为加速孔隙水的排出,也可在加固部位设置砂井、袋装砂井或塑料板等竖向排水系统。

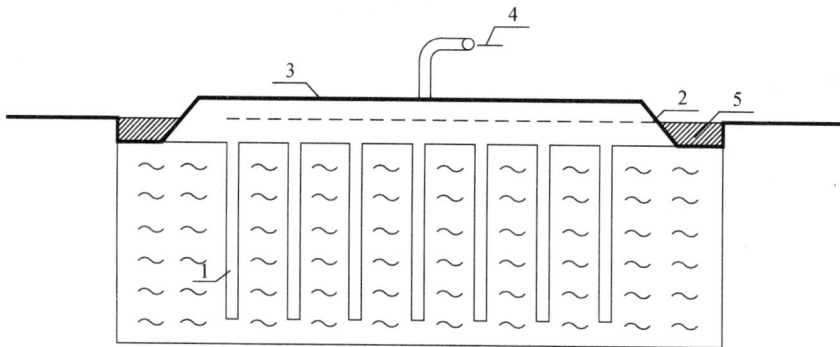

1-砂井 2-砂垫层 3-薄膜 4-抽水、气 5-黏土

图8-6 真空预压地基

(2)特点与适用范围。

真空预压法具有如下特点:

① 不需要大量堆载,可省去加载和卸载工序,节省大量原材料、能源和运输能力,缩短预压时间。

② 真空法所产生的负压使地基土的孔隙水加速排出,可缩短固结时间;同时由于孔隙水排出,渗流速度的增大,地下水位降低,由渗流力和降低水位引起的附加应力也随之

增大,提高了加固效果;且负压可通过管路送到任何场地,适应性强。

③ 孔隙渗流水的流向及渗流力引起的附加应力均指向被加固土体,土体在加固过程中的侧向变形很小,真空预压可一次加足,地基不会发生剪切破坏而引起地基失稳,可有效缩短总的排水固结时间。

④ 适用于超软黏性土以及边坡、码头、岸边等地基稳定性要求较高的工程地基加固,土愈软,加固效果愈明显。

⑤ 所用设备和施工工艺比较简单,无需大量的大型设备,便于大面积使用。

⑥ 无噪声、无振动、无污染,可作到文明施工。

⑦ 技术经济效果显著,根据国内在天津新港区的大面积实践,当真空度达到 600 mmHg,经 60 d 抽气,不少井区土的固结度都达到 80% 以上,地面沉降达 57 cm,同时能耗降低 1/3,工期缩短 2/3,比一般堆载预压降低造价 1/3。

真空预压法适于饱和均质黏性土及含薄层砂夹层的黏性土,特别适于新淤填土、超软土地基的加固。但不适于在加固范围内有足够的水源补给的透水土层,以及无法堆载的倾斜地面和施工场地狭窄的工程进行地基处理。

(3) 设计要点。

① 真空预压地基应设置排水竖井,排水竖井的间距同堆载预压地基;砂井的砂料应选用中粗砂,其渗透系数应大于 $1 \times 10-2$ cm/s;真空预压竖向排水通道宜穿透软土层,但不应进入下卧透水层。当软土层较厚且以地基抗滑稳定性控制的工程时,竖向排水通道时深度不应小于最危险滑动面下 2.0 m。对以变形控制的工程,竖井深度应根据限定的预压时间内需完成的变形量确定,且宜穿透主要受压土层。

② 真空预压区边缘应大于建筑物基础轮廓线,每边增加量不得小于 3.0 m。

③ 真空预压的膜下真空度应稳定地保持在 86.7 kPa(650 mmHg)以上,且应均匀分布,排水竖井深度范围内土层的平均固结度应大于 90%;对于表层存在良好的透气层或在处理范围内有充足水源补给的透水层,应采取有效措施隔断透气层或透水层;真空预压的膜下真空度应符合设计要求,且预压时间不宜低于 90 d。

④ 真空预压固结度和地基强度增长的计算同堆载预压地基。

⑤ 当建筑物的荷载超过真空预压的压力,且建筑物对地基变形有严格要求时,可采用真空—堆载联合预压法,其总压力宜超过建筑物的荷载。

⑥ 真空预压地基最终竖向变形同堆载预压地基,ξ 可按当地经验取值,无当地经验时,ξ 可取 1.0～1.3。

⑦ 真空预压地基可根据加固面积的大小、形状和土层结构特点,按每套设备可加固地基 1 000～1 500 m² 确定设备数量。

(4) 机具设备。

真空预压主要设备为真空泵,一般宜用射流真空泵(由射流箱及离心泵所组成)。射流箱规格为 $\phi48$ mm,效率应大于 96 kPa,离心泵型号为 3BA-9、$\phi50$ mm,每个加固区宜设两台泵为宜(每台射流真空泵的控制面积为 1 000 m²)。配套设备有集水罐、真空滤水管、真空管、止回阀、阀门、真空表、聚氯乙烯塑料薄膜等。滤水管采用钢管或塑料管材,应能承受足够的压力而不变形。滤水孔一般采用 $\phi8$ mm～$\phi10$ mm,间距 50 mm,梅花形布置,管上缠绕 3 mm 铁丝,间距 50 mm,外包尼龙窗纱布一层,最外面再包一层渗透性好的编织布或土工纤维或棕皮即成。其平面布置如图 8-7 所示。

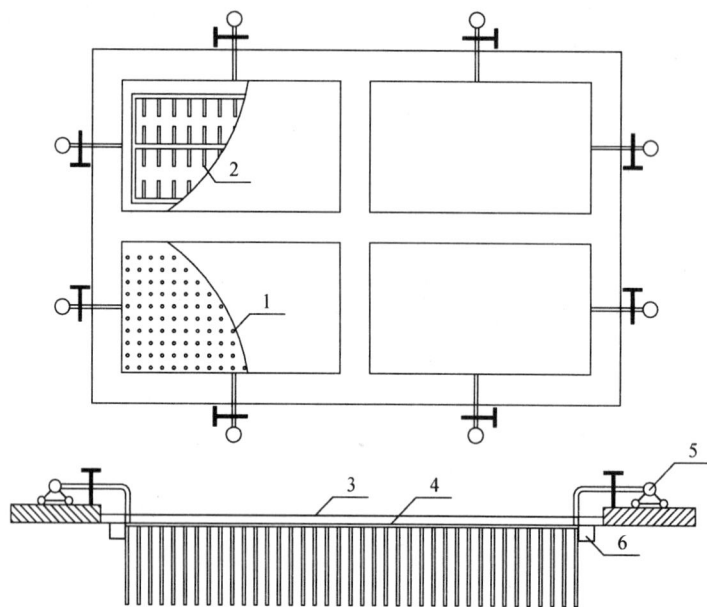

1-袋装砂井　2-膜下管道　3-封闭膜　4-砂垫层　5-真空装置　6-回填沟槽

图 8-7　真空预压工艺布置

(5) 施工要点。

① 工艺流程。真空预压法为保证在较短的时间内达到加固效果,一般与竖向排水井联合使用,其工艺布置如下:

地质调查→排水体设计→砂垫层施工→打设竖向排水体→观测设备埋设→埋设真空分布管→铺设密封膜→安装真空泵→抽真空→观测→效果检查。

② 竖向排水系统设置。同砂井(或袋装砂井、塑料排水带)堆载预压法。应先整平场地,设置排水通道,在软基表面铺设砂垫层或在土层中再加设砂井(或埋设袋装砂井、塑料排水带),再设置抽真空装置及膜内外管道。

③ 水平分布滤管的埋设。砂垫层中水平分布滤管的埋设,一般宜采用条形或鱼刺形,如图 8-8 所示,铺设距离要适当,使真空度分布均匀,管上部应覆盖 100~200 mm 厚的砂层。

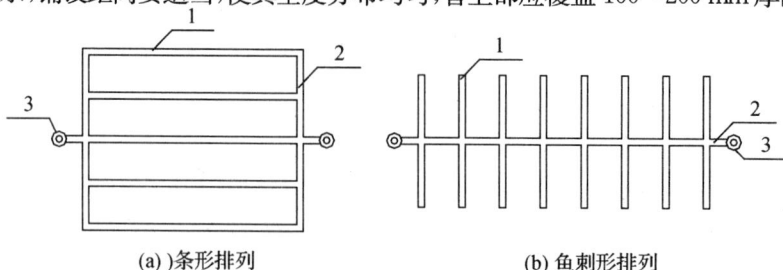

(a))条形排列　　　　　　　　　(b) 鱼刺形排列

1-真空压力分布管　2-集水管　3-出膜口

图 8-8　真空分布管排列示意图

④ 密封薄膜。砂垫层上密封薄膜,一般采用2～3层聚氯乙烯薄膜,应按先后顺序同时铺设,并在加固区四周,在离基坑线外缘2 m开挖深0.8～0.9 m的沟槽,将薄膜的周边放入沟槽内,用黏土或粉质黏土回填压实,要求气密性好,密封不漏气,或采用板桩覆水封闭,如图8-9所示,而以膜上全面覆水较好,既密封好又减缓薄膜的老化。

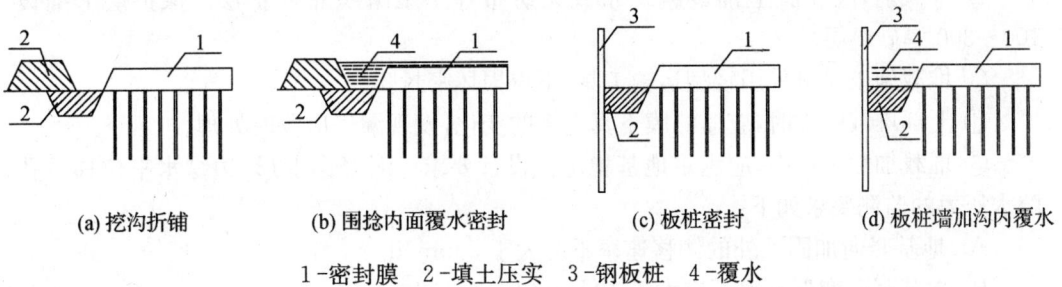

(a) 挖沟折铺　　(b) 围捻内面覆水密封　　(c) 板桩密封　　(d) 板桩墙加沟内覆水

1-密封膜　2-填土压实　3-钢板桩　4-覆水

图8-9　薄膜周边密封方法

⑤ 分区预压。当面积较大,宜分区预压,区与区间隔距离以2～6 m为佳。

⑥ 现场测试。做好真空度、地面沉降量、深层沉降、水平位移、孔隙水压力和地下水位的现场测试工作,掌握变化情况,作为检验和评价预压效果的依据。并随时分析,如发现异常,应及时采取措施,以免影响最终加固效果。

⑦收尾。真空预压结束后,应清除砂槽和腐殖土层,避免在地基内形成水平渗水暗道。

(6) 质量检验。

对真空预压、真空和堆载联合预压工程,除应进行地基变形、孔隙水压力监测外,尚应进行膜下真空度和地下水位监测。其他检验同普通砂井,质量标准见表8-9所示。

8.3.3　真空和堆载联合预压

(1) 适用范围。

当建筑物的荷载超过真空预压的压力,或建筑物对地基变形有严格要求时,可采用真空和堆载联合预压,其总压力宜超过建筑物的竖向荷载。

当设计地基预压荷载大于80 kPa,且进行真空预压处理地基不能满足设计要求时可采取真空和堆载联合预压地基处理。

(2) 设计要点。

① 堆载体的披肩线宜与真空预压边线一致。

② 对于一般软黏土,上部堆载施工宜在真空预压膜下真空度稳定地达到86.7 kPa(650 mmHg)且抽真空时间不少于10 d后进行。对于高含水量的淤泥类土,上部堆载施工宜在真空预压膜下真空度稳定地达到86.7 kPa(650 mmHg)且抽真空时间不少于20～30 d后进行。

③ 当堆载较大时,真空和堆载联合预压应采用分级加载,分级数应根据地基土稳定计算确定。分级加载时,应待前期预压荷载下地基的承载力增长满足下一级荷载下地基的稳定性要求时,方可增加堆载。

④ 真空和堆载联合预压时地基固结度、地基承载力增长、最终竖向变形可按前述堆

载预压地基的方法计算,ξ 可按当地经验取值,无当地经验时,ξ 可取 1.0～1.3。

（3）施工要点。

① 采用真空—堆载联合预压时,先进行抽真空,当真空压力达到设计要求并稳定后,再进行堆载,并继续抽气,堆载时需在膜上铺设土工编织布等保护材料。

② 堆载前,应在膜上铺设编织布或无纺布等土工编织布保护层。保护层上铺设 100～300 厚砂垫层。

③ 堆载施工时可采用轻型运输工具,不得损坏密封膜。

④ 上部堆载施工时,应监测膜下真空度的变化,发现漏气应及时处理。

⑤ 堆载加载过程中,应满足地基稳定性设计要求。对竖向变形、边缘水平位移及孔隙水压力的监测要求如下:

A. 地基竖向加固区外的侧移速率不应大于 5 mm/d。

B. 地基竖向变形速率不应大于 10 mm/d。

C. 根据上述观察资料综合分析、判断地基的稳定性。

（4）质量检验。

同真空预压地基。

8.4　强夯法

强夯法是用起重机械将大吨位夯锤起吊到一定高度后,自由落下,给地基土以强大的冲击能量的夯击,使土中出现冲击波和很大的冲击应力,迫使土层孔隙压缩,土体局部液化,在夯击点周围产生裂隙,形成良好的排水通道,孔隙水和气体逸出,使土料重新排列,经时效压密达到固结,从而提高地基承载力,降低其压缩性的一种有效的地基加固方法,也是我国目前最为常用和最经济的深层地基处理方法之一。

8.4.1　强夯主要机具设备

1. 夯锤

用钢板作外壳,内部焊接钢筋骨架后浇筑混凝土或用钢板做成组合夯锤。锤重一般 10～60 t。夯锤底面有圆形和方形,圆形应用较广;锤底面积宜按土的性质或锤重确定。锤底静压力可取 25～80 kPa。对于细颗粒土取小值,粗颗粒土选用大值。夯锤中宜设 4～6 个直径 300～400 mm 或上下贯通的排气孔,以利夯击时空气排出和减小坑底吸力。

2. 起重设备

多采用带有自动脱钩装置的履带式起重机。也可用专用三角起重架和龙门架作起重设备。采用履带式起重机时,可在臂端设置辅助门架或采取其他安全措施,防止落锤时机架倾覆。

3. 脱钩装置

脱钩装置要求有足够的强度,使用灵活,脱钩快速、安全。常用的工地自制自动脱钩器由钢板焊接而成,由吊环、耳板、销环、吊钩等组成。

8.4.2 施工技术参数

(1) 强夯法有效加固深度是反映处理效果的重要参数,应根据现场试夯确定。

(2) 单位夯击能是影响夯击能和加固深度的重要因素。锤重 M 与落距 h 的乘积称为单击夯击能。单位面积上所施加的总夯击能称为单位夯击能。夯击能过小,加固效果差;夯击能过大,既浪费能源,对饱和黏性土又会形成橡皮土,降低强度。其大小一般根据现场试夯确定。

(3) 夯击点位置一般采用等边(等腰)三角形(梅花形)或正方形。第一遍夯击点间距可取夯锤直径的 2～3 倍,第二遍夯击点间距位于第一遍夯击点之间,以后各遍夯击点可适当减小。对于加固土层厚、土质差、透水性弱、含水率高的黏性土,夯点间距宜大,加固土层薄、透水性强、含水量低的砂质土,间距宜小。

(4) 夯击遍数应根据土的性质确定。一般情况采用点夯 2～4 遍,最后再以低能量满夯 2 遍。满夯可采用轻锤或低落距锤多次夯击。锤印搭接。点夯一般为 3～10 击。开始两遍击数宜多些,以后各遍逐渐减小,最后一遍锤击数为 2～4 击。

(5) 两遍夯击之间应有一定的时间间隔,间隔时间取决于土中超静孔隙水压力的消散时间。当缺少实测资料时,可根据土的渗透性确定。渗透性较差的对黏性土不少于2～4 周;渗透性好的地基可连续夯击。

(6) 强夯处理范围应大于建筑物基础范围,每边超出基础外缘的宽度宜为设计处理深度的 1/2～2/3,并且不小于 3 m。对可液化地基基础边缘的处理宽度不应小于 5 m。湿陷性黄土应符合有关规范规定。

8.4.3 施工工艺方法要点

(1) 强夯法施工工艺流程如下:场地平整→布置夯点→机械就位→夯锤起吊至预定高度→夯锤自由下落→按设计要求重复夯击→低能量夯实表层松土→验收。

(2) 强夯时,首先应检验夯锤是否处于中心,若有偏心时,应采取在锤边焊钢板或增减混凝土等办法使其平衡,防止夯坑倾斜。夯击时,落锤应保持平稳,夯位正确。如错位或坑底倾斜度过大,应及时用砂土将坑整平,予以补夯后方可进行下一道工序。每夯击一遍后,应测量场地平均下沉量,然后用土将夯坑填平,方可进行下一遍夯实,施工平均下沉量必须符合设计要求。

(3) 强夯前应平整场地,周围做好排水沟,按夯点布置测量放线确定夯位。地下水位较高时,应在表面铺 0.5～2.0 m 中(粗)砂或砂砾石、碎石垫层,以防设备下陷和便于消散强夯产生的孔隙水压,或采取降低地下水位后再强夯。

(4) 强夯应分段进行,顺序从边缘夯向中央,如图 8-10 所示。对厂房柱基亦可一排一排夯,起重机直线行驶,从一边向另一边进行,每夯完一遍,用推土机整平场地,放线定位即可接着进行下一遍夯击。

(5) 强夯法的加固顺序是:先深后浅,即先加固深层土,再加固中层土,最后加固表层土。最后一遍夯完后,再以低能量满夯一遍,如有条件以采用小夯锤夯击为佳。

(6) 雨季填土区强夯,应在场地四周设排水沟、截洪沟,防止雨水流入场内;填土应使中间稍高;土料含水率应符合要求;认真分层回填,分层推平、碾压,并使表面保持 1‰～2‰ 的排水坡度;当班填土当班推平压实;雨后抓紧排除积水,推掉表面稀泥和软土,再碾压;夯后夯坑立即推平、压实,使高于四周。

16	13	10	7	4	1
17	14	11	8	5	2
18	15	12	9	6	3
18′	15′	12′	9′	6′	3′
17′	14′	11′	8′	5′	2′
16′	13′	10′	7′	4′	1′

图 8-10 强夯顺序

(7) 冬期施工应清除地表的冻土层再强夯,夯击次数要适当增加,如有硬壳层,要适当增加夯次或提高夯击功能。

(8) 做好施工过程中的监测和记录工作,包括检查夯锤重和落距,对夯点放线进行复核,检查夯坑位置,按要求检查每个夯点的夯击次数和每击的夯沉量等,并对各项参数及施工情况进行详细记录,作为质量控制的根据。

(9) 夯击点宜距现有建筑物 15 m 以上,否则,可在夯点与建筑物之间开挖隔振沟带,其沟深要超过建筑物的基础深度,并有足够的长度,或把强夯场地包围起来。

8.4.4 质量验收与质量检查

(1) 强夯地基质量检验标准如表 8-10 所示。

表 8-10 强夯地基质量检验标准

项	序	检查项目	允许偏差或允许值		检查方法
			单位	数值	
主控项目	1	地基强度	设计要求		按规定方法
	2	地基承载力	设计要求		按规定方法
一般项目	1	夯锤落距	mm	±300	钢索设标志
	2	锤重	kg	±100	称重
	3	夯击遍数及顺序	设计要求		计数法
	4	夯点间距	mm	±500	用钢尺量
	5	夯击范围(超出基础范围距离)	设计要求		用钢尺量
	6	前后两遍间歇时间	设计要求		

(2) 质量检查。

① 施工前应检查夯锤重量、尺寸、落锤控制手段、排水设施及被夯地基的土质。

② 施工中应检查落距、夯击遍数、夯点位置、夯击范围。

③ 施工结束后,检查被夯地基的强度并进行承载力检验。

强夯后的地基承载力检测,应在施工结束后一定时间进行。对承载力检验,应在施工结束后间隔一定时间方能进行,对于碎石土和砂土地基,间隔时间宜为 7～14 d;粉土和黏性土宜为 14～28 d。强夯置换间隔时间宜为 28 d。检查点数量同灰土地基要求。

8.4.5　强夯处理地基的设计要点

（1）有效加固深度。强夯法的有效加固深度应根据现场试夯或当地经验确定。也可用下式估算：

$$H = \sqrt{Mh} \qquad (8-10)$$

式中，H 为有效加固深度，m；W 为夯锤质量，t；h 为落距，m。

有效加固深度在缺少试验资料或经验时可按表 8-11 预估。

表 8-11　强夯的有效加固深度 H　　　　　　　　　　单位：m

单击夯击能/kN·m	碎石土、砂土等粗颗粒土	粉土、粉质黏土、湿陷性黄土等细颗粒土	单击夯击能/kN·m	碎石土、砂土等粗颗粒土	粉土、粉质黏土、湿陷性黄土等细颗粒土
1 000	4.0～5.0	3.0～4.0	2 000	5.0～6.0	4.0～5.0
3 000	6.0～7.0	5.0～6.0	4 000	7.0～8.0	6.0～7.0
5 000	8.0～8.5	7.0～7.5	6 000	8.5～9.0	7.5～8.0
8 000	9.0～9.5	8.0～8.5	10 000	9.5～10.0	8.5～9.0
12 000	10.0～11.0	9.0～10.0			

注：强夯法的有效加固深度应从最初起夯面算起。单击夯击能 E 大于 12 000 kN·m 时，强夯的有效加固深度应通过试验确定。

（2）夯击次数。夯点的夯击次数，应按现场试夯的夯击次数和夯沉量关系曲线确定，并应同时满足下列条件：

① 最后两击的平均夯沉量，宜满足表 8-12 的要求，当单击夯击能 E 大于 12 000 kN·m 时，应通过试验确定。

表 8-12　强夯法最后两击平均夯沉量　　　　　　　　　　单位：mm

单击夯击能 E/kN·m	最后两击平均夯沉量不大于	单击夯击能 E/kN·m	最后两击平均夯沉量不大于
$E < 4\,000$	50	$4\,000 \leqslant E < 6\,000$	100
$6\,000 \leqslant E < 8\,000$	150	$8\,000 \leqslant E < 12\,000$	200

② 夯坑周围地面不应发生过大的隆起。

③ 不因夯坑过深而发生提锤困难。

（3）夯击遍数。夯击遍数应根据地基土的性质确定，可采用点夯 2～4 遍，对于渗透性较差的细颗粒土，应适当增加夯击遍数；最后以低能量满夯 2 遍，满夯可采用轻锤或低落距锤多次夯击，锤印搭接。

（4）时间间隔。两遍夯击之间，应有一定的时间间隔，间隔时间取决于土中超静孔隙水压力的消散时间。当缺少实测资料时，可根据地基土的渗透性确定，对于渗透性较差的黏性土地基，间隔时间不应少于 2～3 周；对于渗透性好的地基可连续夯击。

（5）夯击点布置。夯击点位置可根据基础底面形状,采用等边三角形、等腰三角形或正方形布置。对于办公楼、住宅等建筑可根据承重墙位置布置夯点,宜保证横墙及纵横墙交接处墙基下均有夯击点;对工业厂房可按柱网来布置夯击点。

第一遍夯击点间距可取夯锤直径的 2.5~3.5 倍,第二遍夯击点位于第一遍夯击点之间。以后各遍夯击点间距可适当减小。细颗粒土的击点间距不宜过小,对处理深度较深或单击夯击能较大的工程,第一遍夯击点间距宜适当增大。

（6）强夯处理范围。强夯处理范围应大于建筑物基础范围,每边超出基础外缘的宽度宜为基底下设计处理深度的 1/2 至 2/3,并不宜小于 3 m;对可液化地基,基础边缘的处理宽度,不应小于 5 m;对湿陷性黄土地基,应符合现行国家标准《湿陷性黄土地区建筑规定》(GB 50025—2004)的有关规定。

（7）现场试夯。根据初步确定的强夯参数,提出强夯试验方案,进行现场试夯。

试夯结束一周至数周后,对试夯场地进行检测,并与夯前测试数据进行对比,检验强夯效果,确定工程采用的各项强夯参数。

根据基础埋深和试夯时所测得的夯沉量,确定起夯面标高、夯坑回填方式和夯后标高。

（8）承载力与变形。强夯地基承载力特征值应通过现场载荷试验确定。

强夯地基变形计算应符合现行国家标准《建筑地基基础设计规范》(GB 50007—2011)有关规定确定。夯后有效加固深度内土的压缩模量应通过原位测试或土工试验确定。

8.5 挤密法和振冲法

8.5.1 挤密法和振冲法作用机理

在砂土中通过机械振动挤压或加水振动可以使土密实。挤密法和振冲法就是利用这个原理发展起来的两种地基加固方法。

（1）挤密法的加固机理。挤密法是以振动或冲击的方法成孔,然后在孔中填入砂、石、土、石灰或其他材料,并加以捣实成为桩体。按其填入材料的不同分别称为砂桩、砂石桩、石灰桩等。挤密法的加固机理在砂土中主要靠桩管打入地基中,对土产生横向挤密作用,在一定挤密功能作用下,土粒彼此移动,小颗粒填入大颗粒空隙,颗粒间彼此靠近,空隙减少,使土密实,地基土的强度得到增强。在黏性土中,由于桩体本身具有较大的强度和变形模量,桩的断面也较大,故桩体与土组成复合地基,共同承担建筑物荷载。

挤密桩主要适用于处理松软砂类土、素填土、杂填土、湿陷性黄土等,将土挤密或消除湿陷性,其效果是显著的。

（2）振冲法的加固机理。振冲法是利用一个振冲器,在高压水流的振动下,在黏性土中成孔,在孔中填入碎石制成一根根的桩体,这样的桩体和原来的土构成比原来抗剪强度高和压缩性小的复合地基。

振冲作用在砂土中和黏性土中是不同的。在砂土中,振冲器对土施加水平振动和侧向挤压作用,使土的孔隙水压力逐渐增大。土粒便向低势能位置转移,土体由松变密。

当孔隙水压力增大到大于主应力值时,土体液化、加密。所以振冲对砂土的作用主要是振动和密实振动液化,然后随着孔隙水消散固结,砂土挤密。振动液化与振动加速度有关,而振动加速度又随着离振冲器的距离增大而衰减。因此,把振冲器的影响范围从振冲器壁向外,按加速度的大小划分为液化区、过渡区和压密区。压密区外无加固效果。

一般来说过渡区和压密区愈大,加固效果愈好。根据工程实践的结果,砂土加固的效果取决于土的性质(砂土的密度、颗粒的大小、形状、级配、比重、渗透性和上覆压力等)和振冲器的性能(如偏心力、振动频率、振幅和振动历时)。土的平均有效粒径为 0.2~2.0 mm 时加密的效果较好;颗粒较粗易产生较大的液化区,振冲加固的效果较差。

所以对于颗粒较细的砂土地基,需在振冲孔中添加碎石形成碎石桩,才能获得较好的加密效果。

8.5.2 设计和计算要点

根据使用材料不同,有土或灰土挤密桩法、砂石挤密桩法等,下面分别简单介绍其设计和计算要点。

(1) 振冲法设计要点。振冲法加固处理范围应根据建筑物的重要性和场地条件确定,通常大于基底面积。

对于一般地基,在基础外缘宜扩大 1~2 排桩;对可液化地基,在基础外缘应扩大 2~4 排桩。

桩位的布置,对大面积满堂处理宜采用等边三角形布置;对独立或条形基础,宜采用正方形、矩形或等腰三角形布置。桩的间距应根据荷载大小和原土的抗剪强度确定,可用 1.5~2.5 m。荷载大或原土强度低时,宜取较小的间距;反之,宜取较大的间距。对桩端未达相对硬层的短桩,应取小间距。

桩长的确定,当相对硬层的埋藏深度不大时,应按相对硬层埋藏深度确定;当相对硬层的埋藏深度较大时,应按建筑物地基变形允许值确定。桩长不宜短于 4 m。在可液化的地基中,桩长应按要求的抗震处理深度确定。

在桩顶部应铺设一层 200~500 mm 厚的碎石垫层。

桩体材料可用含泥量不大的碎石、卵石、角砾、圆砾等硬质材料。材料的最大粒径不宜大于 80 mm。对于碎石常用的粒径为 20~50 mm。桩的直径可按每根桩所用的填材料量计算,常为 0.8~1.2 m。

振冲置换后的复合地基的承载力特征值应按现场复合地基载荷试验确定,也可按单桩和桩间土的载荷试验结果,由下式确定:

$$f_{spk} = mf_{pk} + (1-m)f_{sk} \qquad (8-11)$$

式中,f_{spk} 为复合地基的承载力特征值,kPa;f_{pk} 为桩体单位截面积承载力特征值,kPa;f_{sk} 为桩间土的承载力标准值,kPa;m 为面积置换率。

$$m = \frac{d^2}{d_e^2}$$

式中,d 为桩的直径,m;d_e 为等效影响圆的直径,m。

对于等边三角形布置 $$d_e = 1.05s \tag{8-12}$$

对于正方形布置 $$d_e = 1.13s \tag{8-13}$$

对于矩形布置 $$d_e = 1.13\sqrt{s_1 s_2} \tag{8-14}$$

式中,s,s_1,s_2 分别为桩的间距、纵向间距和横向间距,m。

对于小型工程的黏性土地基如无现场载荷试验资料,复合地基的承载力特征值可按下式计算:

$$f_{spk} = [1 + m(n-1)]f_{sk} \tag{8-15}$$

或 $$f_{spk} = [1 + m(n-1)](3s_v) \tag{8-16}$$

式中,n 为桩土应力比。无实测资料时可取 2～4,原土强度低取大值,原土强度高取小值;s_v 为桩间土的十字板抗剪强度,也可用处理前地基土的十字板抗剪强度代替。

式(8-15)中的桩间土承载力特征值 f_{sk} 可用处理前地基土的承载力标准值代替。

地基在处理后的变形讠算应按国家标准《建筑地越基础设计规范》的有关规定执行。复合地基的压缩模量可按下式计算:

$$E_{sp} = [1 + m(n-1)]E_s \tag{8-17}$$

式中,E_{sp} 为复合地基土层的压缩模量,MPa;E_s 为桩间土的压缩模量,MPa。

式(8-17)中的桩土应力比在无实测资料时,对黏性土可取 2～4,对粉土可取 1.5～3,原土强度低取大值,原土强度高取小值。

(2) 砂石挤密桩设计要点。砂石挤密桩加固地基宽度应超出基础的宽度,每边放宽不应少于 1～3 排;砂石桩用于防止砂层液化时,每边放宽不宜小于处理深度的 1/2,且不应小于 5 m。当可液化土层上覆盖有厚度大于 3 m 的非液化层时,每边放宽不宜小于液化层厚度的 1/2,且不应小于 3 m。

砂石挤密桩孔位宜采用等边三角形或正方形布置。砂石挤密桩的直径应根据地基土质情况和成桩设备等因素确定,一般可采用 300～800 mm。对于饱和黏性土地区宜选用较大的直径。

砂石挤密桩的间距应通过现场试验确定,但不宜大于砂石桩直径的 4 倍。在有经验的地区,砂石挤密桩的间距也可按下述方法计算:

① 松散砂土地基。

等边三角形布置 $$s = 0.95\xi d\sqrt{\frac{1+e_0}{e_0-e_1}} \tag{8-18a}$$

正方形布置 $$s = 0.90\xi d\sqrt{\frac{1+e_0}{e_0-e_1}} \tag{8-18b}$$

$$e_1 = e_{max} - D_r(e_{max} - e_{min}) \tag{8-18c}$$

式中，s 为砂石挤密桩间距，m；d 为砂石挤密桩直径，m；ξ 为修正系数。当考虑振动下沉密实作用时，可取 $1.1\sim1.2$；不考虑振动下沉密实作用时，可取 1.0；e_0 为地基处理前砂土的孔隙比，可按原状土样试验确定；e_1 为地基挤密后要求达到的孔隙比；e_{max}，e_{min} 分别为砂土的最大、最小孔隙比，可按国家标准《土工试验方法标准》的有关规定确定；D_r 为地基挤密后要求砂土达到的相对密度，可取 $0.70\sim0.85$。

② 黏性土地基。

等边三角形布置

$$s = 1.08\sqrt{A_e} \tag{8-19a}$$

正方形布置

$$s = \sqrt{A_e} \tag{8-19b}$$

式中，A_e 为每根砂石挤密桩承担的处理面积：

$$A_e = \frac{A_P}{m} \tag{8-19c}$$

式中，A_P 为砂石挤密桩的截面积，m^2；m 为面积置换率。

砂石挤密桩的长度，当地基中的松软土层厚度不大时，砂石桩宜穿过松软土层；当松软土层厚度较大时，桩长应根据建筑地基的允许变形值确定。对可穿透可液化层，或按国家标准《建筑抗震设计规范》的有关规定执行

砂石挤密桩孔内充填的砂石量可按下式计算：

$$s = \frac{A_P l d_s}{1+e_1}(1+1.01\omega) \tag{8-20}$$

式中，s 为充填砂石重量，10 kN；A_P 为砂石挤密桩的截面积，m^2；l 为桩长，m；d_s 为砂石料的相对密度；ω 为砂石料的含水量。

桩孔内填料宜用砾砂、粗砂、中砂、圆砾、角砾、卵石、碎石等。填料中含泥量不得大于5%，且不宜含有大于 50 mm 的颗粒。

砂石挤密桩复合地基的承载力特征值，应按复合地基载荷试验确定，也可通过下列方法确定：

A. 对砂石挤密桩复合地基，可用单桩和桩间土的载荷试验公式计算；

B. 对于砂桩处理的砂土地基，可根据挤密后砂土的密实状态，按国家标准《建筑地基基础设计规范》的有关规定确定。

砂石挤密桩复合地基的变形计算，可按《建筑地基基础设计规范》有关规定进行。

8.5.3 施工

(1)振冲法。振冲施工通常可用功率为 20 kW 的振冲器。在既有建(构)筑物邻近施工时，宜用功率较小的振冲器。升降振冲器的机具可用起重机、自行井架式施工平车或其他合适的机具设备。

振冲施工可按下列步骤进行：

① 清理平整施工场地，布置桩位；

② 施工机具就位，使振冲器对准桩位；

③ 启动水泵和振冲器，水压可用 400～600 kPa，水量可用 200～400 L/min，使振冲器徐徐沉入土中，直至达到设计处理深度以上 0.3～0.5 m，记录振冲器经各深度的电流值和时间，提升振冲器至孔口；

④ 重复上一步骤 1～2 次，使孔内泥浆变稀，然后将振冲器提出孔口；

⑤ 向孔内倒入一批填料，将振冲器沉入填料中进行振密，此时电流随填料的密实而逐渐增大，电流必须超过规定的密实电流，若达不到规定值，应向孔内继续加填料，振密，记录这一深度的最终电流量和填料量；

⑥ 将振冲器提出孔口，继续制作上部的桩段；

⑦ 重复步骤⑤、⑥，自下而上地制作桩体，直至孔口；

⑧ 关闭振冲器和水泵。

施工过程中，各段桩体均应符合密实电流、填料量和留振时间三方面的规定。这些规定应通过现场成桩试验确定。在施工场地上应事先开设排泥水沟系统，将成桩过程中产生的泥水集中引入沉淀池。定期将沉淀池底部的厚泥浆挖出运送至预先安排的存放地点。沉淀池上部较清的水可重复使用。

应将桩顶部的松散桩体挖除，或用碾压等方法使之密实，随后铺设并压实垫层。

（2）砂石桩法。振冲施工可采用振动沉管、锤击沉管或冲击成孔等成桩法。当用于消除粉细砂及粉土液化时，宜用振动沉管成桩法。

振动沉管成桩施工应根据沉管和挤密情况，控制填砂石量、提升高度和速度、挤压次数和时间、电机的工作电流等。

施工前应进行成桩工艺和成桩挤密试验，当成桩质量不能满足设计要求时，应在调整设计与施工有关参数后，重新进行试验或改变设计。

锤击沉管成桩法施工可采用单管法或双管法。锤击法挤密应根据锤击的能量，控制分段的填砂石量和成桩的长度。

砂石桩的施工顺序：对砂石地基宜从外围或两侧向中间进行，对黏性土地基宜从中间向外围或间排施工；在既有建（构）筑物邻近施工时，应背离建（构）筑物方向进行。

8.6 化学加固法

化学加固法指的是采用化学浆液灌入或喷入土中，使土体固结以加固地基的处理方法。这类方法加固土体的原理是，在土中灌入或喷入化学浆液，使土粒胶结成固体，以提高土体强度，减小其压缩性和加强其稳定性。

本节主要介绍几种常用的化学加固方法。

8.6.1　灌浆法

灌浆法是利用液压、气压或电化法,通过注浆管把化学浆液注入土的孔隙中,以填充、渗透、挤密等方式,替代土颗粒间孔隙或岩石裂隙中的水和气。经一定时间硬化后,松散的土粒结成整体。目前工程上采用的化学浆液主要是水泥系浆液。水泥系浆液是指以水泥为主要原料,根据需要加入稳定剂、减水剂或早强剂等外加剂组成的复合型浆液。因其价格低廉、不具毒性而得到广泛采用。

灌浆法加固地基的目的主要有以下几个方面:

(1) 防渗。增加地基的不透水性。常用于防止流沙、钢板桩渗水、坝基及其他结构漏水、隧道开挖时涌水等。

(2) 加固。提高地基土的强度和变形模量,固化地基和提高土体的整体性,常用于地基基础事故的加固处理。

(3) 托换。常用于建筑物基础下的注浆式托换。

水泥浆液一般都采用普通硅酸盐水泥为主剂,水灰比一般为 0.6～2.0,常用的水灰比是 1:1。为了调节水泥浆的性能,有时可加入速凝剂、缓凝剂、流动剂、膨胀剂等附加剂。常用速凝剂有 Na_2SiO_4(水玻璃)和 $CaCl_2$,其用量约为水泥重量的 1%～2%;缓凝剂有木质磺酸钙和酒石酸,其用量约为水泥用量的 0.2%～0.5%;木质磺酸钙还有流动剂的作用;膨胀剂常用铝粉,其用量为水泥重量的 0.005%～0.02%。水泥浆可采用加压或无压灌注。

灌浆法常采用的另一种主剂为 Na_2SiO_4(水玻璃),通过下端带孔的管子,利用一定的压力将浆液注入渗透性较大的土中(渗透系数 $k=0.1\sim80$ m/d),使土中的硅酸盐达到饱和状态。硅酸盐在土中分解形成的凝胶,把土颗粒胶结起来,形成固态的胶结物。也可在不同的注浆管中分别注入水玻璃和氯化钙($CaCl_2$)溶液。两者在土中产生化学反应而形成硅胶等物质(又称为双液硅化法)。渗透性小的黏性土(<0.1 m/d),在一般的压力下难以注入浆液,应采用电动硅化法。即将所使用的金属注浆管兼作电极,在注浆过程中同时通电,使孔隙水由阳极流向阴极,化学溶液也随之流入土孔隙中起胶结作用。

经过硅化法或电动硅化法处理后的地基土,可提高强度 20%～25%;其承载力宜通过现场静载荷试验确定。

8.6.2　高压喷射注浆法

高压喷射注浆法是指利用特制的机具向土层中喷射浆液,与破坏的土混合或拌和使地基土层固化。高压喷射注浆法是利用钻机把带有特殊喷嘴的注浆管钻进至设计的土层深度,以高压设备使浆液形成压力为 20 MPa 左右的射流从喷嘴中喷射出来冲击破坏土体,使土粒从土体剥落下来与浆液搅拌混合,经凝结固化后形成加固体。加固体的形状与注浆管的提升速度和喷射流方向有关。一般分为旋转喷射(简称旋喷)、定向喷射(简称定喷)和摆动喷射(简称摆喷)三种注入浆形式。旋喷时,喷嘴边喷射边旋转和提升,可形成圆柱状加固体(又称为旋喷桩)。定喷时,喷嘴边喷射边提升而且喷射方向固定不变,可形成墙板状加固体。摆喷时喷嘴边喷射边摆动一定角度和提升,可形成扇形状加固体。

高压喷射法的施工机具,主要由钻机和高压发生设备两部分组成。高压发生设备是高压泥浆泵和高压水泵,另外还有空气压缩机、泥浆搅拌机等。根据工程需要和机具设备条件可分别采用单管法、二重管法和三管法。单管法只喷射水泥浆,可形成直径为 0.6～1.2 m 的圆柱形加固体;二重管法则为同轴复合喷射高压水泥浆和压缩空气两种介质,可形成直径为 0.8～1.6 m 旳桩体;三重管法则为同轴复合喷射高压水、压缩空气和水泥浆液三种介质,形成的桩径可达 1.2～2.2 m。

高压喷射注浆法适用于处理淤泥、淤泥质土、流塑、软塑或可塑黏性土、粉土、砂土、黄土、素填土和碎石土等地基。当土中含有较多的大粒径块石、坚硬黏性土、大量植物根茎或有过多的有机质时,应根据现场试验结果确定。

高压喷射注浆法可用于既有建筑和新建建筑的地基处理、深基坑侧壁挡土或挡水、基坑底部加固、防止管涌与隆起、坝的加固与防水帷幕等工程。对地下水流速过大和已涌水的工程,应慎重使用。

在制订高压喷射注浆方案时,应掌握场地的工程地质、水文地质和建筑结构设计资料等。对既有建筑尚应搜集竣工和现状观测资料、邻近建筑和地下埋设物等资料。

高压喷射注浆方案确定后,应进行现场试验、试验性施工或根据工程经验确定施工参数及工艺。

高压喷射注浆法的特点是:

(1) 能够比较均匀地加固透水性很小的细粒土,成为复合地基,可提高其承载力,降低压缩性;

(2) 可控制加固体的形状,形成连续墙可防止渗漏和流沙;

(3) 施工设备简单、灵活,能在室内或洞内净高很小的条件下对土层深部进行加固;

(4) 不污染环境,无公害。

高压旋喷桩加固处理的地基,按复合地基设计。旋喷桩的强度和直径,应通过现场试验确定。当无现场试验资料时,亦可参照相似土质条件下其他旋喷工程的经验。

旋喷桩复合地基承载力特征值应通过现场复合地基载荷试验确定。也可按规范提供的公式计算且结合当地与其土质相近工程的经验确定。

高压喷射注浆的施工工序为:机具就位、贯入注浆管、喷射注浆、拔管及冲洗等。钻机与高压注浆泵的距离不宜过远。钻孔的位置与设计位置的偏差不得大于 50 mm。

当注浆管贯入土中,喷嘴达到设计标高时,即可喷射注浆。在喷射注浆参数达到规定值后,随即分别按旋喷、定喷或摆喷的工艺要求,提升注浆管,由下而上喷射注浆。注浆管分段提升的搭接长度不得小于 100 mm。

对需要扩大加固范围或提高强度的工程,可采取复喷措施。在高压喷射注浆过程中出现压力骤然下降、上升或大量冒浆等异常情况时,应查明产生的原因并及时采取措施。当高压喷射注浆完毕,应迅速拔出注浆管。为防止浆液凝固收缩影响桩顶高程,必要时可在原孔位采用冒浆回灌或第二次注浆等措施。

当处理既有建筑地基时,应采取速凝浆液或大间距隔孔旋喷和冒浆回灌等措施,以防旋喷过程中地基产生附加变形和地基与基础间出现脱空现象,影响被加固建筑及邻近建筑。同时,应对建筑物进行沉降观测。

高压喷射注浆可采用开挖检查、钻孔取芯、标准贯入、载荷试验或压水试验等方法进行检验。检验点应布置在下列部位:

① 建筑荷载大的部位;② 帷幕中心线上;③ 施工中出现异常情况的部位;④ 地质情况复杂,可能对高压喷射注浆质量产生影响的部位。

质量检验应在高压喷射注浆结束 4 周后进行。检验点的数量为施工注浆孔数的 $2\% \sim 5\%$,对不足 20 孔的工程,至少应检验 2 个点。不合格者应进行补喷。

8.6.3 深层搅拌法

深层搅拌法是利用水泥作固化剂,通过深层搅拌机械,在加固深度内将软土和水泥强制拌和,结硬成具有整体性和足够强度的水泥土桩或地下连续墙。水泥加固土的加固机理主要有以下的三种作用:

(1) 水泥的骨架作用:水泥与饱和黏土搅拌后,首先发生水泥的水解和水化反应,生成水泥水化物并形成凝胶体[$Ca(OH)_2$],将土颗粒或小土团凝聚在一起形成一种稳定的结构整体。

(2) 离子交换和团粒化作用:水泥在水化过程中生成的钙离子与土粒表面的 Ca^{2+}(或 K^+)进行离子交换,使大量的土颗粒形成较大的土团粒,从而使土体强度提高。

(3) 硬凝反应相碳酸化作用:随着水泥水化反应深入,溶液中析出大量的 Ca^{2+},在上述离子交换后,多余的钙离子则与黏性土中的 SiO_2 和 Al_2O_3 进行化学反应,形成稳定性好的结晶矿物,增大了土的强度。

深层搅拌法适用于处理淤泥、淤泥质土、粉土和含水量较高且地基承载力特征值不大于 120 kPa 的黏性土等地基。当用于处理泥炭土或地下水具有侵蚀性时,宜通过试验确定其适用性。冬期施工时应注意负温对处理效果的影响。

工程地质勘察应查明填土层的厚度和组成,软土层的分布范围、含水量和有机质含量,地下水的侵蚀性质等。

深层搅拌法主要机具是双轴或单轴回转式深层搅拌机。它由电机、搅拌轴、搅拌头和输浆管等组成。电机带动搅拌头回转,输浆管输入水泥浆液与周围土拌和,形成一个平面 8 字形水泥加固体。

深层搅拌法在土中形成的水泥加固体,可制成柱状、壁状和块状三种形式。柱状是每隔一定的距离打设一根搅拌桩,适用于单独基础和条形、筏形基础下的地基加固;壁状是将相邻搅拌桩部分重叠搭接而成,适用于上部结构荷载大而对不均匀沉降控制严格的建筑物地基加固和防止深基坑隆起和封底使用。

由于深基搅拌法是将固化剂直接与原有土体搅拌混合,没有成孔过程,也不存在孔壁横向挤压问题,因此对附近建筑物不产生有害的影响;同时经过处理后的土体重度基本不变,不会由于自重应力增加而导致软弱下卧层的附加变形。施工时无振动、无噪声、无污染等问题。

深层搅拌法施工的场地应事先平整,清除桩位处地上、地下一切障碍物(包括大块石、树根和生活垃圾等）。场地低洼时应回填黏性土料，不得回填杂填土。基础底面以上宜预留 500 mm 厚的土层，搅拌桩施工到地面，开挖基坑时，应将上部质量较差桩段挖去。

深层搅拌施工可按下列步骤进行：① 深层搅拌机械就位；② 预搅下沉；③ 喷浆搅拌提升；④ 重复搅拌下沉；⑤ 重复搅拌提升直至孔口；⑥ 关闭搅拌机械。

施工前应标定深层搅拌机械的灰浆泵输浆量、灰浆经输浆管到达搅拌机喷浆口的时间和起吊设备提升速度等施工参数，并根据设计要求通过成桩试验，确定搅拌桩的配比和施工工艺。

施工使用的固化剂和外掺剂必须通过加固土室内试验检验方能使用。固化剂浆液应严格按预定的配比控制。制备好的浆液不得离析，泵送必须连续。

应保证起吊设备的平整度和导向架的垂直度，搅拌桩的垂直度偏差不得超过 1.5%，桩位偏差不得大于 50 mm。搅拌机预搅下沉时不宜冲水，当遇到较硬土层下沉太慢时，方可适量冲水，但应考虑冲水成桩对桩身强度的影响。

搅拌机喷浆提升的速度和次数必须符合施工工艺的要求，应有专人记录搅拌机每米下沉或提升的时间，深度记录误差不得大于 50 mm，时间记录误差不得大于 5 s。施工中发现的问题及处理情况均应注明。

搅拌桩应在成桩后 7 d 内用轻便触探器钻取桩身加固土样，观察搅拌均匀程度，同时根据轻便触探击数用对比法判断桩身强度。检验桩的数量应不少于已完成桩数的 2%。

在下列情况下尚应进行取样、单桩载荷试验或开挖检验：

（1）经触探检验对桩身强度有怀疑的桩应钻取桩身芯样，制成试块并测定桩身强度；

（2）场地复杂或施工有问题的桩应进行单桩载荷试验，检验其承载力；

（3）对相邻桩搭接要求严格的工程，应在桩养护到一定龄期时选取数根桩体进行开挖，检查桩顶部分外观质量。基槽开挖后，应检验桩位、桩数与桩顶质量，如不符合规定要求，应采取有效补救措施。

施工过程中应随时检查施工记录，并对每根桩进行质量评定。对于不合格的桩应根据其位置和数量等具体情况，分别采取补桩或加强邻桩等措施。

复习及思考题

1. 软土有哪些工程特点？常见的软土类型有哪些？
2. 地基处理的目的是什么？常用地基处理方法有哪些？
3. 采用换填垫层法处理地基时，对垫层材料有哪些要求？
4. 强夯法的原理是什么？适用于处理哪些地基？
5. 预压法的原理是什么？常用地基处理方法有哪些？
6. 深层搅拌法在我国工程应用主要有哪些方面？简述深层搅拌桩施工工艺。
7. 土木工程中建筑物对地基的要求表现在哪些方面？

参考文献

[1] 中华人民共和国行业标准. 建筑地基处理技术规范(JGJ 79—2012). 北京:中国计划出版社,2013.

[2] 中华人民共和国行业标准. 建筑地基基础设计规范(GB 50007—2011). 北京:中国计划出版社,2012.

[3] 中华人民共和国国家标准. 建筑地基基础工程施工质量验收规范(GB 50202—2016). 北京:中国计划出版社,2017.

[4] 赵明华. 土力学与基础工程. 武汉:武汉大学出版社,2000.

[5] 刘晓立. 土力学与地基基础(第二版). 北京:科学出版社,2003.

[6] 袁聚云,李镜培,楼晓明等. 基础工程设计原理. 上海:同济大学出版社,2007.

[7] 建设部执业资格注册中心建设部电教中心编. 全国注册土木工程师(岩土)执业资格专业考试辅导. 北京:中国计划出版社,2002.

图书在版编目(CIP)数据

地基与基础工程施工 / 赵乃志,朱桂春主编. — 南
京:南京大学出版社,2017.8(2021.1重印)
ISBN 978-7-305-19068-1

Ⅰ. ①地… Ⅱ. ①赵… ②朱… Ⅲ. ①地基—工程施
工—高等职业教育—教材 ②基础(工程)—工程施工—高等
职业教育—教材 Ⅳ. ①TU47 ②TU753

中国版本图书馆 CIP 数据核字(2017)第 180280 号

出版发行 南京大学出版社
社　　址　南京市汉口路 22 号　　　　邮　编　210093
出 版 人　金鑫荣
书　　名　**地基与基础工程施工**
主　　编　赵乃志　朱桂春
责任编辑　何永国　　　　　　　编辑热线　025-83597482
照　　排　南京理工大学资产经营有限公司
印　　刷　常州市武进第三印刷有限公司
开　　本　787×1 092　1/16　印张 17.25　字数 398 千
版　　次　2017 年 8 月第 1 版　2021 年 1 月第 4 次印刷
ISBN　978-7-305-19068-1
定　　价　43.00 元

网　　址:http://www.njupco.com
官方微博:http://weibo.com/njupco
官方微信号:njuyuexue
销售咨询热线:(025)83594756